21世纪高等教育教材——学习指导与考研系列

概率统计与随机过程习题解集

第2版

邢家省　刘明菊　马健　编著

机 械 工 业 出 版 社

本书对概率统计与随机过程中的常规性练习题目给出了解答，题型多样，覆盖面较全. 读者通过练习和对照使用，在巩固已学的知识和理论，掌握解决基本问题的方法和手段，提高解决问题的能力的同时，能获得熟练灵活地解决更多问题的能力，取得较好的学习效果.

本书既可作为理工科大学生学习概率统计的自我训练和检测的辅导教材，也可作为考研、考博复习的参考书，亦可作为教师的教学参考书.

图书在版编目（CIP）数据

概率统计与随机过程习题解集/邢家省，刘明菊，马健编著. —2 版. —北京：机械工业出版社，2021.9（2024.8 重印）

21 世纪高等教育教材. 学习指导与考研系列

ISBN 978-7-111-68438-1

Ⅰ.①概… Ⅱ.①邢…②刘…③马… Ⅲ.①概率论-高等学校-题解②随机过程-高等学校-题解 Ⅳ.①O21-44

中国版本图书馆 CIP 数据核字（2021）第 113118 号

机械工业出版社（北京市百万庄大街 22 号 邮政编码 100037）
策划编辑：张金奎 责任编辑：张金奎 李 乐
责任校对：张 征 封面设计：鞠 杨
责任印制：郜 敏
中煤（北京）印务有限公司印刷
2024 年 8 月第 2 版第 6 次印刷
169mm×239mm · 19.75 印张 · 381 千字
标准书号：ISBN 978-7-111-68438-1
定价：49.90 元

电话服务	网络服务
客服电话：010-88361066	机 工 官 网：www.cmpbook.com
010-88379833	机 工 官 博：weibo.com/cmp1952
010-68326294	金 书 网：www.golden-book.com
封底无防伪标均为盗版	机工教育服务网：www.cmpedu.com

第2版前言

随着社会的发展和科技的进步，概率统计知识越来越凸显出其强大的张力，特别是在大数据时代. 在大学阶段，学好概率统计与随机过程相关内容非常重要，而在短短一学期的学习中，熟练掌握概率统计相关知识有很大的难度. 因此，在掌握基本知识的基础上，需要有一定量题目的练习，练习既要有针对性，还要有一定的广度、难度和新颖度. 我们编写本书的目的就是帮助广大本科生尽快有效地学好“概率统计与随机过程”这门课.

在近几年的教学中，编者结合多年的教学体会以及社会发展的现实情况，在教学实践中积累了部分题目，这部分题目与本科阶段“概率统计与随机过程”课程的贴合度非常好，且题目新颖. 本次再版将这部分题目加入，以充实本书，且与《概率统计教程》（第2版）相辅相成，以期帮助广大本科生学好概率统计相关知识. 本书题目范围广，习题的设置既注重了对基本知识的练习，其难度的梯度性又可以帮助部分读者迅速提高能力，是一本非常理想的教学辅助参考书.

本书在编写过程中参考了国内外一些相关习题的解答，在此表示衷心感谢. 由于编者水平有限，书中难免有不妥之处，敬请读者给予批评指正.

编　者
于北京航空航天大学数学科学学院
数学信息与行为教育部重点实验室

第 1 版前言

“概率统计与随机过程”是理工科大学的一门重要的公共基础课，是理工科大学生必备的知识体系．掌握这门课程的研究对象和理论、方法、知识等，对于相关专业课程的学习和开展科学研究都是必要的．

“概率统计与随机过程”是以自然界和社会中的不确定现象和各种随机现象为研究对象，提出了对问题的描述，产生了研究解决问题的思想方法、理论、工具和手段，得到了大量的结果．这门课程与其他数学课程有很大的不同．学习概率统计课程需要具备扎实的数学基础知识并能灵活运用，需要具有思考解决应用问题的灵活思维能力．

“概率统计与随机过程”几乎是理工科大学生的最后一门数学课程，理论深度和知识增进梯度大，应用范围广阔．多数初学者在学习过程中往往会遇到一定的疑难，不仅难以解题，而且解错了题难以发现．本书专为帮助读者学好概率统计与随机过程知识而编写．对常规性练习题目给出了解答，题型多样，覆盖面较全，给出了类型与数量众多的典型习题的解析，对其中一些典型习题给出了较新颖的解法．学习数学知识最有效的方法就是上课听好教师讲解、课后自学复习及做习题进行练习．读者可通过反复训练和对照使用，做到熟能生巧，实践出真知．这样有助于理解概念和理论方法，掌握解决基本问题的方法和手段，提高解决问题的能力，以期能熟练灵活地解决更多的问题，取得较好的效果．

本书在编写过程中参考了国内外众多图书中的许多资料和习题的解答，无法一一列举，在此一并致谢．概率统计的题目浩如烟海，已积累了丰富的知识体系，并不断更新，但核心的问题是不变的．由于编者经验和水平所限，书中难免有欠妥和不足之处，敬请读者不吝指正．

编者
于北京航空航天大学
数学与系统科学学院

目　录

第一章　随机事件的概率

第一节　随机事件的关系及运算

例 1　试将事件 $A+B+C$ 表示为互不相容的事件之和.

解　利用公式 $A-B=A-AB=A\overline{B}$（这个公式利用率较高），

$$A+B=A+(B-A)=A+(B-AB)=A+B\overline{A},$$

或

$$A+B=(A-AB)+AB+(B-AB),$$

于是

$$\begin{aligned}A+B+C&=A+(B+C)=A+(B+C)\overline{A}\\&=A+(B+CB)A=A+BA+CBA\\&=A+(B-AB)+[C-(A+B)C].\end{aligned}$$

（还有其他分解表示法，分解方式不唯一）

例 2　互不相容（互斥）与互相对立（互逆）有何联系和区别？

解　事件 A 与 B 互不相容表示事件 A 与 B 不能同时发生，即 $AB=\varnothing$；

事件 A 与 B 互逆表示 $AB=\varnothing$ 且 $A+B=S$.

注：(1) 事件 A 与 B 互逆 $\Rightarrow$ 事件 A 与 B 互斥，反之不真.

(2) 互不相容的概念适用于多个事件，但对立的概念只适用于两个事件.

(3) 两个事件互不相容是指这两个事件不能同时发生，即任一基本事件在这两个事件中至多只能发生一个，但可以有都不发生的基本事件；而两事件对立则表示对任一基本事件在这两个事件中有且仅有一个发生.

例 3　设 A,B 为任意两事件，则下列关系成立的有（　）.

(A) $(A+B)-B=A$　　　　(B) $(A+B)-B\subset A$

(C) $(A-B)+B=A$　　　　(D) $(A-B)+B=A+B$

解　因为 $(A+B)-B=(A+B)\overline{B}=A\overline{B}\subset A$，故 (B) 成立，又因为 $A+B=(A-B)+B$，故 (D) 成立. 由上述推理可知 (A)，(C) 均不成立. 于是 (B)，(D) 入选.

例 4　若事件 A,B,C 满足 $A+C=B+C$，问 $A=B$ 是否成立？

解　不一定成立. 例如，$A=\{1,2\}$，$B=\{5,6\}$，$C=\{1,2,3,4,5,6\}$，则有 $A+C=B+C=\{1,2,3,4,5,6\}$，但显然 $A\neq B$.

例 5　设 A,B,C 为三个事件，试用 A,B,C 表示下列各事件.

(1)A,B,C 中恰好 A 发生；　　(2)A,B,C 恰有一个发生；

(3)A,B,C 恰有两个发生；　　(4)A,B,C 至少有一个发生；

(5)A,B,C 至少有两个发生；　　(6)A,B,C 不多于一个发生；

(7)A,B,C 不多于两个发生；　　(8)A,B,C 同时发生；

(9)A,B,C 都不发生.

解 (1)$A\overline{B}\,\overline{C}$. (2)$A\overline{B}\,\overline{C}+\overline{A}B\overline{C}+\overline{A}\,\overline{B}C$. (3)$AB\overline{C}+A\overline{B}C+\overline{A}BC$. (4)$A+B+C$.

(5)$AB\overline{C}+A\overline{B}C+\overline{A}BC+ABC=AB+AC+BC$.

(6)$\overline{A}\,\overline{B}\,\overline{C}+A\overline{B}\,\overline{C}+\overline{A}B\overline{C}+\overline{A}\,\overline{B}C=\overline{A}\,\overline{B}+\overline{B}\,\overline{C}+\overline{A}\,\overline{C}$或$\overline{AB+AC+BC}$.

(7)$\overline{A}\,\overline{B}\,\overline{C}+A\overline{B}\,\overline{C}+\overline{A}B\overline{C}+\overline{A}\,\overline{B}C+AB\overline{C}+A\overline{B}C+\overline{A}BC$ 或$\overline{ABC}=\overline{A}+\overline{B}+\overline{C}$.

(8)ABC. (9)$\overline{A}\,\overline{B}\,\overline{C}$.

例 6 盒中装有 10 只晶体管. 令事件 $A_i=10$ 只晶体管中恰有 i 只次品，$B=10$ 只晶体管中不多于 3 只次品，$C=10$ 只晶体管中次品不少于 4 只. 问事件 $A_i(i=0,1,2,3)$，B 和 C 之间哪些有包含关系？哪些互不相容？哪些互逆？

解 根据题意知 $B=A_0+A_1+A_2+A_3=\sum_{i=0}^{3}A_i$，$C=\sum_{i=4}^{10}A_i$，于是 $A_i\subset B(i=0,1,2,3)$；A_0,A_1,A_2,A_3,C 两两互不相容；B 与 C 互不相容；B 与 C 互逆.

例 7 写出下列随机试验的样本空间：

(1)对同一目标射击三次，记录射击结果；

(2)投掷两颗均匀的骰子，记录点数之和；

(3)射击一目标，直至击中目标为止，记录射击次数；

(4)袋中装有 4 只白球、6 只黑球，逐个取出，直至白球全部取出为止，记录取球次数；

(5)往数轴上任意投掷两个质点，观察它们之间的距离；

(6)将一尺之棰截成三段，观察各段之长.

解 (1)$S=\{111,110,101,011,100,010,001,000\}$，其中 1 表示击中，0 表示不中；

(2)$S=\{2,3,\cdots,12\}$；

(3)$S=\{1,2,3,\cdots\}$；

(4)$S=\{4,5,\cdots,10\}$；

(5)$S=\{d\mid d\geqslant 0\}$；

(6)$S=\{(x,y,z)\mid x>0,y>0,z>0,x+y+z=1\}$.

例 8 设袋内有 10 个编号分别为 1～10 的球，从中任选一个，观察其编号，

(1)写出这个试验的样本空间；

(2)若 A 表示“取得球的号码是奇数”，B 表示“取得球的号码是偶数”，试表示 A 和 B.

解　(1)$S=\{1,2,3,4,5,6,7,8,9,10\}$;

(2)$A=\{1,3,5,7,9\}$,$B=\{2,4,6,8,10\}$.

例 9　某人投篮两次,设事件$A_1=$"第 1 次投中",事件$A_2=$"第 2 次投中",试用A_1,A_2表示下列各事件:

(1)"两次都投中";(2)"两次都未投中";

(3)"恰有一次投中";　(4)"至少有一次投中".

解　(1)A_1A_2;　(2)$\overline{A_1}\,\overline{A_2}=\overline{A_1+A_2}$;　(3)$A_1\overline{A_2}+\overline{A_1}A_2$;　(4)$A_1+A_2$.

例 10　化简下列各式:

(1)$(A+B)(A+\overline{B})$;　(2)$(A+B)(A+\overline{B})(\overline{A}+B)$.

解　(1)$(A+B)(A+\overline{B})=(A+B)A+(A+B)\overline{B}=A+A\overline{B}=A$;

(2)$(A+B)(A+\overline{B})(\overline{A}+B)=A(\overline{A}+B)=AB$.

第二节　古典概率的计算

例 1　将 3 本概率书(上、中、下三册)和 7 本其他书任意摆放在书架的同一层.

求:(1)3 本概率书摆放在一起的概率;

(2)恰有 2 本概率书摆放在一起的概率;

(3)3 本概率书按上、中、下次序摆放在一起的概率.

解　设$A=3$本概率书摆放在一起,$B=$恰有 2 本概率书摆放在一起,$C=3$本概率书按上、中、下次序摆放在一起,则有:

(1)$P(A)=\dfrac{A_8^8A_3^3}{A_{10}^{10}}=\dfrac{8!\times3!}{10!}=\dfrac{1}{15}$(3 本概率书放在一起作为 1 本和其他 7 本进行任意摆放).

(2)$P(B)=\dfrac{A_7^7C_3^2A_8^2A_2^2}{A_{10}^{10}}=\dfrac{7!\times3!\times8\times7}{10!}=\dfrac{7}{15}$(先摆放其他 7 本书,把 3 本书分成两部分,放在 8 个位置的任两个位置).

(3)$P(C)=\dfrac{A_7^7A_8^1\times2}{A_{10}^{10}}=\dfrac{7!\times8\times2}{10!}=\dfrac{1}{45}$(先摆放其他 7 本书,把 3 本概率书放在一起按上、中、下或下、中、上放在 8 个位置中的任一个位置).

例 2　(1)某校一年级新生共 1000 人,设每人的生日是一年中的任何一天的可能性相同,问至少有一人的生日是元旦这一天的概率是多少?(一年以 365 天计)

(2)某小组学生有 5 人是同一年出生的,设每人在一年中任何一个月出生是等可能的,求此 5 人的出生月份各不相同的概率.

解　(1)设$A=$至少有一人的生日是元旦这一天,则$\overline{A}=$没有一人的生日是元且这一天，则 $P(\overline{A})=\frac{364^{1000}}{365^{1000}}$，于是 $P(A)=1-P(\overline{A})=1-\frac{364^{1000}}{365^{1000}}$.

(2)设 B = 此5人的出生月份各不相同，则 $P(B)=\frac{A_{12}^{5}}{12^{5}}$.

例3 将 n 个不同编号的球随机放入 $N(N\geqslant n)$ 个盒子中，每个球都以相同的概率被放入每个盒子中，每盒容纳球数不限，求下列事件的概率：

(1) A = 某指定的 n 个盒子中各有一个球；

(2) B = 恰有 n 个盒子中各有一个球 = 每盒最多一个球；

(3) C = 某指定的盒中有 $m(m\leqslant n)$ 个球；

(4) D = 至少有两个球在同一盒中.

解 每一个球可以放入 N 个盒子中的任一个盒子中，共有 N 种不同放法，故 n 个球放入 N 个盒子中应有 N^n 种不同的方法，所以基本事件的总数为 N^n.

(1)事件 A 所含基本事件的个数为 $n!$，故 $P(A)=\frac{n!}{N^n}$.

(2)从 N 个盒子中取出 n 个的组合数为 C_N^n，再由(1)，得 $P(B)=C_N^n\frac{n!}{N^n}$.

(3)从 n 个球中取 m 个放入某指定的盒中有 C_n^m 种可能，而其余 $n-m$ 个球可随机放入 $N-1$ 个盒中，共有 $(N-1)^{n-m}$ 种不同放法，因而事件 C 包含的基本事件数为 $C_n^m(N-1)^{n-m}$，故 $P(C)=C_n^m\frac{(N-1)^{n-m}}{N^n}$.

(4)因为 D 与 B 互逆，故 $P(D)=P(\overline{B})=1-P(B)=1-C_N^n\frac{n!}{N^n}$.

注：对 E = 有一盒中有 $m(m\leqslant n)$ 个球，这时盒子有 N 种选法，故事件 E 包含的基本事件数为 $C_N^1C_n^m(N-1)^{n-m}$，故 $P(E)=C_N^1C_n^m\frac{(N-1)^{n-m}}{N^n}$，但是这样得出的结果是错误的，因为第一盒有 m 个球时，第二盒也可以有 m 个球；第二盒有 m 个球时，第一盒也可以有 m 个球，所以第一盒有 m 个球与第二盒有 m 个球是相容的，基本事件有重复的. 假若这个结果是正确的，我们可给出如下反例：对 $n=N=2$，$m=1$，此时 $P(E)=C_2^1C_2^1\frac{(2-1)^{2-1}}{2^2}=1$，这显然矛盾.

例4 把 n 个不同的小球随机地投入 $N(N\geqslant n)$ 个盒子中，假定每个盒子最多只容纳一个小球，试求下列事件的概率：

(1) A = 指定某盒是空； (2) B = 指定的 n 个盒子各有一小球.

解 由题设知，小球互异，且每个盒子最多只容纳一个小球，故属元素的不重复排列问题. 其基本事件的总数为

$$A_N^n = N(N-1)\cdots(N-n+1).$$

(1)事件A所含的基本事件个数为$A_{N-1}^n=(N-1)(N-2)\cdots(N-n)$,故

$$P(A) = \frac{A_{N-1}^n}{A_N^n} = \frac{(N-1)\cdots(N-n+1)(N-n)}{N(N-1)\cdots(N-n+1)} = \frac{N-n}{N}.$$

(2)事件B所含的基本事件个数为$A_n^n=n!$,故

$$P(A) = \frac{A_n^n}{A_N^n} = \frac{n!}{N(N-1)\cdots(N-n+1)} = \frac{n!(N-n)!}{N!}.$$

例5　设有n个球,每个球都能以同样的概率$\frac{1}{N}$落到N个格子($N\geqslant n$)的每一个格子中,试求:(1)某指定的格子中各有一个球的概率;(2)恰有n个格子中各有一个球的概率.

解　设A=某指定的格子中各有一个球,B=恰有n个格子中各有一个球,根据题意得

$$(1)P(A)=\frac{n!}{N^n};\quad (2)P(B)=\frac{C_N^n n!}{N^n}=\frac{N!}{N^n(N-n)!}.$$

例6　设袋中有10个相同的球,上面依次编号为1,2,…,10,每次从袋中任取一球,取后不放回,求第5次取到1号球的概率.

解　设A=第5次取球时取到1号球,则

方法一
$$P(A) = \frac{A_9^4 A_1^1}{A_{10}^5} = \frac{1}{10}.$$

方法二　把试验一直进行到取完为止,则第5次取到1号球的概率为

$$P(A) = \frac{A_9^4 A_1^1 A_5^5}{A_{10}^{10}} = \frac{1}{10}.$$

例7　设一袋中有n个白球与m个黑球,现从中无放回地连续抽取N个球,求第i次抽取到黑球的概率($1\leqslant i\leqslant N\leqslant n+m$).

解　设A_i=第i次抽取到黑球,显然

$$P(A_1) = \frac{m}{n+m},$$

$$P(A_i) = \frac{A_{n+m-1}^{N-1} A_m^1}{A_{n+m}^N} = \frac{m}{n+m}\quad (1\leqslant i\leqslant N\leqslant n+m).$$

本题表明,取到黑球的概率与取球的先后次序无关.这个结论与我们日常的生活经验是一致的.

例8　一盒装有3个红球,12个白球,从中不放回取10次,每次取一个球,求第5次取到的是红球的概率.

解 设A_5=第5次取到的是红球，则$P(A_5)=\dfrac{3}{3+12}=\dfrac{1}{5}$.

例9 10个标签中有4个难签,3人参加抽签考试,不重复地抽取,每人一次,甲先、乙次、丙最后,证明3人抽到难签的概率相等.

证 设A_i=第i人抽到难签($i=1,2,3$),则$P(A_i)=\dfrac{A_4^1A_9^2}{A_{10}^3}=\dfrac{2}{5}\quad(i=1,2,3)$.

例10 袋中装有2个伍分、3个贰分、5个壹分的硬币,任取其中5个,求:(1)总值超过壹角的概率;(2)总值不少于壹角的概率;(3)总值等于壹角的概率.

解 设A=总值超过壹角;B=总值不少于壹角;C=总值等于壹角,则

(1)$P(A)=\dfrac{C_2^2C_8^3+C_2^1C_3^3C_5^1+C_2^1C_3^2C_5^2}{C_{10}^5}=\dfrac{126}{9\times7\times4}=\dfrac{1}{2}$.

(2)$P(B)=\dfrac{C_2^2C_8^3+C_2^1C_3^3C_5^1+C_2^1C_3^2C_5^2+C_2^1C_3^1C_5^3}{C_{10}^5}=\dfrac{186}{9\times7\times4}=\dfrac{31}{42}$.

(3)$P(C)=\dfrac{C_2^1C_3^1C_5^3}{C_{10}^5}=\dfrac{60}{9\times7\times4}=\dfrac{5}{21}$.

例11 从0~9这10个数码中任意取出4个排成一串数码,求:(1)所取4个数码排成四位偶数的概率;(2)所取4个数码排成四位奇数的概率;(3)没有排成四位数的概率.

解 (1)设A=排成四位偶数(末尾是2,4,6,8之一,或末尾是0),则

$$P(A)=\frac{C_8^1A_8^2C_4^1+A_9^3C_1^1}{A_{10}^4}=\frac{41}{90}.$$

(2)设B=排成四位奇数,则$P(B)=\dfrac{C_8^1A_8^2C_5^1}{A_{10}^4}=\dfrac{40}{90}=\dfrac{4}{9}$.

(3)设C=没有排成四位数,则$P(C)=\dfrac{A_1^1A_9^3}{A_{10}^4}=\dfrac{9}{90}=\dfrac{1}{10}$.

例12 民航机场的一辆送客汽车载有5位旅客,设每位旅客在途中8个站的任何一站下车的可能性相同. 试求:(1)至少两位旅客在同一站下车的概率;(2)某站(指定的一站)恰有两位旅客下车的概率;(3)仅有一站恰有两位旅客下车的概率.

解 (1)A=至少两位旅客在同一站下车,$\overline{A}$=每站最多有一位旅客下车,则

$$P(\overline{A})=\frac{A_8^5}{8^5},P(A)=1-P(\overline{A})=1-\frac{A_8^5}{8^5}=1-\frac{105}{8^3}\approx0.7949.$$

(2)设B=某站(指定的一站)恰有两位旅客下车,则$P(B)=\dfrac{C_5^2\times7^3}{8^5}\approx0.1047$.

(3)设 C = 仅有一站恰有两位旅客下车，则 $P(B)=\dfrac{C_8^1C_5^2A_7^3+C_8^1C_5^2A_7^1}{8^5}\approx 0.5298$(8 站中有一站有两人下车，其他三人在其他 7 站中各下一站或三人同一站下).

例 13　将 4 只有区别的球随机放入编号为 1 ~ 5 的五个盒中(每盒容纳球的数量不限). 求：(1)至多两个盒子有球的概率；(2)空盒不多于两个的概率.

解　方法一　设 A = 至多两个盒子有球，B = 空盒不多于两个，A_i = 恰有 i 个空盒($i=1,2,3,4$)，则 $B=A_1+A_2$，且 A_1,A_2 互不相容，则 $P(A_1)=\dfrac{C_5^1\times 4!}{5^4}$，$P(A_2)=\dfrac{C_5^2\times C_4^2 3!}{5^4}$，$P(B)=P(A_1)+P(A_2)=\dfrac{96}{125}=0.768$，$\overline{B}$ = "空盒多于两个" = "至少有三个空盒" = "至多两个盒子有球" $=A$，$P(A)=P(\overline{B})=1-P(B)=0.232$.

方法二　设 A = 至多两个盒子有球，B = 空盒不多于两个，B_i = 恰有 i 个盒子有球($i=1,2,3,4$)，则 $A=B_1+B_2$，且 B_1,B_2 互不相容，则 $B=\overline{A}$，$P(B_1)=\dfrac{C_5^1}{5^4}$，

$P(B_2)=\dfrac{C_4^1C_3^3A_5^2+C_4^2\dfrac{1}{2}A_5^2}{5^4}$(把 4 个球分成两组，一种是 1 个和 3 个，另一种是从 4 个球中取出 2 个球在一起和余下 2 个球自然在一起，考虑到对称性，不分组顺序)，所以

$$P(A)=P(B_1)+P(B_2)=\frac{29}{125}=0.232,\ P(B)=P(\overline{A})=1-P(A)=0.768.$$

例 14　在一副(不含大小王)52 张的扑克牌中，随机抽取 2 张，求恰取到 2 张不同花且最大点数为 7 的扑克牌的概率.

解　设 A = 恰取到 2 张不同花且最大点数为 7 的扑克牌，

方法一　$P(A)=\dfrac{C_4^2(C_2^1C_6^1+C_2^2)}{C_{52}^2}=\dfrac{6\times 13}{\dfrac{52\times 51}{2}}=\dfrac{1}{17}$(先取两色，只一张 7 或两张 7).

方法二　$P(A)=\dfrac{C_4^1C_{18}^1+C_4^2}{C_{52}^2}=\dfrac{72+6}{\dfrac{52\times 51}{2}}=\dfrac{1}{17}$(取出一张花色的 7，然后从其他三种花色的 1 ~ 6 中任取一张，或直接取出两张花色的 7).

方法三　$P(A)=\dfrac{C_4^2(7^2-6^2)}{C_{52}^2}=\dfrac{6\times 13}{\dfrac{52\times 51}{2}}=\dfrac{1}{17}$(先取两色，从每色的 1 ~ 7 取出一张，去掉不含 7 的).

如果 $P(A)=\frac{C_4^1C_{21}^1}{C_{52}^2}=\frac{4\times21}{\frac{52\times51}{2}}=\frac{28}{26}\times\frac{1}{17}$，则错了，这种想法是从4色中取出一张7，然后从其他三色的1～7中取出一张. 这样计算会有重复的，如先取出红桃7，再取出方块7与先取出方块7，再取出红桃7，是一样的.

方法四　$P(A)=\frac{C_4^1C_{21}^1-C_4^2}{C_{52}^2}=\frac{84-6}{\frac{52\times51}{2}}=\frac{78}{26\times51}=\frac{1}{17}$.

例15　从5双不同的鞋子中任取4只，求下列事件的概率：(1)没有成对的鞋子；(2)至少2只配成一双.

解　设 A = 没有成对的鞋子，B = 至少2只配成一双，则 $B=\overline{A}$.

方法一　$P(A)=\frac{C_5^4(C_2^1)^4}{C_{10}^4}=\frac{8}{21}$（从5双中任取4双，再从每双中任取1只），则

$$P(B)=P(\overline{A})=1-P(A)=1-\frac{8}{21}=\frac{13}{21}.$$

方法二　$P(A)=\frac{C_{10}^1C_8^1C_6^1C_4^1}{A_{10}^4}=\frac{8}{21}$（第一次从10只中任取1只，第二次从其他4双中任取1只，第三次从其他3双中任取1只，第四次从其他2双中任取1只）.

方法三　$P(B)=\frac{C_5^1C_4^2(C_2^1)^2+C_5^2}{C_{10}^4}=\frac{13}{21}$（恰有两只成一双，另两只来自不同双，或恰成两双）.

方法四　$P(B)=\frac{C_5^1\left(C_8^1C_6^1\cdot\frac{1}{2}\right)+C_5^2}{C_{10}^4}=\frac{13}{21}$.

方法五　$P(B)=\frac{C_5^1C_8^2-C_5^2}{C_{10}^4}=\frac{13}{21}$（从5双中任取1双，然后从其他4双鞋中任取两只，其中成2双鞋的次数计了两次，去掉一次）.

例16　有 $n(n\geqslant3)$ 个人排队，(1)排成一行，其中甲、乙两人相邻的概率是多少？(2)排成一圈，甲、乙两人相邻的概率是多少？

解　(1)设 A = n 个人排成一行，其中甲、乙两人相邻，n 个人的全排列有 $n!$ 种，甲、乙两人相邻可以设想甲、乙占一个位置参加排列，则有 $(n-1)!$ 种，但甲、乙相邻位置可以互换，故事件 A 包含基本事件数为 $2(n-1)!$ 种，于是 $P(A)=\frac{2(n-1)!}{n!}=\frac{2}{n}$.

(2)设 $B=n$ 个人排成一圈,甲、乙两人相邻,排成一圈是环排列, n 个人的环排列有$(n-1)!$ 种, 甲、乙相邻占一个位置与其他$(n-2)$个人的环排列有$(n-2)!$种,考虑甲、乙相邻位置可以互换, 故事件 A 包含基本事件数为$2(n-2)!$种,故 $P(B)=\dfrac{2(n-2)!}{(n-1)!}=\dfrac{2}{n-1}$.

更为简单的想法是:设想一个圆周上有 n 个位置,甲占了一个位置后,乙还有$(n-1)$个位置可选,其中乙与甲相邻位置有两个,所以 $P(B)=\dfrac{2}{n-1}$,或设想一个圆周上有 n 个位置(从某处开始按顺时针方向),则 $P(B)=\dfrac{2n(n-2)!}{n!}=\dfrac{2}{n-1}$.

例 17　k 个朋友随机地围绕圆桌而坐,求甲、乙两人坐在一起(座位相邻)的概率.

解　基本事件总数为 k 个朋友随机地围绕圆桌而坐的所有可能的坐法,共有 $k!$ 种坐法,故 $n=k!$. 设 $B=$甲、乙两人坐在一起,事件 B 可分两步完成,先把甲、乙两人坐在一起,有 $2!$ 种坐法,对于每一种坐法,其余 $k-2$ 个人随机围绕圆桌而坐,共有$(k-2)!$ 种坐法,由乘法原理,完成事件 B 的方法数即 B 包含的基本事件数 $m=2!(k-2)!$,故所求的概率为

$$P(B)=\frac{m}{n}=\frac{2!(k-2)!}{k!}=\frac{2}{k(k-1)}.$$

此题同上一题的(2),但两者结果不同,谁对谁错?

举个例子,对 $k=3$,显然 B 是必然事件,$P(B)=1$;而按此公式 $P(B)=\dfrac{2}{3(3-1)}=\dfrac{1}{3}$,这与常识不符,这里的结果是错的. 这里考虑的基本事件是分座位的位置并从一个座位起按某一时针的顺序,$n=k!$;甲、乙两人坐在一起,应考虑甲还有 k 种坐法,则 $m=2k\times(k-2)!$. 故所求概率为

$$P(B)=\frac{m}{n}=\frac{2k\times(k-2)!}{k!}=\frac{2}{k-1}.$$

例 18　有 n 个白球与 n 个黑球任意地放入两个袋中,每袋装 n 个球. 现从两袋中各取一球,求所取两球颜色相同的概率.

解　设 $A=$所取两球颜色相同,表面来看此题很难求解,但实质上是从 $2n$ 个球中任取两个球,颜色恰好相同的概率. 可以设想先任取一个,则第二个球有 $2n-1$ 种取法,而有利事件是 $n-1$ 种,故 $P(A)=\dfrac{n-1}{2n-1}$,或 $P(A)=\dfrac{C_2^1C_n^2}{C_{2n}^2}=\dfrac{n-1}{2n-1}$.

例 19　若有 $n(n\geqslant 3)$个人随机站成一行,其中有甲、乙两人,求夹在甲、乙两人之间恰有 $r(0\leqslant r\leqslant n-2)$个人的概率.

解 设A=夹在甲、乙两人之间恰有$r(0\leqslant r\leqslant n-2)$个人,则有

$$P(A)=\frac{2(n-r-1)(n-2)!}{n!}=\frac{2(n-r-1)}{n(n-1)}.$$

例20 如果$n(n\geqslant 3)$个人随机围成一个圆圈,其中有甲、乙两人,求从甲到乙的顺时针方向,夹在甲、乙两人之间恰有$r(0\leqslant r\leqslant n-2)$个人的概率.

解 设A=夹在甲、乙两人之间恰有$r(0\leqslant r\leqslant n-2)$个人,则有

$$P(A)=\frac{n(n-2)!}{n!}=\frac{1}{n-1}.$$

例21 袋中装有12个球,其中8个黑球,4个白球.从中任取两次,每次取一个(不放回).求:(1)取出2个黑球的概率;(2)恰取出1个黑球的概率.

解 设A=取出2个黑球,B=恰取出1个黑球,根据题意,则有

$$(1)P(A)=\frac{C_8^2}{C_{12}^2}=\frac{14}{33};\qquad (2)\ P(B)=\frac{C_8^1C_4^1}{C_{12}^2}=\frac{16}{33}.$$

例22 两封信任意地投向标号为1,2,3,4的4个邮筒,求:(1)第3个邮筒恰好投入1封信的概率;(2)有2个邮筒各有1封信的概率.

解 设A=第3个邮筒恰好投入1封信,B=有2个邮筒各有一封信,根据题意,则有

$$(1)\ P(A)=\frac{C_2^1\,C_3^1}{4^2}=\frac{3}{8};\quad (2)\ P(B)=\frac{A_4^2}{4^2}=\frac{3}{4}.$$

例23 设有r个人,$r\leqslant 365$,并设每人的生日在一年365天中的每一天的可能性相同,问:此r个人的生日都不相同的概率是多少?

解 设A=此r个人的生日都不相同,根据题意,则有

$$P(A)=\frac{A_{365}^r}{365^r}=\frac{365!}{(365-r)!\ 365^r}.$$

例24 设有k个袋子,每个袋子中装有n个球,分别编有自1到n的号码,今从每一个袋子中取出一个球,求所取的k个球中最大号码为m的概率.

解 设A=所取的k个球中最大号码为m,根据题意,则有

$$P(A)=\frac{m^k-(m-1)^k}{n^k}.$$

第三节 几何概率的计算

例1 在半径为a的圆内,取定一直径,过直径上任一点作垂直于此直径的弦,求弦长小于$\sqrt{2}a$的概率.

解 设$S=\{x\mid -a\leqslant x\leqslant a\}$,$A$=弦长小于$\sqrt{2}a=\left\{x\ \middle|\ -a\leqslant x<-\frac{\sqrt{2}}{2}a\right\}\cup$

$\left\{x \,\middle|\, \frac{\sqrt{2}}{2}a < x \leqslant a\right\}$,则

$$P(A) = \frac{L(A)}{L(S)} = \frac{2\left(a - \frac{\sqrt{2}}{2}a\right)}{2a} = 1 - \frac{\sqrt{2}}{2} = 0.2929.$$

例 2 甲、乙两艘轮船驶向一个不能同时停泊两艘轮船的码头,它们在一昼夜内到达的时刻是等可能的. 如果甲船停泊的时间是 3h,乙船停泊的时间为 2h,求它们中任何一艘都不需要等待码头空出的概率.

解 设 A = 它们中任何一艘都不需要等待码头空出,设甲、乙轮船分别于 x,y 时到达码头,根据题意知

$$S = \{(x,y) \mid 0 \leqslant x \leqslant 24, 0 \leqslant y \leqslant 24\},$$

则 $$A = \{(x,y) \in S \mid y - x > 3\} + \{(x,y) \in S \mid x - y > 2\}$$

(甲先到,乙不需要等待,或乙先到,甲不需要等待),于是

$$P(A) = \frac{\mu(A)}{\mu(S)} = \frac{\frac{1}{2} \times 21^2 + \frac{1}{2} \times 22^2}{24 \times 24} = 0.803.$$

例 3 某码头只能容纳一只船,现预知某日将独立来到两只船,且在 24h 内各时刻来到的可能性都相等,如果它们需要停靠的时间分别为 3h 及 4h,试求一只船在江中等待的概率.

解 设 x,y 分别为此二船到达码头的时间,则 $S = \{(x,y) \mid 0 \leqslant x \leqslant 24, 0 \leqslant y \leqslant 24\}$,设 A = 一船要在江中等待空出码头,则

$$A = \{(x,y) \in S \mid 0 \leqslant y - x \leqslant 3\} + \{(x,y) \in S \mid 0 \leqslant x - y \leqslant 4\}$$

(甲先到,乙需等待,或乙先到,甲需等待),所以

$$P(A) = \frac{\left[24^2 - \left(\frac{1}{2} \times 21^2 + \frac{1}{2} \times 20^2\right)\right]}{24^2} = \frac{311}{1152} = 0.27.$$

例 4 在(0,1)区间内任取两个实数,求它们的乘积不大于$\frac{1}{4}$的概率.

解 设 x 和 y 为所取的实数,则 $S = \{(x,y) \mid 0 < x < 1, 0 < y < 1\}$,设 A = 它们的乘积不大于$\frac{1}{4}$,则 $A = \left\{(x,y) \in S \,\middle|\, xy \leqslant \frac{1}{4}\right\}$,$A$ 的面积为

$$\mu(A) = \frac{1}{4} + \int_{\frac{1}{4}}^{1} \frac{1}{4x} \mathrm{d}x = \frac{1}{4} + \frac{1}{4}\ln 4 = 0.597,$$

于是 $$P(A) = \frac{\mu(A)}{\mu(S)} = 0.597.$$

例 5 某公共汽车站每隔 5min 有一辆汽车到达,乘客到达汽车站的时刻是任

意的. 求一个乘客候车时间不超过 3min 的概率.

解 设 x 为乘客候车时间,根据题意知 $S=\{x\mid 0\leqslant x\leqslant 5\}$,令 A = 一个乘客候车时间不超过 3min,则 $A=\{x\mid 0\leqslant x\leqslant 3\}$,$P(A)=\dfrac{\mu(A)}{\mu(S)}=\dfrac{3}{5}$.

例 6 在平面上画有等距的一些平行线,相邻平行线间的距离为 $a(a>0)$,向平面上随机投掷一枚长为 $l(l<a)$ 的圆柱形针,求此针与任一平行线相交的概率.

解 令 M 表示针的中点;x 表示针投在平面上,M 与最近一条平行线的距离;φ 表示针与最近一条平行线的夹角.

记 $B=\left\{(x,\varphi)\mid 0\leqslant x\leqslant\dfrac{a}{2},0\leqslant\varphi\leqslant\pi\right\}$,为使针与平行线相交,必须 $0\leqslant x\leqslant\dfrac{l}{2}\sin\varphi$,$A=\left\{(x,\varphi)\mid 0\leqslant x\leqslant\dfrac{l}{2}\sin\varphi\right\}$,于是

$$P(A)=\frac{\mu(A)}{\mu(B)}=\frac{\displaystyle\int_0^{\pi}\frac{l}{2}\sin\varphi\mathrm{d}\varphi}{\dfrac{1}{2}a\pi}=\frac{2l}{\pi a}.$$

例 7 从区间(0,1)中随机取出两个数,求:两数之和小于 $\dfrac{6}{5}$ 的概率.

解 设 x、y 分别表示这两个数,则 $0<x<1,0<y<1$,于是

$$S=\{(x,y)\mid 0<x<1,0<y<1\}.$$

设

$$A=\text{“两数之和小于}\frac{6}{5}\text{”}=\left\{(x,y)\mid x+y<\frac{6}{5},(x,y)\in S\right\},$$

所求概率为

$$P(A)=\frac{L(A)}{L(S)}=\frac{1-\dfrac{1}{2}\times\dfrac{4}{5}\times\dfrac{4}{5}}{1\times 1}=\frac{17}{25}.$$

例 8 在区间$[0,L]$上任指定两点. 试求两点之间的距离不超过 a 的概率$(L>0,0<a<L)$.

解 设两点分别为 x,y,则 $0\leqslant x\leqslant L,0\leqslant y\leqslant L$,于是

$$S=\{(x,y)\mid 0\leqslant x\leqslant L,0\leqslant y\leqslant L\},$$

设

$$A=\text{“两点之间的距离不超过 }a\text{”}=\{(x,y)\mid |x-y|\leqslant a,(x,y)\in S\},$$

由题意知,问题等价于向区域 S 内任意投掷质点,求质点落入区域 A 的概率. 所以

$$P(A)=\frac{L(A)}{L(S)}=\frac{L^2-2\times\frac{1}{2}(L-a)^2}{L^2}=1-(1-\frac{a}{L})^2=\frac{2a}{L}-\frac{a^2}{L^2}.$$

例 9　将长度为 a 的棒任折为 3 段,求它们能构成三角形的概率.

解　方法一　取此棒为数轴上的区间$[0,a]$,折断点的坐标为 x,y,则必有$0<x<a,0<y<a$. 这相当于 xOy 平面中的点(x,y)落于边长为 a 的正方形中,故所有基本事件 $\Omega=\{(x,y)\mid 0<x<a,0<y<a\}$.

所谓能构成三角形,即任意两边之和应大于第三边.

当 $y>x$ 时,所折三段长度分别为 $x,y-x,a-y$,能构成三角形的条件为

$$x<\frac{a}{2},y>\frac{a}{2},y-x<\frac{a}{2};$$

当 $x>y$ 时,所折三段长度分别为 y, $x-y,a-x$,能构成三角形的条件为

$$y<\frac{a}{2},x>\frac{a}{2},x-y<\frac{a}{2};$$

故事件"能构成三角形"的实际度量有图 1-1a中阴影部分,所以

$$P=\frac{2}{8}=0.25.$$

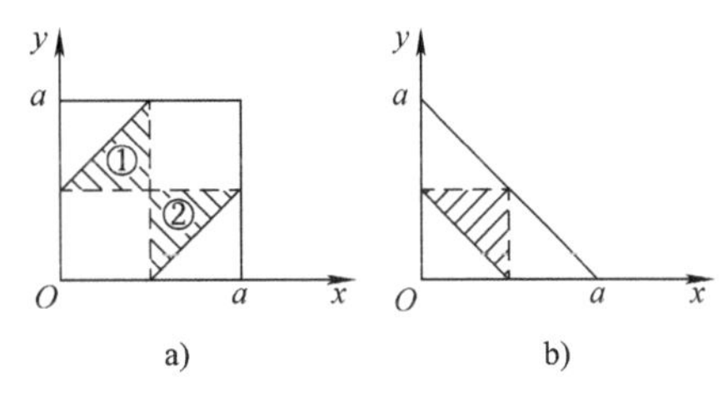

图　1-1

方法二　设三段长度分别为 $x,y,a-x-y$,则 $\Omega=\{(x,y)\mid x>0,y>0,0<x+y<a\}$,有利事件取值$\begin{cases}x+y>a-x-y,\\x+a-x-y>y,\\y+a-x-y>x\end{cases}\Rightarrow\begin{cases}x+y>\frac{a}{2},\\y<\frac{a}{2},\\x<\frac{a}{2},\end{cases}$

其实际度量有图 1-1b 中阴影部分,故事件"能构成三角形"的概率为 $P=\frac{1}{4}=0.25$.

第四节　利用概率的性质求复杂事件的概率

例 1　从佩戴号码为 1 ~10 的 10 名乒乓球运动员中任意选出 4 人参加比赛. 求比赛的 4 人中至少有一人号码为奇数的概率.

解　设 C = 比赛的 4 人中至少有一人号码为奇数,从 10 人中任选 4 人,每种不同的选法即为一基本事件,故基本事件总数为 C_{10}^4. 令 B_i = 比赛的 4 人中恰有 i 个偶数号码$(i=3,4)$. 由于事件 B_i 发生意味着比赛的 4 人中有 i 个是从佩戴偶数号码的 5 名运动员选出,而其余 $4-i$ 个只能从佩戴奇数号码的 5 名运动员中任意

选出. 故事件 B_i 所含基本事件数为 $C_5^iC_5^{4-i}(i=3,4)$. $P(B_i)=\frac{C_5^iC_5^{4-i}}{C_{10}^4}(i=3,4)$,因 $\overline{C}=B_4$,于是

$$P(C)=1-P(\overline{C})=1-P(B_4)=1-\frac{C_5^4}{C_{10}^4}=\frac{41}{42}$$

(有人按下列方法做,至少有一个号码为奇数,就任选出一个奇数,其他三个从9个号码中任选,$P(C)=\frac{C_5^1C_9^3}{C_{10}^4}=2$,这显然错了,错在这种计算是有重复的,例如:先选出1,然后选3,2,4与先选出3,然后选出1,2,4两个是同样的). 求 $P(C)$时,也可将 C 表示成互不相容的事件之和,即 $C_1+C_2+C_3+C_4$,其中 C_i = 比赛的4人中恰有 i 个奇数号码$(i=1,2,3,4)$. 分别求出 $P(C_i)$后再利用概率的有限可加性便得到$P(C)$,即

$$P(C_i)=\frac{C_5^iC_5^{4-i}}{C_{10}^4}\quad(i=0,1,2,3,4),$$

且 $$C=C_1+C_2+C_3+C_4,\ C_1,C_2,C_3,C_4 \text{ 互不相容},$$

则 $$P(C)=P(C_1)+P(C_2)+P(C_3)+P(C_4)=\frac{41}{42}.$$

例2 一部四卷文集,按任意次序放到书架的同一层上,问各卷自左向右或自右向左的卷号顺序恰好为1,2,3,4的概率是多少?

解 设 A = 各卷自左向右或自右向左的卷号顺序恰好为1,2,3,4. 根据题意知,基本事件总数为 $n=4!$,事件 A 包含的基本事件个数为 $m=2$,于是 $P(A)=\frac{m}{n}=\frac{2}{4!}=\frac{1}{12}$.

例3 从52张扑克牌(一副扑克牌,去掉大小王)中任意抽取两张,试求:(1)两张点数相同的概率;(2)两张同花的概率.

解 设 A = 两张点数相同,B = 两张同花, 根据题意知

(1)$P(A)=\frac{C_{13}^1C_4^2}{C_{52}^2}=\frac{1}{17}$. (2)$P(B)=\frac{C_4^1C_{13}^2}{C_{52}^2}=\frac{4}{17}$.

例4 设某市的电话号码由六位数字组成,试求电话号码由完全不同数字组成的概率.

解 设 A = 电话号码由完全不同数字组成, 电话号码的每一位为0~9这十个数字之一,所以

$$P(A)=\frac{A_{10}^6}{10^6}=0.1512.$$

例 5　袋中装有编号 1 ~8 的 8 个球,从中任取 3 个,试求:(1)最小号码为偶数的概率;(2)至少有一奇数号码的概率.

解　(1)设 A = 最小号码为偶数,A_i = 最小号码恰为 $i(i=2,4,6)$,则 $A=A_2+A_4+A_6$,且 A_2,A_4,A_6 互不相容,$P(A_2)=\dfrac{C_6^2}{C_8^3}=\dfrac{15}{56}$, $P(A_4)=\dfrac{C_4^2}{C_8^3}=\dfrac{6}{56}$, $P(A_6)=\dfrac{C_2^2}{C_8^3}=\dfrac{1}{56}$,于是 $P(A)=P(A_2)+P(A_4)+P(A_6)=\dfrac{22}{56}=\dfrac{11}{28}$.

(2)设 B = 至少有一奇数号码,则 $\overline{B}$ = 没有奇数号码 =3 个全是偶数号码,

$$P(\overline{B})=\frac{C_4^3}{C_8^3}=\frac{1}{14},$$

于是

$$P(B)=1-P(\overline{B})=1-\frac{1}{14}=\frac{13}{14}.$$

例 6　投掷四颗匀称的骰子,求:(1)不出现相同点数的概率;(2)奇数点与偶数点均出现的概率.

解　(1)设 A = 不出现相同点数,则 $P(A)=\dfrac{A_6^4}{6^4}=\dfrac{5}{18}$.

(2)设 B = 奇数点与偶数点均出现,C_1 = 出现的全是奇数点,C_2 = 出现的全是偶数点,则

$$B=\overline{C_1+C_2},P(C_1)=\frac{3^4}{6^4}=\frac{1}{16},P(C_2)=\frac{3^4}{6^4}=\frac{1}{16},$$

所以

$$P(B)=P(\overline{C_1+C_2})=1-P(C_1+C_2)=1-\frac{1}{8}=\frac{7}{8}.$$

例 7　500 件产品中有 50 件次品,从中任取 20 件. 试求:(1)恰取到 10 件次品的概率; (2)至少取到两件次品的概率.

解　(1)设 A = 恰取到 10 件次品,则 $P(A)=\dfrac{C_{50}^{10}C_{450}^{10}}{C_{500}^{20}}$.

(2)设 B = 至少取到两件次品,C_i = 恰取到 i 件次品$(i=0,1)$,则 $B=\overline{C_0+C_1}$,

所以

$$P(B)=P(\overline{C_0+C_1})=1-P(C_0+C_1)=1-\frac{C_{450}^{20}+C_{450}^{19}C_{50}^{1}}{C_{500}^{20}}.$$

例 8　从 0 ~9 这 10 个数中有放回地取三次,每次取 1 个,将三次取出的数依次构成一个号码,求所取 3 个数恰排成三位的奇数的概率.

解　设 A = 恰排成三位的奇数,则 $P(A)=\dfrac{C_9^1C_{10}^1C_5^1}{10^3}=0.45$.

例 9　盒中有 12 只晶体管,其中 8 只正品,4 只次品. 从中任取两次,每次取 1

只(不放回). 求:(1)取出2只正品晶体管的概率;(2)恰取出1只正品晶体管的概率.

解　(1)设 A = 取出2只正品晶体管,则 $P(A)=\dfrac{A_8^2}{A_{12}^2}=\dfrac{14}{33}$.

(2)设 B = 恰取出1只正品晶体管,则 $P(B)=\dfrac{C_8^1C_4^1}{C_{12}^2}=\dfrac{16}{33}$.

例10　某城有 N 部卡车,车牌号从1到 N,有一个外地人到该城去,把遇到的 n 部车子的牌号抄下来(可能重复抄到某些车牌号),求抄到的最大号码正好为 k $(1\leqslant k\leqslant N)$ 的概率.

解　设 A_k = 抄到的最大号码正好为 k,B_k = 抄到的最大号码不超过 k,B_{k-1} = 抄到的最大号码不超过 $k-1$,则明显有 $A_k=B_k-B_{k-1}$,而且 $B_k\supset B_{k-1}$,$P(B_k)=\dfrac{k^n}{N^n}$,因此最后得到 $P(A_k)=P(B_k)-P(B_{k-1})=\dfrac{k^n-(k-1)^n}{N^n}(1\leqslant k\leqslant N)$.

例11　一袋中装有 $N-1$ 只黑球及1只白球,每次从袋中随机地摸出一球,并换入一只黑球,这样继续下去,求第 k 次摸球时,摸到黑球的概率.

解　设 A = 第 k 次摸到黑球,则 $\overline{A}$ = 第 k 次摸到白球,因为袋中只有一只白球,而每次摸出白球总是换入黑球,故为了第 k 次摸到白球,则前面的 $k-1$ 次一定不能摸到白球. 因此 $\overline{A}$ 等价于下列事件:在前 $k-1$ 次摸球时都摸出黑球,第 k 次摸出白球,这一事件的概率为

$$P(\overline{A})=\frac{(N-1)^{k-1}\times 1}{N^k}=\left(1-\frac{1}{N}\right)^{k-1}\times\frac{1}{N},$$

所以

$$P(A)=1-P(\overline{A})=1-\left(1-\frac{1}{N}\right)^{k-1}\frac{1}{N}.$$

例12　某人写好 n 封信,又写好 n 只信封,然后在黑暗中把每封信放入一只信封中,试求至少有一封信放对的概率.

解　设 A = 至少有一封信放对,A_i = 第 i 封信与信封符合 $(i=1,2,\cdots,n)$,

则有

$$A=A_1+A_2+\cdots+A_n,$$

不难求得 $P(A_i)=\dfrac{(n-1)!}{n!}=\dfrac{1}{n}$,$P(A_iA_j)=\dfrac{(n-2)!}{n!}=\dfrac{1}{n(n-1)}$,

$$P(A_iA_jA_k)=\frac{(n-3)!}{n!}=\frac{1}{n(n-1)(n-2)},\cdots,\quad P(A_1A_2\cdots A_n)=\frac{1}{n!},$$

因此 $P(A)=P(A_1+A_2+\cdots+A_n)$

$$=C_n^1\frac{1}{n}-C_n^2\frac{1}{n(n-1)}+C_n^3\frac{1}{n(n-1)(n-2)}-\cdots+(-1)^{n-1}\frac{1}{n!}$$

$$= 1 - \frac{1}{2!} + \frac{1}{3!} - \cdots + (-1)^{n-1}\frac{1}{n!} = \sum_{k=1}^{n}\frac{(-1)^{k-1}}{k!}.$$

例 13　某班有 N 个战士,每人各有 1 支枪,这些枪外形完全一样,在一次夜间紧急集合中,若每人随机地取走 1 支枪,试求:(1)至少有 1 个人拿到自己的枪的概率;(2)恰好有 $k(0\leqslant k\leqslant N)$ 个人拿到自己的枪的概率.

解　(1)设 A = 至少有 1 个人拿到自己的枪,A_i = 第 i 个战士拿到自己的枪 $(i=1,2,\cdots,N)$,则有 $A=A_1+A_2+\cdots+A_N$,不难求得

$$P(A_i) = \frac{(N-1)!}{N!} = \frac{1}{N}, P(A_iA_j) = \frac{(N-2)!}{N!} = \frac{1}{N(N-1)},$$

$$P(A_iA_jA_k) = \frac{(N-3)!}{N!} = \frac{1}{N(N-1)(N-2)}, \cdots, P(A_1A_2\cdots A_n) = \frac{1}{N!},$$

因此 $P(A) = P(A_1+A_2+\cdots+A_N)$

$$= C_N^1\frac{1}{N} - C_N^2\frac{1}{N(N-1)} + C_N^3\frac{1}{N(N-1)(N-2)} - \cdots + (-1)^{N-1}\frac{1}{N!}$$

$$= 1 - \frac{1}{2!} + \frac{1}{3!} - \cdots + (-1)^{N-1}\frac{1}{N!} = \sum_{k=1}^{N}\frac{(-1)^{k-1}}{k!}.$$

(2)B = 每个人都没拿到自己的枪 $=\overline{A}=\overline{A_1}\ \overline{A_2}\cdots\overline{A_N}$,由(1)得

$$P(B) = P(\overline{A}) = 1 - P(A) = 1 - \sum_{k=1}^{N}\frac{(-1)^{k-1}}{k!} = \sum_{k=0}^{N}\frac{(-1)^k}{k!},$$

设 B_k = 恰好有 $k(0\leqslant k\leqslant N)$ 个人拿到自己的枪,k 个指定的战士拿到自己的枪的概率是 $p_1=\frac{1}{A_N^k}$,其余 $N-k$ 个战士都没拿到自己的枪的概率为 $p_2=\sum_{j=0}^{N-k}\frac{(-1)^j}{j!}$. 恰有 k 个战士拿到自己的枪,则这 k 个可以是 N 个中任意 k 个,从 N 个战士中选出 k 个共有 C_N^k 种选法,所以所求概率为

$$P(B_k) = C_N^k\frac{1}{A_N^k}\sum_{j=0}^{N-k}\frac{(-1)^j}{j!} = \frac{1}{k!}\sum_{j=0}^{N-k}\frac{(-1)^j}{j!}.$$

例 14　n 个人每人携带一件礼品参加联欢会. 联欢会开始后,先把所有的礼品编号,然后每人各抽一个号码,按号码领取礼品. 求所有参加联欢会的人都得到别人赠送的礼品的概率.

解　设 B = 每人都得到别人赠送的礼品,A = 至少有一人得到自己带来的礼品,A_i = 第 i 个人得到自己带来的礼品$(i=1,2,\cdots,n)$,则有

$$A=A_1+A_2+\cdots+A_n, B=\overline{A}.$$

不难求得 $P(A_i)=\frac{(n-1)!}{n!}=\frac{1}{n}, P(A_iA_j)=\frac{(n-2)!}{n!}=\frac{1}{n(n-1)},$

$$P(A_iA_jA_k)=\frac{(n-3)!}{n!}=\frac{1}{n(n-1)(n-2)},\cdots,\ P(A_1A_2\cdots A_n)=\frac{1}{n!},$$

因此 $P(A)=P(A_1+A_2+\cdots+A_n)$

$$=C_n^1\frac{1}{n}-C_n^2\frac{1}{n(n-1)}+C_n^3\frac{1}{n(n-1)(n-2)}-\cdots+(-1)^{n-1}\frac{1}{n!}$$

$$=1-\frac{1}{2!}+\frac{1}{3!}-\cdots+(-1)^{n-1}\frac{1}{n!}=\sum_{k=1}^{n}\frac{(-1)^{k-1}}{k!}.$$

所以

$$P(B)=P(\overline{A})=1-\sum_{k=1}^{n}\frac{(-1)^{k-1}}{k!}=\sum_{k=0}^{n}\frac{(-1)^{k}}{k!}.$$

例 15 一列火车共有 n 节车厢，有 $k(k\geqslant n)$ 个旅客上火车并随意地选择车厢. 求每一节车厢内至少有一个旅客的概率.

解 设 A = 每一节车厢内至少有一个旅客，A_i = 第 i 节车厢内至少有一个旅客 $(i=1,2,\cdots,n)$，则 $A=A_1A_2\cdots A_n$，$\overline{A_i}$ = 第 i 节车厢内没有旅客 $(i=1,2,\cdots,n)$，$\overline{A}$ = 至少有一节车厢是空的，则有

$$P(\overline{A_i})=\frac{(n-1)^k}{n^k},P(\overline{A_i}\,\overline{A_j})=\frac{(n-2)^k}{n^k},\cdots,P(\overline{A_1}\,\overline{A_2}\cdots\overline{A_n})=\frac{(n-n)^k}{n^k},$$

因此 $P(\overline{A})=P(\overline{A_1}+\overline{A_2}+\cdots+\overline{A_n})$

$$=C_n^1\frac{(n-1)^k}{n^k}-C_n^2\frac{(n-2)^k}{n^k}+\cdots+(-1)^{n-1}C_n^n\frac{(n-n)^k}{n^k}$$

$$=\sum_{i=1}^{n}(-1)^{i-1}C_n^i\frac{(n-i)^k}{n^k},$$

于是

$$P(A)=1-P(\overline{A})=1-\sum_{i=1}^{n}(-1)^{i-1}C_n^i\frac{(n-i)^k}{n^k}$$

$$=\sum_{i=0}^{n}(-1)^{i}C_n^i\frac{(n-i)^k}{n^k}.$$

例 16 考试时共有 N 张考签，n 个学生参加抽签考试 $(n\geqslant N)$，每人抽一个考签，被抽过的考签立刻放回，求在考试结束后，至少有一张考签没被抽到的概率.

解 设 B = 至少有一张考签没被抽到，B_i = 第 i 张考签没被抽到 $(i=1,2,\cdots,N)$，则

$$B=B_1+B_2+\cdots+B_N,$$

因此

$$P(B_i)=\frac{(N-1)^n}{N^n},P(B_iB_j)=\frac{(N-2)^n}{N^n},\cdots,P(B_1B_2\cdots B_N)=\frac{(N-N)^n}{N^n}.$$

所以 $P(B)=P(B_1+B_2+\cdots+B_N)$

$$=C_N^1\frac{(N-1)^n}{N^n}-C_N^2\frac{(N-2)^n}{N^n}+\cdots+(-1)^{N-1}C_N^N\frac{(N-N)^n}{N^n}$$

$$=\sum_{i=1}^{N}(-1)^{i-1}C_N^i\frac{(N-i)^n}{N^n}.$$

例 17　将 n 个不同的球随机放入 $N(N\leqslant n)$ 个盒中，每个球以相同的概率被放入每盒中，每盒容纳球数不限，求下列事件的概率：(1) A = 每盒不空；(2) B = 恰有 m 个盒子是空的，$m<N$；(3) C = 某指定的 k 个盒中都有球.

解　(1)A = 每盒不空. 设 D = 至少有一个空盒，B_i = 第 i 个盒子中没球($i=1,2,\cdots,N$)，则

$$D=B_1+B_2+\cdots+B_N, A=\overline{D}.$$

因此

$$P(B_i)=\frac{(N-1)^n}{N^n}, P(B_iB_j)=\frac{(N-2)^n}{N^n},\cdots,$$

$$P(B_1B_2\cdots B_N)=\frac{(N-N)^n}{N^n}.$$

所以

$$\begin{aligned}P(D)&=P(B_1+B_2+\cdots+B_N)\\&=\mathrm{C}_N^1\frac{(N-1)^n}{N^n}-\mathrm{C}_N^2\frac{(N-2)^n}{N^n}+\cdots+(-1)^{N-1}\mathrm{C}_N^N\frac{(N-N)^n}{N^n}\\&=\sum_{i-1}^{N}(-1)^{i-1}\mathrm{C}_N^i\frac{(N-i)^n}{N^n},\end{aligned}$$

于是

$$\begin{aligned}P(A)&=P(\overline{D})=1-P(D)\\&=1-\sum_{i=1}^{N}(-1)^{i-1}\mathrm{C}_N^i\frac{(N-i)^n}{N^n}\\&=\sum_{i=0}^{N}(-1)^{i}\mathrm{C}_N^i\frac{(N-i)^n}{N^n}.\end{aligned}$$

(2)B = 恰有 m 个盒子是空的，则有

$$P(B)=\mathrm{C}_N^m\frac{(N-m)^n}{N^n}\sum_{i=0}^{N-m}(-1)^i\mathrm{C}_{N-m}^i\frac{(N-m-i)^n}{(N-m)^n}.$$

(3)C = 某指定的 k 个盒中都有球，C_i = 某指定的 k 个盒中第 i 个盒子中没球($i=1,2,\cdots,k$)，E = 某指定的 k 个盒中至少有一个空盒，则

$$C=\overline{E},\ E=C_1+C_2+\cdots+C_k.$$

所以

$$P(E)=P(C_1+C_2+\cdots+C_k)=\sum_{i=1}^{k}(-1)^{i-1}\mathrm{C}_N^i\frac{(N-i)^n}{N^n}.$$

于是

$$\begin{aligned}P(C)&=P(\overline{E})=1-P(E)\\&=1-\sum_{i=1}^{k}(-1)^{i-1}\mathrm{C}_N^i\frac{(N-i)^n}{N^n}\\&=\sum_{i=0}^{k}(-1)^{i}\mathrm{C}_N^i\frac{(N-i)^n}{N^n}.\end{aligned}$$

例 18　设 A,B 为任意事件，证明不等式

$$|P(AB)-P(A)P(B)|\leqslant[P(A)(1-P(A))]^{\frac{1}{2}}[P(B)(1-P(B))]^{\frac{1}{2}}.$$

证 (1)若 $P(AB)-P(A)P(B)\geqslant 0$,由于

$$P(AB)-P(A)P(B)\leqslant P(A)-P(A)P(B)=P(A)(1-P(B)),$$

$$P(AB)-P(A)P(B)\leqslant P(B)-P(A)P(B)=P(B)(1-P(A)),$$

综合这两个不等式,得

$$[P(AB)-P(A)P(B)]^2\leqslant P(A)(1-P(B))\cdot P(B)(1-P(A)),$$

即得 $|P(AB)-P(A)P(B)|\leqslant[P(A)(1-P(A))]^{\frac{1}{2}}[P(B)(1-P(B))]^{\frac{1}{2}}$.

(2)若 $P(AB)-P(A)P(B)\leqslant 0$,由

$$P(A)+P(B)-P(AB)=P(A+B)\leqslant 1,$$

得

$$-P(AB)\leqslant 1-P(A)-P(B),$$

由此得

$$\begin{aligned}0&\leqslant P(A)P(B)-P(AB)\\&\leqslant P(A)P(B)+1-P(A)-P(B)\\&=(1-P(A))(1-P(B)),\end{aligned}$$

显然

$$0\leqslant P(A)P(B)-P(AB)\leqslant P(A)P(B),$$

综合这两个不等式,得

$$[P(A)P(B)-P(AB)]^2\leqslant(1-P(A))(1-P(B))\cdot P(A)P(B),$$

即得 $|P(AB)-P(A)P(B)|\leqslant[P(A)(1-P(A))]^{\frac{1}{2}}[P(B)(1-P(B))]^{\frac{1}{2}}$.

第五节 条件概率与乘法公式、全概率公式与贝叶斯公式

例1 设 $P(A)=a,P(B)=b(b>0)$,试证 $P(A\mid B)\geqslant\dfrac{a+b-1}{b}$.

证 由 $1\geqslant P(A+B)=P(A)+P(B)-P(AB)=a+b-P(AB)$,得 $P(AB)\geqslant a+b-1$,于是 $P(A\mid B)=\dfrac{P(AB)}{P(B)}\geqslant\dfrac{a+b-1}{b}$.

例2 从52张扑克牌中,不放回地抽取3次,每次取一张. 求第三次才取到"黑桃"的概率.

解 设 A=第三次才取到"黑桃",B_i=第 i 次抽取时取到"黑桃",则 $A=\overline{B_1}\,\overline{B_2}B_3$,

$$\begin{aligned}P(A)&=P(\overline{B_1}\,\overline{B_2}B_3)=P(\overline{B_1})P(\overline{B_2}\mid\overline{B_1})P(B_3\mid\overline{B_1}\,\overline{B_2})\\&=\frac{39}{52}\times\frac{38}{51}\times\frac{13}{50}=\frac{741}{51\times 100}=0.1453.\end{aligned}$$

例3 袋中有5只红球和3只白球. 从中任取3只球,已知取出有红球,求至多取到1只白球的概率.

解　设 A=取出的3只球中有红球，B=至多取到1只白球，B_i=恰取出 i 只白球（$i=0,1,2,3$），则有 $A=\overline{B_3}=B_0+B_1+B_2, B=B_0+B_1$，$P(B_i)=\dfrac{C_3^iC_5^{3-i}}{C_8^3}$，所以所求概率为

$$P(B|A)=\frac{P(AB)}{P(A)}=\frac{P(B_0+B_1)}{P(B_0+B_1+B_2)}=\frac{C_5^3+C_3^1C_5^2}{C_5^3+C_3^1C_5^2+C_3^2C_5^1}=\frac{8}{11}.$$

例4　一盒内装有10个乒乓球，其中有8个新球. 第一次比赛时任意取出2个球，赛后仍放回盒中；第二次比赛时同样任取2个球，试求第二次取的2个球全是新球的概率.

解　设 A=第二次取的2个球全是新球，B_i=第一次比赛时恰取出 i 个新球（$i=0,1,2$），根据题设条件知

$$P(B_i)=\frac{C_8^iC_2^{2-i}}{C_{10}^2}, P(A|B_i)=\frac{C_{8-i}^2}{C_{10}^2}(i=0,1,2),$$

由全概率公式得

$$P(A)=\sum_{i=0}^{2}P(B_i)P(A|B_i)=\sum_{i=0}^{2}\frac{C_8^iC_2^{2-i}}{C_{10}^2}\cdot\frac{C_{8-i}^2}{C_{10}^2}=\frac{784}{45^2}=0.3872.$$

例5　三门火炮同时炮击一艘敌舰（每炮发射一弹）. 设击中敌舰一、二、三发炮弹的概率分别为0.3，0.5，0.1，而敌舰中弹一、二、三发时被击沉的概率分别为0.2，0.6，1. 求敌舰被击沉的概率.

解　设 A=敌舰被击沉，B_i=击中敌舰 i 发炮弹（$i=1,2,3$），根据题设条件知 $P(B_1)=0.3$，$P(B_2)=0.5$，$P(B_3)=0.1$，$P(A|B_1)=0.2$，$P(A|B_2)=0.6$，$P(A|B_3)=1$，由全概率公式得

$$P(A)=\sum_{i=1}^{3}P(B_i)P(A|B_i)=0.3\times0.2+0.5\times0.6+0.1\times1=0.46.$$

例6　设某昆虫产 k 个卵的概率为 $\dfrac{e^{-\lambda}\lambda^k}{k!}$（$\lambda>0$ 为常数，$k=0,1,2,\cdots$）. 每个卵能孵化成幼虫的概率为 $p(0<p<1)$，且各个卵能否孵化成幼虫是相互独立的，求：(1)该昆虫有后代的概率；(2)该昆虫养出 i 只幼虫的概率；(3)若某昆虫养出了 i 只幼虫，求它产了 k 个卵的概率.

解　(1)设 A=该昆虫有后代，B_k=该昆虫产 k 个卵（$k=0,1,2,\cdots$），易知，事件组 $B_0,B_1,B_2,\cdots,B_n,\cdots$ 是一完备事件组，则

$$P(B_k)=\frac{e^{-\lambda}\lambda^k}{k!}\quad(k=0,1,2,\cdots),$$

$\overline{A}$= 该昆虫没有后代=每个卵都没孵化成幼虫，则有

$$P(\overline{A}\mid B_k)=(1-p)^k\quad(k=0,1,2,\cdots),$$

由全概率公式得

$$P(\overline{A})=\sum_{k=0}^{+\infty}P(B_k)P(\overline{A}\mid B_k)=\sum_{k=0}^{+\infty}\frac{\mathrm{e}^{-\lambda}\lambda^k}{k!}(1-p)^k=\mathrm{e}^{-\lambda}\sum_{k=0}^{+\infty}\frac{[\lambda(1-p)]^k}{k!}$$

$$=\mathrm{e}^{-\lambda}\cdot\mathrm{e}^{\lambda(1-p)}=\mathrm{e}^{-\lambda p}(\text{这里用到了公式 }\mathrm{e}^x=\sum_{k=0}^{+\infty}\frac{x^k}{k!}),$$

从而

$$P(A)=1-P(\overline{A})=1-\mathrm{e}^{-\lambda p}.$$

或者 $P(A\mid B_k)=\sum_{i=1}^{k}\mathrm{C}_k^ip^i(1-p)^{k-i}=1-(1-p)^k\quad(k=1,2,\cdots),$

$$P(A)=\sum_{k=1}^{\infty}P(B_k)P(A\mid B_k)=\sum_{k=1}^{\infty}\frac{\mathrm{e}^{-\lambda}\lambda^k}{k!}[1-(1-p)^k]$$

$$=\mathrm{e}^{-\lambda}[(\mathrm{e}^{\lambda}-1)-(\mathrm{e}^{\lambda(1-p)}-1)]=1-\mathrm{e}^{-\lambda p}.$$

(2)设 $A_i=$ 该昆虫养出 i 只幼虫，由全概率公式得

$$P(A_i)=\sum_{k=0}^{\infty}P(B_k)P(A_i\mid B_k)=\sum_{k=i}^{\infty}P(B_k)P(A_i\mid B_k)$$

$$=\sum_{k=i}^{\infty}\frac{\mathrm{e}^{-\lambda}\lambda^k}{k!}\mathrm{C}_k^ip^i(1-p)^{k-i}$$

$$=\frac{(\lambda p)^i}{i!}\mathrm{e}^{-\lambda}\sum_{k=i}^{\infty}\frac{[\lambda(1-p)]^{k-i}}{(k-i)!}=\frac{(\lambda p)^i}{i!}\mathrm{e}^{-\lambda}\mathrm{e}^{\lambda(1-p)}$$

$$=\frac{(\lambda p)^i}{i!}\mathrm{e}^{-\lambda p}\quad(i=0,1,2,\cdots).$$

$$P(A)=P(\overline{A_0})=1-P(A_0)=1-\mathrm{e}^{-\lambda p}.$$

(3)由贝叶斯公式，得

$$P(B_k\mid A_i)=\frac{P(B_k)P(A_i\mid B_k)}{P(A_i)}=\frac{\frac{\lambda^k}{k!}\mathrm{e}^{-\lambda}\mathrm{C}_k^ip^i(1-p)^{k-i}}{\frac{(\lambda p)^i}{i!}\mathrm{e}^{-\lambda p}}$$

$$=\frac{[\lambda(1-p)]^{k-i}}{(k-i)!}\mathrm{e}^{-\lambda(1-p)}\quad(i=0,1,2,\cdots;k=i,i+1,\cdots).$$

例 7 甲袋中装有 4 只红球，2 只白球，乙袋中装有 2 只红球，3 只白球. 从甲袋中任取 2 只球放入乙袋中，然后再从乙袋中任意取出 1 只是红球. 试求甲袋中取出的 2 只全是红球的概率.

解 设 $A=$从乙袋中任意取出一只是红球，$B_i=$从甲袋取出的 2 只球中有 i 只红球($i=0,1,2$)，根据题设条件知

$$P(B_i)=\frac{C_4^i C_2^{2-i}}{C_6^2},\ P(A\mid B_i)=\frac{C_{2+i}^1}{C_7^1}\quad(i=0,1,2),$$

利用贝叶斯公式得所求概率为

$$P(B_2\mid A)=\frac{P(B_2)P(A\mid B_2)}{\sum\limits_{i=0}^{2}P(B_i)P(A\mid B_i)}=\frac{12}{25}.$$

例 8　已知 100 只集成电路中不合格品数从 0 ~ 3 是等可能的. 从中任意取出 4 只,经检测均为合格品,求此 100 只集成电路没有不合格品的概率.

解　设 A = 取出 4 只均为合格品, B_i = 100 只集成电路中有 i 只不合格品($i=0,1,2,3$),根据题设条件知

$$P(B_i)=\frac{1}{4},\ P(A\mid B_i)=\frac{C_{100-i}^4}{C_{100}^4}\quad(i=0,1,2,3),$$

利用贝叶斯公式得所求概率为 $P(B_0\mid A)=\dfrac{P(B_0)P(A\mid B_0)}{\sum\limits_{i=0}^{3}P(B_i)P(A\mid B_i)}=0.2656.$

例 9　某工厂生产的产品合格率是 0.96. 为确保出厂产品质量,需要进行检查,由于直接检查带有破坏性,因此使用一种非破坏性的但不完全准确的简化检查法. 经试验知一个合格品用简化检查法获准出厂的概率是 0.98, 而一个废品用简化检查法获准出厂的概率是 0.05. 求使用这种简化检查法时,获得出厂许可的产品是合格品的概率及未获得出厂许可的产品是废品的概率.

解　设 A = 产品获准出厂, $\overline{A}$ = 产品未获准出厂, B = 产品是合格品, $\overline{B}$ = 产品是不合格品,根据题设条件知 $P(B)=0.96$, $P(\overline{B})=0.04$, $P(A\mid B)=0.98$, $P(A\mid\overline{B})=0.05$,利用贝叶斯公式得所求概率为

$$\begin{aligned}P(B\mid A)&=\frac{P(B)P(A\mid B)}{P(B)P(A\mid B)+P(\overline{B})P(A\mid\overline{B})}\\&=\frac{0.96\times0.98}{0.96\times0.98+0.04\times0.05}=0.9979;\end{aligned}$$

$$\begin{aligned}P(\overline{B}\mid\overline{A})&=\frac{P(\overline{B})P(\overline{A}\mid\overline{B})}{P(\overline{B})P(\overline{A}\mid\overline{B})+P(B)P(\overline{A}\mid B)}\\&=\frac{0.04\times0.95}{0.04\times0.95+0.96\times0.02}=0.6643.\end{aligned}$$

例 10　已知 $P(A)=\dfrac{1}{4}, P(B|A)=\dfrac{1}{3}, P(A|B)=\dfrac{1}{2}$, 求 $P(B)$, $P(A+B)$ 和 $P(A\overline{B})$.

解　$P(AB)=P(A)P(B|A)=\dfrac{1}{4}\times\dfrac{1}{3}=\dfrac{1}{12},$

$$P(B)=\frac{P(AB)}{P(A|B)}=\frac{\frac{1}{12}}{\frac{1}{2}}=\frac{1}{6},$$

$$P(A+B)=P(A)+P(B)-P(AB)=\frac{1}{4}+\frac{1}{6}-\frac{1}{12}=\frac{1}{3},$$

$$P(A\overline{B})=P(A)-P(AB)=\frac{1}{4}-\frac{1}{12}=\frac{1}{6}.$$

例 11 掷一颗骰子两次,以 x 和 y 分别表示先后掷出的点数,记 $A=\{x+y<10\}$,$B=\{x>y\}$,求:$P(B|A)$和 $P(A|B)$.

解 $P(A)=\frac{30}{36}=\frac{5}{6}$,$P(B)=\frac{15}{36}=\frac{5}{12}$,$P(AB)=\frac{13}{36}$,

$$P(B|A)=\frac{P(AB)}{P(A)}=\frac{13}{30},$$

$$P(A|B)=\frac{P(AB)}{P(B)}=\frac{13}{15}.$$

例 12 设某种动物能活过 10 岁的概率是 0.8,而能活过 15 岁的概率是 0.5,求:现为过 10 岁的这种动物能活过 15 岁的概率.

解 $P\{X>15\mid X>10\}=\frac{P\{X>15,X>10\}}{P\{X>10\}}=\frac{P\{X>15\}}{P\{X>10\}}=\frac{0.5}{0.8}=\frac{5}{8}$.

例 13 设工厂 A 和工厂 B 的产品次品率分别为 1% 和 2%,现从由 A 和 B 的产品分别 60% 和 40% 的一批产品中随机抽取一件,发现是次品,则求该次品属工厂 A 生产的概率.

解 设 A = 抽取的为工厂 A 产品,B = 抽取的为工厂 B 产品,C = 抽取的产品为次品,则

$$P(A)=60\%,P(B)=40\%,P(C\mid A)=1\%,P(C\mid B)=2\%,$$

故

$$P(A\mid C)=\frac{P(A)P(C\mid A)}{P(A)P(C\mid A)+P(B)P(C\mid B)}=\frac{60\%\times1\%}{60\%\times1\%+40\%\times2\%}=\frac{3}{7}.$$

例 14 有三个袋子,第一个袋子中有 4 只黑球、1 只白球,第二个袋子中有 3 只黑球、3 只白球,第三个袋子中有 3 只黑球、5 只白球,现随机地取一个袋子,再从中取出一只球,则此球是白球的概率是多少? 已知取出的球是白球,则此球从第二个袋子中取出的概率是多少?

解 设 A = 取出的球是白球, B_i = 取出第 i 个袋子的球,$i=1,2,3$,则

$$P(B_i)=\frac{1}{3},P(A\mid B_1)=\frac{1}{5},P(A\mid B_2)=\frac{3}{6},P(A\mid B_3)=\frac{5}{8},$$

故

$$P(A)=P(B_1)P(A|B_1)+P(B_2)P(A|B_2)+P(B_3)P(A|B_3)$$
$$=\frac{1}{3}\times\frac{1}{5}+\frac{1}{3}\times\frac{3}{6}+\frac{1}{3}\times\frac{5}{8}=\frac{53}{120};$$

$$P(B_2|A)=\frac{P(B_2)P(A|B_2)}{P(B_1)P(A|B_1)+P(B_2)P(A|B_2)+P(B_3)P(A|B_3)}=\frac{\frac{1}{6}}{\frac{53}{120}}=\frac{20}{53}.$$

例 15　有朋友自远方来访,他乘火车、轮船、汽车、飞机来的概率分别是 0.3, 0.2,0.1,0.4,如果他乘火车、轮船、汽车来的话,迟到的概率分别是$\frac{1}{4}$,$\frac{1}{3}$,$\frac{1}{12}$,而乘飞机不会迟到,结果是他迟到了,试问:他乘火车来的概率是多大?

解　设 A = 他迟到,B_1 = 他乘火车,B_2 = 他乘轮船,B_3 = 他乘汽车,B_4 = 他乘飞机,则

$$P(B_1)=0.3,P(B_2)=0.2,P(B_3)=0.1,P(B_4)=0.4,$$
$$P(A|B_1)=\frac{1}{4},P(A|B_2)=\frac{1}{3},P(A|B_3)=\frac{1}{12},P(A|B_4)=0,$$

$$P(B_1|A)=\frac{P(B_1)P(A|B_1)}{P(B_1)P(A|B_1)+P(B_2)P(A|B_2)+P(B_3)P(A|B_3)+P(B_4)P(A|B_4)}$$
$$=\frac{0.3\times\frac{1}{4}}{0.3\times\frac{1}{4}+0.2\times\frac{1}{3}+0.1\times\frac{1}{12}}=\frac{1}{2}.$$

例 16　从装有 r 只红球、b 只黑球的袋子中随机取出一球,记下颜色后放回袋中,并加进 c 只同色球. 如此共取 n 次. 求第 n 次取时得红球的概率.

解　设 A_k =“第 k 次取时得红球”, B_k =“第 k 次取时得黑球”,$k=1,2,\cdots,n$. 易知

$$P(A_1)=\frac{r}{r+b},P(B_1)=\frac{b}{r+b};$$

由全概率公式得

$$P(A_2)=P(A_1)P(A_2|A_1)+P(B_1)P(A_2|B_1)$$
$$=\frac{r}{r+b}\cdot\frac{r+c}{r+b+c}+\frac{b}{r+b}\cdot\frac{r}{r+b+c}=\frac{r}{r+b},$$

即有 $P(A_2)=P(A_1)$,类似地可得出 $P(B_2)=P(B_1)$.

利用已得结果,得

$$P(A_3|A_1)=\frac{r+c}{r+b+c},P(A_3|B_1)=\frac{r}{r+b+c}$$

(第一次取球之后的第 2 次取球);

由全概率公式

$$P(A_3)=P(A_1)P(A_3|A_1)+P(B_1)P(A_3|B_1)$$
$$=\frac{r}{r+b}\cdot\frac{r+c}{r+b+c}+\frac{b}{r+b}\cdot\frac{r}{r+b+c}=\frac{r}{r+b},$$

即有 $P(A_3)=P(A_2)=P(A_1)$，类似地可得出 $P(B_3)=P(B_2)=P(B_1)$.

假设第 $k-1$ 次取球时，结果成立，利用归纳法假设，

$$P(A_k\mid A_1)=\frac{r+c}{r+b+c},P(A_k\mid B_1)=\frac{r}{r+b+c}$$

（看成第一次取球之后的第 $k-1$ 次取球），
由全概率公式

$$P(A_k)=P(A_1)P(A_k\mid A_1)+P(B_1)P(A_k\mid B_1)$$
$$=\frac{r}{r+b}\cdot\frac{r+c}{r+b+c}+\frac{b}{r+b}\cdot\frac{r}{r+b+c}=\frac{r}{r+b},$$

于是 $P(A_k)=\frac{r}{r+b}$，同理可得 $P(B_k)=\frac{b}{r+b}$. 故

$$P(A_n)=\frac{r}{r+b},P(B_n)=\frac{b}{r+b},n=1,2,\cdots.$$

若取 $c=0$，模型描述的就是有放回取球，对此模型自然有 $P(A_k)=\frac{r}{r+b}$，$P(B_k)=\frac{b}{r+b}$；若取 $c=-1$，模型描述的就是无放回取球，对此模型则有 $P(A_k)=\frac{r}{r+b}$，$P(B_k)=\frac{b}{r+b}$. 这两种情形是我们已知的结论，可以作为对一般情形的验证理解.

第六节 事件的独立性

例1 设事件 A 与 B 相互独立，且 $P(A)=\frac{1}{3}$，$P(B)=\frac{1}{2}$. 求 $P(\overline{AB})$ 与 $P(\overline{A+B})$.

解 由题设条件得 $P(\overline{AB})=1-P(AB)=1-P(A)P(B)=1-\frac{1}{3}\times\frac{1}{2}=\frac{5}{6}$；

$$P(\overline{A+B})=P(\bar{A}\bar{B})=P(\bar{A})P(\bar{B})=\left(1-\frac{1}{3}\right)\times\left(1-\frac{1}{2}\right)=\frac{1}{3}.$$

例2 加工某种零件需经四道工序. 已知第一、二、三、四道工序的次品率分别为 0.03，0.02，0.06，0.04. 若各道工序的加工是相互独立的，求加工产出的一个零件是次品的概率.

解 设 A = 加工产出的一个零件是次品，B_i = 第 i 道工序加工成次品

$(i=1,2,3,4)$,则 $A=B_1+B_2+B_3+B_4$ 且 B_1,B_2,B_3,B_4 相互独立,则

$$P(A)=P(B_1+B_2+B_3+B_4)=1-P(\overline{B_1})P(\overline{B_2})P(\overline{B_3})P(\overline{B_4})$$
$$=1-(1-0.03)\times(1-0.02)\times(1-0.06)\times(1-0.04)=0.1422.$$

例3　四人同时射击一目标,他们击中目标的概率分别是0.5,0.3,0.4,0.2,试求目标被击中的概率.

解　设 A = 目标被击中, B_i = 第 i 个人击中目标$(i=1,2,3,4)$,则 $A=B_1+B_2+B_3+B_4$; B_1,B_2,B_3,B_4 相互独立,则

$$P(A)=P(B_1+B_2+B_3+B_4)=1-P(\overline{B_1})P(\overline{B_2})P(\overline{B_3})P(\overline{B_4})$$
$$=1-(1-0.5)\times(1-0.3)\times(1-0.4)\times(1-0.2)=0.832.$$

例4　袋中装有 r 只红球,w 只白球,从中做有放回地抽取,每次取一球,直到取得红球为止. 求恰好 n 次取得白球的概率.

解　设 A = 恰好 n 次取得白球, W_i = 第 i 次取得白球,R_i = 第 i 次取得红球, $P(W_i)=\dfrac{w}{r+w}$, $P(R_i)=\dfrac{r}{r+w}(i=1,2,\cdots)$,根据题意知 $A=W_1W_2\cdots W_nR_{n+1}$,且 $W_1,W_2,\cdots,W_n,R_{n+1}$ 相互独立,从而

$$P(A)=P(W_1)P(W_2)\cdots P(W_n)P(R_{n+1})=\left(\frac{w}{r+w}\right)^n\frac{r}{r+w}.$$

例5　已知事件 A,B,C 相互独立,$P(A)=0.3$,$P(B)=0.4$,$P(C)=0.8$,求 $P(C-(A-B))$.

解
$$\begin{aligned}P(C-(A-B))&=P(C-A\overline{B})=P(C\overline{A\overline{B}})=P(C(\overline{A}+B))\\&=P(C\overline{A}+CB)=P(C\overline{A})+P(CB)-P(C\overline{A}CB)\\&=P(C)P(\overline{A})+P(C)P(B)-P(\overline{A})P(B)P(C)\\&=P(C)P(\overline{A})+P(C)P(B)P(A)\\&=P(C)[1-P(A)+P(B)P(A)]\\&=0.8\times0.7+0.8\times0.4\times0.3=0.656.\end{aligned}$$

或
$$\begin{aligned}P(C-(A-B))&=P(C-C(A-B))=P(C-CA\overline{B})\\&=P(C)-P(CA\overline{B})=P(C)-P(C)P(A)P(\overline{B})\\&=P(C)[1-P(A)P(\overline{B})]=0.8(1-0.3\times0.6)\\&=0.8\times0.82=0.656.\end{aligned}$$

或
$$\begin{aligned}P(C-(A-B))&=P(C-A\overline{B})=P(C\overline{A\overline{B}})=P(C(\overline{A}+B))\\&=P(C)P(\overline{A}+B)=P(C)[1-P(\overline{\overline{A}+B})]\\&=P(C)[1-P(A\overline{B})]=P(C)[1-P(A)P(\overline{B})]\\&=0.8(1-0.3\times0.6)=0.8\times0.82=0.656.\end{aligned}$$

注: $C-(A-B)\neq(C-A)+B$.

例6 设某型号的高射炮,每一门炮发射一发炮弹而击中飞机的概率是0.5.问至少需要几门高射炮同时射击(每炮只射一发)才能以99%的把握击中来犯的一架敌机?

解 设需要n门高射炮同时射击才能以99%的把握击中来犯的一架敌机,令A_i=第i门炮击中敌机,A=敌机被击中,则

$$A = A_1 + A_2 + \cdots + A_n = \sum_{i=1}^{n} A_i,$$

$$\begin{aligned}P(A) &= P\left(\sum_{i=1}^{n} A_i\right) = 1 - P\left(\overline{\sum_{i=1}^{n} A_i}\right)\\ &= 1 - P(\overline{A}_1\overline{A}_2\cdots\overline{A}_n) = 1 - P(\overline{A}_1)P(\overline{A}_2)\cdots P(\overline{A}_n)\\ &= 1-(0.5)^n \geqslant 0.99,\end{aligned}$$

于是得$0.01 \geqslant 0.5^n$,$\lg 0.01 \geqslant n\lg 0.5$,$n \geqslant \dfrac{\lg 0.01}{\lg 0.5} \approx 6.644$,取$n=7$.

故至少需要7门高射炮同时射击.

例7 甲、乙、丙三人向同一架飞机射击,设击中的概率分别是0.4,0.5,0.7,若只一人击中,则飞机被击落的概率是0.2;若有两人击中,则飞机被击落的概率是0.6;若有三人击中,则飞机一定被击落.求飞机被击落的概率.

解 设A=飞机被击落,B_i=飞机被i个人击中,A_i=第i个人射击击中飞机$(i=1,2,3)$,由题设条件知,

$$P(A_1)=0.4, P(A_2)=0.5, P(A_3)=0.7,$$

A_1,A_2,A_3相互独立,则

$$P(A \mid B_1) = 0.2, P(A \mid B_2) = 0.6, P(A \mid B_3) = 1,$$

$$B_1 = A_1\overline{A}_2\overline{A}_3 + \overline{A}_1A_2\overline{A}_3 + \overline{A}_1\overline{A}_2A_3,$$

$$B_2 = A_1A_2\overline{A}_3 + A_1\overline{A}_2A_3 + \overline{A}_1A_2A_3, B_3 = A_1A_2A_3,$$

由概率的可加性和事件的独立性得

$$\begin{aligned}P(B_1) &= P(A_1\overline{A}_2\overline{A}_3) + P(\overline{A}_1A_2\overline{A}_3) + P(\overline{A}_1\overline{A}_2A_3)\\ &= P(A_1)P(\overline{A}_2)P(\overline{A}_3) + P(\overline{A}_1)P(A_2)P(\overline{A}_3) + P(\overline{A}_1)P(\overline{A}_2)P(A_3)\\ &= 0.36,\end{aligned}$$

$$\begin{aligned}P(B_2) &= P(A_1A_2\overline{A}_3) + P(A_1\overline{A}_2A_3) + P(\overline{A}_1A_2A_3)\\ &= P(A_1)P(A_2)P(\overline{A}_3) + P(A_1)P(\overline{A}_2)P(A_3) + P(\overline{A}_1)P(A_2)P(A_3)\\ &= 0.41,\end{aligned}$$

$$P(B_3) = P(A_1A_2A_3) = P(A_1)P(A_2)P(A_3) = 0.4 \times 0.5 \times 0.7 = 0.14,$$

由全概率公式得

$$P(A) = \sum_{i=1}^{3} P(B_i)P(A \mid B_i) = 0.36 \times 0.2 + 0.41 \times 0.6 + 0.14 \times 1 = 0.458.$$

例 8 对同一目标进行三次独立射击,第一、二、三次射击的命中概率分别为 0.4,0.5,0.7,试求:(1)在这三次射击中,恰好有一次击中目标的概率;(2)至少有一次击中目标的概率.

解 设 A_i = 第 i 次射击时击中目标($i=1,2,3$),A_1,A_2,A_3 相互独立,则

$$P(A_1)=0.4,P(A_2)=0.5,P(A_3)=0.7.$$

(1)设 B_1 = 恰好有一次击中目标,则 $B_1=A_1\overline{A_2}\,\overline{A_3}+\overline{A_1}A_2\overline{A_3}+\overline{A_1}\,\overline{A_2}A_3$,

于是 $P(B_1)=P(A_1\overline{A_2}\,\overline{A_3})+P(\overline{A_1}A_2\overline{A_3})+P(\overline{A_1}\,\overline{A_2}A_3)$

$$=P(A_1)P(\overline{A_2})P(\overline{A_3})+P(\overline{A_1})P(A_2)P(\overline{A_3})+P(\overline{A_1})P(\overline{A_2})P(A_3)$$

$$=0.4\times0.5\times0.3+0.6\times0.5\times0.3+0.6\times0.5\times0.7=0.36.$$

(2)设 A = 至少有一次击中目标,则 $A=A_1+A_2+A_3$,故

$$P(A)=P(A_1+A_2+A_3)=1-P(\overline{A_1})P(\overline{A_2})P(\overline{A_3})$$

$$=1-0.6\times0.5\times0.3=0.91.$$

例 9 甲、乙均有 n 个硬币,全部掷完后分别计算掷出的正面数. 试求两人掷出的正面数相等的概率.

解 设 A = 两人掷出的正面数相等,A_i = 甲掷出 i 个正面($i=0,1,\cdots,n$),B_j = 乙掷出 j 个正面($j=0,1,\cdots,n$),A_i 与 B_j 相互独立, 显然

$$A=\sum_{i=0}^{n}A_iB_i,$$

于是

$$P(A)=P\left(\sum_{i=0}^{n}A_iB_i\right)=\sum_{i=0}^{n}P(A_i)P(B_i)$$

$$=\sum_{i=0}^{n}\mathrm{C}_n^i\left(\frac{1}{2}\right)^i\left(\frac{1}{2}\right)^{n-i}\mathrm{C}_n^i\left(\frac{1}{2}\right)^i\left(\frac{1}{2}\right)^{n-i}$$

$$=\left(\frac{1}{2}\right)^{2n}\sum_{i=0}^{n}\mathrm{C}_n^i\mathrm{C}_n^{n-i}=\left(\frac{1}{2}\right)^{2n}\mathrm{C}_{2n}^n.$$

例 10 甲、乙两人的射击水平相当,于是约定比赛规则:双方对同一目标轮流射击,若一方失利,另一方可以继续射击,直到有人命中目标为止,命中一方为该轮比赛的优胜者.

你认为先射击者是否一定沾光? 为什么?

解 设甲、乙两人每次命中的概率均为 p,失利的概率为 q($0<p<1,p+q=1$),令 A_i = 第 i 次射击命中目标($i=1,2,\cdots$).

假设甲先发第一枪,则

$$P(\text{甲胜})=P(A_1+\overline{A_1}\,\overline{A_2}A_3+\overline{A_1}\,\overline{A_2}\,\overline{A_3}\,\overline{A_4}A_5+\cdots)$$

$$=P(A_1)+P(\overline{A_1}\,\overline{A_2}A_3)+P(\overline{A_1}\,\overline{A_2}\,\overline{A_3}\,\overline{A_4}A_5)+\cdots$$

$$=p+q^2p+q^4p+\cdots$$

$$=p(1+q^2+q^4+\cdots)=p\frac{1}{1-q^2}=\frac{1}{1+q},$$

又可得
$$P(乙胜)=1-P(甲胜)=1-\frac{1}{1+q}=\frac{q}{1+q},$$

因为$0<q<1$,所以 $P(甲胜)>P(乙胜)$.

综上可知,先射击者沾光的可能性大.

例 11　某单位招工需要四项考核,设能通过第一、第二、第三、第四项考核的概率分别是0.6,0.8,0.91,0.95,且各项考核是独立的,只要有一项不通过即被淘汰,试求:(1)这项招工的淘汰率;(2)虽通过第一、第三项考核,但仍被淘汰的概率.

解　设A=招工被淘汰,B_i=第i项考核通过,$i=1,2,3,4$,则
$$A=\overline{B}_1+\overline{B}_2+\overline{B}_3+\overline{B}_4;B_1,B_2,B_3,B_4 \text{ 相互独立}.$$

$$\begin{aligned}(1)P(A)&=P(\overline{B}_1+\overline{B}_2+\overline{B}_3+\overline{B}_4)\\&=P(\overline{B_1B_2B_3B_4})=1-P(B_1)P(B_2)P(B_3)P(B_4)\\&=1-0.6\times0.8\times0.91\times0.95=0.585;\end{aligned}$$

$$\begin{aligned}(2)P(B_1B_3A)&=P(B_1B_3(\overline{B}_2+\overline{B}_4))\\&=P(B_1B_3(\overline{B_2B_4}))\\&=P(B_1)P(B_3)P(\overline{B_2B_4})=P(B_1)P(B_3)(1-P(B_2)P(B_4))\\&=0.6\times0.91\times(1-0.8\times0.95)=0.131,\end{aligned}$$

$$\begin{aligned}P(A\mid B_1B_3)&=\frac{P(AB_1B_3)}{P(B_1B_3)}=\frac{P(B_1B_3(\overline{B}_2+\overline{B}_4))}{P(B_1B_3)}=P(\overline{B}_2+\overline{B}_4)\\&=P(\overline{B_2B_4})=1-P(B_2)P(B_4)=1-0.8\times0.95=0.24.\end{aligned}$$

例 12　一个袋子中有4只白球和2只黑球,另一个袋子中装有3只白球和5只黑球,如果从两个袋子中各摸一只球,求:(1)两只球都是白球的概率;(2)两只球都是黑球的概率;(3)一只是白球一只是黑球的概率.

解　设A_1=从第一个袋子里摸出白球,A_2=从第二个袋子里摸出白球,A_1,A_2独立,则

$$(1)P(A_1A_2)=P(A_1)P(A_2)=\frac{4}{6}\times\frac{3}{8}=\frac{1}{4};$$

$$(2)P(\overline{A}_1\overline{A}_2)=P(\overline{A}_1)P(\overline{A}_2)=\frac{2}{6}\times\frac{5}{8}=\frac{5}{24};$$

$$\begin{aligned}(3)P(A_1\overline{A}_2+\overline{A}_1A_2)&=P(A_1\overline{A}_2)+P(\overline{A}_1A_2)=P(A_1)P(\overline{A}_2)+P(\overline{A}_1)P(A_2)\\&=\frac{4}{6}\times\frac{5}{8}+\frac{2}{6}\times\frac{3}{8}=\frac{13}{24}.\end{aligned}$$

例 13　在1h内甲、乙、丙三台机床需要维修的概率分别是0.9,0.8,0.85,求:(1)1h内没有一台机床需要维修的概率;(2)1h内至少有一台机床不需要维修的概率;(3)1h内至多有一台机床需要维修的概率.

解　设 A_i = 第 i 台机床需要维修，则

(1) $P(\overline{A}_1\overline{A}_2\overline{A}_3)=P(\overline{A}_1)P(\overline{A}_2)P(\overline{A}_3)$

$=(1-0.9)(1-0.8)(1-0.85)=0.003$;

(2) $P(\overline{A}_1+\overline{A}_2+\overline{A}_3)=P(\overline{A_1A_2A_3})=1-P(A_1A_2A_3)$

$=1-0.9\times0.8\times0.85=0.388$;

(3) $P(\overline{A}_1\overline{A}_2\overline{A}_3+A_1\overline{A}_2\overline{A}_3+\overline{A}_1A_2\overline{A}_3+\overline{A}_1\overline{A}_2A_3)$

$=P(\overline{A}_1)P(\overline{A}_2)P(\overline{A}_3)+P(A_1)P(\overline{A}_2)P(\overline{A}_3)+P(\overline{A}_1)P(A_2)P(\overline{A}_3)+$

$P(\overline{A}_1)P(\overline{A}_2)P(A_3)$

$=(1-0.9)(1-0.8)(1-0.85)+0.9\times(1-0.8)(1-0.85)+$

$(1-0.9)\times0.8\times(1-0.85)+(1-0.9)(1-0.8)\times0.85$

$=0.059$.

例14　三个人独立地破译一个密码，他们各自能破译的概率分别为0.5，0.6，0.8，求：至少两人能将密码破译出来的概率.

解　设 A = 至少有两人将密码译出，A_i = 第 i 个人将密码译出，$i=1,2,3$，由题意知，A_1,A_2,A_3 相互独立，且

$$A=A_1A_2\overline{A}_3+A_1\overline{A}_2A_3+\overline{A}_1A_2A_3+A_1A_2A_3,$$

故由概率的有限可加性和独立的性质得

$P(A)=P(A_1A_2\overline{A}_3)+P(A_1\overline{A}_2A_3)+P(\overline{A}_1A_2A_3)+P(A_1A_2A_3)$

$=P(A_1)P(A_2)P(\overline{A}_3)+P(A_1)P(\overline{A}_2)P(A_3)+P(\overline{A}_1)P(A_2)P(A_3)+$

$P(A_1)P(A_2)P(A_3)$

$=0.5\times0.6\times0.2+0.5\times0.4\times0.8+0.5\times0.6\times0.8+0.5\times0.6\times0.8$

$=0.7$.

例15　已知事件 A,B,C,D 相互独立，且 $P(A)=P(B)=\frac{1}{2}P(C)=\frac{1}{2}P(D)$，$P(A+B+C+D)=\frac{481}{625}$ 求：$P(A)$.

解　由独立性及概率性质得

$$\begin{aligned}&P(\overline{A+B+C+D})\\&=P(\overline{A}\,\overline{B}\,\overline{C}\,\overline{D})\\&=P(\overline{A})P(\overline{B})P(\overline{C})P(\overline{D})\\&=[1-P(A)]^2[1-2P(A)]^2,\end{aligned}$$

而

$$\begin{aligned}&P(\overline{A+B+C+D})\\&=1-P(A+B+C+D)\\&=1-\frac{481}{625}=\frac{144}{625},\end{aligned}$$

得到
$$[1-P(A)][1-2P(A)]=\frac{12}{25},$$
化简得
$$[5P(A)-1][10P(A)-13]=0,$$
得
$$P(A)=\frac{1}{5},\text{或 }P(A)=\frac{13}{10}(\text{舍去}),$$
故
$$P(A)=\frac{1}{5}.$$

例16 设事件 A,B,C 满足条件: $P(A)=a, P(B)=2a, P(C)=3a$, $P(AB)=P(BC)=P(AC)=b$, 试证明: $0\leqslant b\leqslant a\leqslant\frac{1}{4}$.

证 由 $0\leqslant P(AB)\leqslant P(A)$, 得 $0\leqslant b\leqslant a$.

因为
$$P(B+C)=P(B)+P(C)-P(BC)\leqslant 1,$$
所以 $5a-b\leqslant 1$, 从而 $4a\leqslant 5a-b\leqslant 1$, 于是 $a\leqslant\frac{1}{4}$, 故有 $0\leqslant b\leqslant a\leqslant\frac{1}{4}$.

例17 设
$$A_1\subset A_2\subset\cdots\subset A_n\subset A_{n+1}\subset\cdots, B=\sum_{i=1}^{\infty}A_i,$$
试证明: $\lim\limits_{n\to\infty}P(A_n)=P(B)$.

证 设 $B_1=A_1, B_i=A_i-A_{i-1}, i=2,3,\cdots$, 则有 $B_1,B_2,\cdots,B_n,\cdots$ 互不相容, 且有
$$B=\sum_{i=1}^{\infty}B_i, \sum_{i=1}^{n}B_i=A_n,$$
于是
$$P(B)=P\left(\sum_{i=1}^{\infty}B_i\right)=\sum_{i=1}^{\infty}P(B_i)=\lim_{n\to\infty}\sum_{i=1}^{n}P(B_i)$$
$$=\lim_{n\to\infty}P\left(\sum_{i=1}^{n}B_i\right)=\lim_{n\to\infty}P(A_n).$$

例18 设
$$A_1\supset A_2\supset\cdots\supset A_n\supset A_{n+1}\supset\cdots, B=\prod_{i=1}^{\infty}A_i,$$
试证明: $\lim\limits_{n\to\infty}P(A_n)=P(B)$.

证 方法一 由 $A_1\supset A_2\supset\cdots\supset A_n\supset A_{n+1}\supset\cdots$, 得出
$$\overline{A_1}\subset\overline{A_2}\subset\cdots\subset\overline{A_n}\subset\overline{A_{n+1}}\subset\cdots,$$
于是
$$\lim_{n\to\infty}P(\overline{A_n})=P\left(\sum_{i=1}^{\infty}\overline{A_i}\right)=P\left(\overline{\prod_{i=1}^{\infty}A_i}\right),$$

故得
$$\lim_{n\to\infty}P(A_n)=P(\prod_{i=1}^{\infty}A_i);$$

方法二　设 $B_i=A_i-A_{i+1},i=1,2,\cdots$，则有 $B_1,B_2,\cdots,B_n,\cdots$ 互不相容，且有
$$A_1=\sum_{i=1}^{\infty}B_i+\prod_{i=1}^{\infty}A_i,\ \sum_{i=1}^{n}B_i=A_1-A_{n+1},$$
于是
$$P(\sum_{i=1}^{\infty}B_i)=\sum_{i=1}^{\infty}P(B_i)=\lim_{n\to\infty}\sum_{i=1}^{n}P(B_i)$$
$$=\lim_{n\to\infty}P(\sum_{i=1}^{n}B_i)=\lim_{n\to\infty}P(A_1-A_{n+1})=P(A_1)-\lim_{n\to\infty}P(A_{n+1}).$$
从而 $P(A_1)=P(\sum_{i=1}^{\infty}B_i)+P(\prod_{i=1}^{\infty}A_i)=P(A_1)-\lim_{n\to\infty}P(A_{n+1})+P(\prod_{i=1}^{\infty}A_i)$，

故有
$$\lim_{n\to\infty}P(A_{n+1})=P(\prod_{i=1}^{\infty}A_i).$$

例 19　对任意事件 $A_1,A_2,\cdots,A_n,\cdots$，试证明：$P(\sum_{i=1}^{\infty}A_i)\leqslant\sum_{i=1}^{\infty}P(A_i)$.

证　方法一　记 $B_n=\sum_{i=1}^{n}A_i$，显然
$$P(B_n)\leqslant\sum_{i=1}^{n}P(A_i)\leqslant\sum_{i=1}^{\infty}P(A_i),$$
从而成立
$$P(\sum_{i=1}^{\infty}A_i)=P(\sum_{i=1}^{\infty}B_i)=\lim_{n\to\infty}P(B_n)\leqslant\sum_{i=1}^{\infty}P(A_i);$$

方法二　设 $B_1=A_1,B_n=A_n-\sum_{i=1}^{n-1}A_i,n=2,3,\cdots$，则有 $B_1,B_2,\cdots,B_n,\cdots$ 互不相容，且有
$$\sum_{i=1}^{\infty}A_i=\sum_{i=1}^{\infty}B_i,P(B_n)\leqslant P(A_n),$$
于是 $P(\sum_{i=1}^{\infty}A_i)=P(\sum_{i=1}^{\infty}B_i)=\sum_{i=1}^{\infty}P(B_i)\leqslant\sum_{i=1}^{\infty}P(A_i)$.

第二章　随机变量及其分布

第一节　随机变量与随机事件

例1　射击一个目标，直到击中为止. 记 X 为射击的次数，试用随机变量 X 的取值表示下列随机事件：(1)至少射击 20 次才击中目标；(2)击中目标时至多射击了 10 次；(3)恰在奇数次射击时击中目标.

解　根据题意知，随机变量 X 的可能取值为 $1,2,\cdots$，$\{X=k\}$ = 射击进行了 k 次，仅在第 k 次射击时击中目标.

(1)设 A = 至少射击 20 次才击中目标，则 $A=\{X\geqslant 20\}=\sum\limits_{k=20}^{\infty}\{X=k\}$.

(2)设 B = 击中目标时至多射击了 10 次，则 $B=\{X\leqslant 10\}=\sum\limits_{k=1}^{10}\{X=k\}$.

(3)设 C = 恰在奇数次射击时击中目标，则 $C=\sum\limits_{k=1}^{\infty}\{X=2k-1\}$.

例2　记 X 为某微博公共账号 1min 内得到网民的访问次数，试用 X 表示下列事件：(1)1min 内访问 6 次；(2) 1min 内访问次数不多于 6 次；(3)1min 内访问的次数多于 6 次.

解　随机变量 X 的可能取值为 $1,2,\cdots$，$\{X=k\}$ = 1min 内网民的访问次数为 k 次，则：

(1)设 A = 1min 内访问的次数为 6 次，则 $A=\{X=6\}$；

(2)设 B = 1min 内访问的次数不多于 6 次，$B=\{X\leqslant 6\}=\sum\limits_{k=1}^{10}\{X=6\}$；

(3) 设 C = 1min 内访问的次数多于 6 次，$C=\sum\limits_{k=7}^{\infty}\{X=k\}$.

例3　一颗骰子投掷两次，以 X 表示两次所得点数之和，试确定 X 的可能取值.

解　设 $X_1=k_1$，$X_2=k_2$ 分别表示第一次和第二次投掷骰子所得点数，则

$$k_1,k_2\in\{1,2,3,4,5,6\},$$

$$X=k_1+k_2\in\{2,3,4,5,6,7,8,9,10,11,12\}.$$

第二节　分布函数

例 1　将 3 个有区别的球随机地放入木制和纸制的两个盒子中，以 X 表示木盒中的球数，试求随机变量 X 的分布函数.

解　根据题意知 X 的可能取值为 0,1,2,3,则

$$P\{X=0\}=\frac{C_3^0C_3^3}{2^3}=\frac{1}{8},\quad P\{X=1\}=\frac{C_3^1C_2^2}{2^3}=\frac{3}{8},$$

$$P\{X=2\}=\frac{C_3^2C_1^1}{2^3}=\frac{3}{8},\quad P\{X=3\}=\frac{C_3^3C_3^0}{2^3}=\frac{1}{8},$$

于是随机变量 X 的分布函数为

$$F(x)=P\{X\leqslant x\}=\begin{cases}0, & x<0,\\ \frac{1}{8}, & 0\leqslant x<1,\\ \frac{1}{2}, & 1\leqslant x<2,\\ \frac{7}{8}, & 2\leqslant x<3,\\ 1, & x\geqslant 3.\end{cases}$$

例 2　设随机变量 X 的分布函数为

$$F(x)=\begin{cases}a+be^{-x}, & x>0,\\ 0, & x\leqslant 0.\end{cases}$$

(1)确定常数 a,b;(2)求 $P\{X\leqslant\ln 2\}$ 和 $P\{X>1\}$.

解　(1)由分布函数的性质,得

$$1=\lim_{x\to+\infty}F(x)=\lim_{x\to+\infty}(a+be^{-x})=a,$$

$$0=F(0)=\lim_{x\to 0^+}F(x)=\lim_{x\to 0^+}(a+be^{-x})=a+b,$$

所以

$$a=1,b=-1,F(x)=\begin{cases}1-e^{-x}, & x>0,\\ 0, & x\leqslant 0.\end{cases}$$

(2)$P\{X\leqslant\ln 2\}=F(\ln 2)=1-e^{-\ln 2}=1-\frac{1}{2}=\frac{1}{2}$,

$$P\{X>1\}=1-P\{X\leqslant 1\}=1-F(1)=1-(1-e^{-1})=e^{-1}.$$

例 3　已知随机变量 X 的分布函数为

$$F(x)=a+b\arctan x(-\infty<x<+\infty),$$

(1)确定常数 a,b;(2)求 $P\{-1<X\leqslant\sqrt{3}\}$;(3)求 c,使得 $P\{X>c\}=\frac{1}{4}$.

解 (1)由分布函数的性质,得

$$0=\lim_{x\to-\infty}F(x)=\lim_{x\to-\infty}(a+b\arctan x)=a+b\left(-\frac{\pi}{2}\right),$$

$$1=\lim_{x\to+\infty}F(x)=\lim_{x\to+\infty}(a+b\arctan x)=a+b\frac{\pi}{2},$$

于是 $a=\frac{1}{2},b=\frac{1}{\pi},\quad F(x)=\frac{1}{2}+\frac{1}{\pi}\arctan x(-\infty<x<+\infty).$

(2)$P\{-1<X\leqslant\sqrt{3}\}=F(\sqrt{3})-F(-1)$

$$=\left(\frac{1}{2}+\frac{1}{\pi}\arctan\sqrt{3}\right)-\left(\frac{1}{2}+\frac{1}{\pi}\arctan(-1)\right)$$

$$=\frac{1}{\pi}\times\frac{\pi}{3}-\frac{1}{\pi}\times\left(-\frac{\pi}{4}\right)=\frac{7}{12}.$$

(3)由 $P\{X>c\}=1-P\{X\leqslant c\}=1-F(c)=1-\left(\frac{1}{2}+\frac{1}{\pi}\arctan c\right)$,得

$$1-\left(\frac{1}{2}+\frac{1}{\pi}\arctan c\right)=\frac{1}{4},$$

即 $$\frac{1}{\pi}\arctan c=\frac{1}{4},故\ c=1.$$

例4 设 $F_1(x)$,$F_2(x)$分别为随机变量 X_1,X_2 的分布函数,又 $a>0,b>0$,a,b 是两个常数,且 $a+b=1$,证明:$F(x)=aF_1(x)+bF_2(x)$也是某随机变量的分布函数.

证 $F(x)$满足分布函数的基本性质:

$$0\leqslant F(x)=aF_1(x)+bF_2(x)\leqslant a+b=1;$$

单调不减,对于 $x_1<x_2$,$F_1(x_1)\leqslant F_1(x_2)$,$F_2(x_1)\leqslant F_2(x_2)$,故

$$F(x_1)=aF_1(x_1)+bF_2(x_1)\leqslant aF_1(x_2)+bF_2(x_2)=F(x_2),$$

$$F(+\infty)=aF_1(+\infty)+bF_2(+\infty)=a+b=1,$$

$$F(-\infty)=aF_1(-\infty)+bF_2(-\infty)=0,$$

右连续,$F(x_0^+)=aF_1(x_0^+)+bF_2(x_0^+)=aF_1(x_0)+bF_2(x_0)=F(x_0)$,

所以 $F(x)=aF_1(x)+bF_2(x)$是某随机变量的分布函数.

第三节 离散型随机变量及其概率分布

例1 对目标进行射击,直到击中目标为止,若每次击中目标的概率为 $p(0<p<1)$,记 X 为所需射击次数,求随机变量 X 的概率分布律,并计算 X 取奇数的概率.

解　根据题意知，X 只能取可列个可能值，即 $1,2,\cdots,k,\cdots$，且随机变量 X 的概率分布律为

$$P\{X=k\}=(1-p)^{k-1}p\quad(k=1,2,\cdots).$$

$$P\{X\text{取奇数}\}=P\left\{\sum_{k=1}^{\infty}\{X=2k-1\}\right\}=\sum_{k=1}^{\infty}P\{X=2k-1\}$$

$$=\sum_{k=1}^{\infty}(1-p)^{(2k-1)-1}p=p\sum_{k=1}^{\infty}[(1-p)^2]^{(k-1)}$$

$$=p\cdot\frac{1}{1-(1-p)^2}=\frac{1}{2-p}.$$

其中用到了公式 $\sum_{i=0}^{\infty}x^i=\frac{1}{1-x}\quad(|x|<1)$.

例 2　袋中有 1 只白球和 4 只黑球，每次从其中任意取出一只球，观察其颜色后放回，再从中任意取一球，直至取得白球为止，求取球次数 X 的概率分布.

解　随机变量 X 可能取的值为 $1,2,\cdots$，设 A_i = 第 i 次取球时得白球，$P(A_i)=\frac{1}{5}$，$P(\overline{A}_i)=\frac{4}{5}$，根据题意，事件 $\{X=k\}$ 表示“前 $k-1$ 次取出的球都是黑球，第 k 次才取出白球” $=\overline{A}_1\cdots\overline{A}_{k-1}A_k$，$A_1,A_2,\cdots$ 相互独立，所以 X 的分布律为

$$P\{X=k\}=P(\overline{A}_1\cdots\overline{A}_{k-1}A_k)=P(\overline{A}_1)\cdots P(\overline{A}_{k-1})P(A_k)$$

$$=\left(\frac{4}{5}\right)^{k-1}\frac{1}{5}\quad(k=1,2,\cdots).$$

例 3　同时掷两颗匀称的骰子，观察它们出现的点数，求两颗骰子出现的最大点数 X 的分布律.

解　X 的可能取值为 1,2,3,4,5,6；$\{X=1\}$ = 两颗都出现 1 点，$P\{X=1\}=\frac{1^2}{6^2}=\frac{1}{36}$，事件 $\{X=k\}$ = 一颗骰子出现 k 点，另一颗骰子出现的点数小于等于 k = 一颗出现 k 点，另一颗出现的点数小于 k 或两颗都出现 k 点 $(k=2,3,4,5,6)$；

$$P\{X=k\}=\frac{k^2-(k-1)^2}{6^2}=\frac{C_2^1(k-1)+1}{6^2},$$

于是，得 X 的分布律为

X	1	2	3	4	5	6
P	$\frac{1}{36}$	$\frac{3}{36}$	$\frac{5}{36}$	$\frac{7}{36}$	$\frac{9}{36}$	$\frac{11}{36}$

例 4　将红、白、黑三只球随机地逐个放入编号为 1,2,3 的三个盒内(每盒容纳球的个数不限),以 X 表示有球盒子的最小号码,求随机变量 X 的分布律与分布函数.

解　根据题意知,随机变量 X 可能取的值为 1,2,3; $P\{X=3\}=\frac{1^3}{3^3}=\frac{1}{27}$,

$$P\{X=2\}=\frac{2^3-1^3}{3^3}=\frac{7}{27},\quad P\{X=1\}=\frac{3^3-2^3}{3^3}=\frac{19}{27},$$

则随机变量 X 的分布律为

X	1	2	3
P	$\frac{19}{27}$	$\frac{7}{27}$	$\frac{1}{27}$

则 X 的分布函数为 $F(x)=\sum\limits_{x_k\leqslant x}P\{X=x_k\}=\begin{cases}0, & x<1,\\ \frac{19}{27}, & 1\leqslant x<2,\\ \frac{26}{27}, & 2\leqslant x<3,\\ 1, & x\geqslant 3.\end{cases}$

例 5　某射手欲对一目标进行射击,每次一发子弹. 设他每次射中目标的概率为 $p(0<p<1)$,规定:一旦目标被击中 2 次或射击了 5 次就停止射击. 记 X 为停止射击时,射手所消耗的子弹数目,求随机变量 X 的分布律.

解　根据题意知,随机变量 X 可能取的值为 2,3,4,5;A_i = 第 i 次射击时射中目标,$P(A_i)=p(i=1,2,3,4,5)$,A_1,A_2,A_3,A_4,A_5 相互独立.

$$\{X=2\}=A_1A_2,P\{X=2\}=P(A_1)P(A_2)=p^2;$$

$$\{X=3\}=A_1\overline{A}_2A_3+\overline{A}_1A_2A_3,$$

$$\begin{aligned}P\{X=3\}&=P(A_1\overline{A}_2A_3)+P(\overline{A}_1A_2A_3)\\&=\mathrm{C}_2^1p(1-p)\cdot p=2p^2(1-p),\end{aligned}$$

$$\{X=4\}=A_1\overline{A}_2\overline{A}_3A_4+\overline{A}_1A_2\overline{A}_3A_4+\overline{A}_1\overline{A}_2A_3A_4,$$

$$\begin{aligned}P\{X=4\}&=P(A_1\overline{A}_2\overline{A}_3A_4)+P(\overline{A}_1A_2\overline{A}_3A_4)+P(\overline{A}_1\overline{A}_2A_3A_4)\\&=\mathrm{C}_3^1p(1-p)^2\cdot p=3p^2(1-p)^2,\end{aligned}$$

$$\{X=5\}=A_1\overline{A}_2\overline{A}_3\overline{A}_4+\overline{A}_1A_2\overline{A}_3\overline{A}_4+\overline{A}_1\overline{A}_2A_3\overline{A}_4+\overline{A}_1\overline{A}_2\overline{A}_3A_4+\overline{A}_1\overline{A}_2\overline{A}_3\overline{A}_4,$$

$$\begin{aligned}P\{X=5\}&=P(A_1\overline{A}_2\overline{A}_3\overline{A}_4)+P(\overline{A}_1A_2\overline{A}_3\overline{A}_4)+P(\overline{A}_1\overline{A}_2A_3\overline{A}_4)+P(\overline{A}_1\overline{A}_2\overline{A}_3A_4)+\\&\quad P(\overline{A}_1\overline{A}_2\overline{A}_3\overline{A}_4)\\&=\mathrm{C}_4^1p(1-p)^3+(1-p)^4=(1-p)^3(3p+1),\end{aligned}$$

或　$P\{X=5\}=1-[P\{X=2\}+P\{X=3\}+P\{X=4\}]$

$$
\begin{aligned}
&=1-[p^2+2p^2(1-p)+3p^2(1-p)^2]\\
&=(1-p)[1+p-2p^2-3p^2(1-p)]\\
&=(1-p)[(1-p)(1+2p)-3p^2(1-p)]\\
&=(1-p)(1-p)[(1+2p)-3p^2]\\
&=(1-p)(1-p)[(1-p)(1+3p)]=(1-p)^3(1+3p),
\end{aligned}
$$

于是随机变量 X 的分布律为

X	2	3	4	5
P	p^2	$2p^2(1-p)$	$3p^2(1-p)^2$	$(1+3p)(1-p)^3$

例 6 已知离散型随机变量 X 的分布函数为

$$
F(x)=\begin{cases}0, & x<1,\\ 0.2, & 1\leqslant x<3,\\ 0.7, & 3\leqslant x<4,\\ 1, & x\geqslant 4.\end{cases}
$$

求 X 的分布律,并计算 $P\{X<4\mid X\neq 3\}$.

解 X 的可能取值为 $F(x)$ 的分段点,故由 $F(x)$ 的表达式知 X 的可能取值为 1,3,4;而 X 取每一个可能值的概率为 $F(x)$ 在该分段点的跳跃度,即

$$
p_k=P\{X=x_k\}=F(x_k)-F(x_k-0),
$$

故得 X 的分布律为

$$
\begin{aligned}
&P\{X=1\}=F(1)-F(1-0)=0.2-0=0.2;\\
&P\{X=3\}=F(3)-F(3-0)=0.7-0.2=0.5;\\
&P\{X=4\}=F(4)-F(4-0)=1-0.7=0.3.
\end{aligned}
$$

于是由条件概率公式,得

$$
P\{X<4\mid X\neq 3\}=\frac{P\{X<4,X\neq 3\}}{P\{X\neq 3\}}=\frac{P\{X=1\}}{1-P\{X=3\}}=\frac{0.2}{1-0.5}=\frac{2}{5}.
$$

例 7 有甲、乙两炮向同一目标轮流射击,直至有一炮击中目标为止. 甲、乙两炮击中的概率分别为 0.3 和 0.7,规定甲炮先射,以 X 和 Y 分别表示甲、乙两炮所用炮弹数. 试写出 X 和 Y 的分布律.

解 以 A_i 和 B_i 分别表示甲、乙在第 i 轮射击中击中目标. 显然 X,Y 是离散型随机变量.

根据题意知

$$
\{X=1\}=A_1+\overline{A}_1B_1,
$$

$$
\begin{aligned}
P\{X=1\}&=P(A_1)+P(\overline{A}_1B_1)\\
&=P(A_1)+P(\overline{A}_1)P(B_1)=0.79;
\end{aligned}
$$

$$\{X=2\}=\overline{A}_1\overline{B}_1A_2+\overline{A}_1\overline{B}_1\overline{A}_2B_2,$$

$$P\{X=2\}=[P(A_2)+P(\overline{A_2})P(B_2)]P(\overline{A_1})P(\overline{B_1})=0.79\times0.21;$$

$$\vdots$$

$$\{X=k\}=\overline{A}_1\overline{B}_1\cdots\overline{A}_{k-1}\overline{B}_{k-1}A_k+\overline{A}_1\overline{B}_1\cdots\overline{A}_{k-1}\overline{B}_{k-1}\overline{A}_kB_k,$$

$$P\{X=k\}=[P(A_k)+P(\overline{A}_k)P(B_k)]P(\overline{A}_1\overline{B}_1\cdots\overline{A}_{k-1}\overline{B}_{k-1})$$
$$=0.79\times0.21^{k-1},$$

于是,X 的分布律为　$P\{X=k\}=0.79\times(0.21)^{k-1}\quad(k=1,2,\cdots)$.

Y 的可能取值为 $0,1,2,\cdots$, $\{Y=0\}=A_1$, $P\{Y=0\}=P(A_1)=0.3$;

$$\{Y=1\}=\overline{A}_1B_1+\overline{A}_1\overline{B}_1A_2,P\{Y=1\}=P(\overline{A}_1B_1)+P(\overline{A}_1\overline{B}_1A_2)=0.553;$$

$$P\{Y=2\}=P(\overline{A}_1\overline{B}_1\overline{A}_2B_2+\overline{A}_1\overline{B}_1\overline{A}_2\overline{B}_2A_3)=[P(\overline{A}_2B_2)+P(\overline{A}_2\overline{B}_2A_3)]P(\overline{A}_1\overline{B}_1)$$
$$=0.553\times0.21,$$

$$\vdots$$

$$P\{Y=k\}=[P(\overline{A}_kB_k)+P(\overline{A}_k\overline{B}_kA_{k+1})]P(\overline{A}_1\overline{B}_1\cdots\overline{A}_{k-1}\overline{B}_{k-1})$$
$$=0.553\times0.21^{k-1},$$

于是, Y 的分布律为 $P\{Y=0\}=0.3,P\{Y=k\}=0.553\times(0.21)^{k-1}\quad(k=1,2,\cdots)$.

例8　甲、乙两名篮球队员独立地轮流投篮,直至某人投中为止. 今让甲先投,如果甲投中的概率为0.4,乙投中的概率为0.6. 求各队员投篮次数的概率分布.

解　设 X,Y 分别表示甲、乙投篮次数,显然 X,Y 是离散型随机变量. 以 A_i 和 B_i 分别表示甲、乙在第 i 轮投篮中投中篮圈;根据题意知

$$P\{X=1\}=P(A_1)+P(\overline{A}_1B_1)=P(A_1)+P(\overline{A}_1)P(B_1)=0.76;$$

$$P\{X=2\}=P(\overline{A}_1\overline{B}_1A_2+\overline{A}_1\overline{B}_1\overline{A}_2B_2)$$
$$=[P(A_2)+P(\overline{A}_2)P(B_2)]P(\overline{A}_1)P(\overline{B}_1)=0.76\times0.24;$$

$$\vdots$$

$$P\{X=k\}=P(\overline{A}_1\overline{B}_1\cdots\overline{A}_{k-1}\overline{B}_{k-1}A_k+\overline{A}_1\overline{B}_1\cdots\overline{A}_{k-1}\overline{B}_{k-1}\overline{A}_kB_k)$$
$$=[P(A_k)+P(\overline{A}_k)P(B_k)]P(\overline{A}_1\overline{B}_1\cdots\overline{A}_{k-1}\overline{B}_{k-1})$$
$$=0.76\times(0.24)^{k-1},$$

于是,X 的分布律为 $P\{X=k\}=0.76\times(0.24)^{k-1}(k=1,2,\cdots)$.

Y 的可能取值为 $0,1,2,\cdots,P\{Y=0\}=P(A_1)=0.4$;

$$P\{Y=1\}=P(\overline{A}_1B_1+\overline{A}_1\overline{B}_1A_2)$$
$$=P(\overline{A}_1B_1)+P(\overline{A}_1\overline{B}_1A_2)=0.456;$$

$$P\{Y=2\}=P(\overline{A}_1\overline{B}_1\overline{A}_2B_2+\overline{A}_1\overline{B}_1\overline{A}_2\overline{B}_2A_3)$$

$$= [P(\overline{A}_2B_2) + P(\overline{A}_2\overline{B}_2A_3)]P(\overline{A}_1\overline{B}_1) = 0.456 \times 0.24;$$

$$\vdots$$

$$P\{Y = k\} = [P(\overline{A}_kB_k) + P(\overline{A}_k\overline{B}_kA_{k+1})]P(\overline{A}_1\overline{B}_1\cdots\overline{A}_{k-1}\overline{B}_{k-1})$$

$$= 0.456 \times 0.24^{k-1},$$

于是，Y 的分布律为 $P\{Y=0\}=0.4, P\{Y=k\}=0.456\times(0.24)^{k-1}\quad(k=1,2,\cdots)$.

例 9　将 n 个不同的球随机放入 N 个盒中，直至某指定的盒中有球为止. 设每个球被等可能地放入每个盒中，每盒容纳球数不限. 求放球次数 X 的概率分布律.

解　根据题意知，X 的可能取值为 $1,2,\cdots,k,\cdots,n$，当 $1\leqslant k<n$ 时，$\{X=k\}=$ 前 $k-1$ 次都没放入指定盒中，第 k 次才放入指定盒中，$P\{X=k\}=\left(\frac{N-1}{N}\right)^{k-1}\frac{1}{N}$，当 $k=n$ 时，$\{X=n\}=$ 前 $n-1$ 次都没放入指定盒中，第 n 次放入指定盒中，或没放入指定盒中，则有

$$P\{X = n\} = \left(\frac{N-1}{N}\right)^{n-1}\left(\frac{1}{N}+\frac{N-1}{N}\right) = \left(\frac{N-1}{N}\right)^{n-1},$$

于是，X 的分布律为 $P\{X=k\}=\begin{cases}\frac{1}{N}\left(\frac{N-1}{N}\right)^{k-1}, & k=1,2,\cdots,n-1,\\ \left(\frac{N-1}{N}\right)^{n-1}, & k=n.\end{cases}$

例 10　设一批产品中有 M 件正品，N 件次品. 现进行 n 次有放回的抽样检查，设 X 为取到的次品数，求 X 的概率分布律.

解　根据题意可知，X 的概率分布律为

$$P\{X = k\} = \mathrm{C}_n^k\left(\frac{N}{M+N}\right)^k\left(\frac{M}{M+N}\right)^{n-k}\quad(k = 0,1,2,\cdots,n).$$

例 11　设随机变量 X 的分布函数为

$$F(x) = \begin{cases}0, & x<0,\\ 0.4, & 0\leqslant x<1,\\ 0.8, & 1\leqslant x<2,\\ 1, & x\geqslant 2,\end{cases}$$

求随机变量 X 的概率分布律.

解　X 的可能取值为 $F(x)$ 的分段点，故由 $F(x)$ 的表达式知 X 的可能取值为 $0,1,2$；而 X 取每一可能取值的概率为 $F(x)$ 在该分段点的跳跃度：

$$p_k = P\{X = x_k\} = F(x_k) - F(x_k - 0),$$

故得 X 的分布律为

$$P\{X=0\}=F(0)-F(0-0)=0.4-0=0.4;$$
$$P\{X=1\}=F(1)-F(1-0)=0.8-0.4=0.4;$$
$$P\{X=2\}=F(2)-F(2-0)=1-0.8=0.2.$$

例 12 已知离散型随机变量 X 的分布函数为

$$F(x)=\begin{cases}0, & x<1,\\ 0.2, & 1\leqslant x<3,\\ 0.7, & 3\leqslant x<4,\\ 1, & x\geqslant 4.\end{cases}$$

求 X 的分布律,并计算 $P\{X<4 \mid X\neq 3\}$.

解 X 的可能取值为 $F(x)$ 的分段点,故由 $F(x)$ 的表达式知 X 的可能取值为 1,3,4;而 X 取每一个可能取值的概率为 $F(x)$ 在该分段点的跳跃度:

$$p_k=P\{X=x_k\}=F(x_k)-F(x_k-0),$$

故得 X 的分布律为

$$P\{X=1\}=F(1)-F(1-0)=0.2-0=0.2;$$
$$P\{X=3\}=F(3)-F(3-0)=0.7-0.2=0.5;$$
$$P\{X=4\}=F(4)-F(4-0)=1-0.7=0.3.$$

于是由条件概率公式,得

$$P\{X<4 \mid X\neq 3\}=\frac{P\{X<4,X\neq 3\}}{P\{X\neq 3\}}=\frac{P\{X=1\}}{1-P\{X=3\}}=\frac{0.2}{1-0.5}=\frac{2}{5}.$$

例 13 盒中有 5 只红球,3 只白球,无放回地每次取出一只球,直到取得红球为止,用 X 表示抽取次数,求 X 的分布律,并计算 $P\{1<X\leqslant 3\}$.

解 根据题意,X 的分布律为

X	1	2	3	4
P	$\frac{5}{8}$	$\frac{3}{8}\times\frac{5}{7}=\frac{15}{56}$	$\frac{3}{8}\times\frac{2}{7}\times\frac{5}{6}=\frac{5}{56}$	$\frac{3}{8}\times\frac{2}{7}\times\frac{1}{6}\times 1=\frac{1}{56}$

$$P\{1<X\leqslant 3\}=P\{X=2\}+P\{X=3\}=\frac{20}{56}=\frac{5}{14}.$$

例 14 盒中有 8 个晶体管,其中 6 个正品,2 个次品(看上去无任何差别),现逐个进行测试,直至把两个次品检验出来为止,以 X 表示需要检测的次数,求 X 的分布律.

解 根据题意,X 的分布律为

X	2	3	4	5
P	$\frac{2}{8}\times\frac{1}{7}=\frac{1}{28}$	$\frac{C_6^1C_2^1}{C_8^2}\times\frac{1}{6}=\frac{2}{28}=\frac{1}{14}$	$\frac{C_6^2C_2^1}{C_8^3}\times\frac{1}{5}=\frac{3}{28}$	$\frac{C_6^3C_2^1}{C_8^4}\times\frac{1}{4}=\frac{4}{28}=\frac{1}{7}$

（续）

X	6	7	8
P	$\frac{C_6^4C_2^1}{C_8^5}\times\frac{1}{3}=\frac{5}{28}$	$\frac{C_6^5C_2^1}{C_8^6}\times\frac{1}{2}=\frac{6}{28}=\frac{3}{14}$	$\frac{C_6^6C_2^1}{C_8^7}\times 1=\frac{7}{28}=\frac{1}{4}$

第四节　二项分布和泊松分布的应用举例

例 1　袋中有 10 件产品，其中 6 件一级品，4 件二级次品，做有放回抽取 5 次，每次取 1 件，求：(1) 恰取到 2 件一级品的概率；(2) 至少取到 4 件一级品的概率.

解　设 A = 取到一级品，$P(A)=0.6$，记 X 为 5 次抽取中取到一级品的次数，则 $X\sim B(5,0.6)$. 于是

(1) B = 恰取到 2 件一级品，则 $P(B)=P\{X=2\}=C_5^2 0.6^2\times 0.4^3=0.2304$.

(2) C = 至少取到 4 件一级品，则 $P(C)=P\{X\geqslant 4\}=P\{X=4\}+P\{X=5\}$

$$=C_5^4 0.6^4\times 0.4^1+C_5^5 0.6^5-0.3370.$$

例 2　射击比赛中规定：每人对目标射击 4 次（每次一发子弹），若全不中得 0 分，只中一弹得 20 分，只中两弹得 40 分，只中三弹得 65 分，全中得 100 分. 设某参赛者每次射击命中目标的概率均为 0.8，以 X 表示该参赛者在比赛中的得分，求随机变量 X 的分布律.

解　设 Y 为 4 次射击中击中目标的次数，则

$$Y\sim B(4,0.8),P\{Y=k\}=C_4^k 0.8^k\times 0.2^{4-k}\quad(k=0,1,2,3,4),$$

根据题意　$\{X=0\}=\{Y=0\},\{X=20\}=\{Y=1\},\cdots,\{X=100\}=\{Y=4\}$，

于是，随机变量 X 的分布律为

X	0	20	40	65	100
P	0.0016	0.0256	0.1536	0.4096	0.4096

例 3　某项试验，成功的概率为 $p(0<p<1)$，失败的概率为 $1-p$，(1) 对该项试验独立重复进行 $n(n\geqslant 2)$ 次，求至少 2 次成功的概率；(2) 独立重复该项试验直至第 2 次成功为止. 设 X 为所进行的试验次数，试求随机变量 X 的分布律，并计算 X 取偶数的概率.

解　(1) 设 A = 至少 2 次成功，则

$$P(A)=\sum_{k=2}^{n}C_n^k p^k(1-p)^{n-k}=1-[C_n^0 p^0(1-p)^n+C_n^1 p(1-p)^{n-1}]$$

$$=1-[(1-p)^n+np(1-p)^{n-1}].$$

(2)设 X = 试验次数,依题意有

$P\{X=k\}=C_{k-1}^{1}p(1-p)^{k-2}p=(k-1)(1-p)^{k-2}p^{2}\quad(k=2,3,\cdots).$

设 B =“恰进行了偶数次试验”,则

$$P(B)=\sum_{m=1}^{\infty}P\{X=2m\}=\sum_{m=1}^{\infty}(2m-1)(1-p)^{2m-2}p^{2}$$
$$=p^{2}\cdot\frac{1+(1-p)^{2}}{[1-(1-p)^{2}]^{2}}=\frac{2-2p+p^{2}}{(2-p)^{2}}.$$

这里用到了公式

$$\sum_{m=1}^{\infty}(2m-1)x^{2m-2}=\left(\sum_{m=1}^{\infty}x^{2m-1}\right)'=\left(x\sum_{m=1}^{\infty}x^{2(m-1)}\right)'$$
$$=\left(\frac{x}{1-x^{2}}\right)'=\frac{1+x^{2}}{(1-x^{2})^{2}}\quad(|x|<1).$$

例4 某车间有5台车床,调查表明,在任一时刻每台车床处于停车状态的概率为0.1,试求在同一时刻,

(1)恰有2台车床处于停车状态的概率;

(2)至少有3台车床处于停车状态的概率;

(3)至多有3台车床处于停车状态的概率;

(4)至少有1台车床处于停车状态的概率.

解 设 X 为在同一时刻车床处于停车状态的台数,由题意知,$X\sim B(5,0.1)$,其分布律为

$$P\{X=k\}=C_{5}^{k}0.1^{k}0.9^{5-k}\quad(k=0,1,2,3,4,5).$$

(1)$P\{X=2\}=C_{5}^{2}0.1^{2}\times0.9^{3}=0.0729.$

(2)$P\{X\geqslant3\}=P\{X=3\}+P\{X=4\}+P\{X=5\}$
$=C_{5}^{3}0.1^{3}\times0.9^{2}+C_{5}^{4}0.1^{4}\times0.9+C_{5}^{5}0.1^{5}=0.00856.$

(3)$P\{X\leqslant3\}=P\{X=0\}+P\{X=1\}+P\{X=2\}+P\{X=3\}$
$=C_{5}^{0}0.1^{0}\times0.9^{5}+C_{5}^{1}0.1^{1}\times0.9^{4}+$
$C_{5}^{2}0.1^{2}\times0.9^{3}+C_{5}^{3}0.1^{3}\times0.9^{2}=0.99954.$

(4)$P\{X\geqslant1\}=1-P\{X=0\}=1-C_{5}^{0}0.1^{0}\times0.9^{5}=0.40951.$

例5 (1)将次品率为0.03的一批集成电路进行包装,每盒100只.求一盒中次品不超过5只的概率;(2)将次品率为0.016的一批集成电路进行包装,要求一盒中至少有100只正品的概率不小于0.9,问一盒至少应装多少只集成电路?

解 (1)设 X 为次品个数,根据题意 $X\sim B(100,0.03)$,A = 一盒中次品不超过5只,则

$$P(A)=P\{X\leqslant5\}=1-P\{X\geqslant6\}=1-\sum_{k=6}^{100}C_{100}^{k}0.03^{k}\times0.97^{100-k}$$

$$\approx 1-\sum_{k=6}^{100}\frac{e^{-3}\times 3^k}{k!}\approx 1-\sum_{k=6}^{\infty}\frac{e^{-3}\times 3^k}{k!}\approx 0.9161.$$

(2)设至少应装 $100+N$ 只集成电路(也就是说装了 $100+N$ 只)，记 X 为次品个数，根据题意 $X\sim B(100+N,p)$，$p=0.016$，$\lambda=(100+N)p\approx 1.6$，设 B = 至少有 100 只正品 = 至多有 N 只次品，则

$$P(B)=P\{0\leqslant X\leqslant N\}$$

$$=\sum_{k=0}^{N}C_{100+N}^{k}p^kq^{100+N-k}\approx\sum_{k=0}^{N}\frac{e^{-1.6}1.6^k}{k!}$$

$$=1-\sum_{k=N+1}^{\infty}\frac{e^{-1.6}1.6^k}{k!}\geqslant 0.9,$$

则
$$\sum_{k=N+1}^{\infty}\frac{e^{-1.6}1.6^k}{k!}\leqslant 0.1,$$

查泊松分布表得，$N+1\geqslant 4$，$N\geqslant 3$，故至少应装 103 只集成电路.

例 6　某厂有同类机床 60 台，假设每台相互独立工作，故障率为 0.02. 要求机床发生故障时不能及时修理的概率小于 0.01，问至少要配备几名工人共同维修?

解　设 X = 发生故障的台数，则 $X\sim B(60,0.02)$，$np=1.2$；设有 x 名工人共同维修，C = 能及时修理 = $\{X\leqslant x\}$，$\overline{C}$ = 不能及时修理，则

$$P(C)=P\{X\leqslant x\}=\sum_{k=0}^{x}P\{X=k\}=\sum_{k=0}^{x}C_{60}^{k}0.02^kq^{60-k}\approx\sum_{k=0}^{x}\frac{e^{-1.2}1.2^k}{k!},$$

$$P(\overline{C})=1-P(C)=1-\sum_{k=0}^{x}\frac{e^{-1.2}1.2^k}{k!}=\sum_{k=x+1}^{\infty}\frac{e^{-1.2}1.2^k}{k!}\leqslant 0.01,$$

查泊松分布表，得 $x+1\geqslant 5$，$x\geqslant 4$，于是，至少要配备 4 名工人共同维修.

例 7　一本 500 页的书，共有 200 个错字. 设每个错字等可能地出现在每一页上. 试求：

(1)指定的一页上至少有一个错字的概率；

(2)指定的一页上不超过两个错字的概率；

(3)指定的一页上恰有一个错字的概率；

解　设 A = 一个错字在指定的一页，则 $P(A)=\dfrac{1}{500}$，设 X 为指定的一页上错字的个数，则 $X\sim B(200,\dfrac{1}{500})$，$np=0.4$.

(1)设 A_1 = 指定的一页上至少有一个错字，则

$$P(A_1)=P\{X\geqslant 1\}=1-P\{X<1\}=1-P\{X=0\}$$

$$=1-C_{200}^{0}\left(\frac{1}{500}\right)^0\left(\frac{499}{500}\right)^{200}\approx 1-\frac{e^{-0.4}0.4^0}{0!}$$

$$= \sum_{k=1}^{\infty} \frac{e^{-0.4}0.4^k}{k!} = 0.32968\ ;$$

或
$$P(A_1) = P\{X \geqslant 1\} = \sum_{k=1}^{200} P\{X = k\}$$

$$\approx \sum_{k=1}^{200} \frac{e^{-0.4}0.4^k}{k!} \approx \sum_{k=1}^{\infty} \frac{e^{-0.4}0.4^k}{k!} = 0.32968.$$

(2)设 $A_2=$ 指定的一页上不超过两个错字,则

$$P(A_2) = P\{X \leqslant 2\} = 1 - P\{X \geqslant 3\}$$

$$\approx 1 - \sum_{k=3}^{200} \frac{e^{-0.4}0.4^k}{k!} \approx 1 - \sum_{k=3}^{\infty} \frac{e^{-0.4}0.4^k}{k!} = 0.9921.$$

(3)设 A_3 =指定的一页上恰有一个错字,则

$$P(A_3) = P\{X = 1\} = P\{X \geqslant 1\} - P\{X \geqslant 2\}$$

$$\approx \sum_{k=1}^{\infty} \frac{e^{-0.4}0.4^k}{k!} - \sum_{k=2}^{\infty} \frac{e^{-0.4}0.4^k}{k!}$$

$$= 0.3297 - 0.0616 = 0.2681.$$

例8　为了保证设备正常工作,需配备适量的维修工.现有同类型设备90台,各台工作是相互独立的,发生故障的概率为0.01,如果一台设备的故障可由一个维修工来处理,现配备3个维修工,试求每人包修30台与3人共同负责90台这两种方案下设备发生故障而不能及时维修的概率.

解　第一种方案:记 A_i = 第 i 个人包修30台设备出故障而不能及时维修 $(i=1,2,3)$,又设在同一时刻第 i 个人包修的30台设备中出故障的台数为 $X_i(i=1,2,3)$,由题意知,$X_i \sim B(30,0.01)(i=1,2,3)$,

$$\lambda = np = 30 \times 0.01 = 0.3,$$

则
$$P(A_i) = P\{X_i \geqslant 2\} = \sum_{k=2}^{30} P\{X_i = k\} = \sum_{k=2}^{30} C_{30}^k 0.01^k 0.99^{30-k}$$

$$\approx \sum_{k=2}^{30} \frac{e^{-0.3}0.3^k}{k!} \approx \sum_{k=2}^{\infty} \frac{e^{-0.3}0.3^k}{k!} = 0.0369 \quad (i = 1,2,3),$$

从而在第一种方案下,90台设备出故障而不能及时维修的概率为

$$P(A_1 + A_2 + A_3) = 1 - P(\overline{A_1}\,\overline{A_2}\,\overline{A_3}) = 1 - P(\overline{A_1})P(\overline{A_2})P(\overline{A_3})$$

$$= 1 - (0.9631)^3 = 0.1067.$$

第二种方案:设90台设备中在同一时刻出故障的台数为 X,则

$$X \sim B(90,0.01), \lambda = np = 90 \times 0.01 = 0.9,$$

所以
$$P\{X \geqslant 4\} = \sum_{k=4}^{90} P\{X = k\} = \sum_{k=4}^{90} C_{90}^k 0.01^k 0.99^{90-k}$$

$$\approx \sum_{k=4}^{90} \frac{e^{-0.9}0.9^k}{k!} \approx \sum_{k=4}^{\infty} \frac{e^{-0.9}0.9^k}{k!} = 0.0135.$$

由于 $0.0135<0.1067$,故知第二种"共同负责"方案比第一种"分块负责"方案要好.

例 9　设一女工照管 800 个纱锭,若每一个纱锭单位时间内纱线被扯断的概率为 0.005,试求单位时间内纱线的扯断次数不大于 10 的概率及最可能的被扯断次数.

解　设纱锭的纱线被扯断的次数为 X,则

$$X \sim B(800,0.005), \lambda = np = 800\times 0.005 = 4,$$

于是 $$P\{X\leqslant 10\} = \sum_{k=0}^{10} P\{X=k\} = \sum_{k=0}^{10} C_{800}^k 0.005^k 0.995^{800-k}$$

$$\approx \sum_{k=0}^{10} \frac{e^{-4}4^k}{k!} = 1 - \sum_{k=11}^{\infty} \frac{e^{-4}4^k}{k!} = 1 - 0.00284 = 0.99716.$$

在二项分布 $X\sim B(n,p)$ 的分布律 $P\{X=k\}=C_n^k p^k(1-p)^{n-k}(k=0,1,\cdots,n)$ 中,若 $(n+1)p$ 为整数, $k=(n+1)p-1$ 或 $(n+1)p$ 时,则 $P\{X=k\}$ 最大; 若 $(n+1)p$ 不是整数, $k=[(n+1)p]$ 时, 则 $P\{X=k\}$ 为最大. 因为 $(800+1)\times 0.005=4.005$ 不是整数,所以在 $[4.005]=4$ 时,$P\{X=4\}=C_{800}^4 0.005^4\times 0.995^{800-4}\approx \frac{e^{-4}4^4}{4!}\approx 0.1954$ 为最大.

所以最可能的扯断次数为 4.

例 10　某电话交换台有 300 个用户,在任何时刻用户是否需要通话是相互独立的,且每个用户需要通话的概率为 $\frac{1}{60}$,设该交换台只有 8 条线路供用户同时使用. 试求在任一给定时刻用户打不通电话的概率.

解　设 X 表示某给定时刻需要通话的用户数,根据题意知

$$X \sim B\left(300,\frac{1}{60}\right), \lambda = np = 300\times\frac{1}{60} = 5,$$

记 A = 在某给定时刻用户打不通电话 = $\{X>8\}$,则

$$P(A) = P\{X>8\} = 1 - P\{X\leqslant 8\} = 1 - \sum_{k=0}^{8} C_{300}^k \left(\frac{1}{60}\right)^k \left(\frac{59}{60}\right)^{300-k}$$

$$\approx 1 - \sum_{k=0}^{8} \frac{e^{-5}5^k}{k!} = \sum_{k=9}^{\infty} \frac{e^{-5}5^k}{k!} \approx 0.068.$$

例 11　设随机变量 X 的分布律为

$$P\{X=k\} = C_n^k p^k (1-p)^{n-k} \quad (k=0,1,\cdots,n, 0<p<1, \text{整数 } n\geqslant 2),$$

试求:$P\{X$ 为奇数$\}$,$P\{X$ 为偶数$\}$.

解 因为 $$\sum_{k=0}^{n} C_n^k p^k (1-p)^{n-k} = [p+(1-p)]^n = 1,$$

$$\sum_{k=0}^{n} C_n^k (-1)^k p^k (1-p)^{n-k} = [(-p)+(1-p)]^n = (1-2p)^n,$$

于是，$2P\{X$ 为奇数$\} = 1-(1-2p)^n$，故 $P\{X$ 为奇数$\} = \dfrac{1-(1-2p)^n}{2}$；

$2P\{X$ 为偶数$\} = 1+(1-2p)^n$，故 $P\{X$ 为偶数$\} = \dfrac{1+(1-2p)^n}{2}$.

例12 假设在某段时间内来百货公司的顾客数服从参数为 λ 的泊松(Poisson)分布，而在百货公司里每个顾客购买电视机的概率为 p，且顾客之间是否购买电视机的概率相互独立，试求：这段时间内百货公司出售 k 台电视机的概率.

解 设 X 表示这段时间内出售的电视机台数，Y 表示顾客数，则

$$\begin{aligned}
P\{X=k\} &= \sum_{m=k}^{\infty} P\{Y=m\}P\{X=k \mid Y=m\} \\
&= \sum_{m=k}^{\infty} \frac{e^{-\lambda}\lambda^m}{m!} C_m^k p^k (1-p)^{m-k} \\
&= e^{-\lambda}\frac{\lambda^k p^k}{k!}\sum_{m=k}^{\infty}\frac{\lambda^{m-k}}{(m-k)!}(1-p)^{m-k} \\
&= e^{-\lambda}\frac{\lambda^k p^k}{k!} e^{\lambda(1-p)} \\
&= e^{-\lambda p}\frac{(\lambda p)^k}{k!},
\end{aligned}$$

即 $X \sim \pi(\lambda p)$.

第五节 连续型随机变量及其概率密度函数

例1 已知随机变量 X 的分布函数为

$$F(x) = \begin{cases} \dfrac{ax}{1+3x}, & x>0, \\ be^x, & x \leqslant 0, \end{cases}$$

试求：(1)确定常数 a,b；(2)随机变量 X 的概率密度 $f(x)$.

解 (1)由 $1 = \lim\limits_{x\to+\infty} F(x) = \lim\limits_{x\to+\infty}\dfrac{ax}{1+3x} = \lim\limits_{x\to+\infty}\dfrac{a}{\dfrac{1}{x}+3} = \dfrac{a}{3}$，得 $a=3$.

由 $F(x)$ 在 $x=0$ 处右连续，得 $b = F(0) = \lim\limits_{x\to 0^+} F(x) = \lim\limits_{x\to 0^+}\dfrac{ax}{1+3x} = 0$.

于是
$$F(x)=\begin{cases}\dfrac{3x}{1+3x}, & x>0,\\ 0, & x\leqslant 0.\end{cases}$$

(2)由 $f(x)=F'(x)$，得 $f(x)=\begin{cases}\dfrac{3}{(1+3x)^2}, & x>0,\\ 0, & x\leqslant 0.\end{cases}$

例 2　已知随机变量 X 的概率密度为 $f(x)=\begin{cases}a+bx, & 0\leqslant x\leqslant 2,\\ 0, & \text{其他},\end{cases}$

且 $P\{X\geqslant 1\}=\dfrac{1}{4}$. (1)确定常数 a,b；(2)求 X 的分布函数.

解　(1)由 $1=\int_{-\infty}^{+\infty}f(x)\mathrm{d}x=\int_0^2(a+bx)\mathrm{d}x=\left(ax+\dfrac{1}{2}bx^2\right)\Big|_0^2=2a+2b$,

$\dfrac{1}{4}=P\{X\geqslant 1\}=\int_1^{+\infty}f(x)\mathrm{d}x=\int_1^2(a+bx)\mathrm{d}x=\left(ax+\dfrac{1}{2}bx^2\right)\Big|_1^2=a+\dfrac{3}{2}b$，得

$\begin{cases}2a+2b=1\\ a+\dfrac{3}{2}b=\dfrac{1}{4}\end{cases}$，于是 $a=1,b=-\dfrac{1}{2}$.

(2)X 的分布函数为 $F(x)=\int_{-\infty}^{x}f(t)\mathrm{d}t=\begin{cases}0, & x<0,\\ x-\dfrac{1}{4}x^2, & 0\leqslant x<2,\\ 1, & x\geqslant 2.\end{cases}$

例 3　设随机变量 X 的概率密度为
$$f(x)=\begin{cases}a\sin x, & 0\leqslant x\leqslant \pi,\\ 0, & \text{其他},\end{cases}$$
(1)确定常数 a；(2)求 X 的分布函数.

解　(1)由
$$\begin{aligned}1&=\int_{-\infty}^{+\infty}f(x)\mathrm{d}x=\int_{-\infty}^{0}f(x)\mathrm{d}x+\int_0^{\pi}f(x)\mathrm{d}x+\int_{\pi}^{+\infty}f(x)\mathrm{d}x\\&=\int_0^{\pi}a\sin x\mathrm{d}x=(-a\cos x)\Big|_0^{\pi}=2a，\text{得 } a=\frac{1}{2}.\end{aligned}$$

(2)X 的分布函数为 $F(x)=\int_{-\infty}^{x}f(t)\mathrm{d}t=\begin{cases}0, & x<0,\\ \dfrac{1}{2}(1-\cos x), & 0\leqslant x<\pi,\\ 1, & x\geqslant \pi.\end{cases}$

例 4　设随机变量 X 的概率密度为

$$f(x)=\frac{a}{\mathrm{e}^{x}+\mathrm{e}^{-x}}\quad(-\infty<x<+\infty),$$

(1)确定常数 a；(2)求 X 的分布函数 $F(x)$；(3)求 $P\{0<X<\ln\sqrt{3}\}$.

解　(1)由

$$1=\int_{-\infty}^{+\infty}f(x)\mathrm{d}x=\int_{-\infty}^{+\infty}\frac{a}{\mathrm{e}^{x}+\mathrm{e}^{-x}}\mathrm{d}x=a\int_{-\infty}^{+\infty}\frac{\mathrm{e}^{x}}{\mathrm{e}^{2x}+1}\mathrm{d}x$$

$$=a\arctan\mathrm{e}^{x}\Big|_{-\infty}^{+\infty}=a\times\frac{\pi}{2},\text{得 } a=\frac{2}{\pi}.$$

(2) X 的分布函数为

$$F(x)=\int_{-\infty}^{x}f(t)\mathrm{d}t=\int_{-\infty}^{x}\frac{a}{\mathrm{e}^{t}+\mathrm{e}^{-t}}\mathrm{d}x=\frac{2}{\pi}\int_{-\infty}^{x}\frac{\mathrm{e}^{t}}{\mathrm{e}^{2t}+1}\mathrm{d}t$$

$$=\frac{2}{\pi}\arctan\mathrm{e}^{t}\Big|_{-\infty}^{x}=\frac{2}{\pi}\arctan\mathrm{e}^{x}\quad(-\infty<x<+\infty).$$

(3) $P\{0<X<\ln\sqrt{3}\}=F(\ln\sqrt{3})-F(0)=\frac{2}{\pi}\left(\frac{\pi}{3}-\frac{\pi}{4}\right)=\frac{1}{6}.$

例 5　设连续型随机变量 X 的分布函数为

$$F(x)=\begin{cases}0, & x\leqslant -a,\\ A+B\arcsin\dfrac{x}{a}, & -a<x\leqslant a,\text{其中 } a>0,\\ 1, & x>a,\end{cases}$$

试求：(1)常数 A,B；(2) $P\left\{|X|<\frac{a}{2}\right\}$；(3)概率密度 $f(x)$.

解　(1)因为 $F(x)$ 在 $(-\infty,+\infty)$ 上连续，有

$$0=F(-a)=\lim_{x\to(-a)^{+}}F(x)=\lim_{x\to(-a)^{+}}\left(A+B\arcsin\frac{x}{a}\right)=A+B\left(-\frac{\pi}{2}\right),$$

$$1=\lim_{x\to a^{+}}F(x)=F(a)=\left(A+B\arcsin\frac{a}{a}\right)=A+B\left(\frac{\pi}{2}\right),$$

从而得 $A=\frac{1}{2},B=\frac{1}{\pi}$.

$$(2)\ P\left\{|X|<\frac{a}{2}\right\}=P\left\{-\frac{a}{2}<X<\frac{a}{2}\right\}=F\left(\frac{a}{2}\right)-F\left(-\frac{a}{2}\right)$$

$$=\frac{1}{2}+\frac{1}{\pi}\arcsin\frac{1}{2}-\left[\frac{1}{2}+\frac{1}{\pi}\arcsin\left(-\frac{1}{2}\right)\right]=\frac{1}{3}.$$

(3)

$$f(x)=F'(x)=\begin{cases}\dfrac{1}{\pi\sqrt{a^{2}-x^{2}}}, & |x|<a,\\ 0, & |x|\geqslant a.\end{cases}$$

例 6　已知随机变量 X 的概率密度为

$$f(x)=\frac{1}{2}e^{-|x|},\quad -\infty<x<+\infty,$$

求 X 的概率分布函数.

解　当 $x<0$ 时, $F(x)=\int_{-\infty}^{x}\frac{1}{2}e^{t}dt=\frac{1}{2}e^{x}$,

当 $x\geqslant 0$ 时, $F(x)=\int_{-\infty}^{0}\frac{1}{2}e^{t}dt+\int_{0}^{x}\frac{1}{2}e^{-t}dt=1-\frac{1}{2}e^{-x}$,

故

$$F(x)=\begin{cases}\frac{1}{2}e^{x}, & x<0,\\ 1-\frac{1}{2}e^{-x}, & x\geqslant 0.\end{cases}$$

例 7　设连续型随机变量 X 的分布函数为

$$F(x)=\begin{cases}0, & x\leqslant 0,\\ A+Be^{-\frac{x^2}{2}}, & x>0,\end{cases}$$

求:(1)A,B;(2)随机变量 X 的概率密度;(3) $P\{\sqrt{\ln 4}<X<\sqrt{\ln 9}\}$.

解　(1)由 $1=\lim\limits_{x\to+\infty}F(x)=A$,得 $A=1$;

由 $0=F(0)=\lim\limits_{x\to 0^+}F(x)=A+B$,得 $B=-1$.

(2)$f(x)=F'(x)=\begin{cases}0, & x\leqslant 0,\\ xe^{-\frac{x^2}{2}}, & x>0.\end{cases}$

(3)　$P\{\sqrt{\ln 4}<X<\sqrt{\ln 9}\}$

$$=F(\sqrt{\ln 9})-F(\sqrt{\ln 4})=(1-e^{-\frac{\ln 9}{2}})-(1-e^{-\frac{\ln 4}{2}})$$

$$=-e^{\ln\frac{1}{3}}+e^{\ln\frac{1}{2}}=-\frac{1}{3}+\frac{1}{2}=\frac{1}{6}.$$

例 8　已知随机变量 X 的概率密度为

$$f(x)=\begin{cases}2x, & 0<x<1,\\ 0, & 其他,\end{cases}$$

以 Y 表示对 X 的三次独立重复观察中事件 $\{X\leqslant\frac{1}{2}\}$ 出现的次数,求 $P\{Y=2\}$.

解　$P\{X\leqslant\frac{1}{2}\}=\int_{0}^{\frac{1}{2}}2x\,dx=\frac{1}{4}$,

$$P\{Y=2\}=C_3^2\left(\frac{1}{4}\right)^2\frac{3}{4}=\frac{9}{64}.$$

第六节　均匀分布和指数分布的应用举例

例 1　设随机变量 $\zeta\sim U[-4,4]$,试求方程 $4t^2+4\zeta t+\zeta+6=0$ 有实根的

概率.

解 ζ 的概率密度为

$$f(x)=\begin{cases}\dfrac{1}{8}, & -4\leqslant x\leqslant 4,\\ 0, & 其他,\end{cases}$$

设
$$\begin{aligned}A&=方程\ 4t^2+4\zeta t+\zeta+6=0\ 有实根\\&=\{(4\zeta)^2-4\times4\times(\zeta+6)\geqslant0\}=\{\zeta^2-\zeta-6\geqslant0\}\\&=\{\zeta\geqslant3\}+\{\zeta\leqslant-2\},\end{aligned}$$

则
$$\begin{aligned}P(A)&=P\{\zeta\geqslant3\}+P\{\zeta\leqslant-2\}=\int_3^{+\infty}f(x)\mathrm{d}x+\int_{-\infty}^{-2}f(x)\mathrm{d}x\\&=\int_3^4\frac{1}{8}\mathrm{d}x+\int_{-4}^{-2}\frac{1}{8}\mathrm{d}x=\frac{1}{8}+\frac{2}{8}=\frac{3}{8}=0.375.\end{aligned}$$

例2 已知某种型号的电子管,其寿命ξ(以h计)服从参数$\lambda=0.001$的指数分布.求:(1)电子管至少可以使用500h的概率;(2)电子管使用时间不超过2000h的概率.

解 根据题意,ξ的概率密度为$f(x)=\begin{cases}0.001\mathrm{e}^{-0.001x}, & x>0,\\ 0, & x\leqslant0.\end{cases}$

(1)记A=电子管至少可以使用500h,则

$$\begin{aligned}P(A)&=P\{\xi\geqslant500\}=\int_{500}^{+\infty}f(x)\mathrm{d}x=\int_{500}^{+\infty}0.001\mathrm{e}^{-0.001x}\mathrm{d}x\\&=(-\mathrm{e}^{-0.001x})\Big|_{500}^{+\infty}=\mathrm{e}^{-0.5}\approx0.6065;\end{aligned}$$

(2)记B=电子管使用时间不超过2000h,则

$$\begin{aligned}P(B)&=P\{\xi\leqslant2000\}=\int_{-\infty}^{2000}f(x)\mathrm{d}x\\&=\int_0^{2000}0.001\mathrm{e}^{-0.001x}\mathrm{d}x=(-\mathrm{e}^{-0.001x})\Big|_0^{2000}=1-\mathrm{e}^{-2}\approx0.8647.\end{aligned}$$

例3 设某人打一次电话所用的时间ζ服从参数为1/10(以min计)的指数分布,当你走进电话室需要打电话,某人恰好在你面前开始打电话.求以下几个事件的概率:

(1)你需要等待10min以上;

(2)你需要等待10~20min.

解 用ζ表示某人的通话时间,也就是你的等待时间,则ζ的分布密度为

$$f(x)=\begin{cases}\dfrac{1}{10}\mathrm{e}^{-\frac{x}{10}}, & x\geqslant0,\\ 0, & x<0,\end{cases}$$

所以要求的概率分别为

(1) $P\{\zeta > 10\} = \int_{10}^{\infty} \frac{1}{10}e^{-\frac{x}{10}}dx = e^{-1} \approx 0.368.$

(2) $P\{10 < \zeta < 20\} = \int_{10}^{20} \frac{1}{10}e^{-\frac{x}{10}}dx = e^{-1} - e^{-2} \approx 0.233.$

例 4 设随机变量 X 服从参数 $\lambda = 1$ 的指数分布，试求方程 $t^2 + 2Xt - X + 2 = 0$ 无实根的概率.

解 根据题意，X 的概率密度为

$$f(x) = \begin{cases} e^{-x}, & x > 0, \\ 0, & x \leqslant 0, \end{cases}$$

设
$$\begin{aligned} A = 方程无实根 &= \{(2X)^2 - 4 \times 1 \times (-X + 2) < 0\} \\ &= \{(X + 2)(X - 1) < 0\} = \{-2 < X < 1\}, \end{aligned}$$

则
$$\begin{aligned} P(A) = P\{-2 < X < 1\} &= \int_{-2}^{1} f(x)\,dx \\ &= \int_{0}^{1} e^{-x}dx = (-e^{-x})\Big|_0^1 = 1 - e^{-1} = 0.6321. \end{aligned}$$

例 5 某仪器装有三只独立工作的同型号电子元件，其寿命(以 h 计)都服从同一指数分布，概率密度为

$$f(x) = \begin{cases} \frac{1}{600}e^{-\frac{x}{600}}, & x \geqslant 0, \\ 0, & x < 0, \end{cases}$$

试求在仪器使用的最初 200h 以内，至少有一只电子元件损坏的概率.

解 设 X 表示该型号电子元件的寿命，则 X 服从参数为 $\lambda = \frac{1}{600}$ 的指数分布.

记 A = 电子元件在使用最初 200h 以内损坏 = $\{X \leqslant 200\}$，则

$$P(A) = P\{X \leqslant 200\} = \int_0^{200} \frac{1}{600}e^{-\frac{x}{600}}dx = 1 - e^{-\frac{1}{3}}.$$

设 Y 表示在使用的最初 200h 以内电子元件损坏的个数，则 $Y \sim B(3, 1 - e^{-\frac{1}{3}})$，故所求概率为

$$\begin{aligned} P\{Y \geqslant 1\} &= 1 - P\{Y < 1\} = 1 - P\{Y = 0\} \\ &= 1 - [1 - (1 - e^{-\frac{1}{3}})]^3 = 1 - e^{-1}. \end{aligned}$$

例 6 在数值计算中由于处理小数位数而四舍五入引起的舍入误差 X，一般可认为是一个服从均匀分布的随机变量，如果小数点后面第 5 位数按四舍五入处理；求：(1) X 的概率密度；(2) 误差在 0.00003 与 0.00006 之间的概率.

解 (1) $X \sim U(-5 \times 10^{-5}, 5 \times 10^{-5})$，

$$f(x) = \begin{cases} 10000, & -5 \times 10^{-5} < x < 5 \times 10^{-5}, \\ 0, & 其他. \end{cases}$$

(2) $P\{0.00003 < X < 0.00006\} = \int_{3\times10^{-5}}^{6\times10^{-5}} f(x)\,\mathrm{d}x$

$$= \int_{3\times10^{-5}}^{5\times10^{-5}} f(x)\,\mathrm{d}x = \int_{3\times10^{-5}}^{5\times10^{-5}} 10^4\,\mathrm{d}x$$

$$= 2\times10^{-5}\times10^4 = 0.2.$$

例7　设随机变量 X 服从区间(2,5)上的均匀分布,求对 X 进行3次独立观测中,至少有2次观测值大于3的概率.

解　$X \sim U(2,5)$, $f(x)=\begin{cases}\frac{1}{3}, & 2<x<5,\\ 0, & \text{其他}.\end{cases}$

设 A = 对 X 的观测值大于3,则有

$$P(A) = P\{X>3\} = \int_3^5 f(x)\,\mathrm{d}x = \frac{2}{3}.$$

设 Y 为对 X 的3次独立观测中事件$\{X>3\}$发生的次数,则 $Y\sim B\left(3,\frac{2}{3}\right)$,故有

$$P\{Y\geqslant 2\} = P\{Y=2\}+P\{Y=3\}$$

$$= \mathrm{C}_3^2\left(\frac{2}{3}\right)^2\frac{1}{3}+\mathrm{C}_3^3\left(\frac{2}{3}\right)^3 = \frac{20}{27}.$$

例8　设顾客在某银行的窗口等待服务的时间 X(以 min 计)服从指数分布,其概率密度为 $f(x)=\begin{cases}\frac{1}{5}\mathrm{e}^{-\frac{x}{5}}, & x\geqslant 0,\\ 0, & x<0.\end{cases}$ 某顾客在窗口等待服务,若超过10min 他就离开,他一个月内要到银行5次,以 Y 表示他未等到服务而离开窗口的次数,试求:$P\{Y\geqslant 1\}$.

解　设 A = 未等到服务而离开,于是有

$$P(A) = P\{X>10\} = \int_{10}^{+\infty} f(x)\,\mathrm{d}x = \int_{10}^{+\infty}\frac{1}{5}\mathrm{e}^{-\frac{x}{5}}\,\mathrm{d}x = \mathrm{e}^{-2},$$

以 Y 表示他到银行5次中未等到服务而离开窗口的次数,则 $Y\sim B(5,\mathrm{e}^{-2})$,故有

$$P\{Y\geqslant 1\} = 1-P\{Y=0\} = 1-\mathrm{C}_5^0(\mathrm{e}^{-2})^0(1-\mathrm{e}^{-2})^5$$

$$= 1-(1-\mathrm{e}^{-2})^5 = 1-(0.8647)^5 = 0.5166.$$

第七节　正态分布的应用举例

例1　证明概率积分公式

$$\int_{-\infty}^{+\infty}\mathrm{e}^{-x^2}\,\mathrm{d}x = \sqrt{\pi},\quad \int_0^{+\infty}\mathrm{e}^{-x^2}\,\mathrm{d}x = \frac{\sqrt{\pi}}{2}.$$

证　令$I=\int_{-\infty}^{+\infty}\mathrm{e}^{-x^2}\mathrm{d}x, I=\int_{-\infty}^{+\infty}\mathrm{e}^{-y^2}\mathrm{d}y$,

$$
\begin{aligned}
I^2&=\int_{-\infty}^{+\infty}\mathrm{e}^{-x^2}\mathrm{d}x\int_{-\infty}^{+\infty}\mathrm{e}^{-y^2}\mathrm{d}y=\int_{-\infty}^{+\infty}\int_{-\infty}^{+\infty}\mathrm{e}^{-x^2}\mathrm{e}^{-y^2}\mathrm{d}x\mathrm{d}y\\
&=\int_{-\infty}^{+\infty}\int_{-\infty}^{+\infty}\mathrm{e}^{-(x^2+y^2)}\mathrm{d}x\mathrm{d}y\\
&\xlongequal[y=r\sin\theta]{x=r\cos\theta}\int_0^{2\pi}\int_0^{+\infty}\mathrm{e}^{-r^2}r\mathrm{d}r\mathrm{d}\theta=2\pi\int_0^{+\infty}\left(-\frac{1}{2}\mathrm{e}^{-r^2}\right)'\mathrm{d}r\\
&=2\pi\left(-\frac{1}{2}\mathrm{e}^{-r^2}\right)\Bigg|_0^{+\infty}=2\pi\times\frac{1}{2}=\pi,
\end{aligned}
$$

于是
$$I=\int_{-\infty}^{+\infty}\mathrm{e}^{-x^2}\mathrm{d}x=\sqrt{\pi},\int_0^{+\infty}\mathrm{e}^{-x^2}\mathrm{d}x=\frac{\sqrt{\pi}}{2}.$$

例 2　记号　$\exp(y)=\mathrm{e}^y$,　$\int_{-\infty}^{+\infty}\exp(-x^2)\mathrm{d}x=\sqrt{\pi}$. 计算积分

$$\int_{-\infty}^{+\infty}\exp\left(-2x^2+2x-\frac{1}{3}\right)\mathrm{d}x.$$

解

$$
\begin{aligned}
\int_{-\infty}^{+\infty}\exp\left(-2x^2+2x-\frac{1}{3}\right)\mathrm{d}x&=\int_{-\infty}^{+\infty}\exp\left[-2\left(x-\frac{1}{2}\right)^2+\frac{1}{2}-\frac{1}{3}\right]\mathrm{d}x\\
&=\exp\left(\frac{1}{6}\right)\int_{-\infty}^{+\infty}\exp\left[-2\left(x-\frac{1}{2}\right)^2\right]\mathrm{d}x\\
&\xlongequal{\sqrt{2}\left(x-\frac{1}{2}\right)=y}\exp\left(\frac{1}{6}\right)\int_{-\infty}^{+\infty}\exp(-y^2)\frac{1}{\sqrt{2}}\mathrm{d}y\\
&=\exp\left(\frac{1}{6}\right)\times\frac{1}{\sqrt{2}}\times\sqrt{\pi}=\sqrt{\frac{\pi}{2}}\exp\left(\frac{1}{6}\right).
\end{aligned}
$$

例 3　记号　$\exp(y)=\mathrm{e}^y$,　$\int_{-\infty}^{+\infty}\exp(-x^2)\mathrm{d}x=\sqrt{\pi}$. 计算积分

$$\int_{-\infty}^{+\infty}\exp\left[-\frac{(x-\mu)^2}{2\sigma^2}\right]\mathrm{d}x.$$

解

$$
\begin{aligned}
\int_{-\infty}^{+\infty}\exp\left[-\frac{(x-\mu)^2}{2\sigma^2}\right]\mathrm{d}x&\xlongequal{\frac{x-\mu}{\sqrt{2}\sigma}=y}\int_{-\infty}^{+\infty}\exp(-y^2)\sqrt{2}\sigma\mathrm{d}y\\
&=\sqrt{2}\sigma\times\sqrt{\pi}=\sigma\sqrt{2\pi},
\end{aligned}
$$

于是有
$$\int_{-\infty}^{+\infty}\frac{1}{\sigma\sqrt{2\pi}}\exp\left[-\frac{(x-\mu)^2}{2\sigma^2}\right]\mathrm{d}x=1,$$

从而函数$f(x)=\dfrac{1}{\sigma\sqrt{2\pi}}\exp\left[-\dfrac{(x-\mu)^2}{2\sigma^2}\right]$是某连续型随机变量的概率密度.

例4　设随机变量 $X\sim N(2,4^2)$，(1)求 $P\{-3\leqslant X\leqslant 5\}$；(2)确定常数 a，使 $P\{|X-a|>a\}=0.7583$.

解　(1)
$$P\{-3\leqslant X\leqslant 5\}=F(5)-F(-3)=\Phi\left(\frac{5-2}{4}\right)-\Phi\left(\frac{-3-2}{4}\right)$$
$$=\Phi(0.75)-\Phi(-1.25)$$
$$=0.7734-0.1056=0.6678.$$

(2)
$$P\{|X-a|>a\}=1-P\{|X-a|\leqslant a\}=1-P\{-a\leqslant X-a\leqslant a\}$$
$$=1-P\{0\leqslant X\leqslant 2a\}=1-[F(2a)-F(0)]$$
$$=1-\left[\Phi\left(\frac{2a-2}{4}\right)-\Phi\left(\frac{0-2}{4}\right)\right]$$
$$=1-\Phi\left(\frac{a}{2}-0.5\right)+\Phi(-0.5)$$
$$=1-\Phi\left(\frac{a}{2}-0.5\right)+0.3085$$
$$=1.3085-\Phi\left(\frac{a}{2}-0.5\right),$$

令 $1.3085-\Phi\left(\frac{a}{2}-0.5\right)=0.7583$，得　$\Phi\left(\frac{a}{2}-0.5\right)=0.5502$，

查表得 $\frac{a}{2}-0.5=0.125$，$a=1.25$.

例5　设 $X\sim N(1,4^2)$，(1)求 $P\{|X|>2\}$；(2)确定常数 a，使 $P\{X>a+1\}=0.1056$.

解　(1)
$$P\{|X|>2\}=1-P\{|X|\leqslant 2\}=1-P\{-2\leqslant X\leqslant 2\}$$
$$=1-[F(2)-F(-2)]=1-\left[\Phi\left(\frac{2-1}{4}\right)-\Phi\left(\frac{-2-1}{4}\right)\right]$$
$$=1-[\Phi(0.25)-\Phi(-0.75)]$$
$$=1-[0.5987-0.2266]=0.6279.$$

(2)由 $P\{X>a+1\}=1-P\{X\leqslant a+1\}=1-F(a+1)=1-\Phi\left(\frac{a+1-1}{4}\right)=1-\Phi\left(\frac{a}{4}\right)$ 得

$1-\Phi\left(\frac{a}{4}\right)=0.1056$，即 $\Phi\left(\frac{a}{4}\right)=0.8944$，查正态分布表得 $\frac{a}{4}=1.25$，于是 $a=5$.

例6　已知随机变量 $X\sim N(2,\sigma^2)$，且　$P\{|X-3|\leqslant 1\}=0.44$，求 $P\{|X-2|\geqslant 2\}$.

解
$$P\{|X-3|\leqslant 1\}=P\{-1\leqslant X-3\leqslant 1\}$$
$$=P\{2\leqslant X\leqslant 4\}=F(4)-F(2)$$

$$=\Phi\left(\frac{4-2}{\sigma}\right)-\Phi\left(\frac{2-2}{\sigma}\right)=\Phi\left(\frac{2}{\sigma}\right)-\Phi(0)$$

$$=\Phi\left(\frac{2}{\sigma}\right)-0.5=0.44,$$

从而 $\Phi\left(\frac{2}{\sigma}\right)=0.94$，则有

$$P\{|X-2|\geqslant 2\}=1-P\{|X-2|<2\}=1-P\{0<X<4\}$$

$$=1-[F(4)-F(0)]=1-\left[\Phi\left(\frac{4-2}{\sigma}\right)-\Phi\left(\frac{-2}{\sigma}\right)\right]$$

$$=1-\left[\Phi\left(\frac{2}{\sigma}\right)-\Phi\left(-\frac{2}{\sigma}\right)\right]=1-\Phi\left(\frac{2}{\sigma}\right)+\left[1-\Phi\left(\frac{2}{\sigma}\right)\right]$$

$$=2\left[1-\Phi\left(\frac{2}{\sigma}\right)\right]=2(1-0.94)=2\times 0.06=0.12.$$

例 7　已知随机变量 $X\sim N(\mu,\sigma^2)$，且 $P\{X<-1\}=P\{X\geqslant 3\}=\Phi(-1)$，其中 $\Phi(x)$ 是标准正态分布函数. 求 μ,σ.

解　由 $P\{X<-1\}=F(-1)=\Phi\left(\frac{-1-\mu}{\sigma}\right)=\Phi(-1)$,

$$P\{X\geqslant 3\}=1-P\{X<3\}=1-F(3)$$

$$=1-\Phi\left(\frac{3-\mu}{\sigma}\right)=\Phi\left(-\frac{3-\mu}{\sigma}\right)=\Phi(-1),$$

得 $\frac{-1-\mu}{\sigma}=-1$，$-\frac{3-\mu}{\sigma}=-1$，故 $\mu=1,\sigma=2$.

例 8　设 $X\sim N(0,1)$，用分位点表示下列常数 a,b：

(1) $P\{|X|>a\}=0.15$；　(2) $P\{1-X<b\}=0.95$.

解　(1) $P\{|X|>a\}=1-P\{|X|\leqslant a\}$

$$=1-[\Phi(a)-\Phi(-a)]=2[1-\Phi(a)],$$

$$2[1-\Phi(a)]=0.15,\Phi(a)=0.925$$

$$=\Phi(z_{0.925})，故\ a=z_{0.925}.$$

(2)　$P\{1-X<b\}=P\{X>1-b\}=1-\Phi(1-b)=0.95$,

$$\Phi(1-b)=0.05=\Phi(z_{0.05})，于是\ b=1-z_{0.05}.$$

例 9　设测量到某一目标的距离时产生的随机误差 X(m) 具有概率密度

$$f(x)=\frac{1}{40\sqrt{2\pi}}\exp\left[-\frac{(x-20)^2}{3200}\right]\quad(-\infty<x<+\infty),$$

求在四次独立测量中至少有一次误差的绝对值不超过 20m 的概率.

解　方法一　$X\sim N(20,40^2)$，设 X_i = 第 i 次测量产生的误差，B_i = 第 i 次测量

中误差的绝对值不超过20m,则

$$P(B_i)=P\{|X_i|\leqslant 20\}=P\{-20\leqslant X_i\leqslant 20\}$$
$$=F(20)-F(-20)=\Phi(0)-\Phi(-1)$$
$$=0.5-0.1587=0.3413,$$

设B=四次独立测量中至少有一次误差的绝对值不超过20m,则$\overline{B}=\overline{B}_1\overline{B}_2\overline{B}_3\overline{B}_4$,

$$P(\overline{B})=P(\overline{B}_1)P(\overline{B}_2)P(\overline{B}_3)P(\overline{B}_4)=(1-0.3413)^4=0.6587^4,$$
$$P(B)=1-P(\overline{B})=1-0.6587^4=0.8117.$$

方法二　$X\sim N(20,40^2)$,设A=测量中误差的绝对值不超过20m $=\{|X|\leqslant 20\}$,则

$$P(A)=P\{|X|\leqslant 20\}=P\{-20\leqslant X\leqslant 20\}$$
$$=F(20)-F(-20)=\Phi(0)-\Phi(-1)=0.5-0.1587=0.3413,$$

令Y=四次独立测量中误差的绝对值不超过20m的次数,则有$Y\sim B(4,0.3413)$,

B=四次独立测量中至少有一次误差的绝对值不超过20m $=\{Y\geqslant 1\}$,则

$$P(B)=P\{Y\geqslant 1\}=1-P\{Y<1\}=1-P\{Y=0\}$$
$$=1-C_4^0p^0(1-0.3413)^4=1-0.6587^4=0.8117.$$

例10　设某种产品的质量指标$X\sim N(200,\sigma^2)$. 若要求$P\{180<X<220\}\geqslant 0.95$,问允许$\sigma$最大为多少?

解　由

$$P\{180<X<220\}=F(220)-F(180)=\Phi\left(\frac{20}{\sigma}\right)-\Phi\left(-\frac{20}{\sigma}\right)$$
$$=\Phi\left(\frac{20}{\sigma}\right)-\left[1-\Phi\left(\frac{20}{\sigma}\right)\right]=2\Phi\left(\frac{20}{\sigma}\right)-1\geqslant 0.95,$$

得　$2\Phi\left(\frac{20}{\sigma}\right)-1\geqslant 0.95,\Phi\left(\frac{20}{\sigma}\right)\geqslant 0.975,\frac{20}{\sigma}\geqslant 1.96,\sigma\leqslant\frac{20}{1.96}=10.2.$

故允许σ最大为10.2.

例11　某型号的灯管寿命(以h计)$X\sim N(1000,100^2)$.

(1)求灯管寿命不超过1200h的概率;

(2)若规定寿命不低于900h的灯管为一级品,求一支灯管是一级品的概率.

解　(1)$P\{X\leqslant 1200\}=F(1200)=\Phi\left(\frac{1200-1000}{100}\right)=\Phi(2)=0.9772.$

(2)$P\{X\geqslant 900\}=1-P\{X<900\}=1-F(900)$

$$=1-\Phi(-1)=1-0.1587=0.8413.$$

例12　一机床生产的螺栓的长度服从参数$\mu=20\text{cm},\sigma=0.1\text{cm}$的正态分布. 规定长度范围在$(20\pm 0.3)$cm外的螺栓为不合格品,试求一螺栓为合格品的概率.

解　螺栓的长度$X\sim N(20,0.1^2)$,设A=一螺栓为合格品,则

$$P(A)=P\{|X-20|\leqslant 0.3\}=P\left\{\left|\frac{X-20}{0.1}\right|\leqslant 3\right\}$$
$$=\Phi(3)-\Phi(-3)=2\Phi(3)-1=2\times 0.9987-1=0.9974.$$

例 13 某汽车设计手册中指出，人的身高服从正态分布 $N(\mu,\sigma^2)$，根据各个国家的统计资料，可得各个国家、各民族的 μ 和 σ. 对于中国人，$\mu=1.75$，$\sigma=0.05$. 试问：公共汽车的车门至少需要多高，才能使上下车时需要低头的人不超过0.5%？（单位：m）

解 设公共汽车的车门高为 hm，X 表示乘客的身高，则 $X\sim N(1.75,0.05^2)$，A = 乘客上下车时需要低头 = $\{X>h\}$，$P(A)=P\{X>h\}\leqslant 0.005$，则

$$P\{X\leqslant h\}=F(h)=\Phi\left(\frac{h-1.75}{0.05}\right)\geqslant 0.995,$$

查标准正态分布表得

$$\frac{h-1.75}{0.05}\geqslant z_{0.995}=2.58,$$

故 $h\geqslant 1.8790$m，所以车门高度取 1.9m 即可.

例 14 已知船舶在航行时横向摇摆的振幅 X 具有概率密度

$$f(x)=\begin{cases}\dfrac{x}{\sigma^2}\exp\left(-\dfrac{x^2}{2\sigma^2}\right), & x>0,\\ 0, & x\leqslant 0\end{cases}\quad(\sigma>0).$$

求：

(1) 振幅不超过 σ 的概率；

(2) 振幅大于 2σ 的概率.

解 (1) $P\{X\leqslant\sigma\}=\int_{-\infty}^{\sigma}f(x)\mathrm{d}x=\int_0^{\sigma}\frac{x}{\sigma^2}\exp\left(-\frac{x^2}{2\sigma^2}\right)\mathrm{d}x$

$$=\int_0^{\sigma}\left[-\exp\left(-\frac{x^2}{2\sigma^2}\right)\right]'\mathrm{d}x=\left[-\exp\left(-\frac{x^2}{2\sigma^2}\right)\right]\Bigg|_0^{\sigma}$$
$$=1-\exp\left(-\frac{1}{2}\right)=0.3935.$$

(2) $P\{X>2\sigma\}=\int_{2\sigma}^{+\infty}f(x)\mathrm{d}x=\int_{2\sigma}^{+\infty}\frac{x}{\sigma^2}\exp\left(-\frac{x^2}{2\sigma^2}\right)\mathrm{d}x$

$$=\int_{2\sigma}^{+\infty}\left[-\exp\left(-\frac{x^2}{2\sigma^2}\right)\right]'\mathrm{d}x=\left[-\exp\left(-\frac{x^2}{2\sigma^2}\right)\right]\Bigg|_{2\sigma}^{+\infty}$$
$$=\exp(-2)=\frac{1}{\mathrm{e}^2}=0.1353.$$

例 15 某仪器装有三只相同型号的晶体管，且假定它们的工作是相互独立

的. 已知晶体管的寿命X(以h计)的概率密度为$f(x)=\begin{cases}\dfrac{200}{x^2}, & x>200,\\ 0, & x\leqslant 200,\end{cases}$求该仪器在开始使用的400h中,这三只晶体管至少有一只不需要更换的概率.

解　设A=晶体管的寿命超过400h,根据题意知,

$$P(A)=P\{X>400\}=\int_{400}^{+\infty}f(x)\mathrm{d}x=\int_{400}^{+\infty}\frac{200}{x^2}\mathrm{d}x=\left(-\frac{200}{x}\right)\Bigg|_{400}^{+\infty}=0.5,$$

设三只晶体管中寿命超过400h的个数为Y,则$Y\sim B(3,0.5)$,记B=该仪器在开始使用的400h中,这三只晶体管至少有一只不需要更换$=\{Y\geqslant 1\}$,则有

$$\begin{aligned}P(B)&=P\{Y\geqslant 1\}=1-P\{Y<1\}=1-P\{Y=0\}\\&=1-C_3^0 0.5^0 0.5^3=0.875.\end{aligned}$$

例16　某仪器上装有4只独立工作的同类元件. 已知每只元件的寿命(以h计)$X\sim N(5000,\sigma^2)$,当工作的元件不少于2只时,该仪器能正常工作. 求该仪器能正常工作5000h以上的概率.

解　设A_i=第i只元件能工作5000h以上$(i=1,2,3,4)$,则

$$\begin{aligned}P(A_i)&=P\{X>5000\}=1-P\{X\leqslant 5000\}=1-F(5000)=1-\Phi(0)\\&=1-\frac{1}{2}=\frac{1}{2},\end{aligned}$$

A_1,A_2,A_3,A_4相互独立.

若设能工作5000h以上的元件数目为Y,则$Y\sim B\left(4,\dfrac{1}{2}\right)$.

根据题意,仪器能正常工作5000h以上$=\{Y\geqslant 2\}$,于是,所求概率为

$$\begin{aligned}P\{Y\geqslant 2\}&=1-P\{Y<2\}\\&=1-[P\{Y=0\}+P\{Y=1\}]\\&=1-C_4^0\left(\frac{1}{2}\right)^0\left(\frac{1}{2}\right)^4-C_4^1\left(\frac{1}{2}\right)^1\left(\frac{1}{2}\right)^3\\&=1-\frac{1}{16}-\frac{4}{16}=\frac{11}{16}.\end{aligned}$$

例17　设电源电压$U\sim N(220,25^2)$(单位:V),通常考虑3种状态:(1)不超过200V;(2)在200~240V之间;(3)超过240V. 在上述3种状态下,某电子元件损坏的概率分别为0.1,0.001,0.2. (1)求电子元件损坏的概率;(2)在电子元件已损坏的情况下,试求:电压分别处于上述3种状态的概率.

解　设B_i=电源电压处于第i种状态,$i=1,2,3$;A=电子元件损坏,则有

$$\begin{aligned}P(B_1)&=P\{U\leqslant 200\}=F(200)=\Phi(-0.8)=0.2119,\\P(B_2)&=P\{200<U\leqslant 240\}=F(240)-F(200)\\&=\Phi(0.8)-\Phi(-0.8)=2\Phi(0.8)-1=0.5762,\end{aligned}$$

$$P(B_3)=P\{U>240\}=1-P\{U\leqslant 240\}=1-F(240)$$
$$=1-\Phi(0.8)=1-0.7881=0.2119.$$

(1) $P(A)=\sum_{i=1}^{3}P(B_i)P(A\mid B_i)$

$$=0.2119\times 0.1+0.5762\times 0.001+0.2119\times 0.2=0.06415.$$

(2) $P(B_1|A)=\dfrac{P(B_1)P(A|B_1)}{P(A)}=\dfrac{0.2119\times 0.1}{0.06415}=0.33$,

$$P(B_2|A)=\frac{P(B_2)P(A|B_2)}{P(A)}=\frac{0.5762\times 0.001}{0.06415}=0.01,$$

$$P(B_3|A)=\frac{P(B_3)P(A|B_3)}{P(A)}=\frac{0.2119\times 0.2}{0.06415}=0.66.$$

例 18　设一种竞赛的考试分数服从正态分布 $N(76,\ 15^2)$，竞赛委员会决定其中15%成绩优异者获一等奖，问分数线应划在什么地方？如果规定较差的10%没有任何奖励，问：这个分数线又该划在什么地方？

解　$P\{X>m\}=1-\Phi(\frac{m-76}{15})=0.15$，$\Phi(\frac{m-76}{15})=0.85$，查正态分布表可得 $\frac{m-76}{15}=1.04$，于是 $m=91.6$；

$$P\{X<n\}=\Phi\left(\frac{n-76}{15}\right)=0.1,$$

查正态分布表可得 $\frac{n-76}{15}=-1.28$，于是 $n=56.8$.

第三章　二维随机变量

第一节　随机向量与联合分布

例 1　设二维随机变量(X,Y)的分布函数为

$$F(x,y)=a(b+\arctan x)\left(c+\arctan\frac{y}{2}\right),$$

(1)确定常数a,b,c；(2)求$P\{X>0,Y>0\}$.

解　(1) 利用分布函数的性质

$$1=F(+\infty,+\infty)=a\left(b+\frac{\pi}{2}\right)\left(c+\frac{\pi}{2}\right),$$

$$0=F(x,-\infty)=a(b+\arctan x)\left(c-\frac{\pi}{2}\right),$$

由x的任意性得　$$c-\frac{\pi}{2}=0,\ c=\frac{\pi}{2},$$

$$0=F(-\infty,y)=a\left(b-\frac{\pi}{2}\right)\left(c+\arctan\frac{y}{2}\right),$$

由y的任意性得　$$b-\frac{\pi}{2}=0,\ b=\frac{\pi}{2},$$

从而　$$a=\frac{1}{\pi^2},b=\frac{\pi}{2}.$$

(2)　$$\begin{aligned}P\{X>0,Y>0\}&=P\{0<X<+\infty,0<Y<+\infty\}\\&=F(+\infty,+\infty)+F(0,0)-\\&\quad F(0,+\infty)-F(+\infty,0)\\&=1+\frac{1}{\pi^2}\times\frac{\pi}{2}\times\frac{\pi}{2}-\frac{1}{\pi^2}\times\frac{\pi}{2}\times\\&\quad\pi-\frac{1}{\pi^2}\times\pi\times\frac{\pi}{2}=\frac{1}{4}.\end{aligned}$$

例 2　设二维随机变量(X,Y)的分布函数为

$$F(x,y)=\begin{cases}(a-\mathrm{e}^{-2x})(b-\mathrm{e}^{-y}), & x>0,y>0,\\0, & 其他,\end{cases}$$

(1)确定常数 a,b; (2)求 $P\{X>0,Y\leqslant 2\}$.

解　(1) 利用分布函数的性质

$$1=F(+\infty,+\infty)=ab,$$

$$0=F(0,y)=\lim_{x\to 0^+}F(x,y)=(a-1)(b-\mathrm{e}^{-y}),$$

由 $y>0$ 的任意性,得 $a-1=0,a=1$,所以 $a=1,b=1$.

(2)
$$\begin{aligned}P\{X>0,Y\leqslant 2\}&=P\{0<X<+\infty,-\infty<Y\leqslant 2\}\\&=F(+\infty,2)+F(0,-\infty)-\\&\quad F(0,2)-F(+\infty,-\infty)\\&=1\times(1-\mathrm{e}^{-2})-0-0-0=1-\mathrm{e}^{-2}.\end{aligned}$$

例 3　某射手在射击中,每次击中目标的概率为 $p(0<p<1)$,射击进行到第二次击中目标为止,X 表示第一次击中目标时所进行的射击次数, Y 表示第二次击中目标时所进行的射击次数,试求二维随机变量(X,Y)的分布律.

解　设 A_k = 第 k 次射击时击中目标, 根据题意,有 $P(A_k)=p(k=1,2,\cdots)$,且 $A_1,A_2,\cdots,A_k,\cdots$相互独立,则

$$\{X=i,Y=j\}=\overline{A}_1\cdots\overline{A}_{i-1}A_i\overline{A}_{i+1}\cdots\overline{A}_{j-1}A_j,$$

所以(X,Y)的分布律为

$$\begin{aligned}P\{X=i,Y=j\}&=P(\overline{A}_1)\cdots P(\overline{A}_{i-1})P(A_i)P(\overline{A})_{i+1}\cdots P(\overline{A}_{j-1})P(A_j)\\&=p^2(1-p)^{j-2}\quad(i=1,2,\cdots,j-1;j=2,3,\cdots).\end{aligned}$$

例 4　盒中有 100 只晶体管,其中 10 只次品,90 只正品. 有放回地随机抽取晶体管,每次取一只, 直到取得两只次品晶体管为止,以 X 表示取得第一只次品晶体管时抽取的次数, Y 表示停止抽取时抽取的次数,试求二维随机变量(X,Y)的分布律.

解　设 A_k = 第 k 次抽取时取出的一只是次品,根据题意知

$$P(A_k)=\frac{10}{100}=0.1\quad(k=1,2,\cdots),$$

且 $A_1,A_2,\cdots,A_k,\cdots$相互独立,则

$$\{X=i,Y=j\}=\overline{A}_1\cdots\overline{A}_{i-1}A_i\overline{A}_{i+1}\cdots\overline{A}_{j-1}A_j,$$

所以(X,Y)的分布律为

$$\begin{aligned}P\{X=i,Y=j\}&=P(\overline{A}_1)\cdots P(\overline{A}_{i-1})P(A_i)P(\overline{A}_{i+1})\cdots P(\overline{A}_{j-1})P(A_j)\\&=0.1^2\times 0.9^{j-2}\quad(i=1,2,\cdots,j-1;j=2,3,\cdots).\end{aligned}$$

例 5　接连不断地掷一颗匀称的骰子,直到出现点数大于 2 为止, 以 X 表示掷骰子的次数. 以 Y 表示最后一次掷出的点数. 求二维随机变量(X,Y)的分布律.

解　依题意知,X 的可能取值为 $1,2,3,\cdots$;Y 的可能取值为 $3,4,5,6$. 设 B_k =

第 k 次时掷出 1 点或 2 点，A_{kj} = 第 k 次时掷出 j 点，则 $P(B_k)=\dfrac{2}{6}, P(A_{kj})=\dfrac{1}{6}$，$B_k+A_{k3}+A_{k4}+A_{k5}+A_{k6}=S$，$\{X=i,Y=j\}$ = 掷骰子 i 次，最后一次掷出 j 点，前 $i-1$ 次掷出 1 点或 2 点 $=B_1\cdots B_{i-1}A_{ij}$，各次掷骰子出现的点数相互独立.

于是 (X,Y) 的分布律为

$$P\{X=i,Y=j\}=\left(\frac{2}{6}\right)^{i-1}\times\frac{1}{6}=\frac{1}{6}\times\left(\frac{1}{3}\right)^{i-1}\quad(i=1,2,\cdots;j=3,4,5,6)$$

（例如，$P\{X=i,Y=3\}=\left(\dfrac{2}{6}\right)^{i-1}\times\dfrac{1}{6}=\dfrac{1}{6}\times\left(\dfrac{1}{3}\right)^{i-1}$）.

例 6　袋中有单色球 1 只，双色球 2 只，三色球 3 只，从中做不放回地抽取两次，每次任取一球，以 X,Y 分别表示第一、二次取出的球的颜色的种数. 试求 (X,Y) 的分布律.

解　根据题意和题设条件

$P\{X=1,Y=1\}=0, P\{X=1,Y=2\}=\dfrac{1}{6}\times\dfrac{2}{5}=\dfrac{2}{30}=\dfrac{1}{15}$，

$P\{X=1,Y=3\}=\dfrac{1}{6}\times\dfrac{3}{5}=\dfrac{3}{30}=\dfrac{1}{10}, P\{X=2,Y=1\}=\dfrac{2}{6}\times\dfrac{1}{5}=\dfrac{2}{30}=\dfrac{1}{15}$，

$P\{X=2,Y=2\}=\dfrac{2}{6}\times\dfrac{1}{5}=\dfrac{2}{30}=\dfrac{1}{15}, P\{X=2,Y=3\}=\dfrac{2}{6}\times\dfrac{3}{5}=\dfrac{6}{30}=\dfrac{1}{5}$，

$P\{X=3,Y=1\}=\dfrac{3}{6}\times\dfrac{1}{5}=\dfrac{3}{30}=\dfrac{1}{10}, P\{X=3,Y=2\}=\dfrac{3}{6}\times\dfrac{2}{5}=\dfrac{6}{30}=\dfrac{1}{5}$，

$P\{X=3,Y=3\}=\dfrac{3}{6}\times\dfrac{2}{5}=\dfrac{6}{30}=\dfrac{1}{5}$.

故 (X,Y) 的分布律为

X	Y		
	1	2	3
1	0	$\frac{1}{15}$	$\frac{1}{10}$
2	$\frac{1}{15}$	$\frac{1}{15}$	$\frac{1}{5}$
3	$\frac{1}{10}$	$\frac{1}{5}$	$\frac{1}{5}$

例 7　设 X 随机地取 1 ~ 5 的一个整数值，Y 随机地取 1 ~ X 的一个整数值，试求随机变量 X 与 Y 的联合分布律.

解　根据题意，知

$$P\{X=i,Y=j\}=P\{X=i\}P\{Y=j\mid X=i\}$$

$$= \begin{cases} \dfrac{1}{5}\ \dfrac{1}{i}, & j \leqslant i, \\ 0, & j > i \end{cases} \quad (i,j = 1,2,\cdots,5).$$

例 8　已知二维随机变量(X,Y)的概率密度为

$$f(x,y) = \begin{cases} a(x+y), & 0 \leqslant x \leqslant 1, 0 \leqslant y \leqslant x, \\ 0, & 其他, \end{cases}$$

试确定常数 a.

解　由概率密度的性质得

$$1 = \int_{-\infty}^{+\infty}\int_{-\infty}^{+\infty} f(x,y)\mathrm{d}x\mathrm{d}y = \int_0^1 \mathrm{d}x\int_0^x a(x+y)\mathrm{d}y$$
$$= a\int_0^1 \left(x^2 + \frac{1}{2}x^2\right)\mathrm{d}x = a\,\frac{3}{2}\int_0^1 x^2\mathrm{d}x = \frac{1}{2}a,$$

即得 $a=2$.

例 9　设二维随机变量(X,Y)的概率密度为

$$f(x,y) = \begin{cases} 6\mathrm{e}^{-(3x+2y)}, & x>0, y>0, \\ 0, & 其他, \end{cases}$$

求:(1)(X,Y)的分布函数 $F(x,y)$;(2)$P\{2Y-X\leqslant 0\}$.

解　(1) $F(x,y) = \int_{-\infty}^{y}\int_{-\infty}^{x} f(u,v)\mathrm{d}u\mathrm{d}v$, 则

1)当 $x>0, y>0$ 时,

$$F(x,y) = \int_0^x \mathrm{d}u\int_0^y 6\mathrm{e}^{-(3u+2v)}\mathrm{d}v$$
$$= \int_0^x 3\mathrm{e}^{-3u}\mathrm{d}u\int_0^y 2\mathrm{e}^{-2v}\mathrm{d}v$$
$$= (1-\mathrm{e}^{-3x})(1-\mathrm{e}^{-2y}).$$

2)当 $x<0$ 或 $y\leqslant 0$ 时,对 $u\leqslant x, v\leqslant y$ 有 $f(u,v)=0$,于是

$$F(x,y) = \int_{-\infty}^{y}\int_{-\infty}^{x} f(u,v)\mathrm{d}u\mathrm{d}v = 0.$$

于是得所求分布函数为 $F(x,y) = \begin{cases} (1-\mathrm{e}^{-3x})(1-\mathrm{e}^{-2y}), & x>0, y>0, \\ 0, & 其他. \end{cases}$

(2)设 $D=\{(x,y)\mid 2y\leqslant x\}$, $D_1=\{(x,y)\mid 0\leqslant 2y\leqslant x\}$,则

$$P\{2Y-X\leqslant 0\} = P\{(X,Y)\in D\}$$
$$= \iint_D f(x,y)\mathrm{d}x\mathrm{d}y = \iint_{D_1} f(x,y)\mathrm{d}x\mathrm{d}y$$
$$= \int_0^{+\infty}\mathrm{d}x\int_0^{\frac{x}{2}} 6\mathrm{e}^{-(3x+2y)}\mathrm{d}y$$

$$= \int_0^{+\infty} 3\mathrm{e}^{-3x}(1-\mathrm{e}^{-x})\,\mathrm{d}x$$

$$= \left(-\mathrm{e}^{-3x}+\frac{3}{4}\mathrm{e}^{-4x}\right)\Big|_0^{+\infty} = \frac{1}{4}.$$

例 10　已知二维随机变量(X,Y)的概率密度为

$$f(x,y)=\begin{cases} a(x+y), & 0\leqslant x\leqslant 1, 0\leqslant y\leqslant 2,\\ 0, & \text{其他}, \end{cases}$$

(1)确定常数 a;(2)求 $P\{X\leqslant\frac{1}{2},Y\geqslant 1\}$ 和 $P\{X\geqslant Y\}$.

解　(1) 由概率密度的性质得

$$1=\int_{-\infty}^{+\infty}\int_{-\infty}^{+\infty} f(x,y)\,\mathrm{d}x\mathrm{d}y = \int_0^1\mathrm{d}x\int_0^2 a(x+y)\,\mathrm{d}y$$

$$= a\int_0^1 (2x+2)\,\mathrm{d}x = a(x^2+2x)\Big|_0^1 = 3a,$$

即得 $a=\frac{1}{3}$.

(2) $$P\left\{X\leqslant\frac{1}{2},Y\geqslant 1\right\} = \int_0^{\frac{1}{2}}\mathrm{d}x\int_1^2 f(x,y)\,\mathrm{d}y = \frac{1}{3}\int_0^{\frac{1}{2}}\left(x+\frac{3}{2}\right)\mathrm{d}x$$

$$= \frac{1}{3}\left(\frac{1}{2}x^2+\frac{3}{2}x\right)\Big|_0^{\frac{1}{2}} = \frac{7}{24}.$$

$$P\{X\geqslant Y\} = \int_0^1\mathrm{d}x\int_0^x f(x,y)\,\mathrm{d}y = \int_0^1\mathrm{d}x\int_0^x \frac{1}{3}(x+y)\,\mathrm{d}y$$

$$= \frac{1}{3}\int_0^1\left(x^2+\frac{1}{2}x^2\right)\mathrm{d}x = \frac{1}{2}\times\frac{1}{3}x^3\Big|_0^1 = \frac{1}{6}.$$

第二节　边缘分布函数

例 1　设二维随机变量(X,Y)的分布函数为

$$F(x,y)=\begin{cases} \frac{x}{2}(1-\mathrm{e}^{-2y}), & 0\leqslant x\leqslant 2, y>0,\\ 1-\mathrm{e}^{-2y}, & x>2, y>0,\\ 0, & \text{其他}, \end{cases}$$

求(X,Y)关于 X 和关于 Y 的边缘分布函数.

解　(X,Y)关于 X 的边缘分布函数为

$$F_X(x) = F(x,+\infty) = \lim_{y\to+\infty} F(x,y)$$

$$
=\begin{cases}\lim\limits_{y\to+\infty}0=0, & x<0,\\ \lim\limits_{y\to+\infty}\dfrac{x}{2}(1-\mathrm{e}^{-2y})=\dfrac{x}{2}, & 0\leqslant x\leqslant 2,\\ \lim\limits_{y\to+\infty}(1-\mathrm{e}^{-2y})=1, & x>2\end{cases}
$$

$$
=\begin{cases}0, & x<0,\\ \dfrac{x}{2}, & 0\leqslant x\leqslant 2,\\ 1, & x>2.\end{cases}
$$

(X,Y)关于 Y 的边缘分布函数为

$$
F_Y(y)=F(+\infty,y)=\lim_{x\to+\infty}F(x,y)
$$

$$
=\begin{cases}\lim\limits_{x\to+\infty}0=0, & y\leqslant 0,\\ \lim\limits_{x\to+\infty}(1-\mathrm{e}^{-2y})=1-\mathrm{e}^{-2y}, & y>0\end{cases}
$$

$$
=\begin{cases}0, & y\leqslant 0,\\ 1-\mathrm{e}^{-2y}, & y>0.\end{cases}
$$

例 2　已知(X,Y)的分布函数为

$$
F(x,y)=\begin{cases}0, & x<-1\text{ 或 }y<0,\\ 0.25(x+1)y, & -1\leqslant x<1,0\leqslant y<2,\\ 0.5y, & x\geqslant 1,0\leqslant y<2,\\ 0.5(x+1), & -1\leqslant x<1,y\geqslant 2,\\ 1, & x\geqslant 1,y\geqslant 2.\end{cases}
$$

求：

(1)(X,Y)关于 X 和关于 Y 的边缘分布函数；

(2)$P\{-1.5\leqslant X<2.5,-0.5\leqslant Y<1.5\}$；

(3)$P\{X<0.5,\quad Y<1.5\}$.

解　(1)
$$
F_X(x)=F(x,+\infty)=\begin{cases}0, & x<-1,\\ 0.5(x+1), & -1\leqslant x<1,\\ 1, & \text{其他};\end{cases}
$$

$$
F_Y(y)=F(+\infty,y)=\begin{cases}0, & y<0,\\ 0.5y, & 0\leqslant y<2,\\ 1, & \text{其他}.\end{cases}
$$

(2)$P\{-1.5\leqslant X<2.5,-0.5\leqslant Y<1.5\}$

$=F(2.5,1.5)-F(2.5,-0.5)-F(-1.5,1.5)+F(-1.5,-0.5)=0.75$；

(3) $P\{X<0.5,\ Y<1.5\}=F(0.5\ ,\ 1.5)=0.5625.$

例3　如果二维随机变量(X,Y)的联合分布函数为

$$F(x,y)=\begin{cases}1-e^{-\lambda_1 x}-e^{-\lambda_2 y}+e^{-\lambda_1 x-\lambda_2 y-\lambda_{12}\max\{x,y\}}, & x>0,y>0,\\ 0, & 其他,\end{cases}$$

其中$\lambda_1,\lambda_2,\lambda_{12}$为正的常数,试求:$(X,Y)$关于$X$和关于$Y$的边缘分布函数.

解　$F_X(x)=F(x,+\infty)=\lim\limits_{y\to+\infty}F(x,y)=\begin{cases}1-e^{-\lambda_1 x}, & x>0,\\ 0, & x\leqslant 0;\end{cases}$

$$F_Y(y)=F(+\infty,y)=\lim_{x\to+\infty}F(x,y)=\begin{cases}1-e^{-\lambda_2 y}, & y>0,\\ 0, & y\leqslant 0.\end{cases}$$

例4　已知二维随机变量(X,Y)的概率密度为

$$f(x,y)=\begin{cases}2xy, & 0<x<1,0<y<2x,\\ 0, & 其他,\end{cases}$$

求(X,Y)的分布函数$F(x,y)$.

解　(X,Y)的分布函数为

$$F(x,y)=\iint\limits_{\substack{u\leqslant x\\ v\leqslant y}}f(u,v)\,\mathrm{d}u\mathrm{d}v,$$

(1)当$x<0$,或者$y<0$时,对$F(x,y)=0$;

(2)当$0\leqslant x<1,0\leqslant y<2x$时,

$$F(x,y)=\int_0^y\mathrm{d}v\int_{\frac{v}{2}}^x 2uv\mathrm{d}u=\int_0^y v\left(x^2-\frac{v^2}{4}\right)\mathrm{d}v=\left(x^2\frac{v^2}{2}-\frac{v^4}{16}\right)\Big|_0^y=\frac{1}{2}x^2y^2-\frac{1}{16}y^4;$$

(3)当$1\leqslant x,0\leqslant y<2$时,

$$F(x,y)=\int_0^y\mathrm{d}v\int_{\frac{v}{2}}^1 2uv\mathrm{d}u=\int_0^y v\left(1-\frac{v^2}{4}\right)\mathrm{d}v=\left(\frac{v^2}{2}-\frac{v^4}{16}\right)\Big|_0^y=\frac{1}{2}y^2-\frac{1}{16}y^4;$$

(4)当$0\leqslant x<1,2x\leqslant y$时,

$$F(x,y)=\int_0^x\mathrm{d}u\int_0^{2u}2uv\mathrm{d}v=\int_0^x u\,(2u)^2\mathrm{d}u=u^4\Big|_0^x=x^4;$$

(5)当$1\leqslant x,2\leqslant y$时,$F(x,y)=1$;于是

$$F(x,y)=\begin{cases}0, & x<0\ 或者\ y<0,\\ \frac{1}{2}x^2y^2-\frac{1}{16}y^4, & 0\leqslant x<1,0\leqslant y<2x,\\ \frac{1}{2}y^2-\frac{1}{16}y^4, & 1\leqslant x,0\leqslant y<2,\\ x^4, & 0\leqslant x<1,2x\leqslant y,\\ 1, & x\geqslant 1,y\geqslant 2.\end{cases}$$

第三节　边缘分布律与条件分布律

例 1　随机变量(X,Y)的分布律为

X	Y		
	0	1	2
0	$\frac{1}{10}$	$\frac{1}{5}$	$\frac{1}{30}$
1	$\frac{1}{15}$	$\frac{2}{5}$	$\frac{1}{5}$

求(X,Y)关于X和关于Y的边缘分布律.

解

X	Y			
	0	1	2	
0	$\frac{1}{10}$	$\frac{1}{5}$	$\frac{1}{30}$	$\frac{1}{10}+\frac{1}{5}+\frac{1}{30}=\frac{1}{3}$
1	$\frac{1}{15}$	$\frac{2}{5}$	$\frac{1}{5}$	$\frac{1}{15}+\frac{2}{5}+\frac{1}{5}=\frac{2}{3}$
	$\frac{1}{6}$	$\frac{3}{5}$	$\frac{7}{30}$	

(X,Y)关于X的边缘分布律为

X	0	1
$P\{X=k\}$	$\frac{1}{3}$	$\frac{2}{3}$

(X,Y)关于Y的边缘分布律为

Y	0	1	2
$P\{Y=k\}$	$\frac{1}{6}$	$\frac{3}{5}$	$\frac{7}{30}$

例 2　某射手在射击中,每次击中目标的概率为$p(0<p<1)$,射击进行到第二次击中目标为止,X表示第一次击中目标时所进行的射击次数,Y表示第二次击中目标时所进行的射击次数,试求二维随机变量(X,Y)的联合分布律和边缘分布律.

解　根据题意知,(X,Y)的分布律为

$$P\{X=i,Y=j\}=p^2(1-p)^{j-2}\quad(i=1,2,\cdots,j-1;j=2,3,\cdots).$$

(X,Y)关于X的边缘分布律为

$$P\{X=i\}=\sum_{j=2}^{\infty}P\{X=i,Y=j\}=\sum_{j=i+1}^{\infty}p^2(1-p)^{j-2}$$

$$=p^2(1-p)^{i-1}\sum_{j=i+1}^{\infty}(1-p)^{j-(i+1)}=p^2(1-p)^{i-1}\frac{1}{1-(1-p)}$$

$$= p(1-p)^{i-1} \quad (i=1,2,\cdots).$$

(X,Y)关于 Y 的边缘分布律为

$$\begin{aligned} P\{Y=j\} &= \sum_{i=1}^{\infty} P\{X=i,Y=j\} \\ &= \sum_{i=1}^{j-1} p^2(1-p)^{j-2} \\ &= (j-1)p^2(1-p)^{j-2} \quad (j=2,3,\cdots). \end{aligned}$$

此题也可以直接求出 X 的分布律和 Y 的分布律.

例 3　随机变量(X,Y)的分布律为

X	Y	
	1	2
-1	$\frac{1}{4}$	$\frac{1}{2}$
1	0	$\frac{1}{4}$

求在 $Y=2$ 的条件下 X 的条件分布律.

解　$P\{Y=2\}=\frac{1}{2}+\frac{1}{4}=\frac{3}{4}$,则在 $Y=2$ 的条件下 X 的条件分布律为

$$P\{X=-1\mid Y=2\} = \frac{P\{X=-1,Y=2\}}{P\{Y=2\}} = \frac{1/2}{3/4} = \frac{2}{3},$$

$$P\{X=1\mid Y=2\} = \frac{P\{X=1,Y=2\}}{P\{Y=2\}} = \frac{1/4}{3/4} = \frac{1}{3}.$$

例 4　如果(X,Y)的分布律为

$$p_{ij}=\frac{1}{21}(i+j),i=1,2,j=1,2,3,$$

试求:(X,Y)关于 X 与 Y 的边缘分布律.

解　$P\{X=i\} = \sum_{j=1}^{3} p_{ij} = \sum_{j=1}^{3} \frac{1}{21}(i+j) = \frac{2+i}{7}$, $i=1,2$;

$$P\{Y=j\} = \sum_{i=1}^{2} p_{ij} = \sum_{i=1}^{2} \frac{1}{21}(i+j) = \frac{3+2j}{21}, j=1,2,3.$$

例 5　已知随机变量 X 服从参数为 0.4 的两点分布,即

X	0	1
$P\{X=x_i\}$	0.6	0.4

在 $X=0$ 和 $X=1$ 的条件下,Y 的条件分布律分别为

Y	0	1	2
$P\{Y\mid X=0\}$	0.4	0.4	0.2

Y	0	1	2
$P\{Y\mid X=1\}$	0.3	0.3	0.4

求:(1)(X,Y)的分布律;(2)在$Y=1$的条件下X的条件分布律.

解　(1)由$P\{X=i,\ Y=j\}=P\{X=i\}P\{Y=j\mid X=i\}$及条件,可得

X	Y			
	0	1	2	$P\{X=x_i\}$
0	0.24	0.24	0.12	0.6
1	0.12	0.12	0.16	0.4
$P\{Y=y_j\}$	0.36	0.36	0.28	

$$(2)P\{X=0\mid Y=1\}=\frac{P\{X=0,Y=1\}}{P\{Y=1\}}=\frac{0.24}{0.36}=\frac{2}{3},$$

$$P\{X=1\mid Y=1\}=\frac{P\{X=1,Y=1\}}{P\{Y=1\}}=\frac{0.12}{0.36}=\frac{1}{3}.$$

第四节　边缘概率密度与条件概率密度

例1　设$(X,Y)\sim N(\mu_1,\sigma_1{}^2;\mu_2,\sigma_2{}^2;\rho)$,求:(1) $f_X(x)$,$f_Y(y)$;(2)$f_{X\mid Y}(x\mid y)$,$f_{Y\mid X}(y\mid x)$.

解　(1)由题设条件知,(X,Y)的概率密度为

$$f(x,y)=\frac{1}{2\pi\sigma_1\sigma_2\sqrt{1-\rho^2}}\cdot\exp\left\{-\frac{1}{2(1-\rho^2)}\left[\left(\frac{x-\mu_1}{\sigma_1}\right)^2-2\rho\frac{x-\mu_1}{\sigma_1}\frac{y-\mu_2}{\sigma_2}+\left(\frac{y-\mu_2}{\sigma_2}\right)^2\right]\right\}$$

$$=\frac{1}{2\pi\sigma_1\sigma_2\sqrt{1-\rho^2}}\cdot\exp\left\{-\frac{1}{2(1-\rho^2)}\left[\left(\frac{y-\mu_2}{\sigma_2}-\rho\frac{x-\mu_1}{\sigma_1}\right)^2+(1-\rho^2)\left(\frac{x-\mu_1}{\sigma_1}\right)^2\right]\right\}$$

$$=\frac{1}{\sigma_1\sqrt{2\pi}}\exp\left\{-\frac{(x-\mu_1)^2}{2\sigma_1{}^2}\right\}\cdot$$

$$\frac{1}{\sigma_2\sqrt{1-\rho^2}\sqrt{2\pi}}\exp\left\{-\frac{\left[(y-\mu_2)-\rho\sigma_2\frac{x-\mu_1}{\sigma_1}\right]^2}{2\sigma_2^{\ 2}(1-\rho^2)}\right\},$$

于是 $$f_X(x)=\int_{-\infty}^{+\infty}f(x,y)\mathrm{d}y=\frac{1}{\sigma_1\sqrt{2\pi}}\exp\left[-\frac{(x-\mu_1)^2}{2\sigma_1^{\ 2}}\right],$$

即得 $$X\sim N(\mu_1,\sigma_1^{\ 2}).$$

同理，$Y\sim N(\mu_2,\sigma_2^{\ 2})$，$f_Y(y)=\int_{-\infty}^{+\infty}f(x,y)\mathrm{d}x=\frac{1}{\sigma_2\sqrt{2\pi}}\exp\left[-\frac{(y-\mu_2)^2}{2\sigma_2^{\ 2}}\right]$.

(2)
$$f_{Y|X}(y|x)=\frac{f(x,y)}{f_X(x)}$$

$$=\frac{1}{\sigma_2\sqrt{1-\rho^2}\sqrt{2\pi}}\exp\left\{-\frac{\left[(y-\mu_2)-\rho\sigma_2\frac{x-\mu_1}{\sigma_1}\right]^2}{2\sigma_2^{\ 2}(1-\rho^2)}\right\}.$$

$$f_{X|Y}(x|y)=\frac{f(x,y)}{f_Y(y)}$$

$$=\frac{1}{\sigma_1\sqrt{1-\rho^2}\sqrt{2\pi}}\exp\left\{-\frac{\left[(x-\mu_1)-\rho\sigma_1\frac{y-\mu_2}{\sigma_2}\right]^2}{2\sigma_1^{\ 2}(1-\rho^2)}\right\}.$$

例2 设二维随机变量(X,Y)在区域$D:\{(x,y)\mid x^2\leqslant y\leqslant\sqrt{x}\}$内服从均匀分布，试求$(X,Y)$的概率密度与边缘概率密度.

解 区域D的面积为

$$S=\int_0^1\mathrm{d}x\int_{x^2}^{\sqrt{x}}\mathrm{d}y=\int_0^1(\sqrt{x}-x^2)\mathrm{d}x=\left(\frac{2}{3}x^{\frac{3}{2}}-\frac{1}{3}x^3\right)\Big|_0^1=\frac{1}{3}.$$

(X,Y) 的概率密度为

$$f(x,y)=\begin{cases}3, & 0\leqslant x\leqslant 1,x^2\leqslant y\leqslant\sqrt{x},\\ 0, & \text{其他}.\end{cases}$$

(X,Y) 关于X的边缘概率密度为

$$f_X(x)=\int_{-\infty}^{+\infty}f(x,y)\mathrm{d}y=\begin{cases}\int_{x^2}^{\sqrt{x}}3\mathrm{d}y=3(\sqrt{x}-x^2), & 0\leqslant x\leqslant 1,\\ 0, & \text{其他}.\end{cases}$$

(X,Y) 关于Y的边缘概率密度为

$$f_Y(y)=\int_{-\infty}^{+\infty}f(x,y)\mathrm{d}x=\begin{cases}\int_{y^2}^{\sqrt{y}}3\mathrm{d}x=3(\sqrt{y}-y^2), & 0\leqslant y\leqslant 1,\\ 0, & \text{其他}.\end{cases}$$

例 3　设二维随机变量(X,Y)的概率密度为

$$f(x,y)=\begin{cases}x^2+\dfrac{1}{3}xy, & 0\leqslant x\leqslant 1,0\leqslant y\leqslant 2,\\ 0, & \text{其他}.\end{cases}$$

求:(1)(X,Y)关于X和关于Y的边缘概率密度;(2)$P\{X+Y\leqslant 1\}$.

解　(1)(X,Y)关于X的边缘概率密度为

$$f_X(x)=\int_{-\infty}^{+\infty}f(x,y)\mathrm{d}y=\begin{cases}\int_0^2\left(x^2+\dfrac{1}{3}xy\right)\mathrm{d}y=2x^2+\dfrac{2}{3}x, & 0\leqslant x\leqslant 1,\\ 0, & \text{其他}.\end{cases}$$

(X,Y)关于Y的边缘概率密度为

$$f_Y(y)=\int_{-\infty}^{+\infty}f(x,y)\mathrm{d}x=\begin{cases}\int_0^1\left(x^2+\dfrac{1}{3}xy\right)\mathrm{d}x=\dfrac{1}{3}+\dfrac{1}{6}y, & 0\leqslant y\leqslant 2,\\ 0, & \text{其他}.\end{cases}$$

(2)

$$\begin{aligned}P\{X+Y\leqslant 1\}&=\iint\limits_{x+y\leqslant 1}f(x,y)\mathrm{d}x\mathrm{d}y\\&=\int_0^1\mathrm{d}x\int_0^{1-x}\left(x^2+\frac{1}{3}xy\right)\mathrm{d}y\\&=\int_0^1\left[x^2(1-x)+\frac{1}{6}x(1-x)^2\right]\mathrm{d}x\\&=\int_0^1\left[-\frac{5}{6}x^3+\frac{2}{3}x^2+\frac{1}{6}x\right]\mathrm{d}x\\&=\left[-\frac{5}{24}x^4+\frac{2}{9}x^3+\frac{1}{12}x^2\right]\Bigg|_0^1=\frac{7}{72}.\end{aligned}$$

例 4　设二维随机变量(X,Y)的概率密度为

$$f(x,y)=\begin{cases}a\mathrm{e}^{-(x+y)}, & 0<2x<y<+\infty,\\ 0, & \text{其他},\end{cases}$$

(1)确定常数a;

(2)求(X,Y)关于X和关于Y的边缘概率密度;

(3)求$P\{X\geqslant 1,Y\geqslant 2\}$.

解　(1)由

$$\begin{aligned}1&=\int_{-\infty}^{+\infty}\int_{-\infty}^{+\infty}f(x,y)\mathrm{d}x\mathrm{d}y=\int_0^{+\infty}\mathrm{d}x\int_{2x}^{+\infty}a\mathrm{e}^{-(x+y)}\mathrm{d}y\\&=a\int_0^{+\infty}\mathrm{e}^{-3x}\mathrm{d}x=a\left(-\frac{1}{3}\mathrm{e}^{-3x}\right)\Bigg|_0^{+\infty}=\frac{1}{3}a,\end{aligned}$$

得 $a=3$.

(2) (X,Y) 关于 X 的边缘概率密度为

$$f_X(x)=\int_{-\infty}^{+\infty}f(x,y)\mathrm{d}y=\begin{cases}\int_{2x}^{+\infty}3\mathrm{e}^{-(x+y)}\mathrm{d}y=3\mathrm{e}^{-3x}, & x>0,\\ 0, & x\leqslant 0.\end{cases}$$

(X,Y) 关于 Y 的边缘概率密度为

$$f_Y(y)=\int_{-\infty}^{+\infty}f(x,y)\mathrm{d}x=\begin{cases}\int_0^{\frac{y}{2}}3\mathrm{e}^{-(x+y)}\mathrm{d}x=3\mathrm{e}^{-y}(1-\mathrm{e}^{-\frac{y}{2}}), & y>0,\\ 0, & y\leqslant 0.\end{cases}$$

$$\begin{aligned}(3)\ P\{X\geqslant 1,Y\geqslant 2\}&=\iint\limits_{x\geqslant 1,y\geqslant 2}f(x,y)\mathrm{d}x\mathrm{d}y=\int_2^{+\infty}\mathrm{d}y\int_1^{\frac{y}{2}}3\mathrm{e}^{-(x+y)}\mathrm{d}x\\ &=\int_2^{+\infty}3\mathrm{e}^{-y}(\mathrm{e}^{-1}-\mathrm{e}^{-\frac{y}{2}})\mathrm{d}y\\ &=3\left(-\mathrm{e}^{-1}\mathrm{e}^{-y}+\frac{2}{3}\mathrm{e}^{-\frac{3}{2}y}\right)\Bigg|_2^{+\infty}=\mathrm{e}^{-3}.\end{aligned}$$

例5 设二维随机变量 (X,Y) 的概率密度为

$$f(x,y)=\begin{cases}\frac{15}{2}x^2y, & |x|\leqslant y,0\leqslant y\leqslant 1,\\ 0, & \text{其他},\end{cases}$$

求 (X,Y) 关于 X 和关于 Y 的边缘概率密度.

解 (X,Y) 关于 X 的边缘概率密度为

$$\begin{aligned}f_X(x)&=\int_{-\infty}^{+\infty}f(x,y)\mathrm{d}y\\ &=\begin{cases}\int_x^1\frac{15}{2}x^2y\mathrm{d}y=\frac{15}{4}x^2(1-x^2), & 0\leqslant x\leqslant 1,\\ \int_{-x}^1\frac{15}{2}x^2y\mathrm{d}y=\frac{15}{4}x^2(1-x^2), & -1\leqslant x<0,\\ 0, & \text{其他}\end{cases}\\ &=\begin{cases}\frac{15}{4}x^2(1-x^2), & |x|\leqslant 1,\\ 0, & \text{其他};\end{cases}\end{aligned}$$

(X,Y) 关于 Y 的边缘概率密度为

$$f_Y(y)=\int_{-\infty}^{+\infty}f(x,y)\mathrm{d}x=\begin{cases}\int_{-y}^{y}\frac{15}{2}x^2y\mathrm{d}x=5y^4, & 0\leqslant y\leqslant 1,\\ 0, & \text{其他}.\end{cases}$$

例6 设二维随机变量 (X,Y) 在区域 $D:0\leqslant x\leqslant 1,0\leqslant y\leqslant 2x$ 内服从均匀分布,

求：(1)条件概率密度 $f_{X|Y}(x|y)$ 和 $f_{Y|X}(y|x)$；(2) $P\left\{Y \geqslant 1 \mid X=\frac{3}{4}\right\}$.

解　(1)区域 D 的面积为 $S=\int_0^1 \mathrm{d}x \int_0^{2x} \mathrm{d}y=\int_0^1 2x \mathrm{d}x=x^2 \Big|_0^1=1$，则$(X,Y)$的概率密度为

$$f(x,y)=\begin{cases}1 & 0 \leqslant x \leqslant 1, 0 \leqslant y \leqslant 2x, \\ 0 & \text{其他}.\end{cases}$$

(X,Y)关于 X 的边缘概率密度为

$$f_X(x)=\int_{-\infty}^{+\infty} f(x,y) \mathrm{d}y=\begin{cases}\int_0^{2x} \mathrm{d}y=2x, & 0 \leqslant x \leqslant 1, \\ 0, & \text{其他}.\end{cases}$$

(X,Y)关于 Y 的边缘概率密度为

$$f_Y(y)=\int_{-\infty}^{+\infty} f(x,y) \mathrm{d}x=\begin{cases}\int_{\frac{y}{2}}^1 \mathrm{d}x=\left(1-\frac{y}{2}\right), & 0 \leqslant y \leqslant 2, \\ 0, & \text{其他},\end{cases}$$

当 $0 \leqslant y<2$ 时，$f_Y(y) \neq 0$，$f_{X|Y}(x|y)=\frac{f(x,y)}{f_Y(y)}=\begin{cases}\frac{2}{2-y}, & \frac{y}{2} \leqslant x \leqslant 1, \\ 0, & \text{其他 } x;\end{cases}$

当 $0<x \leqslant 1$ 时，$f_X(x) \neq 0$，$f_{Y|X}(y|x)=\frac{f(x,y)}{f_X(x)}=\begin{cases}\frac{1}{2x}, & 0 \leqslant y \leqslant 2x, \\ 0, & \text{其他 } y.\end{cases}$

(2) 当 $X=\frac{3}{4}$ 时，$f_{Y|X}\left(y \Big| \frac{3}{4}\right)=\begin{cases}\frac{2}{3}, & 0 \leqslant y \leqslant \frac{3}{2}, \\ 0, & \text{其他},\end{cases}$ 则

$$P\left\{Y \geqslant 1 \mid X=\frac{3}{4}\right\}=\int_1^{+\infty} f_{Y|X}\left(y \Big| \frac{3}{4}\right) \mathrm{d}y=\int_1^{\frac{3}{2}} \frac{2}{3} \mathrm{d}y=\frac{1}{3}.$$

例 7　设二维随机变量(X,Y)的概率密度为

$$f(x,y)=\begin{cases}\frac{1}{2}x(3x+4y), & 0 \leqslant x \leqslant 1, 0 \leqslant y \leqslant 1, \\ 0, & \text{其他},\end{cases}$$

试求条件概率密度 $f_{X|Y}(x|y)$ 和 $f_{Y|X}(y|x)$.

解　(X,Y)关于 X 的边缘概率密度为

$$\begin{aligned} f_X(x) &=\int_{-\infty}^{+\infty} f(x,y) \mathrm{d}y \\ &=\begin{cases}\int_0^1 \frac{1}{2}x(3x+4y) \mathrm{d}y=\frac{1}{2}x(3x+2), & 0 \leqslant x \leqslant 1, \\ 0, & \text{其他};\end{cases}\end{aligned}$$

(X,Y)关于Y的边缘概率密度为

$$f_Y(y)=\int_{-\infty}^{+\infty}f(x,y)\,dx=\begin{cases}\int_0^1\frac{1}{2}x(3x+4y)\,dx=\frac{1}{2}+y, & 0\leqslant y\leqslant 1,\\ 0, & \text{其他}.\end{cases}$$

当$0\leqslant y\leqslant 1$时，$f_Y(y)\neq 0$，$f_{X|Y}(x|y)=\dfrac{f(x,y)}{f_Y(y)}=\begin{cases}\dfrac{x(3x+4y)}{1+2y}, & 0\leqslant x\leqslant 1,\\ 0, & \text{其他}\ x;\end{cases}$

当$0<x\leqslant 1$时，$f_X(x)\neq 0$，$f_{Y|X}(y|x)=\dfrac{f(x,y)}{f_X(x)}=\begin{cases}\dfrac{3x+4y}{3x+2}, & 0\leqslant y\leqslant 1,\\ 0, & \text{其他}\ y.\end{cases}$

例8 设二维随机变量(X,Y)的概率密度为

$$f(x,y)=\begin{cases}1, & |y|<x, 0<x<1,\\ 0, & \text{其他},\end{cases}$$

试求条件概率密度$f_{X|Y}(x|y)$和$f_{Y|X}(y|x)$.

解 (X,Y)关于X的边缘概率密度为

$$f_X(x)=\int_{-\infty}^{+\infty}f(x,y)\,dy=\begin{cases}\int_{-x}^{x}1\,dy=2x, & 0<x<1,\\ 0, & \text{其他};\end{cases}$$

(X,Y)关于Y的边缘概率密度为

$$f_Y(y)=\int_{-\infty}^{+\infty}f(x,y)\,dx=\begin{cases}\int_y^1 dx=(1-y), & 0<y<1,\\ \int_{-y}^1 dx=(1+y), & -1<y<0,\\ 0, & \text{其他}\end{cases}$$

$$=\begin{cases}1-|y|, & -1<y<1,\\ 0, & \text{其他}.\end{cases}$$

当$-1<y<1$时，$f_Y(y)\neq 0$，$f_{X|Y}(x|y)=\dfrac{f(x,y)}{f_Y(y)}=\begin{cases}\dfrac{1}{1-|y|}, & |y|<x<1,\\ 0, & \text{其他}\ x;\end{cases}$

当$0<x<1$时，$f_X(x)\neq 0$，$f_{Y|X}(y|x)=\dfrac{f(x,y)}{f_X(x)}=\begin{cases}\dfrac{1}{2x}, & -x<y<x,\\ 0, & \text{其他}\ y.\end{cases}$

例9 设随机变量X在区间$[0,1]$上服从均匀分布，在$X=x(0<x\leqslant 1)$的条件下，随机变量Y在$(0,x)$上服从均匀分布，求：(1) 随机变量X和Y的联合概率密度；(2) Y的概率密度；(3) 概率$P\{X+Y>1\}$.

解　(1)$f_X(x)=\begin{cases}1, & 0\leqslant x\leqslant 1,\\ 0, & \text{其他},\end{cases}$

$$f_{Y|X}(y|x)=\begin{cases}\dfrac{1}{x}, & 0\leqslant y\leqslant x,\\ 0, & \text{其他},\end{cases}$$

$$f(x,y)=f_X(x)f_{Y|X}(y|x)=\begin{cases}\dfrac{1}{x}, & 0<x\leqslant 1,0\leqslant y\leqslant x,\\ 0, & \text{其他}.\end{cases}$$

(2)$f_Y(y)=\begin{cases}\displaystyle\int_y^1 \frac{1}{x}\mathrm{d}x=-\ln y, & 0<y\leqslant 1,\\ 0, & \text{其他}.\end{cases}$

(3)$P\{X+Y>1\}=\displaystyle\int_{0.5}^1\int_{1-x}^x \frac{1}{x}\mathrm{d}y\mathrm{d}x=1-\ln 2.$

例 10　设(X,Y)服从区域$D=\{(x,y)\mid 0\leqslant y\leqslant 1-x^2\}$上的均匀分布,设区域$B=\{(x,y)\mid y\geqslant x^2\}$.

(1)写出(X,Y)的联合概率密度;

(2)求X和Y的边缘密度函数;

(3)求$X=-\dfrac{1}{2}$时Y的条件密度函数和$Y=\dfrac{1}{2}$时X的条件密度函数;

(4)求概率$P\{(X,Y)\in B\}$.

解　(1)$S=\displaystyle\int_{-1}^1\int_0^{1-x^2}\mathrm{d}y\mathrm{d}x=\frac{4}{3}$,

$$f(x,y)=\begin{cases}\dfrac{3}{4}, & 0\leqslant y\leqslant 1-x^2,\\ 0, & \text{其他}.\end{cases}$$

(2)$f_X(x)=\displaystyle\int_0^{1-x^2}\frac{3}{4}\mathrm{d}y=\begin{cases}\dfrac{3}{4}(1-x^2), & -1\leqslant x\leqslant 1,\\ 0, & \text{其他};\end{cases}$

$$f_Y(y)=\int_{-\sqrt{1-y}}^{\sqrt{1-y}}\frac{3}{4}\mathrm{d}x=\begin{cases}\dfrac{3}{4}\times 2\sqrt{1-y}=\dfrac{3}{2}\sqrt{1-y}, & 0\leqslant y\leqslant 1,\\ 0, & \text{其他}.\end{cases}$$

(3)当$-1<x<1$时,$f_{Y|X}(y|x)=\begin{cases}\dfrac{1}{1-x^2}, & 0\leqslant y\leqslant 1-x^2,\\ 0, & \text{其他},\end{cases}$

$$f_{Y|X}\left(y\mid X=-\frac{1}{2}\right)=\begin{cases}\dfrac{4}{3}, & 0\leqslant y\leqslant \dfrac{3}{4},\\ 0, & \text{其他};\end{cases}$$

当$0\leqslant y<1$时，$f_{X|Y}(x|y)=\begin{cases}\dfrac{1}{2\sqrt{1-y}}, & -\sqrt{1-y}\leqslant x\leqslant\sqrt{1-y},\\ 0, & 其他;\end{cases}$

$$f_{X|Y}\left(x\,\middle|\,Y=\frac{1}{2}\right)=\begin{cases}\dfrac{\sqrt{2}}{2}, -\dfrac{\sqrt{2}}{2}\leqslant x\leqslant\dfrac{\sqrt{2}}{2},\\ 0,其他.\end{cases}$$

(4) $P\{(X,Y)\in B\}=\int_{-\frac{\sqrt{2}}{2}}^{\frac{\sqrt{2}}{2}}\int_{x^2}^{1-x^2}\frac{3}{4}\mathrm{d}y\mathrm{d}x=\frac{\sqrt{2}}{2}.$

第五节　相互独立的随机变量

例1　设二维随机变量(X,Y)的分布函数为

$$F(x,y)=\begin{cases}1-\mathrm{e}^{-2x}-\mathrm{e}^{-3y}+\mathrm{e}^{-(2x+3y)}, & x>0,y>0,\\ 0, & 其他,\end{cases}$$

(1)求边缘分布函数$F_X(x)$，$F_Y(y)$；

(2)求(X,Y)的概率密度$f(x,y)$、边缘概率密度$f_X(x)$，$f_Y(y)$；

(3)验证随机变量X与Y相互独立.

解　(1) $F_X(x)=F(x,+\infty)=\lim\limits_{y\to+\infty}F(x,y)=\begin{cases}1-\mathrm{e}^{-2x}, & x>0,\\ 0, & x\leqslant 0;\end{cases}$

$$F_Y(y)=F(+\infty,y)=\lim_{x\to+\infty}F(x,y)=\begin{cases}1-\mathrm{e}^{-3y}, & y>0,\\ 0, & y\leqslant 0.\end{cases}$$

(2) $f(x,y)=\dfrac{\partial^2F(x,y)}{\partial x\partial y}=\begin{cases}6\mathrm{e}^{-2x}\mathrm{e}^{-3y}, & x>0,y>0,\\ 0, & 其他;\end{cases}$

$f_X(x)=\dfrac{\mathrm{d}F_X(x)}{\mathrm{d}x}=\begin{cases}2\mathrm{e}^{-2x}, & x>0,\\ 0, & x\leqslant 0;\end{cases}$　$f_Y(y)=\dfrac{\mathrm{d}F_Y(y)}{\mathrm{d}y}=\begin{cases}3\mathrm{e}^{-3y}, & y>0,\\ 0, & y\leqslant 0.\end{cases}$

(3)显然，对任意实数x，y，恒有$F(x,y)=F_X(x)F_Y(y)$，所以X与Y相互独立(或显然，对任意实数x，y，$f(x,y)=f_X(x)f_Y(y)$成立，所以X与Y相互独立).

例2　设二维随机变量(X,Y)的分布函数为

$$F(x,y)=\begin{cases}\dfrac{[1-(x+1)\mathrm{e}^{-x}]y}{1+y}, & x>0,y>0,\\ 0, & 其他.\end{cases}$$

(1)求边缘分布函数$F_X(x)$，$F_Y(y)$；

(2)求(X,Y)的概率密度$f(x,y)$、边缘概率密度$f_X(x)$，$f_Y(y)$；

(3)验证随机变量X与Y相互独立.

解　(1) $F_X(x)=F(x,+\infty)=\lim\limits_{y\to+\infty}F(x,y)=\begin{cases}1-(x+1)e^{-x}, & x>0,\\ 0, & x\leqslant 0;\end{cases}$

$$F_Y(y)=F(+\infty,y)=\lim_{x\to+\infty}F(x,y)=\begin{cases}\dfrac{y}{1+y}, & y>0,\\ 0, & y\leqslant 0.\end{cases}$$

(2) $f(x,y)=\dfrac{\partial^2F(x,y)}{\partial x\partial y}=\begin{cases}xe^{-x}\dfrac{1}{(1+y)^2}, & x>0,y>0,\\ 0, & 其他;\end{cases}$

$f_X(x)=\dfrac{dF_X(x)}{dx}=\begin{cases}xe^{-x}, & x>0,\\ 0, & x\leqslant 0;\end{cases}$ $f_Y(y)=\dfrac{dF_Y(y)}{dy}=\begin{cases}\dfrac{1}{(1+y)^2}, & y>0,\\ 0, & y\leqslant 0.\end{cases}$

(3) 显然，对任意实数 x,y，恒有 $F(x,y)=F_X(x)F_Y(y)$，所以 X 与 Y 相互独立（或显然，对任意实数 x,y，$f(x,y)=f_X(x)f_Y(y)$ 成立，所以 X 与 Y 相互独立）.

例 3　二维离散型随机变量 (X,Y) 的分布律为

X	Y		
	0	1	2
−1	0.1	0.2	0.1
2	0.2	0.1	0.3

(1) 求 (X,Y) 关于 X 和关于 Y 的边缘分布律；

(2) 验证 X 与 Y 是否独立？

解　(1) (X,Y) 关于 X 和关于 Y 的边缘分布律为

X	Y			
	0	1	2	
−1	0.1	0.2	0.1	0.4
2	0.2	0.1	0.3	0.6
	0.3	0.3	0.4	

(2) $P\{X=-1,Y=0\}=0.1$，$P\{X=-1\}=0.4$，$P\{Y=0\}=0.3$，显然 $P\{X=-1,Y=0\}\neq P\{X=-1\}P\{Y=0\}$，$X$ 与 Y 不独立.

例 4　设随机变量 X 与 Y 独立且均服从 $N(0,1)$ 分布. 求：

(1) (X,Y) 的概率密度 $f(x,y)$；

(2) t 的二次方程 $t^2+2Xt+Y^2=0$ 有实根的概率；

(3) 随机变量 $Z=X^2+Y^2$ 的分布函数、概率密度.

解　由题设条件知$f_X(x)=\frac{1}{\sqrt{2\pi}}\exp\left(-\frac{x^2}{2}\right)(-\infty<x<+\infty)$,

$$f_Y(y)=\frac{1}{\sqrt{2\pi}}\exp\left(-\frac{y^2}{2}\right)\quad(-\infty<y<+\infty).$$

(1)因为X与Y独立,故得(X,Y)的概率密度为

$$f(x,y)=f_X(x)f_Y(y)=\frac{1}{2\pi}\exp\left(-\frac{x^2+y^2}{2}\right)$$

$$(-\infty<x<+\infty,-\infty<y<+\infty),$$

显然有对称性$f(x,y)=f(y,x)$.

(2)令$A=t$的二次方程$t^2+2Xt+Y^2=0$有实根$=\{(2X)^2-4\times1\times Y^2\geqslant0\}=\{X^2-Y^2\geqslant0\}$,则

$$P(A)=P\{X^2-Y^2\geqslant0\}=\iint\limits_{x^2-y^2\geqslant0}f(x,y)\mathrm{d}x\mathrm{d}y$$

$$\xlongequal[y=v]{x=u,}\iint\limits_{u^2-v^2\geqslant0}f(u,v)\mathrm{d}u\mathrm{d}v$$

$$=\iint\limits_{u^2-v^2\geqslant0}f(v,u)\mathrm{d}u\mathrm{d}v$$

$$\xlongequal[u=y]{v=x,}\iint\limits_{y^2-x^2\geqslant0}f(x,y)\mathrm{d}x\mathrm{d}y,$$

又　$$\iint\limits_{x^2-y^2\geqslant0}f(x,y)\mathrm{d}x\mathrm{d}y+\iint\limits_{y^2-x^2\geqslant0}f(x,y)\mathrm{d}x\mathrm{d}y=\int_{-\infty}^{+\infty}\int_{-\infty}^{+\infty}f(x,y)\mathrm{d}x\mathrm{d}y=1,$$

所以$P(A)=\frac{1}{2}$.

(3)$F_Z(z)=P\{Z\leqslant z\}=P\{X^2+Y^2\leqslant z\}$,则

1)当$z<0$时,$F_Z(z)=P\{\varnothing\}=0$;

2)当$z=0$时,$F_Z(0)=P\{X=0,Y=0\}=0$;

3)当$z>0$时,

$$F_Z(z)=P\{Z\leqslant z\}=P\{X^2+Y^2\leqslant z\}=\iint\limits_{x^2+y^2\leqslant z}f(x,y)\mathrm{d}x\mathrm{d}y$$

$$=\int_0^{\sqrt{z}}\int_0^{2\pi}\frac{1}{2\pi}\mathrm{e}^{-\frac{r^2}{2}}\cdot r\mathrm{d}\theta\mathrm{d}r=\int_0^{\sqrt{z}}r\mathrm{e}^{-\frac{r^2}{2}}\mathrm{d}r$$

$$=\int_0^{\sqrt{z}}\left(-\mathrm{e}^{-\frac{r^2}{2}}\right)'\mathrm{d}r=\left(-\mathrm{e}^{-\frac{r^2}{2}}\right)\Big|_0^{\sqrt{z}}=1-\mathrm{e}^{-\frac{z}{2}},$$

于是　$F_Z(z)=\begin{cases}1-e^{-\frac{z}{2}}, & z>0,\\ 0, & z\leqslant 0,\end{cases}$　$f_Z(z)=\begin{cases}\frac{1}{2}e^{-\frac{z}{2}}, & z>0,\\ 0, & z\leqslant 0.\end{cases}$

例 5　接连不断地掷一颗匀称的骰子,直到出现点数大于 2 为止，以 X 表示掷骰子的次数. 以 Y 表示最后一次掷出的点数.

(1)求二维随机变量(X,Y)的分布律;

(2)求(X,Y)关于 X,Y 的边缘分布律;

(3)证明 X 与 Y 相互独立.

解　(1)依题意知,X 的可能取值为 $1,2,3,\cdots$;Y 的可能取值为 $3,4,5,6$. 设 B_k = 第 k 次时掷出 1 点或 2 点,A_{kj} = 第 k 次时掷出 j 点,则 $P(B_k)=\frac{2}{6}$,$P(A_{kj})=\frac{1}{6}$, $B_k+A_{k3}+A_{k4}+A_{k5}+A_{k6}=S$, $\{X=i,Y=j\}$ = 掷骰子 i 次,最后一次掷出 j 点,前$(i-1)$次掷出 1 点或 2 点 $=B_1\cdots B_{i-1}A_{ij}$(各次掷骰子出现的点数相互独立). 于是(X,Y)的分布律为

$$P\{X=i,Y=j\}=\left(\frac{2}{6}\right)^{i-1}\times\frac{1}{6}=\frac{1}{6}\times\left(\frac{1}{3}\right)^{i-1}(i=1,2,\cdots;j=3,4,5,6).$$

$$\left(\text{例如},P\{X=i,Y=3\}=\left(\frac{2}{6}\right)^{i-1}\times\frac{1}{6}=\frac{1}{6}\times\left(\frac{1}{3}\right)^{i-1}\right).$$

(2)
$$P\{X=i\}=\sum_{j=3}^{6}P\{X=i,Y=j\}=\sum_{j=3}^{6}\frac{1}{6}\times\left(\frac{1}{3}\right)^{i-1}$$
$$=4\times\frac{1}{6}\times\left(\frac{1}{3}\right)^{i-1}=\frac{2}{3}\left(\frac{1}{3}\right)^{i-1}\quad(i=1,2,\cdots);$$
$$P\{Y=j\}=\sum_{i=1}^{\infty}P\{X=i,Y=j\}=\sum_{i=1}^{\infty}\frac{1}{6}\times\left(\frac{1}{3}\right)^{i-1}$$
$$=\frac{1}{6}\times\frac{1}{1-\frac{1}{3}}=\frac{1}{4}\quad(j=3,4,5,6)$$

或由题意知，$\{X=i\}$ = 掷骰子 i 次,最后一次掷出的点数大于 2,前 $i-1$ 次掷出 1 点或 2 点,于是 $P\{X=i\}=\left(\frac{2}{6}\right)^{i-1}\times\frac{4}{6}=\frac{2}{3}\times\left(\frac{1}{3}\right)^{i-1}(i=1,2,\cdots)$;$\{Y=j\}$ = 在掷出点数大于 2 的条件下,掷出的是 j 点,于是 $P\{Y=j\}=\frac{1}{4}(j=3,4,5,6)$.

(3)由于 $P\{X=i\}P\{Y=j\}=\frac{2}{3}\times\left(\frac{1}{3}\right)^{i-1}\times\frac{1}{4}=\frac{1}{6}\left(\frac{1}{3}\right)^{i-1}$,即

$$P\{X=i,Y=j\}=P\{X=i\}P\{Y=j\}\quad(i=1,2,\cdots;j=3,4,5,6)$$

成立,所以 X 与 Y 相互独立.

例 6　设二维随机变量 (X,Y) 的概率密度为

$$f(x,y)=\begin{cases}\dfrac{x}{2}\exp\left[-\left(\dfrac{x^2}{4}+y\right)\right], & x>0,y>0,\\ 0, & 其他.\end{cases}$$

(1)判定 X 与 Y 是否相互独立?

(2)求 $P\{X^2-4Y\leqslant 0\}$.

解　(1)

$$f_X(x)=\int_{-\infty}^{+\infty}f(x,y)\mathrm{d}y$$

$$=\begin{cases}\displaystyle\int_0^{+\infty}\frac{x}{2}\exp\left\{-\left(\frac{x^2}{4}+y\right)\right\}\mathrm{d}y, & x>0,\\ 0, & x\leqslant 0\end{cases}$$

$$=\begin{cases}\dfrac{x}{2}\exp\left\{-\dfrac{x^2}{4}\right\}, & x>0,\\ 0, & x\leqslant 0;\end{cases}$$

$$f_Y(y)=\int_{-\infty}^{+\infty}f(x,y)\mathrm{d}x$$

$$=\begin{cases}\displaystyle\int_0^{+\infty}\frac{x}{2}\exp\left\{-\left(\frac{x^2}{4}+y\right)\right\}\mathrm{d}x, & y>0,\\ 0, & y\leqslant 0\end{cases}$$

$$=\begin{cases}\exp\{-y\}, & y>0,\\ 0, & y\leqslant 0,\end{cases}$$

显然 $f(x,y)=f_X(x)f_Y(y)\ (-\infty<x,y<+\infty)$ 成立,故 X 与 Y 相互独立.

(2)

$$P\{X^2-4Y\leqslant 0\}=\iint\limits_{x^2-4y\leqslant 0}f(x,y)\mathrm{d}x\mathrm{d}y$$

$$=\int_0^{+\infty}\mathrm{d}x\int_{\frac{x^2}{4}}^{+\infty}\frac{x}{2}\exp\left(-\frac{x^2}{4}\right)\mathrm{e}^{-y}\mathrm{d}y$$

$$=\int_0^{+\infty}\frac{x}{2}\exp\left(-\frac{x^2}{2}\right)\mathrm{d}x$$

$$=\int_0^{+\infty}\left[-\frac{1}{2}\exp\left(-\frac{x^2}{2}\right)\right]'\mathrm{d}x=\frac{1}{2}.$$

例 7　设随机变量 X 与 Y 相互独立,X 服从标准正态分布,Y 的概率密度为

$$f_Y(y)=\begin{cases}\sqrt{\dfrac{2}{\pi}}\exp\left(-\dfrac{1}{2}y^2\right), & y>0,\\ 0, & y\leqslant 0.\end{cases}$$

(1)求 X 与 Y 的联合概率密度;

(2)求 t 的二次方程 $t^2-\sqrt{Y}t+\frac{1}{4}X=0$ 有实根的概率.

解 (1)根据题设条件知,X 的概率密度为

$$f_X(x)=\frac{1}{\sqrt{2\pi}}\exp\left(-\frac{1}{2}x^2\right)\quad(-\infty<x<+\infty),$$

于是 X 与 Y 的联合概率密度为

$$f(x,y)=f_X(x)f_Y(y)=\begin{cases}\frac{1}{\pi}\exp\left\{-\frac{x^2+y^2}{2}\right\}, & -\infty<x<+\infty, y>0,\\ 0, & \text{其他}.\end{cases}$$

(2)设 $A=t$ 的二次方程 $t^2-\sqrt{Y}t+\frac{1}{4}X=0$ 有实根 $=\{Y\geqslant 0, Y-X\geqslant 0\}$,则有

$$P(A)=\iint\limits_{\substack{y\geqslant 0\\ y-x\geqslant 0}} f(x,y)\mathrm{d}x\mathrm{d}y=\iint\limits_{\substack{y\geqslant 0\\ y-x\geqslant 0}}\frac{1}{\pi}\mathrm{e}^{-\frac{x2+y2}{2}}\mathrm{d}x\mathrm{d}y$$

$$\xlongequal[y=r\sin\theta]{x=r\cos\theta}\int_0^{+\infty}\int_{\frac{\pi}{4}}^{\pi}\frac{1}{\pi}\mathrm{e}^{-\frac{r2}{2}}r\mathrm{d}\theta\mathrm{d}r=\frac{3}{4}\int_0^{+\infty}\left(-\mathrm{e}^{-\frac{r2}{2}}\right)'\mathrm{d}r=\frac{3}{4}.$$

例 8 设随机变量 X 与 Y 相互独立,X 在(0,2)上服从均匀分布,Y 服从参数为 2 的指数分布,试求:(1)X 与 Y 的联合概率密度 $f(x,y)$;(2)$P\{X<2Y\}$.

解 (1)根据题设条件知,

X 的概率密度为

$$f_X(x)=\begin{cases}\frac{1}{2}, & 0<x<2,\\ 0, & \text{其他};\end{cases}$$

Y 的概率密度为

$$f_Y(y)=\begin{cases}2\mathrm{e}^{-2y}, & y>0,\\ 0, & y\leqslant 0,\end{cases}$$

于是 X 与 Y 的联合概率密度为

$$f(x,y)=f_X(x)f_Y(y)=\begin{cases}\mathrm{e}^{-2y}, & 0<x<2, y>0,\\ 0, & \text{其他}.\end{cases}$$

(2)
$$P\{X<2Y\}=\iint\limits_{x<2y}f(x,y)\mathrm{d}x\mathrm{d}y=\int_0^2\mathrm{d}x\int_{\frac{x}{2}}^{+\infty}\mathrm{e}^{-2y}\mathrm{d}y$$

$$=\int_0^2\frac{1}{2}\mathrm{e}^{-x}\mathrm{d}x=\frac{1}{2}(1-\mathrm{e}^{-2}).$$

例 9 已知相互独立的随机变量 X 和 Y 的概率密度分别为

$$f_X(x)=\begin{cases}2x, & 0\leqslant x\leqslant 1,\\ 0, & \text{其他},\end{cases}\quad f_Y(y)=\begin{cases}\dfrac{y}{2}, & 0\leqslant y\leqslant 2,\\ 0, & \text{其他}.\end{cases}$$

求：(1) (X,Y) 的概率密度 $f(x,y)$；(2) $P\{X+Y\geqslant 2\}$.

解　(1) 因为 X 与 Y 相互独立，所以 (X,Y) 的概率密度为

$$f(x,y)=f_X(x)f_Y(y)=\begin{cases}xy, & 0\leqslant x\leqslant 1, 0\leqslant y\leqslant 2,\\ 0, & \text{其他}.\end{cases}$$

$$(2) P\{X+Y\geqslant 2\}=\iint\limits_{x+y\geqslant 2} f(x,y)\,\mathrm{d}x\mathrm{d}y=\int_0^1\mathrm{d}x\int_{2-x}^2 xy\,\mathrm{d}y$$

$$=\int_0^1 x\,\frac{1}{2}[2^2-(2-x)^2]\,\mathrm{d}x$$

$$=\frac{1}{2}\int_0^1(4x^2-x^3)\,\mathrm{d}x=\frac{1}{2}\left(\frac{4}{3}x^3-\frac{1}{4}x^4\right)\Bigg|_0^1=\frac{13}{24}.$$

例 10　已知二维随机变量 (X,Y) 的概率密度为

$$f(x,y)=\begin{cases}a(x+y), & 0\leqslant x\leqslant 2, 0\leqslant y\leqslant \dfrac{x}{2},\\ 0, & \text{其他}.\end{cases}$$

(1) 确定常数 a；

(2) 问 X 与 Y 是否相互独立？

(3) 求 $P\left\{Y\geqslant\dfrac{3}{4}\,\middle|\,X\geqslant 1\right\}$.

解　(1) 由 $1=\int_{-\infty}^{+\infty}\int_{-\infty}^{+\infty}f(x,y)\,\mathrm{d}x\mathrm{d}y=\int_0^2\mathrm{d}x\int_0^{\frac{x}{2}}a(x+y)\,\mathrm{d}y$

$$=a\int_0^2\left(\frac{1}{2}x^2+\frac{1}{8}x^2\right)\mathrm{d}x=a\times\frac{5}{8}\times\frac{1}{3}x^3\Bigg|_0^2=\frac{5}{3}a.$$

得 $a=\dfrac{3}{5}$.

(2)

$$f_X(x)=\int_{-\infty}^{+\infty}f(x,y)\,\mathrm{d}y$$

$$=\begin{cases}\int_0^{\frac{x}{2}}\dfrac{3}{5}(x+y)\,\mathrm{d}y, & 0\leqslant x\leqslant 2,\\ 0, & \text{其他}\end{cases}$$

$$=\begin{cases}\dfrac{3}{8}x^2, & 0\leqslant x\leqslant 2,\\ 0, & \text{其他};\end{cases}$$

$$f_Y(y)=\int_{-\infty}^{+\infty}f(x,y)\mathrm{d}x$$

$$=\begin{cases}\int_{2y}^{2}\frac{3}{5}(x+y)\mathrm{d}x, & 0\leqslant y\leqslant 1,\\ 0, & \text{其他}\end{cases}$$

$$=\begin{cases}\frac{3}{5}(2+2y-4y^2), & 0\leqslant y\leqslant 1,\\ 0, & \text{其他};\end{cases}$$

显然$f(x,y)\neq f_X(x)f_Y(y)\ (0<x<2,0<y<1)$，故$X$与$Y$不相互独立.

(3)　$P\{X\geqslant 1\}=\int_1^{+\infty}f_X(x)\mathrm{d}x=\int_1^2\frac{3}{8}x^2\mathrm{d}x=\frac{1}{8}x^3\Big|_1^2=\frac{7}{8}$；

$$P\left\{Y\geqslant\frac{3}{4},X\geqslant 1\right\}=\iint\limits_{x\geqslant 1,y\geqslant\frac{3}{4}}f(x,y)\mathrm{d}x\mathrm{d}y$$

$$=\int_{\frac{3}{2}}^{2}\mathrm{d}x\int_{\frac{3}{4}}^{\frac{x}{2}}\frac{3}{5}(x+y)\mathrm{d}y$$

$$=\frac{3}{5}\int_{\frac{3}{2}}^{2}\left[x\left(\frac{x}{2}-\frac{3}{4}\right)+\frac{1}{2}\left(\frac{x^2}{4}-\frac{9}{16}\right)\right]\mathrm{d}x$$

$$=\frac{3}{5}\int_{\frac{3}{2}}^{2}\left(\frac{5}{8}x^2-\frac{3}{4}x-\frac{9}{32}\right)\mathrm{d}x$$

$$=\frac{3}{5}\left(\frac{5}{8}\times\frac{1}{3}x^3-\frac{3}{4}\times\frac{1}{2}x^2-\frac{9}{32}x\right)\Bigg|_{\frac{3}{2}}^{2}=\frac{1}{10},$$

于是　$P\left\{Y\geqslant\frac{3}{4}\,\Big|\,X\geqslant 1\right\}=\dfrac{P\left\{Y\geqslant\frac{3}{4},X\geqslant 1\right\}}{P\{X\geqslant 1\}}=\dfrac{1/10}{7/8}=\dfrac{4}{35}.$

例 11　一电子器件由两部分组成，设这两部分的寿命（以 h 计）分别为X与Y，且其联合分布函数为

$$F(x,y)=\begin{cases}1-\mathrm{e}^{-0.01x}-\mathrm{e}^{-0.01y}+\mathrm{e}^{-0.01(x+y)}, & x>0,y>0,\\ 0, & \text{其他}.\end{cases}$$

(1)问X与Y是否相互独立?

(2)求$P\{X>120,Y>120\}$.

解　(1)　$F_X(x)=\lim\limits_{y\to+\infty}F(x,y)=\begin{cases}1-\mathrm{e}^{-0.01x}, & x>0,\\ 0, & x\leqslant 0,\end{cases}$

$$F_Y(y)=\lim_{x\to+\infty}F(x,y)=\begin{cases}1-e^{-0.01y}, & y>0,\\ 0, & y\leqslant 0,\end{cases}$$

显然成立,则

$$F(x,y)=F_X(x)F_Y(y)\quad(-\infty<x<+\infty,-\infty<y<+\infty),$$

所以 X 与 Y 相互独立.

$$\begin{aligned}(2)\ P\{X>120,Y>120\}&=P\{X>120\}P\{Y>120\}\\&=[1-P\{X\leqslant 120\}][1-P\{Y\leqslant 120\}]\\&=[1-F_X(120)][1-F_Y(120)]\\&=e^{-1.2}e^{-1.2}=e^{-2.4}.\end{aligned}$$

例12　一机器制造直径为 X 的圆轴,另一机器制造内径为 Y 的轴衬,设 (X,Y) 的概率密度为

$$f(x,y)=\begin{cases}2500, & 0.49<x<0.51, 0.51<y<0.53,\\ 0, & \text{其他},\end{cases}$$

若轴衬的内径与轴的直径之差大于0.004且小于0.036,则两者可以相适衬.求任一轴与任一轴衬相适衬的概率.

解　设 A = 任一轴与任一轴衬相适衬 = $\{0.004<Y-X<0.036\}$,则

$$\begin{aligned}P(A)&=P\{0.004<Y-X<0.036\}\\&=1-2\times\left(2500\times\frac{1}{2}\times 0.004^2\right)\\&=1-0.04=0.96.\end{aligned}$$

例13　设二维随机变量 (X,Y) 服从区域 $D=\{(x,y)\mid a\leqslant x\leqslant b,\ c\leqslant y\leqslant d\}$ 上的均匀分布,试证:X 与 Y 相互独立.

证

$$f(x,y)=\begin{cases}\dfrac{1}{(b-a)(d-c)}, & a\leqslant x\leqslant b, c\leqslant y\leqslant d,\\ 0, & \text{其他};\end{cases}$$

$$f_X(x)=\begin{cases}\dfrac{1}{b-a}, & a\leqslant x\leqslant b,\\ 0, & \text{其他 } x;\end{cases}$$

$$f_Y(y)=\begin{cases}\dfrac{1}{d-c}, & c\leqslant y\leqslant d,\\ 0, & \text{其他 } y.\end{cases}$$

显然 $f(x,y)=f_X(x)f_Y(y)$ 成立,故 X 与 Y 相互独立.

例14　设随机变量 X 与 Y 相互独立,下表列出了二维随机变量 (X,Y) 的分布律及关于 X 和关于 Y 的边缘分布律中的部分数值,试将其余数值填入表中的空

白处.

X	Y			
	y_1	y_2	y_3	$P\{X=x_i\}$
x_1		$\frac{1}{8}$		
x_2	$\frac{1}{8}$			
$P\{Y=y_j\}$	$\frac{1}{6}$			1

解 利用题设条件和分布律性质及独立性条件:

由 $P\{X=x_1,Y=y_1\}+P\{X=x_2,Y=y_1\}=P\{Y=y_1\}$,得

$$P\{X=x_1,Y=y_1\}=\frac{1}{24},$$

由 $P\{X=x_1,Y=y_1\}=P\{X=x_1\}P\{Y=y_1\}$,得

$$P\{X=x_1\}=\frac{1}{4}.$$

从而得 $P\{X=x_2\}=\frac{3}{4}$;

由 $P\{X=x_1,Y=y_1\}+P\{X=x_1,Y=y_2\}+P\{X=x_1,Y=y_3\}=P\{X=x_1\}$,得

$$P\{X=x_1,Y=y_3\}=\frac{1}{12},$$

由 $P\{X=x_2,Y=y_2\}=P\{X=x_2\}P\{Y=y_2\}=\frac{3}{4}P\{Y=y_2\}$,得

$$P\{X=x_2,Y=y_3\}=P\{X=x_2\}P\{Y=y_3\}=\frac{3}{4}P\{Y=y_3\},$$

由 $P\{X=x_1,Y=y_2\}+P\{X=x_2,Y=y_2\}=P\{Y=y_2\}$,得

$$P\{Y=y_2\}=\frac{1}{2},$$

由 $P\{X=x_1,Y=y_3\}+P\{X=x_2,Y=y_3\}=P\{Y=y_3\}$,得

$$P\{Y=y_3\}=\frac{1}{3},$$

于是 $$P\{X=x_2,Y=y_2\}=\frac{3}{8},P\{X=x_2,Y=y_3\}=\frac{1}{4}.$$

故

X	Y			
	y_1	y_2	y_3	$P\{X=x_i\}$
x_1	$\frac{1}{24}$	$\frac{1}{8}$	$\frac{1}{12}$	$\frac{1}{4}$
x_2	$\frac{1}{8}$	$\frac{3}{8}$	$\frac{1}{4}$	$\frac{3}{4}$
$P\{Y=y_j\}$	$\frac{1}{6}$	$\frac{1}{2}$	$\frac{1}{3}$	1

例 15 设三维随机变量(X,Y,Z)的概率密度函数为

$$f(x,y,z)=\begin{cases}\dfrac{1}{8\pi^3}(1-\sin x\sin y\sin z), & 0\leqslant x,y,z\leqslant 2\pi,\\ 0, & \text{其他},\end{cases}$$

证明:X,Y,Z两两独立,但不相互独立.

证 $$f_X(x)=\begin{cases}\displaystyle\int_0^{2\pi}\int_0^{2\pi}\frac{1}{8\pi^3}(1-\sin x\sin y\sin z)\,\mathrm{d}y\mathrm{d}z=\frac{1}{2\pi}, & 0\leqslant x\leqslant 2\pi,\\ 0, & \text{其他};\end{cases}$$

同样地,$f_Y(y)=\begin{cases}\dfrac{1}{2\pi}, & 0\leqslant y\leqslant 2\pi,\\ 0, & \text{其他},\end{cases}$ $f_Z(z)=\begin{cases}\dfrac{1}{2\pi}, & 0\leqslant z\leqslant 2\pi,\\ 0, & \text{其他},\end{cases}$

而$f_{(X,Y)}(x,y)=\begin{cases}\displaystyle\int_0^{2\pi}\frac{1}{8\pi^3}(1-\sin x\sin y\sin z)\,\mathrm{d}z=\frac{1}{4\pi^2}, & 0\leqslant x,y\leqslant 2\pi,\\ 0, & \text{其他},\end{cases}$

同样地,

$$f_{(X,Z)}(x,z)=\begin{cases}\dfrac{1}{4\pi^2}, & 0\leqslant x,z\leqslant 2\pi,\\ 0, & \text{其他},\end{cases}\quad f_{(Y,Z)}(y,z)=\begin{cases}\dfrac{1}{4\pi^2}, & 0\leqslant y,z\leqslant 2\pi,\\ 0, & \text{其他},\end{cases}$$

$$f_{(X,Y)}(x,y)=f_X(x)f_Y(y),\ f_{(X,Z)}(x,z)=f_X(x)f_Z(z),$$

$$f_{(Y,Z)}(y,z)=f_Y(y)f_Z(z),$$

但 $$f(x,y,z)\neq f_X(x)f_Y(y)f_Z(z),$$

故X,Y,Z两两独立,但不相互独立.

例 16 设二维随机变量(X,Y)的概率密度为

$$f(x,y)=\frac{1}{2\pi\sqrt{6}}\mathrm{e}^{-\left(\frac{x^2}{4}+\frac{y^2}{6}\right)}(1+\varepsilon\sin x\sin y),\ -\infty<x,y<+\infty,$$

其中常数$|\varepsilon|\leqslant 1$.

(1)求(X,Y)关于X的边缘概率密度$f_X(x)$;

(2)求(X,Y)关于Y的边缘概率密度$f_Y(y)$;

(3) X 与 Y 是否相互独立?

解　(1) $f_X(x) = \int_{-\infty}^{+\infty} f(x,y)\mathrm{d}y$

$$= \int_{-\infty}^{+\infty} \frac{1}{2\pi\sqrt{6}} \mathrm{e}^{-\left(\frac{x^2}{4}+\frac{y^2}{6}\right)}(1+\varepsilon\sin x\sin y)\mathrm{d}y$$

$$= \frac{1}{2\pi\sqrt{6}}\mathrm{e}^{-\frac{x^2}{4}} \int_{-\infty}^{+\infty} (\mathrm{e}^{-\frac{y^2}{6}} + \varepsilon\sin x \cdot \mathrm{e}^{-\frac{y^2}{6}}\sin y)\mathrm{d}y$$

$$= \frac{1}{2\pi\sqrt{6}}\mathrm{e}^{-\frac{x^2}{4}} \int_{-\infty}^{+\infty} \mathrm{e}^{-\frac{y^2}{6}}\mathrm{d}y$$

$$= \frac{1}{2\pi\sqrt{6}}\mathrm{e}^{-\frac{x^2}{4}} \sqrt{2\pi}\sqrt{3}$$

$$= \frac{1}{2\sqrt{\pi}}\mathrm{e}^{-\frac{x^2}{4}},\ -\infty < x < +\infty.$$

(2) $f_Y(y) = \int_{-\infty}^{+\infty} f(x,y)\mathrm{d}x$

$$= \int_{-\infty}^{+\infty} \frac{1}{2\pi\sqrt{6}} \mathrm{e}^{-\left(\frac{x^2}{4}+\frac{y^2}{6}\right)}(1+\varepsilon\sin x\sin y)\mathrm{d}x$$

$$= \frac{1}{2\pi\sqrt{6}}\mathrm{e}^{-\frac{y^2}{6}} \int_{-\infty}^{+\infty} (\mathrm{e}^{-\frac{x^2}{4}} + \varepsilon\sin y \cdot \mathrm{e}^{-\frac{x^2}{4}}\sin x)\mathrm{d}x$$

$$= \frac{1}{2\pi\sqrt{6}}\mathrm{e}^{-\frac{y^2}{6}} \int_{-\infty}^{+\infty} \mathrm{e}^{-\frac{x^2}{4}}\mathrm{d}x$$

$$= \frac{1}{2\pi\sqrt{6}}\mathrm{e}^{-\frac{y^2}{6}} \sqrt{2\pi}\sqrt{2}$$

$$= \frac{1}{\sqrt{6\pi}}\mathrm{e}^{-\frac{y^2}{6}},\ -\infty < y < +\infty.$$

(3) 因为

$$f(x,y) \neq f_X(x)f_Y(y),$$

所以 X 与 Y 不相互独立.

注意:本题提供的例子,可以用来说明:

由 X 与 Y 都服从一维正态分布,不能推出 (X,Y) 服从二维正态分布.

或者:仅有 X 与 Y 的分布,不能确定 (X,Y) 的分布;

或者:由 (X,Y) 的分布,可以确定 X 与 Y 的分布,反之不真.

第四章　随机变量的函数的分布

第一节　离散型随机变量的函数的分布

例1　已知随机变量 X 的分布律为

X	-1	0	1	2
P	$\frac{1}{5}$	$\frac{1}{5}$	$\frac{2}{5}$	$\frac{1}{5}$

试求:(1)$2X+1$;(2)X^2-1 的分布律.

解　列表代入计算复合函数的值得

X^2-1	0	-1	0	3
$2X+1$	-1	1	3	5
X	-1	0	1	2
P	$\frac{1}{5}$	$\frac{1}{5}$	$\frac{2}{5}$	$\frac{1}{5}$

(1)$2X+1$ 的分布律为

$2X+1$	-1	1	3	5
P	$\frac{1}{5}$	$\frac{1}{5}$	$\frac{2}{5}$	$\frac{1}{5}$

(2)X^2-1 的分布律为

X^2-1	-1	0	3
P	$\frac{1}{5}$	$\frac{1}{5}+\frac{2}{5}=\frac{3}{5}$	$\frac{1}{5}$

例2　已知二维随机变量(X,Y)的分布律

X	Y		
	0	1	2
-1	0.1	0.2	0.1
2	0.2	0.1	0.3

试求:(1)$2X+Y$;(2)$XY+1$;(3)$\max\{X,Y\}$的分布律.

解　将(X,Y)的取值对列出,计算函数值,合并相同的值列表如下:

$\max\{X,Y\}$	0	1	2	2	2	2
$XY+1$	1	0	-1	1	3	5
$2X+Y$	-2	-1	0	4	5	6
(X,Y)	(-1,0)	(-1,1)	(-1,2)	(2,0)	(2,1)	(2,2)
P	0.1	0.2	0.1	0.2	0.1	0.3

从而得所求分布律为

(1)

$2X+Y$	-2	-1	0	4	5	6
P	0.1	0.2	0.1	0.2	0.1	0.3

(2)

$XY+1$	-1	0	1	3	5
P	0.1	0.2	0.3	0.1	0.3

(3)

$\max\{X,Y\}$	0	1	2
P	0.1	0.2	0.7

例3　已知二维随机变量(X_1,X_2)的分布律为

X_1	X_2			
	-2	0	1	2
-1	0.1	0.2	0.1	0.2
1	0.1	0.1	0.1	0.1

试求:(1)$X=X_1X_2$;(2)$Y=\max\{X_1,X_2\}$的分布律.

解　列表

$\max\{X_1,X_2\}$	-1	0	1	2	1	1	1	2
X_1X_2	2	0	-1	-2	-2	0	1	2
(X_1,X_2)	(-1,-2)	(-1,0)	(-1,1)	(-1,2)	(1,-2)	(1,0)	(1,1)	(1,2)
P	0.1	0.2	0.1	0.2	0.1	0.1	0.1	0.1

从而得

(1)$X=X_1X_2$ 的分布律为

X	-2	-1	0	1	2
P	0.3	0.1	0.3	0.1	0.2

(2)$Y=\max\{X_1,X_2\}$ 的分布律为

Y	-1	0	1	2
P	0.1	0.2	0.4	0.3

例4 设 $X\sim\pi(\lambda_1)$,$Y\sim\pi(\lambda_2)$ 且相互独立,试证:

$$Z=X+Y\sim\pi(\lambda_1+\lambda_2).$$

证 由已知条件 $P\{X=i\}=\dfrac{\mathrm{e}^{-\lambda_1}\lambda_1^i}{i!}$ $(i=0,1,2,\cdots)$,$P\{Y=j\}=\dfrac{\mathrm{e}^{-\lambda_2}\lambda_2^j}{j!}(j=0,1,2,\cdots)$,得

$$P\{X=i,Y=j\}=P\{X=i\}P\{Y=j\}\quad(i,j=0,1,2,\cdots),$$

由于

$$\{Z=k\}=\sum_{i=0}^{k}\{X=i,Y=k-i\},$$

由互不相容事件概率的可加性和随机变量的独立性得

$$\begin{aligned}P\{Z=k\}&=\sum_{i=0}^{k}P\{X=i,Y=k-i\}\\&=\sum_{i=0}^{k}P\{X=i\}P\{Y=k-i\}\\&=\sum_{i=0}^{k}\frac{\mathrm{e}^{-\lambda_1}\lambda_1^i}{i!}\cdot\frac{\mathrm{e}^{-\lambda_2}\lambda_2^{k-i}}{(k-i)!}\\&=\frac{\mathrm{e}^{-(\lambda_1+\lambda_2)}}{k!}\sum_{i=0}^{k}\frac{k!}{i!(k-i)!}\lambda_1^i\lambda_2^{k-i}\\&=\frac{\mathrm{e}^{-(\lambda_1+\lambda_2)}}{k!}(\lambda_1+\lambda_2)^k\quad(k=0,1,2,\cdots),\end{aligned}$$

故由泊松分布的定义知 $Z=X+Y\sim\pi(\lambda_1+\lambda_2)$.

利用上述结论和数学归纳法,可得:

设随机变量 $X_1,X_2,\cdots,X_n$ 相互独立,且 $X_i\sim\pi(\lambda_i)(i=1,2,\cdots,n)$,则

$$X=X_1+X_2+\cdots+X_n\sim\pi(\lambda_1+\lambda_2+\cdots+\lambda_n).$$

例5 设随机变量 X_1,X_2 相互独立,且 $X_i\sim B(n_i,p)$ $(i=1,2)$,试

证：$X=X_1+X_2\sim B(n_1+n_2,p)$.

证　由已知条件知

$$P\{X_1=i\}=C_{n_1}^{i}p^{i}(1-p)^{n_1-i}\quad(i=0,1,\cdots,n_1),$$
$$P\{X_2=j\}=C_{n_2}^{j}p^{j}(1-p)^{n_2-j}\quad(j=0,1,\cdots,n_2),$$

则

$$P\{X_1=i,X_2=j\}=P\{X_1=i\}P\{X_2=j\}\quad(i=0,1,\cdots,n_1;j=0,1,\cdots,n_2).$$

由于　$$\{X=k\}=\{X_1+X_2=k\}=\sum_{i=0}^{k}\{X_1=i,X_2=k-i\},$$

由互不相容事件概率的可加性和随机变量的独立性得

$$\begin{aligned}P\{X=k\}&=\sum_{i=0}^{k}P\{X_1=i,X_2=k-i\}\\&=\sum_{i=0}^{k}P\{X_1=i\}P\{X_2=k-i\}\\&=\sum_{i=0}^{k}C_{n_1}^{i}p^{i}(1-p)^{n_1-i}C_{n_2}^{k-i}p^{k-i}(1-p)^{n_2-(k-i)}\\&=\left(\sum_{i=0}^{k}C_{n_1}^{i}\cdot C_{n_2}^{k-i}\right)p^{k}(1-p)^{n_1+n_2-k}\\&=C_{n_1+n_2}^{k}p^{k}(1-p)^{n_1+n_2-k}\quad(k=0,1,2,\cdots,n_1+n_2),\end{aligned}$$

故由二项分布的定义得　$X=X_1+X_2\sim B(n_1+n_2,p)$.

利用上述结论和数学归纳法，可得：

设随机变量 $X_1,X_2,\cdots,X_m$ 相互独立，且 $X_i\sim B(n_i,p)(i=1,2,\cdots,m)$，

则有　$$X=X_1+X_2+\cdots+X_m\sim B(n_1+n_2+\cdots+n_m,p).$$

例 6　设随机变量 X_1,X_2,X_3 相互独立且服从相同的(0—1)分布，即

$$P\{X_i=1\}=p(0<p<1),$$
$$P\{X_i=0\}=q(q=1-p,i=1,2,3).$$

令　$$Y_1=\begin{cases}1, & X_1+X_2\text{为奇数},\\0, & X_1+X_2\text{为偶数},\end{cases}\quad Y_2=\begin{cases}1, & X_2+X_3\text{为奇数},\\0, & X_2+X_3\text{为偶数},\end{cases}$$

试分别求 $Z_1=2Y_1-Y_2$ 和 $Z_2=\min\{Y_1,Y_2\}$ 的分布律.

解　根据题意和题设条件知，Z_1 的可能取值为 $2,1,0,-1$；

$$\begin{aligned}\{Z_1=2\}&=\{Y_1=1,Y_2=0\}=\{X_1+X_2\text{为奇数},X_2+X_3\text{为偶数}\}\\&=\{\{X_1=1,X_2=0\}+\{X_1=0,X_2=1\},\\&\quad\{X_2=1,X_3=1\}+\{X_2=0,X_3=0\}\}\\&=\{X_1=1,X_2=0,X_3=0\}+\{X_1=0,X_2=1,X_3=1\},\end{aligned}$$

则　$P\{Z_1=2\}=P\{Y_1=1,Y_2=0\}=pq^2+qp^2=pq$,

$$
\begin{aligned}
\{Z_1=1\}&=\{Y_1=1,Y_2=1\}\\
&=\{X_1+X_2\text{ 为奇数},X_2+X_3\text{ 为奇数}\}\\
&=\{\{X_1=1,X_2=0\}+\{X_1=0,X_2=1\},\\
&\quad\ \{X_2=0,X_3=1\}+\{X_2=1,X_3=0\}\}\\
&=\{X_1=1,X_2=0,X_3=1\}+\{X_1=0,X_2=1,X_3=0\},
\end{aligned}
$$

$$P\{Z_1=1\}=P\{Y_1=1,Y_2=1\}=p^2q+q^2p=pq,$$

$$
\begin{aligned}
\{Z_1=0\}&=\{Y_1=0,Y_2=0\}\\
&=\{X_1+X_2\text{ 为偶数},X_2+X_3\text{ 为偶数}\}\\
&=\{\{X_1=1,X_2=1\}+\{X_1=0,X_2=0\},\\
&\quad\ \{X_2=1,X_3=1\}+\{X_2=0,X_3=0\}\}\\
&=\{X_1=1,X_2=1,X_3=1\}+\{X_1=0,X_2=0,X_3=0\},
\end{aligned}
$$

$$
\begin{aligned}
P\{Z_1=0\}&=P\{Y_1=0,Y_2=0\}=p^3+q^3\\
&=(p+q)^3-(3p^2q+3pq^2)=1-3pq,
\end{aligned}
$$

$$
\begin{aligned}
\{Z_1=-1\}&=\{Y_1=0,Y_2=1\}=\{X_1+X_2\text{ 为偶数},X_2+X_3\text{ 为奇数}\}\\
&=\{\{X_1=1,X_2=1\}+\{X_1=0,X_2=0\},\\
&\quad\ \{X_2=1,X_3=0\}+\{X_2=0,X_3=1\}\}\\
&=\{X_1=1,X_2=1,X_3=0\}+\{X_1=0,X_2=0,X_3=1\},
\end{aligned}
$$

$$P\{Z_1=-1\}=P\{Y_1=0,Y_2=1\}=p^2q+q^2p=pq.$$

于是 $Z_1=2Y_1-Y_2$ 的分布律为

Z_1	-1	0	1	2
P	pq	$1-3pq$	pq	pq

$$P\{Z_2=1\}=P\{Y_1=1,Y_2=1\}=pq,$$

$$
\begin{aligned}
P\{Z_2=0\}&=P\{\{Y_1=0,Y_2=0\}+\{Y_1=0,Y_2=1\}+\{Y_1=1,Y_2=0\}\}\\
&=1-pq.
\end{aligned}
$$

于是 $Z_2=\min\{Y_1,Y_2\}$ 的分布律为

Z_2	0	1
P	$1-pq$	pq

例 7 设互相独立的两个随机变量 X 和 Y 具有同一分布律，且 X 的分布律为

X	0	1
P	$\frac{1}{2}$	$\frac{1}{2}$

求:随机变量 $Z=\max\{X,Y\}$ 的分布律.

解

X	Y	
	0	1
0	$\frac{1}{4}$	$\frac{1}{4}$
1	$\frac{1}{4}$	$\frac{1}{4}$

(X,Y)	$(0,0)$	$(0,1)$	$(1,0)$	$(1,1)$
P	$\frac{1}{4}$	$\frac{1}{4}$	$\frac{1}{4}$	$\frac{1}{4}$
$Z=\max\{X,Y\}$	0	1	1	2

$Z=\max\{X,Y\}$	0	1
P	$\frac{1}{4}$	$\frac{3}{4}$

例 8　设随机变量 X 和 Y 的分布律分别为

X	-1	0	1
P	$\frac{1}{4}$	$\frac{1}{2}$	$\frac{1}{4}$

Y	0	1
P	$\frac{1}{2}$	$\frac{1}{2}$

已知 $P\{XY=0\}=1$,试求:$Z=\max\{X,Y\}$ 的分布律.

解　由 $P\{XY=0\}=1$,可知　$P\{XY\neq 0\}=0$,

$$P\{XY\neq 0\}=P\{X=-1,Y=1\}+P\{X=1,Y=1\},$$

于是

$$P\{X=-1,Y=1\}=0,P\{X=1,Y=1\}=0.$$

由　$P\{X=-1,Y=0\}+P\{X=-1,Y=1\}=P\{X=-1\}=\dfrac{1}{4}$,

得 $P\{X=-1,Y=0\}=\dfrac{1}{4}$;

由　$P\{X=1,Y=0\}+P\{X=1,Y=1\}=P\{X=1\}=\dfrac{1}{4}$

得 $P\{X=1,Y=0\}=\frac{1}{4}$；

由 $P\{X=-1,Y=0\}+P\{X=0,Y=0\}+P\{X=-1,Y=0\}=P\{Y=0\}=\frac{1}{2}$，得 $P\{X=0,Y=0\}=0$；

由 $P\{X=-1,Y=1\}+P\{X=0,Y=1\}+P\{X=-1,Y=1\}=P\{Y=1\}=\frac{1}{2}$，得 $P\{X=0,Y=1\}=\frac{1}{2}$.

从而(X,Y)的分布律为

Y	X		
	-1	0	1
0	$\frac{1}{4}$	0	$\frac{1}{4}$
1	0	$\frac{1}{2}$	0

(X,Y)	$(-1,0)$	$(-1,1)$	$(0,0)$	$(0,1)$	$(1,0)$	$(1,1)$
P	$\frac{1}{4}$	0	0	$\frac{1}{2}$	$\frac{1}{4}$	0
$Z=\max\{X,Y\}$	0	1	0	1	1	1

$Z=\max\{X,Y\}$	0	1
P	$\frac{1}{4}$	$\frac{3}{4}$

第二节　一维连续型随机变量的函数的分布

例1　已知随机变量 X 的概率密度

$$f(x)=\begin{cases}x, & 0<x<1,\\ 2-x, & 1\leqslant x<2,\\ 0, & \text{其他},\end{cases}$$

求：$Y=\ln(X+1)$的概率密度.

解　$F_Y(y)=P\{Y\leqslant y\}=P\{\ln(X+1)\leqslant y\}=P\{X\leqslant e^y-1\}=F(e^y-1)$，

$$f_Y(y)=[F_Y(y)]'=f(e^y-1)e^y=\begin{cases}e^y(e^y-1), & 0<y<\ln 2,\\ e^y(3-e^y), & \ln 2\leqslant y<\ln 3,\\ 0, & \text{其他}.\end{cases}$$

例 2　已知随机变量 X 的分布函数为

$$F(x)=\begin{cases}0, & x<-1,\\ \dfrac{1}{2}(1+x^3), & -1\leqslant x\leqslant 1,\\ 1, & x>1,\end{cases}$$

求:$Y=2X^2+1$ 的分布函数.

解　$F_Y(y)=P\{Y\leqslant y\}=P\{2X^2+1\leqslant y\}=P\left\{X^2\leqslant\dfrac{y-1}{2}\right\}$.

当 $y<1$ 时,$F_Y(y)=0$;

当 $1\leqslant y\leqslant 3$ 时,

$$F_Y(y)=P\left\{-\sqrt{\frac{y-1}{2}}\leqslant X\leqslant\sqrt{\frac{y-1}{2}}\right\}=F\left(\sqrt{\frac{y-1}{2}}\right)-F\left(-\sqrt{\frac{y-1}{2}}\right)=\left(\frac{y-1}{2}\right)^{\frac{3}{2}};$$

当 $y>3$ 时,

$$F_Y(y)=P\left\{-\sqrt{\frac{y-1}{2}}\leqslant X\leqslant\sqrt{\frac{y-1}{2}}\right\}=F\left(\sqrt{\frac{y-1}{2}}\right)-F\left(-\sqrt{\frac{y-1}{2}}\right)=1-0=1,$$

故

$$F_Y(y)=\begin{cases}0, & y<1,\\ \left(\dfrac{y-1}{2}\right)^{\frac{3}{2}}, & 1\leqslant y\leqslant 3,\\ 1, & y>3.\end{cases}$$

例 3　设对球的直径进行测量,测量值 R 在区间$[x_0-\delta,x_0+\delta]$上服从均匀分布,试求:球体体积 $V=\dfrac{4}{3}\pi\left(\dfrac{R}{2}\right)^3=\dfrac{1}{6}\pi R^3$ 的概率密度.

解　随机变量 R 的概率密度为 $f_R(x)=\begin{cases}\dfrac{1}{2\delta}, & x\in(x_0-\delta,x_0+\delta),\\ 0, & 其他,\end{cases}$ 分布函数为 $F_R(x)$;

随机变量 V 的分布函数为

$$F_V(y)=P\{V\leqslant y\}=P\left\{\frac{1}{6}\pi R^3\leqslant y\right\}$$

$$=P\left\{R\leqslant\left(\frac{6y}{\pi}\right)^{\frac{1}{3}}\right\}=F_R\left(\left(\frac{6y}{\pi}\right)^{\frac{1}{3}}\right),$$

V 的概率密度为

$$f_V(y)=[F_V(y)]'=\left[F_R\left(\left(\frac{6y}{\pi}\right)^{\frac{1}{3}}\right)\right]'$$

$$= F_R'(x) \cdot \frac{1}{3}\left(\frac{6y}{\pi}\right)^{-\frac{2}{3}} \cdot \frac{6}{\pi}$$

$$= \begin{cases} \frac{1}{2\delta} \cdot \frac{1}{3}\left(\frac{6}{\pi}\right)^{\frac{1}{3}} y^{-\frac{2}{3}}, & y \in \left[\frac{\pi}{6}(x_0-\delta)^3, \frac{\pi}{6}(x_0+\delta)^3\right], \\ 0, & \text{其他}. \end{cases}$$

其中 $x = h(y) = \left(\frac{6y}{\pi}\right)^{\frac{1}{3}}$ 为 $y = \frac{1}{6}\pi x^3 = g(x)$ 的反函数.

例4　由统计物理学知道,气体分子运动速度的绝对值 X 服从马克斯威尔分布,即其概率密度为

$$f(x) = \begin{cases} \frac{4x^2}{a^3\sqrt{\pi}}\exp\left(-\frac{x^2}{a^2}\right), & x > 0, \\ 0, & x \leqslant 0, \end{cases}$$

其中参数 $a>0$,试求:分子运动动能 $Y = \frac{1}{2}mX^2$ 的概率密度.

解　Y 的分布函数为 $F_Y(y) = P\{Y\leqslant y\} = P\left\{\frac{1}{2}mX^2 \leqslant y\right\}$.

当 $y\leqslant 0$ 时,$F_Y(y)=0$;

当 $y>0$ 时, $F_Y(y) = P\{Y\leqslant y\} = P\left\{\frac{1}{2}mX^2\leqslant y\right\} = P\left\{-\sqrt{\frac{2y}{m}}\leqslant X\leqslant\sqrt{\frac{2y}{m}}\right\}$

$$= F_X\left(\sqrt{\frac{2y}{m}}\right) - F_X\left(-\sqrt{\frac{2y}{m}}\right),$$

$$[F_Y(y)]' = f\left(\sqrt{\frac{2y}{m}}\right)\cdot\frac{1}{2}\left(\frac{2y}{m}\right)^{-\frac{1}{2}}\cdot\frac{2}{m} = \frac{4\sqrt{2y}}{a^3 m\sqrt{m}\sqrt{\pi}}\exp\left\{-\frac{2y}{ma^2}\right\},$$

于是 Y 的概率密度为

$$f_Y(y) = \begin{cases} \frac{4\sqrt{2y}}{a^3 m\sqrt{m}\sqrt{\pi}}\exp\left\{-\frac{2y}{ma^2}\right\}, & y>0, \\ 0, & y\leqslant 0. \end{cases}$$

例5　设随机变量 X 服从正态分布 $N(\mu,\sigma^2)$,求:$Z = |X-\mu|$的概率密度:$f_Z(z)$.

解　$F_Z(z) = P\{Z\leqslant z\} = P\{|X-\mu|\leqslant z\}$.

当 $z\leqslant 0$ 时,$F_Z(z)=0$;

当 $z>0$ 时,$F_Z(z) = P\{\mu - z\leqslant X\leqslant \mu+z\} = F_X(\mu+z) - F_X(\mu-z)$

$$= \Phi\left(\frac{z}{\sigma}\right) - \Phi\left(-\frac{z}{\sigma}\right) = 2\Phi\left(\frac{z}{\sigma}\right) - 1.$$

于是 $Z=|X-\mu|$ 的概率密度为

$$f_Z(z)=\frac{\mathrm{d}F_Z(z)}{\mathrm{d}z}=\begin{cases}\dfrac{2}{\sigma\sqrt{2\pi}}\mathrm{e}^{-\frac{z^2}{2\sigma^2}}, & z>0,\\ 0, & z\leqslant 0.\end{cases}$$

例 6　设随机变量 X 在 $\left(-\dfrac{\pi}{2},\dfrac{\pi}{2}\right)$ 上服从均匀分布，试求：$Y=\tan X$ 的概率密度.

解　由题设条件，X 的概率密度为 $f(x)=\begin{cases}\dfrac{1}{\pi}, & -\dfrac{\pi}{2}<x<\dfrac{\pi}{2},\\ 0, & \text{其他};\end{cases}$ 记 $D_y=\{x\mid \tan x\leqslant y\}$.

$$F_Y(y)=P\{Y\leqslant y\}=P\{\tan X\leqslant y\}=P\{X\in D_y\}=\int_{D_y}f(x)\,\mathrm{d}x$$

$$=\int_{-\frac{\pi}{2}}^{\arctan y}\frac{1}{\pi}\mathrm{d}x=\frac{1}{\pi}\left(\arctan y+\frac{\pi}{2}\right),$$

所以　$$f_Y(y)=\frac{\mathrm{d}}{\mathrm{d}y}F_Y(y)=\frac{1}{\pi}\frac{1}{1+y^2}(-\infty<y<+\infty).$$

例 7　设随机变量 X 在 $\left(-\dfrac{\pi}{2},\dfrac{\pi}{2}\right)$ 上服从均匀分布，试求：$Y=\sin X$ 的概率密度.

解　由题设条件，X 的概率密度为

$$f(x)=\begin{cases}\dfrac{1}{\pi}, & -\dfrac{\pi}{2}<x<\dfrac{\pi}{2},\\ 0, & \text{其他};\end{cases}$$

$$F_Y(y)=P\{Y\leqslant y\}=P\{\sin X\leqslant y\}.$$

(1) 当 $y\geqslant 1$ 时，$F_Y(y)=P\{Y\leqslant y\}=P\{\sin X\leqslant y\}=P\{S\}=1$.

(2) 当 $y<-1$ 时，$F_Y(y)=P\{Y\leqslant y\}=P\{\sin X\leqslant y\}=P(\varnothing)=0$.

(3) 当 $-1\leqslant y<1$ 时，$F_Y(y)=P\{Y\leqslant y\}=P\{\sin X\leqslant y\}$

$$=\int_{\sin x\leqslant y}f(x)\,\mathrm{d}x=\int_{-\frac{\pi}{2}}^{\arcsin y}\frac{1}{\pi}\mathrm{d}x=\frac{1}{\pi}\left(\frac{\pi}{2}+\arcsin y\right),$$

此时　$$f_Y(y)=\frac{1}{\pi}\frac{1}{\sqrt{1-y^2}}(-1<y<1),$$

所以　$$f_Y(y)=\begin{cases}\dfrac{1}{\pi}\dfrac{1}{\sqrt{1-y^2}}, & -1<y<1,\\ 0, & \text{其他}.\end{cases}$$

例 8　设随机变量 X 在 $\left[-\dfrac{\pi}{2},\dfrac{\pi}{2}\right]$ 上服从均匀分布，试求：$Y=\cos X$ 的概率

密度.

解 由题设条件,X 的概率密度为

$$f(x)=\begin{cases}\dfrac{1}{\pi}, & -\dfrac{\pi}{2}\leqslant x\leqslant\dfrac{\pi}{2},\\ 0, & \text{其他};\end{cases}$$

$$F_Y(y)=P\{Y\leqslant y\}=P\{\cos X\leqslant y\}.$$

(1)当 $y\geqslant 1$ 时, $F_Y(y)=P\{Y\leqslant y\}=P\{\cos X\leqslant y\}=P\{S\}=1$.

(2)当 $y<-1$ 时, $F_Y(y)=P\{Y\leqslant y\}=P\{\cos X\leqslant y\}=P(\varnothing)=0$.

(3)当 $-1\leqslant y<0$ 时, $F_Y(y)=P\{Y\leqslant y\}=P\{\cos X\leqslant y\}=\int_{\cos x\leqslant y}f(x)\mathrm{d}x=0$.

(4)当 $0\leqslant y<1$ 时,

$$F_Y(y)=P\{Y\leqslant y\}=P\{\cos X\leqslant y\}$$

$$=\int_{\cos x\leqslant y}f(x)\mathrm{d}x=\int_{\arccos y}^{\frac{\pi}{2}}\frac{1}{\pi}\mathrm{d}x+\int_{-\frac{\pi}{2}}^{-\arccos y}\frac{1}{\pi}\mathrm{d}x=\frac{2}{\pi}\left(\frac{\pi}{2}-\arccos y\right),$$

此时
$$f_Y(y)=\frac{2}{\pi}\frac{1}{\sqrt{1-y^2}}(0\leqslant y<1).$$

所以
$$f_Y(y)=\begin{cases}\dfrac{2}{\pi}\dfrac{1}{\sqrt{1-y^2}}, & 0\leqslant y<1,\\ 0, & \text{其他}.\end{cases}$$

例9 已知随机变量 X 的概率密度为

$$f(x)=\begin{cases}\dfrac{2x}{\pi^2}, & 0<x<\pi,\\ 0, & \text{其他},\end{cases}$$

试求:$Y=\sin X$ 的概率密度.

解 $F_Y(y)=P\{Y\leqslant y\}=P\{\sin X\leqslant y\}$.

(1)当 $y\geqslant 1$ 时, $F_Y(y)=P\{Y\leqslant y\}=P\{\sin X\leqslant y\}=P\{S\}=1$.

(2)当 $y<-1$ 时, $F_Y(y)=P\{Y\leqslant y\}=P\{\sin X\leqslant y\}=P(\varnothing)=0$.

(3)当 $-1\leqslant y<0$ 时,

$$F_Y(y)=P\{Y\leqslant y\}=P\{\sin X\leqslant y\}=\int_{\sin x\leqslant y}f(x)\mathrm{d}x=0.$$

(4)当 $0\leqslant y<1$ 时,

$$F_Y(y)=P\{Y\leqslant y\}=P\{\sin X\leqslant y\}$$

$$=\int_{\sin x\leqslant y}f(x)\mathrm{d}x=\int_0^{\arcsin y}\frac{2x}{\pi^2}\mathrm{d}x+\int_{\pi-\arcsin y}^{\pi}\frac{2x}{\pi^2}\mathrm{d}x=\frac{2}{\pi}\arcsin y,$$

此时
$$f_Y(y)=\frac{2}{\pi}\frac{1}{\sqrt{1-y^2}}\quad(0\leqslant y<1),$$

所以
$$f_Y(y)=\begin{cases}\dfrac{2}{\pi}\dfrac{1}{\sqrt{1-y^2}}, & 0\leqslant y<1,\\ 0, & \text{其他}.\end{cases}$$

例 10　已知随机变量 X 的概率密度为

$$f(x)=\begin{cases}\dfrac{2}{\pi(1+x^2)}, & x>0,\\ 0, & x\leqslant 0,\end{cases}$$

试求:$Y=\ln X$ 的概率密度.

解　$F_Y(y)=P\{Y\leqslant y\}=P\{\ln X\leqslant y\}=P\{X\leqslant e^y\}=F(e^y)$,

$$f_Y(y)=\frac{d}{dy}F_Y(y)=[F(e^y)]'=f(e^y)e^y=\frac{2e^y}{\pi(1+e^{2y})}(-\infty<y<+\infty).$$

例 11　设随机变量 X 的分布函数为 $F(x)$,且 $F(x)$ 在区间 $[a,b]$ 上严格单调增加,当 $x\leqslant a$ 时,$F(x)=0$;当 $x\geqslant b$ 时,$F(x)=1$,求:随机变量 $Y=F(X)$ 的分布函数.

解　$F_Y(y)=P\{Y\leqslant y\}=P\{F(X)\leqslant y\}$,$0\leqslant F(x)\leqslant 1$.

由题设条件知,$F:[a,b]\to[0,1]$一一对应,$y=F(x)$ 在 $[a,b]$ 上存在反函数 $x=F^{-1}(y)$;

当 $y<0$ 时,$\{F(X)\leqslant y\}=\varnothing$, $F_Y(y)=P\{Y\leqslant y\}=P\{F(X)\leqslant y\}=0$;

当 $0\leqslant y<1$ 时, $\{F(X)\leqslant y\}=\{X\leqslant F^{-1}(y)\}$,

$$F_Y(y)=P\{Y\leqslant y\}=P\{F(X)\leqslant y\}=P\{X\leqslant F^{-1}(y)\}=F\{F^{-1}(y)\}=y;$$

当 $y\geqslant 1$ 时,$\{F(X)\leqslant y\}=S$, $F_Y(y)=P\{Y\leqslant y\}=P\{F(X)\leqslant y\}=P\{S\}=1$,

故随机变量 $Y=F(X)$ 的分布函数为 $F_Y(y)=\begin{cases}0, & y<0,\\ y, & 0\leqslant y<1,\\ 1, & y\geqslant 1.\end{cases}$

例 12　设随机变量 ξ 的分布函数为 $F(x)$,且 $F(x)$ 是连续函数,求:随机变量 $\eta=F(\xi)$ 的分布函数.

解　由分布函数的性质,$0\leqslant F(x)\leqslant 1$,$F(x)$ 是单调增加的函数,$F(-\infty)=0$, $F(+\infty)=1$, $F_Y(y)=P\{Y\leqslant y\}=P\{F(X)\leqslant y\}$,对任意 $0<y<1$,定义 $a(y)=\mathrm{Sup}\{x:F(x)\leqslant y\}$,由于 $F(x)$ 是连续函数,得

$$F(a(y))=y,$$

$$F_Y(y)=P\{Y\leqslant y\}=P\{F(X)\leqslant y\}=P\{X\leqslant a(y)\}=F(a(y))=y,$$

当 $y\geqslant 1$ 时, $\{F(X)\leqslant y\}=S$, $F_Y(y)=P\{Y\leqslant y\}=P\{F(X)\leqslant y\}=P\{S\}=1$;

由 $F_Y(y)$ 右连续得 $F_Y(0)=0$；当 $y<0$ 时，$\{F(X)\leqslant y\}=\varnothing$，$F_Y(y)=P\{Y\leqslant y\}=P\{F(X)\leqslant y\}=0$，故随机变量 $Y=F(X)$ 的分布函数为 $F_Y(y)=\begin{cases}0, & y<0,\\ y, & 0\leqslant y<1,\\ 1, & y\geqslant 1.\end{cases}$

例 13 设随机变量 X 服从 $(0,2)$ 上的均匀分布，求：随机变量 $Y=X^2$ 的概率密度 $f_Y(y)$.

解

$$f(x)=\begin{cases}\dfrac{1}{2}, & 0<x<2,\\ 0, & \text{其他}.\end{cases}$$

当 $0<y\leqslant 4$ 时，$F_Y(y)=P\{Y\leqslant y\}=P\{X^2\leqslant y\}=P\{0\leqslant X\leqslant\sqrt{y}\}=\dfrac{\sqrt{y}}{2}$，

$$f_Y(y)=\frac{1}{4\sqrt{y}}$$

当 $y\leqslant 0$ 时，$F_Y(y)=P\{Y\leqslant y\}=0$，$f_Y(y)=0$；

当 $y>4$ 时，$F_Y(y)=P\{Y\leqslant y\}=1$，$f_Y(y)=0$；

故

$$f_Y(y)=\begin{cases}\dfrac{1}{4\sqrt{y}}, & 0<y\leqslant 4,\\ 0, & \text{其他}.\end{cases}$$

例 14 设随机变量 X 的概率密度为

$$f(x)=\begin{cases}\mathrm{e}^{-x} & x\geqslant 0,\\ 0, & x<0,\end{cases}$$

求：随机变量 $Y=\mathrm{e}^X$ 的概率密度 $f_Y(y)$.

解 当 $y\geqslant 1$ 时，
$$F_Y(y)=P\{Y\leqslant y\}=P\{\mathrm{e}^X\leqslant y\}=P\{0\leqslant X\leqslant \ln y\}=\int_0^{\ln y}\mathrm{e}^{-x}\mathrm{d}x=1-\frac{1}{y},$$

$$f_Y(y)=\frac{1}{y^2};$$

当 $y<1$ 时，$F_Y(y)=0$，$f_Y(y)=0$；

故

$$f_Y(y)=\begin{cases}\dfrac{1}{y^2}, & y\geqslant 1,\\ 0, & \text{其他}.\end{cases}$$

例 15 假设随机变量 X 服从参数为 2 的指数分布，证明：$Y=1-\mathrm{e}^{-2X}$ 在区间

$(0,1)$内服从均匀分布.

证
$$f_X(x)=\begin{cases}2e^{-2x}, & x\geqslant 0\\ 0, & x<0,\end{cases}$$

当$0<y<1$时，$F_Y(y)=P\{Y\leqslant y\}=P\{1-e^{-2X}\leqslant y\}=P\{0\leqslant X\leqslant -\frac{1}{2}\ln(1-y)\}$

$$=\int_0^{-\frac{1}{2}\ln(1-y)}2e^{-2x}dx=y,$$

$$f_Y(y)=1,$$

当$y>1$时，　$F_Y(y)=1, f_Y(y)=0$;

当$y<0$时，　$F_Y(y)=0, f_Y(y)=0$;

故

$$f_Y(y)=\begin{cases}1, & 0<y<1,\\ 0, & \text{其他}.\end{cases}$$

即Y服从$(0,1)$上的均匀分布.

例16　设随机变量X服从标准正态分布$N(0,1)$，试求：

(1)$Y=e^X$的概率密度$f_Y(y)$；(2)$Z=2X^2+1$的概率密度$f_Z(z)$.

解
$$f(x)=\frac{1}{\sqrt{2\pi}}e^{-\frac{x^2}{2}}.$$

(1)当$y>0$时，$F_Y(y)=P\{Y\leqslant y\}=P\{X\leqslant \ln y\}=\int_{-\infty}^{\ln y}\frac{1}{\sqrt{2\pi}}e^{-\frac{x^2}{2}}dx$,

$$f_Y(y)=\frac{1}{\sqrt{2\pi}}\frac{1}{y}e^{-\frac{\ln^2 y}{2}};$$

当$y\leqslant 0$时，$F_Y(y)=0, f_Y(y)=0$;

故

$$f_Y(y)=\begin{cases}\frac{1}{\sqrt{2\pi}}\frac{1}{y}e^{-\frac{\ln^2 y}{2}}, & y>0,\\ 0, & \text{其他}.\end{cases}$$

(2)当$z>1$时，$F_Z(z)=P\{Z\leqslant z\}=P\{2X^2+1\leqslant z\}$

$$=P\left\{-\sqrt{\frac{z-1}{2}}\leqslant X\leqslant\sqrt{\frac{z-1}{2}}\right\}=\int_{-\sqrt{\frac{z-1}{2}}}^{\sqrt{\frac{z-1}{2}}}\frac{1}{\sqrt{2\pi}}e^{-\frac{x^2}{2}}dx,$$

$$f_Z(z)=\frac{1}{2\sqrt{\pi(z-1)}}e^{-\frac{z-1}{4}};$$

当　$z\leqslant 1$时，$F_Z(z)=0, f_Z(z)=0$;

故

$$f_Z(z)=\begin{cases}\dfrac{1}{2\sqrt{\pi(z-1)}}\mathrm{e}^{-\frac{z-1}{4}}, & z>1,\\ 0, & 其他.\end{cases}$$

第三节 二维连续型随机变量的函数的分布

例1 已知随机变量 X 与 Y 相互独立,其概率密度分别为

$$f_X(x)=\begin{cases}2, & 0\leqslant x\leqslant\dfrac{1}{2},\\ 0, & 其他,\end{cases}\quad f_Y(y)=\begin{cases}\lambda\mathrm{e}^{-\lambda y}, & y>0,\\ 0, & y\leqslant 0,\end{cases}$$

试求:$Z=X+Y$ 的概率密度.

解 随机变量 X 与 Y 的联合概率密度为

$$f(x,y)=f_X(x)f_Y(y)=\begin{cases}2\lambda\mathrm{e}^{-\lambda y}, & 0\leqslant x\leqslant\dfrac{1}{2},y>0,\\ 0, & 其他,\end{cases}$$

$Z=X+Y$ 的概率密度为$f_Z(z)=\int_{-\infty}^{+\infty}f(x,z-x)\mathrm{d}x=\int_{-\infty}^{+\infty}f_X(x)f_Y(z-x)\mathrm{d}x$,

当 $z<0$ 时,$f_Z(z)=\int_{-\infty}^{z}f_X(x)f_Y(z-x)\mathrm{d}x+\int_{z}^{+\infty}f_X(x)f_Y(z-x)\mathrm{d}x=0$;

当 $0\leqslant z\leqslant\dfrac{1}{2}$ 时,

$$\begin{aligned}f_Z(z)&=\int_{-\infty}^{0}f_X(x)f_Y(z-x)\mathrm{d}x+\int_{0}^{z}f_X(x)f_Y(z-x)\mathrm{d}x+\int_{z}^{+\infty}f_X(x)f_Y(z-x)\mathrm{d}x\\&=\int_{0}^{z}2\lambda\mathrm{e}^{-\lambda(z-x)}\mathrm{d}x=2\mathrm{e}^{-\lambda(z-x)}\Big|_{0}^{z}=2(1-\mathrm{e}^{-\lambda z});\end{aligned}$$

当 $z>\dfrac{1}{2}$ 时,

$$\begin{aligned}f_Z(z)&=\int_{-\infty}^{0}f_X(x)f_Y(z-x)\mathrm{d}x+\int_{0}^{\frac{1}{2}}f_X(x)f_Y(z-x)\mathrm{d}x+\int_{\frac{1}{2}}^{+\infty}f_X(x)f_Y(z-x)\mathrm{d}x\\&=\int_{0}^{\frac{1}{2}}2\lambda\mathrm{e}^{-\lambda(z-x)}\mathrm{d}x=2\mathrm{e}^{-\lambda(z-x)}\Big|_{0}^{\frac{1}{2}}=2(\mathrm{e}^{-\lambda\left(z-\frac{1}{2}\right)}-\mathrm{e}^{-\lambda z})=2\mathrm{e}^{-\lambda z}(\mathrm{e}^{\frac{\lambda}{2}}-1),\end{aligned}$$

故 $Z=X+Y$ 的概率密度为$f_Z(z)=\begin{cases}2(1-\mathrm{e}^{-\lambda z}), & 0\leqslant z\leqslant\dfrac{1}{2},\\ 2\mathrm{e}^{-\lambda z}(\mathrm{e}^{\frac{\lambda}{2}}-1), & z>\dfrac{1}{2},\\ 0, & z<0.\end{cases}$

例2 在某一简单电路中,两电阻 R_1 和 R_2 串联,设 R_1 和 R_2 相互独立,其概率密度分别为

$$f_{R_1}(r_1)=\begin{cases}\dfrac{10-r_1}{50}, & 0<r_1<10,\\ 0, & \text{其他}\end{cases} \text{和} f_{R_2}(r_2)=\begin{cases}\dfrac{10-r_2}{50}, & 0<r_2<10,\\ 0, & \text{其他},\end{cases}$$

试求:总电阻 $R=R_1+R_2$ 的概率密度.

解 根据题设条件知,R_1 和 R_2 的联合概率密度为

$$f(r_1,r_2)=f_{R_1}(r_1)f_{R_2}(r_2)=\begin{cases}\dfrac{10-r_1}{50}\dfrac{10-r_2}{50}, & 0<r_1<10,0<r_2<10,\\ 0, & \text{其他};\end{cases}$$

$R=R_1+R_2$ 的概率密度为 $f_R(r)=\int_{-\infty}^{+\infty}f(r_1,r-r_1)\mathrm{d}r_1$.

当 $r\leqslant 0$ 时,$f_R(r)=\int_{-\infty}^{+\infty}f(r_1,r-r_1)\mathrm{d}r_1$

$$=\int_{-\infty}^{r}f(r_1,r-r_1)\mathrm{d}r_1+\int_{r}^{+\infty}f(r_1,r-r_1)\mathrm{d}r_1=0;$$

当 $0<r<10$ 时,

$$\begin{aligned}f_R(r)&=\int_{-\infty}^{+\infty}f(r_1,r-r_1)\mathrm{d}r_1\\&=\int_{-\infty}^{0}f(r_1,r-r_1)\mathrm{d}r_1+\int_{0}^{r}f(r_1,r-r_1)\mathrm{d}r_1+\int_{r}^{+\infty}f(r_1,r-r_1)\mathrm{d}r_1\\&=\int_{0}^{r}\frac{10-r_1}{50}\frac{10-(r-r_1)}{50}\mathrm{d}r_1\\&=\frac{1}{50^2}\left[(10-r)\left(-\frac{1}{2}(10-r_1)^2\right)+5r_1^2-\frac{1}{3}r_1^3\right]\Bigg|_0^r\\&=\frac{1}{15000}(600r-60r^2+r^3),\end{aligned}$$

当 $10\leqslant r<20$ 时,

$$\begin{aligned}f_R(r)&=\int_{-\infty}^{+\infty}f(r_1,r-r_1)\mathrm{d}r_1\\&=\int_{-\infty}^{0}f(r_1,r-r_1)\mathrm{d}r_1+\int_{0}^{r-10}f(r_1,r-r_1)\mathrm{d}r_1+\\&\quad\int_{r-10}^{10}f(r_1,r-r_1)\mathrm{d}r_1+\int_{10}^{+\infty}f(r_1,r-r_1)\mathrm{d}r_1\\&=\int_{r-10}^{10}\frac{10-r_1}{50}\frac{10-(r-r_1)}{50}\mathrm{d}r_1\end{aligned}$$

$$= \frac{1}{50^2}\left[(10-r)\left(-\frac{1}{2}(10-r_1)^2\right)+5r_1^2-\frac{1}{3}r_1^3\right]\Bigg|_{r-10}^{10}$$

$$= \frac{1}{15000}(8000-1200r+60r^2-r^3),$$

故 $R=R_1+R_2$ 的概率密度为

$$f_R(r)=\begin{cases}\frac{1}{15000}(600r-60r^2+r^3), & 0<r\leqslant 10,\\ \frac{1}{15000}(8000-1200r+60r^2-r^3), & 10<r\leqslant 20,\\ 0, & \text{其他}.\end{cases}$$

例 3 设随机变量 X 与 Y 相互独立，X 在区间[0,1]上服从均匀分布，Y 在区间[0,2]上服从辛普森分布

$$f_Y(y)=\begin{cases}y, & 0\leqslant y\leqslant 1,\\ 2-y, & 1<y\leqslant 2,\\ 0, & \text{其他}.\end{cases}$$

试求：随机变量 $Z=X+Y$ 的概率密度.

解 根据题设条件，X 的概率密度为

$$f_X(x)=\begin{cases}1, & 0\leqslant x\leqslant 1,\\ 0, & \text{其他},\end{cases}$$

(X,Y)的概率密度为

$$f(x,y)=f_X(x)f_Y(y)=\begin{cases}y, & 0\leqslant x\leqslant 1, 0\leqslant y\leqslant 1,\\ 2-y, & 0\leqslant x\leqslant 1, 1<y\leqslant 2,\\ 0, & \text{其他}.\end{cases}$$

$Z=X+Y$ 的概率密度为

$$f_Z(z)=\int_{-\infty}^{+\infty}f(x,z-x)\,\mathrm{d}x=\int_{-\infty}^{+\infty}f_X(x)f_Y(z-x)\,\mathrm{d}x.$$

当 $z<0$ 时，$f_Z(z)=\int_{-\infty}^{z}f_X(x)f_Y(z-x)\,\mathrm{d}x+\int_{z}^{+\infty}f_X(x)f_Y(z-x)\,\mathrm{d}x=0$；

当 $0\leqslant z\leqslant 1$ 时，

$$f_Z(z)=\int_{-\infty}^{0}f_X(x)f_Y(z-x)\,\mathrm{d}x+\int_{0}^{z}f_X(x)f_Y(z-x)\,\mathrm{d}x+\int_{z}^{+\infty}f_X(x)f_Y(z-x)\,\mathrm{d}x$$

$$=\int_0^z(z-x)\,\mathrm{d}x=\left[-\frac{1}{2}(z-x)^2\right]\Bigg|_0^z=\frac{1}{2}z^2;$$

当 $1<z\leqslant 2$ 时，

$$f_Z(z)=\int_{-\infty}^{0}f_X(x)f_Y(z-x)\,\mathrm{d}x+\int_{0}^{z-1}f_X(x)f_Y(z-x)\,\mathrm{d}x+$$

$$\int_{z-1}^{1} f_X(x)f_Y(z-x)\,\mathrm{d}x + \int_{1}^{+\infty} f_X(x)f_Y(z-x)\,\mathrm{d}x$$

$$= \int_{0}^{z-1} [2-(z-x)]\,\mathrm{d}x + \int_{z-1}^{1} (z-x)\,\mathrm{d}x$$

$$= \frac{1}{2}(2-z+x)^2\Big|_0^{z-1} + \left[-\frac{1}{2}(z-x)^2\right]\Bigg|_{z-1}^{1} = -z^2+3z-\frac{3}{2};$$

当 $2<z\leqslant 3$ 时，

$$f_Z(z) = \int_{-\infty}^{z-2} f_X(x)f_Y(z-x)\,\mathrm{d}x + \int_{z-2}^{1} f_X(x)f_Y(z-x)\,\mathrm{d}x + \int_{1}^{+\infty} f_X(x)f_Y(z-x)\,\mathrm{d}x$$

$$= \int_{z-2}^{1} [2-(z-x)]\,\mathrm{d}x = \frac{1}{2}(2-z+x)^2\Bigg|_{z-2}^{1} = \frac{1}{2}(3-z)^2;$$

当 $z>3$ 时，$f_Z(z) = \int_{-\infty}^{1} f_X(x)f_Y(z-x)\,\mathrm{d}x + \int_{1}^{+\infty} f_X(x)f_Y(z-x)\,\mathrm{d}x = 0.$

故 $Z=X+Y$ 的概率密度为 $f_Z(z) = \begin{cases} \frac{1}{2}z^2, & 0\leqslant z\leqslant 1, \\ -z^2+3z-\frac{3}{2}, & 1<z\leqslant 2, \\ \frac{1}{2}(3-z)^2, & 2<z\leqslant 3, \\ 0, & \text{其他}. \end{cases}$

例 4　设 $X_i \sim N(0,\sigma_i^2)(i=1,2)$，且 X_1 与 X_2 相互独立，求：$Z=X_1+X_2$ 的概率密度.

解　根据题设条件知，X_i 的概率密度为 $f_{X_i}(x_i) = \frac{1}{\sigma_i\sqrt{2\pi}}\mathrm{e}^{-\frac{x_i^2}{2\sigma_i^2}}(-\infty<x_i<+\infty)$，$(X_1,X_2)$ 的概率密度为 $f(x_1,x_2) = f_{X_1}(x_1)f_{X_2}(x_2) = \frac{1}{2\pi\sigma_1\sigma_2}\mathrm{e}^{-\left(\frac{x_1^2}{2\sigma_1^2}+\frac{x_2^2}{2\sigma_2^2}\right)}$，$Z=X_1+X_2$ 的概率密度为

$$f_Z(z) = \int_{-\infty}^{+\infty} f(x_1,z-x_1)\,\mathrm{d}x_1 = \int_{-\infty}^{+\infty} \frac{1}{2\pi\sigma_1\sigma_2}\mathrm{e}^{-\left(\frac{x_1^2}{2\sigma_1^2}+\frac{(z-x_1)^2}{2\sigma_2^2}\right)}\mathrm{d}x_1$$

$$= \int_{-\infty}^{+\infty} \frac{1}{2\pi\sigma_1\sigma_2}\mathrm{e}^{-\left[\frac{1}{2}\left(\frac{1}{\sigma_1^2}+\frac{1}{\sigma_2^2}\right)x_1^2-\frac{zx_1}{\sigma_2^2}+\frac{z^2}{2\sigma_2^2}\right]}\mathrm{d}x_1$$

$$= \int_{-\infty}^{+\infty} \frac{1}{2\pi\sigma_1\sigma_2}\mathrm{e}^{-\left[\frac{1}{2}\left(\frac{1}{\sigma_1^2}+\frac{1}{\sigma_2^2}\right)\left(x_1-\frac{z}{\sigma_2^2\left(\frac{1}{\sigma_1^2}+\frac{1}{\sigma_2^2}\right)}\right)^2-\frac{z^2}{2\sigma_2^4\left(\frac{1}{\sigma_1^2}+\frac{1}{\sigma_2^2}\right)}+\frac{z^2}{2\sigma_2^2}\right]}\mathrm{d}x_1$$

$$= \int_{-\infty}^{+\infty} \frac{1}{2\pi\sigma_1\sigma_2}\mathrm{e}^{-\left[\frac{1}{2}\left(\frac{1}{\sigma_1^2}+\frac{1}{\sigma_2^2}\right)\left(x_1-\frac{z}{\sigma_2^2\left(\frac{1}{\sigma_1^2}+\frac{1}{\sigma_2^2}\right)}\right)^2+\frac{z^2}{2(\sigma_1^2+\sigma_2^2)}\right]}\mathrm{d}x_1$$

$$= e^{-\frac{z^2}{2(\sigma_1^2+\sigma_2^2)}}\int_{-\infty}^{+\infty}\frac{1}{2\pi\sigma_1\sigma_2}e^{-\frac{1}{2}\left(\frac{1}{\sigma_1^2}+\frac{1}{\sigma_2^2}\right)\left(x_1-\frac{z}{\sigma_2^2\left(\frac{1}{\sigma_1^2}+\frac{1}{\sigma_2^2}\right)}\right)^2}dx_1$$

$$= e^{-\frac{z^2}{2(\sigma_1^2+\sigma_2^2)}}\frac{1}{2\pi\sigma_1\sigma_2}\sqrt{2\pi}\sqrt{\frac{\sigma_1^2\sigma_2^2}{\sigma_1^2+\sigma_2^2}}$$

$$= \frac{1}{\sqrt{2\pi}\sqrt{\sigma_1^2+\sigma_2^2}}e^{-\frac{z^2}{2(\sigma_1^2+\sigma_2^2)}},$$

即
$$Z = X_1 + X_2 \sim N(0,\sigma_1^2+\sigma_2^2).$$

我们已有结果:

设 $X\sim N(\mu,\sigma^2)$,则 $kX+b\sim N(k\mu+b,k^2\sigma^2)\quad(k\neq 0)$.

结合前面的结果,我们得到设 $X_i\sim N(\mu_i,\sigma_i^2)\,(i=1,2)$,且 X_1 与 X_2 相互独立,则

$$k_i(X_i-\mu_i)\sim N(0,k_i^2\sigma_i^2)\quad(i=1,2);$$

$$k_1(X_1-\mu_1)+k_2(X_2-\mu_2)\sim N(0,k_1^2\sigma_1^2+k_2^2\sigma_2^2);$$

$$Z = k_1X_1+k_2X_2+b = k_1(X_1-\mu_1)+k_2(X_2-\mu_2)+$$
$$(k_1\mu_1+k_2\mu_2+b)\sim N(k_1\mu_1+k_2\mu_2+b,k_1^2\sigma_1^2+k_2^2\sigma_2^2).$$

这个结论可推广到一般正态分布的线性函数. 可以证明如下定理.

定理 设 $X_i\sim N(\mu_i,\sigma_i^2)\,(i=1,2,\cdots,n)$,且 $X_1,X_2,\cdots,X_n$ 相互独立,$k_1,k_2,\cdots,k_n$ 为不全为零的常数,b 为常数,则

$$Z = \sum_{i=1}^{n}k_iX_i+b\sim N\left(\sum_{i=1}^{n}k_i\mu_i+b,\sum_{i=1}^{n}k_i^2\sigma_i^2\right).$$

例 5 设 $(X,Y)\sim N(0,1;0,1;\rho)$,令 $Z=X-Y$,求:Z 的概率密度.

解 根据题设条件知 (X,Y) 的概率密度为

$$f(x,y) = \frac{1}{2\pi\sqrt{1-\rho^2}}e^{-\frac{1}{2(1-\rho^2)}(x^2-2\rho xy+y^2)}\quad(-\infty<x<+\infty,-\infty<y<+\infty);$$

$Z=X-Y$ 的概率密度为

$$f_Z(z) = \int_{-\infty}^{+\infty}f(z+y,y)dy$$

$$= \frac{1}{2\pi\sqrt{1-\rho^2}}\int_{-\infty}^{+\infty}\exp\left\{-\frac{1}{2(1-\rho^2)}[(z+y)^2-2\rho(z+y)y+y^2]\right\}dy$$

$$= \frac{1}{2\pi\sqrt{1-\rho^2}}\int_{-\infty}^{+\infty}\exp\left\{-\frac{1}{2(1-\rho^2)}[2(1-\rho)y^2+2(1-\rho)yz+z^2]\right\}dy$$

$$= \frac{1}{2\pi\sqrt{1-\rho^2}}\int_{-\infty}^{+\infty}\exp\left\{-\frac{1}{2(1-\rho^2)}\left[2(1-\rho)\left(y+\frac{z}{2}\right)^2-2(1-\rho)\frac{z^2}{4}+z^2\right]\right\}dy$$

$$= \frac{1}{2\pi\sqrt{1-\rho^2}}\int_{-\infty}^{+\infty}\exp\left[-\frac{1}{1+\rho}\left(y+\frac{z}{2}\right)^2-\frac{z^2}{4(1-\rho)}\right]dy$$

$$= \frac{1}{2\pi\sqrt{1-\rho^2}}\exp\left[-\frac{z^2}{4(1-\rho)}\right]\int_{-\infty}^{+\infty}\exp\left[-\frac{1}{1+\rho}\left(y+\frac{z}{2}\right)^2\right]dy$$

$$= \frac{1}{2\pi\sqrt{1-\rho^2}}\exp\left[-\frac{z^2}{4(1-\rho)}\right]\sqrt{2\pi}\sqrt{\frac{1+\rho}{2}}$$

$$= \frac{1}{\sqrt{2\pi}\sqrt{2(1-\rho)}}\exp\left[-\frac{z^2}{4(1-\rho)}\right] \quad (-\infty<z<+\infty),$$

故 $Z=X-Y$ 的概率密度为

$$f_Z(z)=\frac{1}{2\sqrt{\pi(1-\rho)}}\exp\left[-\frac{z^2}{4(1-\rho)}\right] \quad (-\infty<z<+\infty).$$

例 6 已知二维随机变量 $(X,Y)\sim N(-1,2^2;1,3^2;0)$，求：$Z=4X-2Y+5$ 的概率密度.

解 根据题设条件知，X 和 Y 相互独立，则

$$X\sim N(-1,2^2),Y\sim N(1,3^2),$$

$$\mu_1=-1,\sigma_1^2=2^2;\mu_2=1,\sigma_2^2=3^2,$$

$$4\mu_1-2\mu_2+5=4\times(-1)-2\times1+5=-1,$$

$$4^2\sigma_1^2+(-2)^2\sigma_2^2=4^2\times2^2+(-2)^2\times3^2=10^2,$$

于是 $Z=4X-2Y+5\sim N(-1,10^2)$，$Z=4X-2Y+5$ 的概率密度为

$$f_Z(z)=\frac{1}{10\sqrt{2\pi}}e^{-\frac{(z+1)^2}{200}} \quad (-\infty<z<+\infty).$$

例 7 已知随机变量 X_1,X_2,X_3,X_4 相互独立，且服从 $N(\mu,\sigma^2)$ 分布，求：$Y_1=X_1+X_2-2\mu$ 与 $Y_2=X_3-X_4$ 的联合概率密度.

解 由题设条件知，Y_1,Y_2 相互独立，且 Y_1,Y_2 服从正态分布，则

$$X_i\sim N(\mu_i,\sigma_i^2),\mu_i=\mu,\sigma_i^2=\sigma^2 \quad (i=1,2,3,4),$$

$$\mu_1+\mu_2-2\mu=\mu+\mu-2\mu=0,\sigma_1^2+\sigma_2^2=2\sigma^2,$$

$$\mu_3-\mu_4=\mu-\mu=0,\sigma_3^2+\sigma_4^2=2\sigma^2,$$

所以 $$Y_1\sim N(0,2\sigma^2),Y_2\sim N(0,2\sigma^2),$$

$$f_{Y_1}(y_1)=\frac{1}{\sqrt{2}\sigma\sqrt{2\pi}}e^{-\frac{y_1^2}{2(\sqrt{2}\sigma)^2}},f_{Y_2}(y_2)=\frac{1}{\sqrt{2}\sigma\sqrt{2\pi}}e^{-\frac{y_2^2}{2(\sqrt{2}\sigma)^2}},$$

于是，Y_1 与 Y_2 的联合概率密度为

$$f(y_1,y_2)=f_{Y_1}(y_1)f_{Y_2}(y_2)=\frac{1}{4\pi\sigma^2}e^{-\frac{y_1^2+y_2^2}{4\sigma^2}} \quad (-\infty<y_1<+\infty,-\infty<y_2<+\infty).$$

例8 设随机变量 X 和 Y 相互独立,且都服从标准正态分布,试求:$Z=X^2+Y^2$的概率密度(Z 的分布叫作自由度为2的χ^2 分布).

解 根据题设条件知,X 和 Y 的概率密度分别为

$$f_X(x)=\frac{1}{\sqrt{2\pi}}e^{-\frac{x^2}{2}}\quad(-\infty<x<+\infty),$$

$$f_Y(y)=\frac{1}{\sqrt{2\pi}}e^{-\frac{y^2}{2}}\quad(-\infty<y<+\infty),$$

由 X 和 Y 相互独立,得(X,Y)的概率密度为

$$f(x,y)=f_X(x)f_Y(y)=\frac{1}{2\pi}e^{-\frac{x^2+y^2}{2}}\quad(-\infty<x<+\infty,-\infty<y<+\infty);$$

$$F_Z(z)=P\{Z\leqslant z\}=P\{X^2+Y^2\leqslant z\}.$$

当 $z<0$ 时,$F_Z(z)=P\{Z\leqslant z\}=P\{X^2+Y^2\leqslant z\}=P\{\varnothing\}=0$;

当 $z=0$ 时,$F_Z(0)=P\{X^2+Y^2\leqslant 0\}=P\{X=0,Y=0\}=0$;

当 $z>0$ 时,$F_Z(z)=P\{Z\leqslant z\}=P\{X^2+Y^2\leqslant z\}$

$$=\iint\limits_{x^2+y^2\leqslant z}f(x,y)\mathrm{d}x\mathrm{d}y=\int_0^{\sqrt{z}}\int_0^{2\pi}\frac{1}{2\pi}e^{-\frac{r^2}{2}}r\mathrm{d}\theta\mathrm{d}r$$

$$=\frac{1}{2\pi}\times 2\pi\int_0^{\sqrt{z}}(-e^{-\frac{r^2}{2}})'\mathrm{d}r=(-e^{-\frac{r^2}{2}})\Big|_0^{\sqrt{z}}=1-e^{-\frac{z}{2}},$$

于是 $Z=X^2+Y^2$ 的概率密度为

$$f_Z(z)=[F_Z(z)]'=\begin{cases}\frac{1}{2}e^{-\frac{z}{2}}, & z>0,\\ 0, & z\leqslant 0.\end{cases}$$

例9 设随机变量(X,Y)的概率密度为

$$f(x,y)=\frac{1}{2\pi\sigma^2}e^{-\frac{x^2+y^2}{2\sigma^2}}\quad(-\infty<x<+\infty,-\infty<y<+\infty);$$

试求 $Z=\sqrt{X^2+Y^2}$的概率密度(Z 的分布称为瑞利分布).

解 $F_Z(z)=P\{Z\leqslant z\}=P\{\sqrt{X^2+Y^2}\leqslant z\}$,

当 $z<0$ 时,$F_Z(z)=P\{Z\leqslant z\}=P\{\sqrt{X^2+Y^2}\leqslant z\}=P\{\varnothing\}=0$;

当 $z=0$ 时,$F_Z(0)=P\{Z\leqslant 0\}=P\{\sqrt{X^2+Y^2}\leqslant 0\}$

$=P\{X=0,Y=0\}=0$;

当 $z>0$ 时,$F_Z(z)=P\{Z\leqslant z\}=P\{\sqrt{X^2+Y^2}\leqslant z\}$

$$=\iint\limits_{x^2+y^2\leqslant z^2}f(x,y)\mathrm{d}x\mathrm{d}y=\int_0^{z}\int_0^{2\pi}\frac{1}{2\pi\sigma^2}e^{-\frac{r^2}{2\sigma^2}}r\mathrm{d}\theta\mathrm{d}r$$

$$= \frac{1}{2\pi} \times 2\pi \int_0^z \left(-\mathrm{e}^{-\frac{r^2}{2\sigma^2}}\right)'\mathrm{d}r = \left(-\mathrm{e}^{-\frac{r^2}{2\sigma^2}}\right)\Bigg|_0^z = 1 - \mathrm{e}^{-\frac{z^2}{2\sigma^2}},$$

于是 $Z=\sqrt{X^2+Y^2}$ 的概率密度为 $f_Z(z)=[F_Z(z)]'=\begin{cases}\dfrac{z}{\sigma^2}\mathrm{e}^{-\frac{z^2}{2\sigma^2}}, & z>0,\\ 0, & z\leqslant 0.\end{cases}$

例 10　若气体分子的速度是随机向量 $\boldsymbol{V}=(X,Y,Z)$，各分量相互独立，且均服从 $N(0,\sigma^2)$，试证：$S=\sqrt{X^2+Y^2+Z^2}$ 服从马克斯威尔分布

$$f(s)=\begin{cases}\sqrt{\dfrac{2}{\pi}}\dfrac{s^2}{\sigma^3}\exp\left(-\dfrac{s^2}{2\sigma^2}\right), & s>0,\\ 0, & s\leqslant 0.\end{cases}$$

证　由题设条件，X,Y,Z 的概率密度分别为

$$f_X(x)=\frac{1}{\sigma\sqrt{2\pi}}\exp\left(-\frac{x^2}{2\sigma^2}\right), f_Y(y)=\frac{1}{\sigma\sqrt{2\pi}}\exp\left(-\frac{y^2}{2\sigma^2}\right),$$

$$f_Z(z)=\frac{1}{\sigma\sqrt{2\pi}}\exp\left(-\frac{z^2}{2\sigma^2}\right).$$

因为 X,Y,Z 相互独立，所以 (X,Y,Z) 的概率密度为

$$f(x,y,z)=f_X(x)f_Y(y)f_Z(z)=\left(\frac{1}{\sigma\sqrt{2\pi}}\right)^3\exp\left(-\frac{x^2+y^2+z^2}{2\sigma^2}\right).$$

$$F_S(s)=P\{S\leqslant s\}=P\{\sqrt{X^2+Y^2+Z^2}\leqslant s\},$$

(1) 当 $s\leqslant 0$ 时，$F_S(s)=0$.

(2) 当 $s>0$ 时，

$$F_S(s)=P\{S\leqslant s\}=P\{\sqrt{X^2+Y^2+Z^2}\leqslant s\}$$

$$=\iiint\limits_{\sqrt{x^2+y^2+z^2}\leqslant s} f(x,y,z)\,\mathrm{d}x\mathrm{d}y\mathrm{d}z$$

$$=\left(\frac{1}{\sigma\sqrt{2\pi}}\right)^3\int_0^s \mathrm{e}^{-\frac{r^2}{2\sigma^2}}r^2\mathrm{d}r\int_0^{\pi}\sin\varphi\,\mathrm{d}\varphi\int_0^{2\pi}\mathrm{d}\theta=\left(\frac{1}{\sigma\sqrt{2\pi}}\right)^3\times 2\pi\times 2\int_0^s \mathrm{e}^{-\frac{r^2}{2\sigma^2}}r^2\mathrm{d}r,$$

于是 $S=\sqrt{X^2+Y^2+Z^2}$ 的概率密度为

$$f(s)=\begin{cases}\sqrt{\dfrac{2}{\pi}}\dfrac{s^2}{\sigma^3}\exp\left(-\dfrac{s^2}{2\sigma^2}\right), & s>0,\\ f(s)=0, & s\leqslant 0.\end{cases}$$

其中我们用到了球面坐标变换 $x=r\sin\varphi\cos\theta$, $y=r\sin\varphi\sin\theta$, $z=r\cos\varphi$, $r\geqslant 0$, $0\leqslant\theta<2\pi$, $0\leqslant\varphi\leqslant\pi$; $\mathrm{d}x\mathrm{d}y\mathrm{d}z=r^2\sin\varphi\,\mathrm{d}r\mathrm{d}\varphi\mathrm{d}\theta$.

例 11　设 X_1,X_2,X_3 相互独立，$X_i(i=1,2,3)$ 的概率密度为

$$f(x_i)=\begin{cases}\lambda e^{-\lambda x_i}, & x_i>0,\\ 0, & x_i\leqslant 0\end{cases}\quad(\lambda>0),$$

$Y_1=\max\{X_1,X_2\}$, $Y_2=X_3$, $X=\min\{Y_1,Y_2\}$，试求:(1) Y_1的概率密度;(2) X 的概率密度.

解 根据题意,X_1,X_2,X_3 相互独立;$X_i(i=1,2,3)$的分布函数为

$$F_{X_i}(x_i)=\int_{-\infty}^{x_i}f(t)\mathrm{d}t=\begin{cases}1-e^{-\lambda x_i}, & x_i>0,\\ 0, & x_i\leqslant 0.\end{cases}$$

(1) X_1,X_2 相互独立,$Y_1=\max\{X_1,X_2\}$的分布函数为

$$F_{Y_1}(y_1)=F_{X_1}(y_1)F_{X_2}(y_1)=\begin{cases}(1-e^{-\lambda y_1})^2, & y_1>0,\\ 0, & y_1\leqslant 0,\end{cases}$$

$Y_1=\max\{X_1,X_2\}$的概率密度为$f_{Y_1}(y_1)=\begin{cases}2(1-e^{-\lambda y_1})\lambda e^{-\lambda y_1}, & y_1>0,\\ 0, & y_1\leqslant 0.\end{cases}$

(2) Y_2 的分布函数为 $F_{Y_2}(y_2)=\int_{-\infty}^{y_2}f(t)\mathrm{d}t=\begin{cases}1-e^{-\lambda y_2}, & y_2>0,\\ 0, & y_2\leqslant 0,\end{cases}$

Y_1 与 Y_2 相互独立,$X=\min\{Y_1,Y_2\}$的分布函数为

$$F_X(x)=1-[1-F_{Y_1}(x)][1-F_{Y_2}(x)]=\begin{cases}1-2e^{-2\lambda x}+e^{-3\lambda x}, & x>0,\\ 0, & x\leqslant 0,\end{cases}$$

故 $X=\min\{Y_1,Y_2\}$的概率密度为$f_X(x)=\begin{cases}4\lambda e^{-2\lambda x}-3\lambda e^{-3\lambda x}, & x>0,\\ 0, & x\leqslant 0.\end{cases}$

例 12 设 X_1,X_2,X_3 相互独立,$X_i(i=1,2,3)$的概率密度为

$$f(x_i)=\begin{cases}\lambda e^{-\lambda x_i}, & x_i>0,\\ 0, & x_i\leqslant 0\end{cases}\quad(\lambda>0),\ Y_1=\max\{X_1,X_2\},\ Y_2=X_3,\ X=Y_1+Y_2.$$

试求:(1) Y_1的概率密度;(2) X 的概率密度.

解 根据题意,X_1,X_2,X_3 相互独立;$X_i(i=1,2,3)$的分布函数为

$$F_{X_i}(x_i)=\int_{-\infty}^{x_i}f(t)\mathrm{d}t=\begin{cases}1-e^{-\lambda x_i}, & x_i>0,\\ 0, & x_i\leqslant 0.\end{cases}$$

(1) X_1,X_2 相互独立,则 $Y_1=\max\{X_1,X_2\}$的分布函数为

$$F_{Y_1}(y_1)=F_{X_1}(y_1)F_{X_2}(y_1)=\begin{cases}(1-e^{-\lambda y_1})^2, & y_1>0,\\ 0, & y_1\leqslant 0,\end{cases}$$

$Y_1=\max\{X_1,X_2\}$的概率密度为$f_{Y_1}(y_1)=\begin{cases}2(1-e^{-\lambda y_1})\lambda e^{-\lambda y_1}, & y_1>0,\\ 0, & y_1\leqslant 0.\end{cases}$

(2) Y_2 的概率密度为 $f_{Y_2}(y_2)=\begin{cases}\lambda e^{-\lambda y_2}, & y_2>0,\\ 0, & y_2\leqslant 0,\end{cases}$

Y_1 与 Y_2 相互独立，(Y_1,Y_2) 的概率密度为 $f(y_1,y_2)=f_{Y_1}(y_1)f_{Y_2}(y_2)$，

$X=Y_1+Y_2$ 的概率密度为 $f_X(x)=\int_{-\infty}^{+\infty}f(y_1,x-y_1)\mathrm{d}y_1$，

当 $x\leqslant 0$ 时，

$$f_X(x)=\int_{-\infty}^{+\infty}f(y_1,x-y_1)\mathrm{d}y_1=\int_{-\infty}^{x}f(y_1,x-y_1)\mathrm{d}y_1+\int_{x}^{+\infty}f(y_1,x-y_1)\mathrm{d}y_1=0;$$

当 $x>0$ 时，

$$\begin{aligned}f_X(x)&=\int_{-\infty}^{+\infty}f(y_1,x-y_1)\mathrm{d}y_1\\&=\int_{-\infty}^{0}f(y_1,x-y_1)\mathrm{d}y_1+\int_{0}^{x}f(y_1,x-y_1)\mathrm{d}y_1+\int_{x}^{+\infty}f(y_1,x-y_1)\mathrm{d}y_1\\&=\int_{0}^{x}f(y_1,x-y_1)\mathrm{d}y_1\\&=\int_{0}^{x}2(1-e^{-\lambda y_1})\lambda e^{-\lambda y_1}\cdot\lambda e^{-\lambda(x-y_1)}\mathrm{d}y_1\\&=2\lambda^2e^{-\lambda x}\int_{0}^{x}(1-e^{-\lambda y_1})\mathrm{d}y_1\\&=2\lambda^2e^{-\lambda x}\left[x+\frac{1}{\lambda}(e^{-\lambda x}-1)\right]\\&=2\lambda e^{-\lambda x}(\lambda x+e^{-\lambda x}-1),\end{aligned}$$

故 $$f_X(x)=\begin{cases}2\lambda e^{-\lambda x}(\lambda x+e^{-\lambda x}-1), & x>0,\\ 0, & x\leqslant 0.\end{cases}$$

例 13 已知某型号电子管的寿命（以 h 计）近似服从 $N(235,30^2)$，随机地取出 3 只，其寿命分别为 X_1,X_2,X_3，试求：

(1) $P\{\max\{X_1,X_2,X_3\}\leqslant 250\}$；

(2) $P\{\min\{X_1,X_2,X_3\}\geqslant 235\}$.

解 根据题设条件知，X_1,X_2,X_3 相互独立，$X_i\sim N(235,30^2)\ (i=1,2,3)$.

$$\begin{aligned}(1)\ P\{\max\{X_1,X_2,X_3\}\leqslant 250\}&=P\{X_1\leqslant 250,X_2\leqslant 250,X_3\leqslant 250\}\\&=P\{X_1\leqslant 250\}\cdot P\{X_2\leqslant 250\}\cdot P\{X_3\leqslant 250\}\\&=[F(250)]^3=\left[\Phi\left(\frac{250-235}{30}\right)\right]^2\\&=[\Phi(0.5)]^3=0.6915^3=0.3307.\end{aligned}$$

(2) $P\{\min\{X_1,X_2,X_3\}\geqslant 235\} = P\{X_1\geqslant 235,X_2\geqslant 235,X_3\geqslant 235\}$

$$= P\{X_1\geqslant 235\}\cdot P\{X_2\geqslant 235\}\cdot P\{X_3\geqslant 235\}$$

$$= [1-F(235)]^3 = \left[1-\Phi\left(\frac{235-235}{30}\right)\right]^3$$

$$= [1-\Phi(0)]^3 = (1-0.5)^3 = 0.125.$$

例 14 设二维随机变量(X,Y)的概率密度为

$$f(x,y)=\begin{cases}\frac{1}{5}(2x+y), & 0\leqslant x\leqslant 2, 0\leqslant y\leqslant 1,\\ 0, & \text{其他}.\end{cases}$$

求:(1)分布函数$F(x,y)$,边缘分布函数$F_X(x)$,$F_Y(y)$;

(2)$Z=\max\{X,Y\}$的概率密度;

(3)$Z=\min\{X,Y\}$的概率密度.

解 (1)$F(x,y)=\iint\limits_{\substack{u\leqslant x\\ v\leqslant y}} f(u,v)\mathrm{d}u\mathrm{d}v$(画出各种情形的积分区域,结合被积函数不为零的范围,定出有效积分限).

1)当$x<0$或$y<0$时,$f(x,y)\equiv 0$,$F(x,y)=0$;

2)当$0\leqslant x\leqslant 2$,$0\leqslant y\leqslant 1$时,

$$F(x,y)=\int_0^x\left[\int_0^y\frac{1}{5}(2u+v)\mathrm{d}v\right]\mathrm{d}u$$

$$=\frac{1}{5}\int_0^x\left(2uy+\frac{1}{2}y^2\right)\mathrm{d}u=\frac{1}{5}\left(x^2y+\frac{1}{2}xy^2\right);$$

3)当$x>2$,$0\leqslant y\leqslant 1$时,

$$F(x,y)=\int_0^2\left[\int_0^y\frac{1}{5}(2u+v)\mathrm{d}v\right]\mathrm{d}u$$

$$=\frac{1}{5}\int_0^2\left(2uy+\frac{1}{2}y^2\right)\mathrm{d}u=\frac{1}{5}(4y+y^2);$$

4)当$0\leqslant x\leqslant 2$,$y>1$时,

$$F(x,y)=\int_0^x\left[\int_0^1\frac{1}{5}(2u+v)\mathrm{d}v\right]\mathrm{d}u=\frac{1}{5}\int_0^x\left[2uv+\frac{1}{2}v^2\right]\Big|_0^1\mathrm{d}u$$

$$=\frac{1}{5}\int_0^x\left(2u+\frac{1}{2}\right)\mathrm{d}u=\frac{1}{5}\left(x^2+\frac{1}{2}x\right);$$

5)当$x>2$,$y>1$时,$F(x,y)=1$.

所以
$$F(x,y)=\begin{cases}0, & x<0 \text{ 或 } y<0,\\ \frac{1}{5}\left(x^2y+\frac{1}{2}xy^2\right), & 0\leqslant x\leqslant 2,0\leqslant y\leqslant 1,\\ \frac{1}{5}\left(x^2+\frac{1}{2}x\right), & 0\leqslant x\leqslant 2,y>1,\\ \frac{1}{5}(4y+y^2), & x>2,0\leqslant y\leqslant 1,\\ 1, & 2<x,y>1;\end{cases}$$

$$F_X(x)=\lim_{y\to+\infty}F(x,y)=\begin{cases}0, & x<0,\\ \frac{1}{5}\left(x^2+\frac{1}{2}x\right), & 0\leqslant x\leqslant 2,\\ 1, & x>2;\end{cases}$$

$$F_Y(y)=\lim_{x\to+\infty}F(x,y)=\begin{cases}0, & y<0,\\ \frac{1}{5}(y^2+4y), & 0\leqslant y\leqslant 1,\\ 1, & y>1.\end{cases}$$

$$(2)F_{\max}(z)=F(z,z)=\begin{cases}0, & z<0,\\ \frac{3}{10}z^3, & 0\leqslant z\leqslant 1,\\ \frac{1}{5}\left(z^2+\frac{1}{2}z\right), & 1<z\leqslant 2,\\ 1, & z>2\end{cases}$$

（注意取值 $x=z,y=z$ 仅经过的直线上的点），

故
$$f_{\max}(z)=F'_{\max}(z)=\begin{cases}0, & z<0,\\ \frac{9}{10}z^2, & 0\leqslant z\leqslant 1,\\ \frac{1}{5}\left(2z+\frac{1}{2}\right), & 1<z\leqslant 2,\\ 0, & z>2.\end{cases}$$

$$(3)F_X(z)=\lim_{y\to+\infty}F(z,y)=\begin{cases}0, & z<0,\\ \frac{1}{5}\left(z^2+\frac{1}{2}z\right), & 0\leqslant z\leqslant 2,\\ 1, & z>2,\end{cases}$$

$$F_Y(z)=\lim_{x\to+\infty}F(x,z)=\begin{cases}0, & z<0,\\ \frac{1}{5}(z^2+4z), & 0\leqslant z\leqslant 1,\\ 1, & z>1,\end{cases}$$

$$F_{\max}(z)=F(z,z)=\begin{cases}0, & z<0,\\ \frac{3}{10}z^3, & 0\leqslant z\leqslant 1,\\ \frac{1}{5}\left(z^2+\frac{1}{2}z\right), & 1<z\leqslant 2,\\ 1, & z>2,\end{cases}$$

$$F_{\min}(z)=F_X(z)+F_Y(z)-F(z,z)=\begin{cases}0, & z<0,\\ \frac{2}{5}z^2+\frac{9}{10}z-\frac{3}{10}z^3, & 0\leqslant z\leqslant 1,\\ 1, & z>1,\end{cases}$$

故
$$f_{\min}(z)=F'_{\min}(z)=\begin{cases}0, & z<0,\\ \frac{4}{5}z+\frac{9}{10}-\frac{9}{10}z^2, & 0\leqslant z\leqslant 1,\\ 0, & z>1.\end{cases}$$

(2),(3)的另一种解法为：

(2)$F_{\max}(z)=\iint\limits_{\substack{x\leqslant z\\ y\leqslant z}}f(x,y)\mathrm{d}x\mathrm{d}y$（注意有效积分区域及变化），

1)当 $z<0$ 时，$F_{\max}(z)=0$；

2)当 $0\leqslant z\leqslant 1$ 时，

$$F_{\max}(z)=\int_0^z\left[\int_0^z\frac{1}{5}(2x+y)\mathrm{d}y\right]\mathrm{d}x$$
$$=\frac{1}{5}\int_0^z\left(2xz+\frac{1}{2}z^2\right)\mathrm{d}x=\frac{3}{10}z^3;$$

3)当 $1<z\leqslant 2$ 时，

$$F_{\max}(z)=\int_0^z\left[\int_0^1\frac{1}{5}(2x+y)\mathrm{d}y\right]\mathrm{d}x=\frac{1}{5}\int_0^z\left(2x+\frac{1}{2}\right)\mathrm{d}x=\frac{1}{5}z^2+\frac{1}{10}z;$$

4)当 $z>2$ 时，

$$F_{\max}(z)=\int_0^2\left[\int_0^1\frac{1}{5}(2x+y)\mathrm{d}y\right]\mathrm{d}x$$
$$=\frac{1}{5}\int_0^2\left(2x+\frac{1}{2}\right)\mathrm{d}x=\left(\frac{1}{5}x^2+\frac{1}{10}x\right)\Big|_0^2=1,$$

即得
$$F_{\max}(z)=\iint\limits_{\substack{x\leqslant z\\ y\leqslant z}} f(x,y)\mathrm{d}x\mathrm{d}y=\begin{cases}0, & z<0,\\ \dfrac{3}{10}z^3, & 0\leqslant z\leqslant 1,\\ \dfrac{1}{5}\left(z^2+\dfrac{1}{2}z\right), & 1<z\leqslant 2,\\ 1, & z>2,\end{cases}$$

故
$$f_{\max}(z)=F'_{\max}(z)=\begin{cases}0, & z<0,\\ \dfrac{9}{10}z^2, & 0\leqslant z\leqslant 1,\\ \dfrac{1}{5}\left(2z+\dfrac{1}{2}\right), & 1<z\leqslant 2,\\ 0, & z>2.\end{cases}$$

(3) $F_{\min}(z)=P\{Z\leqslant z\}=P\{\min\{X,Y\}\leqslant z\}=1-\iint\limits_{\substack{x>z\\ y>z}} f(x,y)\mathrm{d}x\mathrm{d}y$,

1) 当 $z<0$ 时,
$$F_{\min}(z)=1-\int_0^2\left[\int_0^1\frac{1}{5}(2x+y)\mathrm{d}y\right]\mathrm{d}x=0;$$

2) 当 $0\leqslant z\leqslant 1$ 时,
$$\begin{aligned}F_{\min}(z)&=1-\int_z^2\left[\int_z^1\frac{1}{5}(2x+y)\mathrm{d}y\right]\mathrm{d}x\\&=1-\frac{1}{5}\int_z^2\left[2x(1-z)+\frac{1}{2}-\frac{1}{2}z^2\right]\mathrm{d}x\\&=1-\frac{1}{5}\left[(1-z)(4-z^2)+\frac{1}{2}(1-z^2)(2-z)\right]\\&=-\frac{3}{10}z^3+\frac{2}{5}z^2+\frac{9}{10}z;\end{aligned}$$

3) 当 $z>1$ 时, $F_{\min}(z)=1$,

即
$$\begin{aligned}F_{\min}(z)&=P\{Z\leqslant z\}=P\{\min\{X,Y\}\leqslant z\}\\&=1-P\{X>z,Y>z\}=1-\iint\limits_{\substack{x>z\\ y>z}} f(x,y)\mathrm{d}x\mathrm{d}y\\&=\begin{cases}0, & z<0,\\ \dfrac{2}{5}z^2+\dfrac{9}{10}z-\dfrac{3}{10}z^3, & 0\leqslant z\leqslant 1,\\ 1, & z>1,\end{cases}\end{aligned}$$

故
$$f_{\min}(z)=F'_{\min}(z)=\begin{cases}0, & z<0,\\ \dfrac{4}{5}z+\dfrac{9}{10}-\dfrac{9}{10}z^2, & 0\leqslant z\leqslant 1,\\ 0, & z>1.\end{cases}$$

例 15 已知二维随机变量(X,Y)的分布函数为

$$F(x,y)=\begin{cases}0, & x<0 \text{ 或 } y<0,\\ x^2(2y^2-x^2), & 0\leqslant x\leqslant 1, x\leqslant y\leqslant 1,\\ x^2(2-x^2), & 0\leqslant x\leqslant 1, y>1,\\ y^4, & x>y, 0\leqslant y\leqslant 1,\\ 1, & x>1, y>1,\end{cases}$$

求:$Z=\max\{X,Y\}$的概率密度.

解 $Z=\max\{X,Y\}$的分布函数为

$$F_Z(z)=P\{Z\leqslant z\}=P\{\max\{X,Y\}\leqslant z\}$$

$$=P\{X\leqslant z,Y\leqslant z\}=F(z,z)=\begin{cases}0, & z<0,\\ z^4, & 0\leqslant z\leqslant 1,\\ 1, & z>1,\end{cases}$$

$Z=\max(X,Y)$的概率密度为$f_Z(z)=[F_Z(z)]'=\begin{cases}4z^3, & 0\leqslant z\leqslant 1,\\ 0, & \text{其他}.\end{cases}$

例 16 已知二维随机变量(X,Y)的概率密度为

$$f(x,y)=\begin{cases}2xy, & 0<x<1, 0<y<2x,\\ 0, & \text{其他},\end{cases}$$

求 $Z=\max\{X,Y\}$的概率密度.

解 $Z=\max\{X,Y\}$的分布函数为

$$F_Z(z)=P\{Z\leqslant z\}=P\{\max\{X,Y\}\leqslant z\}$$

$$=P\{X\leqslant z,Y\leqslant z\}=\iint\limits_{\substack{x\leqslant z\\ y\leqslant z}} f(x,y)\mathrm{d}x\mathrm{d}y,$$

当 $z\leqslant 0$ 时,$F_Z(z)=0$;

当 $0\leqslant z\leqslant 1$ 时,

$$F_Z(z)=\int_0^z \mathrm{d}y\int_{\frac{y}{2}}^z 2xy\mathrm{d}x=\int_0^z y\left(z^2-\frac{y^2}{4}\right)\mathrm{d}y=\left(z^2\frac{y^2}{2}-\frac{y^4}{16}\right)\Bigg|_0^z=\frac{7}{16}z^4;$$

当 $1<z\leqslant 2$ 时,

$$F_Z(z)=\int_0^z \mathrm{d}y\int_{\frac{y}{2}}^1 2xy\mathrm{d}x=\int_0^z y\left(1-\frac{y^2}{4}\right)\mathrm{d}y=\left(\frac{y^2}{2}-\frac{y^4}{16}\right)\Bigg|_0^z=\frac{z^2}{2}-\frac{z^4}{16};$$

当 $z>2$ 时,$F_Z(z)=1$.

于是
$$F_Z(z)=\begin{cases}0, & z<0,\\ \dfrac{7}{16}z^4, & 0\leqslant z\leqslant 1,\\ \dfrac{z^2}{2}-\dfrac{z^4}{16}, & 1<z\leqslant 2,\\ 1, & z>2,\end{cases}$$

$$f_Z(z)=[F_Z(z)]'=\begin{cases}\dfrac{7}{4}z^3, & 0\leqslant z\leqslant 1,\\ z-\dfrac{z^3}{4}, & 1<z\leqslant 2,\\ 0, & \text{其他}.\end{cases}$$

例 17　已知二维随机变量(X,Y)的分布函数为
$$F(x,y)=\begin{cases}x(1-\mathrm{e}^{-y}), & 0\leqslant x\leqslant 1,y>0,\\ (1-\mathrm{e}^{-y}), & x>1,y>0,\\ 0, & \text{其他},\end{cases}$$
求$Z=\min\{X,Y\}$的概率密度.

解　$F(z,z)=\begin{cases}z(1-\mathrm{e}^{-z}), & 0\leqslant z\leqslant 1,\\ (1-\mathrm{e}^{-z}), & z>1,\\ 0, & z<0,\end{cases}$　$F_X(z)=\lim\limits_{y\to+\infty}F(z,y)=\begin{cases}z, & 0\leqslant z\leqslant 1,\\ 1, & z>1,\\ 0, & z<0,\end{cases}$

$F_Y(z)=\lim\limits_{x\to+\infty}F(x,z)=\begin{cases}(1-\mathrm{e}^{-z}), & z\geqslant 0,\\ 0, & z<0,\end{cases}$ $Z=\min\{X,Y\}$的分布函数为

$$F_Z(z)=F_X(z)+F_Y(z)-F(z,z)=\begin{cases}(1-\mathrm{e}^{-z}+z\mathrm{e}^{-z}), & 0\leqslant z\leqslant 1,\\ 1, & z>1,\\ 0, & z<0,\end{cases}$$

于是$Z=\min\{X,Y\}$的概率密度为$f_Z(z)=[F_Z(z)]'=\begin{cases}\mathrm{e}^{-z}(2-z), & 0\leqslant z\leqslant 1,\\ 0, & \text{其他}.\end{cases}$

例 18　已知二维随机变量(X,Y)的概率密度为
$$f(x,y)=\begin{cases}\dfrac{2}{3}, & 0\leqslant x\leqslant 1,\ -x\leqslant y\leqslant 2x,\\ 0, & \text{其他},\end{cases}$$
求:$Z=\min\{X,Y\}$的概率密度.

解　$Z=\min\{X,Y\}$ 的分布函数为 $F_Z(z)=1-\iint\limits_{\substack{x>z\\ y>z}}f(x,y)\mathrm{d}x\mathrm{d}y$,

当$z<-1$时,$F_Z(z)=0$;

当 $-1\leqslant z<0$ 时，

$$F_Z(z)=1-\left[\int_z^0 \mathrm{d}y\int_{-y}^1 \frac{2}{3}\mathrm{d}x+\int_0^2 \mathrm{d}y\int_{\frac{y}{2}}^1 \frac{2}{3}\mathrm{d}x\right]$$

$$=1-\frac{2}{3}\left[\int_z^0 (1+y)\mathrm{d}y+\int_0^2 \left(1-\frac{y}{2}\right)\mathrm{d}y\right]$$

$$=1-\frac{2}{3}\left[\frac{1}{2}(1+y)^2\Big|_z^0+\left(y-\frac{y^2}{4}\right)\Big|_0^2\right]=\frac{1}{3}+\frac{2}{3}z+\frac{1}{3}z^2;$$

当 $0\leqslant z<1$ 时，$F_Z(z)=1-\int_z^1 \mathrm{d}x\int_z^{2x} \frac{2}{3}\mathrm{d}y=1-\frac{2}{3}\int_z^1 (2x-z)\mathrm{d}z$

$$=1-\frac{2}{3}(x^2-zx)\Big|_z^1=\frac{1}{3}+\frac{2}{3}z;$$

当 $z\geqslant 1$ 时，$F_Z(z)=1$，

即

$$F_Z(z)=\begin{cases}0, & z<-1,\\ \frac{1}{3}+\frac{2}{3}z+\frac{1}{3}z^2, & -1\leqslant z<0,\\ \frac{1}{3}+\frac{2}{3}z, & 0\leqslant z<1,\\ 1, & z\geqslant 1,\end{cases}$$

$$f_Z(z)=[F_Z(z)]'=\begin{cases}\frac{2}{3}(z+1), & -1\leqslant z<0,\\ \frac{2}{3}, & 0\leqslant z<1,\\ 0, & \text{其他}.\end{cases}$$

例 19　已知二维随机变量 (X,Y) 的概率密度为

$$f(x,y)=\begin{cases}\frac{3}{2}(x+y), & |x|\leqslant y,0\leqslant y\leqslant 1,\\ 0, & \text{其他},\end{cases}$$

求：$Z=\max\{X,Y\}$ 的概率密度.

解　$Z=\max\{X,Y\}$ 的分布函数为

$$F_Z(z)=P\{Z\leqslant z\}=P\{\max\{X,Y\}\leqslant z\}=P\{X\leqslant z,Y\leqslant z\}=\iint\limits_{\substack{x\leqslant z\\ y\leqslant z}} f(x,y)\mathrm{d}x\mathrm{d}y,$$

当 $z\leqslant 0$ 时，$F_Z(z)=0$；

当 $0\leqslant z\leqslant 1$ 时，$F_Z(z)=\int_0^z \mathrm{d}y\int_{-y}^y \frac{3}{2}(x+y)\mathrm{d}x=\int_0^z 3y^2\mathrm{d}y=y^3\Big|_0^z=z^3$；

当 $z>1$ 时，$F_Z(z)=\int_0^1 \mathrm{d}y\int_{-y}^{y}\frac{3}{2}(x+y)\mathrm{d}x=\int_0^1 3y^2\mathrm{d}y=y^3\Big|_0^1=1$，

即
$$F_Z(z)=\begin{cases}z^3, & 0\leqslant z\leqslant 1,\\ 1, & z>1,\\ 0, & z<0,\end{cases}\qquad f_Z(z)=[F_Z(z)]'=\begin{cases}3z^2, & 0\leqslant z\leqslant 1,\\ 0, & 其他.\end{cases}$$

例 20　设随机变量 $X_1,X_2,\cdots,X_n(n\geqslant 2)$ 独立同分布，且为连续型随机变量，证明：$P\{X_1>\max\{X_2,X_3,\cdots,X_n\}\}=\frac{1}{n}$.

证　方法一　$X_1,X_2,\cdots,X_n$ 独立同分布，设 X_i 的概率密度为 $f(x_i)$，分布函数为 $F(x_i)$.

记 $Y=\max\{X_2,X_3,\cdots,X_n\}$，则 $F_Y(y)=[F(y)]^{n-1}$，$f_Y(y)=(n-1)[F(y)]^{n-2}f(y)$，$X_1,Y$ 的联合概率密度为 $f(x_1,y)=f(x_1)f_Y(y)$，则

$$\begin{aligned}P\{X_1>\max\{X_2,X_3,\cdots,X_n\}\}&=P\{Y<X_1\}\\&=P\{(X_1,Y)\in\{-\infty<x_1<+\infty,y<x_1\}\}\\&=\int_{-\infty}^{+\infty}f(x_1)\left(\int_{-\infty}^{x_1}(n-1)(F(y))^{n-2}f(y)\mathrm{d}y\right)\mathrm{d}x_1\\&=\int_{-\infty}^{+\infty}f(x_1)(F(x_1))^{n-1}\mathrm{d}x_1\\&=\int_{-\infty}^{+\infty}\frac{1}{n}[(F(x_1))^n]'\mathrm{d}x_1=\frac{1}{n}.\end{aligned}$$

方法二　$X_1,X_2,\cdots,X_n$ 独立同分布，设 X_i 的概率密度为 $f(x_i)(i=1,2,\cdots,n)$，则 $(X_1,X_2,\cdots,X_n)$ 的概率密度为

$$f(x_1,x_2,\cdots,x_n)=f(x_1)f(x_2)\cdots f(x_n),$$

于是
$$\begin{aligned}P\{X_1>\max\{X_2,X_3,\cdots,X_n\}\}&=P\{-\infty<X_1<+\infty,X_2<X_1,\\&\quad X_3<X_1,\cdots,X_n<X_1\}\\&=\int_{-\infty}^{+\infty}f(x_1)\left(\int_{-\infty}^{x_1}f(x_2)\mathrm{d}x_2\right)^{n-1}\mathrm{d}x_1\\&=\int_{-\infty}^{+\infty}f(x_1)\left(\int_{-\infty}^{x_1}f(x_2)\mathrm{d}x_2\right)^{n-1}\mathrm{d}x_1\\&=\int_{-\infty}^{+\infty}\frac{1}{n}\left[\left(\int_{-\infty}^{x_1}f(x_2)\mathrm{d}x_2\right)^n\right]'\mathrm{d}x_1=\frac{1}{n}.\end{aligned}$$

例 21　设随机变量 X 的分布函数为 $F(x)$，随机变量 Y 服从两点分布

$$P\{Y=a\}=p,P\{Y=b\}=1-p\quad(0<p<1),$$

并且 X 与 Y 相互独立,试求:随机变量 $Z=X+Y$ 的分布函数 $F_Z(z)$.

解 根据全概率公式得

$$\begin{aligned}F_Z(z) &= P\{X+Y\leqslant z\}\\ &= P\{Y=a\}P\{X+Y\leqslant z|Y=a\}+P\{Y=b\}P\{X+Y\leqslant z|Y=b\}\\ &= P\{Y=a\}P\{X\leqslant z-a|Y=a\}+P\{Y=b\}P\{X\leqslant z-b|Y=b\}\\ &= P\{Y=a\}P\{X\leqslant z-a\}+P\{Y=b\}P\{X\leqslant z-b\}\\ &= pF(z-a)+(1-p)F(z-b).\end{aligned}$$

例 22 对随机变量 (X,Y),成立

$$\begin{aligned}(1)P\{\max\{X,Y\}\geqslant z\} &= P\{\{X\geqslant z\}+\{Y\geqslant z\}\}\\ &= P\{X\geqslant z\}+P\{Y\geqslant z\}-P\{X\geqslant z,Y\geqslant z\}.\end{aligned}$$

$$\begin{aligned}(2)P\{\min\{X,Y\}\leqslant z\} &= P\{\{X\leqslant z\}+\{Y\leqslant z\}\}\\ &= P\{X\leqslant z\}+P\{Y\leqslant z\}-P\{X\leqslant z,Y\leqslant z\}.\end{aligned}$$

例 23 设随机变量 X 与 Y 相互独立,且均服从 $[0,1]$ 上的均匀分布.求:$Z=|X-Y|$ 的分布函数和概率密度.

解

$$f(x,y)=\begin{cases}1, & 0\leqslant x\leqslant 1,0\leqslant y\leqslant 1,\\ 0, & \text{其他};\end{cases}$$

当 $z<0$ 时,$F_Z(z)=0$;

当 $z>1$ 时,$F_Z(z)=1$;

当 $0\leqslant z\leqslant 1$ 时,$F_Z(z)=1-2\int_z^1 \mathrm{d}x\int_0^{x-z}1\mathrm{d}y=1-(1-z)^2$;

$$F_Z(z)=\begin{cases}0, & z<0,\\ 1-(1-z)^2, & 0\leqslant z\leqslant 1,\\ 1, & z>1,\end{cases}$$

$$f_Z(z)=\begin{cases}2(1-z), & 0\leqslant z\leqslant 1,\\ 0, & \text{其他}.\end{cases}$$

例 24 设连续型二维随机变量的概率密度为

$$f(x,y)=\begin{cases}3x, & 0<y<x,0<x<1,\\ 0, & \text{其他}.\end{cases}$$

求:$Z=X-Y$ 的概率密度.

解 $F_Z(z)=\iint_{x-y\leqslant z}f(x,y)\mathrm{d}x\mathrm{d}y$.

当 $z<0$ 时,$F_Z(z)=0$;

当 $z>1$ 时,$F_Z(z)=1$;

当 $0\leqslant z\leqslant 1$ 时,$F_Z(z)=\int_0^z\int_0^x 3x\mathrm{d}y\mathrm{d}x+\int_z^1\int_{x-z}^x 3x\mathrm{d}y\mathrm{d}x=\frac{3}{2}z-\frac{z^3}{2}$;

概率密度为$f_Z(z)=\begin{cases}\frac{3}{2}(1-z^2), & 0<z\leqslant 1,\\ 0, & 其他.\end{cases}$

例 25　已知二维连续型随机变量(X,Y)的分布函数为

$$F(x,y)=\begin{cases}0, & x\leqslant 0 \text{ 或 } y\leqslant 0,\\ \frac{1}{3}xy(x+2y), & 0<x<1,0<y<1,\\ \frac{x}{3}(x+2), & 0<x<1,y\geqslant 1,\\ \frac{y}{3}(2y+1), & x\geqslant 1,0<y<1,\\ 1, & x\geqslant 1,y\geqslant 1,\end{cases}$$

试求：(1) $Z_1=\max\{X,Y\}$的概率密度；(2) $Z_2=\min\{X,Y\}$的概率密度.

解　(1) $F_{Z_1}(z_1)=F(z_1,z_1)$,

当$z_1<0$时，$F_{Z_1}(z_1)=F(z_1,z_1)=0$;

当$z_1>1$时，$F_{Z_1}(z_1)=F(z_1,z_1)=1$;

当$0\leqslant z_1\leqslant 1$时，$F_{Z_1}(z_1)=F(z_1,z_1)={z_1}^3$;

$$F_{Z_1}(z_1)=\begin{cases}0, & z_1<0,\\ {z_1}^3, & 0\leqslant z_1\leqslant 1,\\ 1, & z>1;\end{cases}$$

$$f_{Z_1}(z_1)=\begin{cases}3{z_1}^2, & 0\leqslant z_1\leqslant 1,\\ 0, & 其他.\end{cases}$$

(2) $F_{Z_2}(z_2)=F(z_2,+\infty)+F(+\infty,z_2)-F(z_2,z_2)$,

当$z_2<0$时，$F_{Z_2}(z_2)=0+0-0=0$;

当$z_2>1$时，$F_{Z_2}(z_2)=1+1-1=1$;

当$0\leqslant z_2\leqslant 1$时，

$$F_{Z_2}(z_2)=\frac{z_2}{3}(z_2+2)+\frac{z_2}{3}(2z_2+1)-\frac{1}{3}{z_2}^2(z_2+2z_2)=z_2+{z_2}^2-{z_2}^3;$$

$$F_{Z_2}(z_2)=\begin{cases}0, & z_2<0,\\ z_2+{z_2}^2-{z_2}^3, & 0\leqslant z_2\leqslant 1,\\ 1, & z_2>1,\end{cases}$$

$$f_{Z_2}(z_2)=\begin{cases}1+2z_2-3{z_2}^2, & 0\leqslant z_2\leqslant 1.\\ 0, & 其他.\end{cases}$$

第五章　随机变量的数字特征

第一节　离散型随机变量的数学期望

例 1　设随机变量 X 的分布律为

X	-2	0	2
P	0.4	0.3	0.3

求 $E(X)$,$E(X^2)$,$E(3X^2+5)$.

解　$E(X)=-2\times0.4+0\times0.3+2\times0.3=-0.2$,

$$E(X^2)=(-2)^2\times0.4+0^2\times0.3+2^2\times0.3=4\times(0.4+0.3)+0\times0.3=2.8,$$

$$\begin{aligned}E(3X^2+5)&=[3\times(-2)^2+5]\times0.4+[3\times0^2+5]\times0.3+[3\times2^2+5]\times0.3\\&=17\times(0.4+0.3)+5\times0.3=13.4.\end{aligned}$$

例 2　设随机变量 X 的分布律为 $P\{X=k\}=\dfrac{a^k}{(1+a)^{k+1}}(a>0,k=0,1,\cdots)$,求 $E(X)$ 和 $E(X^2)$.

解
$$\begin{aligned}E(X)&=\sum_{k=0}^{\infty}k\cdot\frac{a^k}{(1+a)^{k+1}}=\frac{a}{(1+a)^2}\sum_{k=1}^{\infty}k\cdot\left(\frac{a}{1+a}\right)^{k-1}\\&=\frac{a}{(1+a)^2}\cdot\frac{1}{\left(1-\dfrac{a}{1+a}\right)^2}=a.\end{aligned}$$

这里,利用了幂级数求和公式

$$\sum_{k=1}^{\infty}kx^{k-1}=\left(\sum_{k=1}^{\infty}x^k\right)'=\left(x\sum_{k=1}^{\infty}x^{k-1}\right)'=\left(\frac{x}{1-x}\right)'=\frac{1}{(1-x)^2},$$

同理
$$\begin{aligned}E(X^2)&=\sum_{k=0}^{\infty}k^2\cdot\frac{a^k}{(1+a)^{k+1}}=\frac{a}{(1+a)^2}\sum_{k=1}^{\infty}k^2\cdot\left(\frac{a}{1+a}\right)^{k-1}\\&=\frac{a}{(1+a)^2}\cdot\frac{1+\dfrac{a}{1+a}}{\left(1-\dfrac{a}{1+a}\right)^3}=a(1+2a).\end{aligned}$$

利用到了公式$\sum\limits_{k=1}^{\infty} k^2 x^{k-1} = \left(\sum\limits_{k=1}^{\infty} kx^k\right)' = \left(x\sum\limits_{k=1}^{\infty} kx^{k-1}\right)'$

$$= \left(\frac{x}{(1-x)^2}\right)' = \frac{1+x}{(1-x)^3}(|x|<1).$$

例3　某一射手向一目标射击,每次击中的概率都是0.8,现连续向目标射击,直到第一次击中为止,求射击次数X的数学期望.

解　根据题意X的分布律为$P\{X=k\}=0.2^{k-1}\times 0.8(k=1,2,\cdots)$;

$$E(X)=\sum_{k=1}^{\infty} k\,P\{X=k\}=\sum_{k=1}^{\infty} k\,0.2^{k-1}\times 0.8=0.8\times\frac{1}{(1-0.2)^2}=\frac{1}{0.8}=1.25.$$

例4　若事件A在第i次试验中出现的概率为p_i,设X是事件A在起初n次独立重复试验中出现的次数,求$E(X)$.

解　设$X_i=\begin{cases}1, & 第\,i\,次试验中出现\,A,\\ 0, & 第\,i\,次试验中不出现\,A\end{cases}\quad(i=1,2,\cdots,n)$,

根据题意,则有
$$X=X_1+X_2+\cdots+X_n,$$
且有
$$P\{X_i=1\}=p_i\quad(i=1,2,\cdots,n),$$
$$E(X_i)=1\times P\{X_i=1\}+0\times P\{X_i=0\}=p_i,$$
于是
$$E(X)=E(X_1+X_2+\cdots+X_n)=\sum_{i=1}^{n}E(X_i)=\sum_{i=1}^{n}p_i.$$

例5　将红、白、黑三只球随机地逐个放入编号为1,2,3,4的四个盒内(每盒容纳球的个数不限),以X表示有球盒子的最小号码,求随机变量X的分布律,并求$E(X)$.

解　根据题意知,随机变量X可能取的值为1,2,3,4,则有

$$P\{X=4\}=\frac{1^3}{4^3}=\frac{1}{64},\quad P\{X=3\}=\frac{2^3-1^3}{4^3}=\frac{7}{64},$$

$$P\{X=2\}=\frac{3^3-2^3}{4^3}=\frac{19}{64},\quad P\{X=1\}=\frac{4^3-3^3}{4^3}=\frac{37}{64},$$

即随机变量X的分布律为

X	1	2	3	4
P	$\frac{37}{64}$	$\frac{19}{64}$	$\frac{7}{64}$	$\frac{1}{64}$

$$E(X)=\sum_{k=1}^{4}k\,P\{X=k\}=1\times\frac{37}{64}+2\times\frac{19}{64}+3\times\frac{7}{64}+4\times\frac{1}{64}=\frac{100}{64}=\frac{25}{16}.$$

例6　将4个有区别的球随机放入编号为1~4的4个盒内,设X为盒内球的最多个数,求随机变量X的分布律,并求$E(X)$.

解　依题意$\{X=1\}$=恰好每盒中各有一个球,则

$$P\{X=1\}=\frac{A_4^4}{4^4}=\frac{6}{64};$$

$\{X=2\}$=恰有一盒中各有两个球,其他两盒中各有一球+恰有两盒中各有两个球,

则

$$P\{X=2\}=\frac{C_4^2A_4^3+\frac{C_4^2C_2^2}{2!}A_4^2}{4^4}=\frac{45}{64}$$

(将 4 个球平均分成两组,考虑到对称性,不同的分组数是$\frac{C_4^2C_2^2}{2!}=3$;而不是$C_4^2=6$);

$\{X=3\}$=恰有一盒中有 3 个球,其他一盒中有一个球,则

$$P\{X=3\}=\frac{C_4^3A_4^2}{4^4}=\frac{12}{64};P\{X=4\}=\frac{C_4^4A_4^1}{4^4}=\frac{1}{64},$$

即随机变量 X 的分布律为

X	1	2	3	4
P	$\frac{6}{64}$	$\frac{45}{64}$	$\frac{12}{64}$	$\frac{1}{64}$

$$E(X)=\sum_{k=1}^{4}k\,P\{X=k\}=1\times\frac{6}{64}+2\times\frac{45}{64}+3\times\frac{12}{64}+4\times\frac{1}{64}=\frac{136}{64}=\frac{17}{8}.$$

例 7　设做某项试验,每次成功的概率为$p(0<p<1)$,失败的概率为$1-p$. 独立地重复做这项试验,直到两次成功时终止. 设 X 为所进行的试验次数,试求:(1)随机变量 X 的分布律;(2)计算 X 取偶数的概率;(3)$E(X)$.

解　(1)设 X=“试验次数”,依题意$\{X=k\}$=试验进行了 k 次,第 k 次试验成功,在前 $k-1$ 次试验中恰好成功一次.

随机变量 X 的分布律为

$$P\{X=k\}=C_{k-1}^1p(1-p)^{k-2}p=(k-1)(1-p)^{k-2}p^2\quad(k=2,3,\cdots).$$

(2)设 B=“恰进行了偶数次试验”,则

$$P(B)=\sum_{m=1}^{\infty}P\{X=2m\}=\sum_{m=1}^{\infty}(2m-1)(1-p)^{2m-2}p^2$$

$$=p^2\cdot\frac{1+(1-p)^2}{[1-(1-p)^2]^2}=\frac{2-2p+p^2}{(2-p)^2}.$$

这里用到了公式

$$\sum_{m=1}^{\infty}(2m-1)x^{2m-2}=\left(\sum_{m=1}^{\infty}x^{2m-1}\right)'=\left(x\sum_{m=1}^{\infty}x^{2(m-1)}\right)'$$

$$=\left(\frac{x}{1-x^2}\right)'=\frac{1+x^2}{(1-x^2)^2}\quad(|x|<1).$$

$$(3)E(X)=\sum_{k=2}^{\infty}k\,P\{X=k\}=\sum_{k=2}^{\infty}k(k-1)(1-p)^{k-2}p^2$$

$$=p^2\sum_{k=2}^{\infty}k(k-1)(1-p)^{k-2}=p^2\cdot\frac{2}{[1-(1-p)]^3}=p^2\cdot\frac{2}{p^3}=\frac{2}{p}.$$

这里用到了公式

$$\sum_{k=2}^{\infty}k(k-1)x^{k-2}=\left(\sum_{k=2}^{\infty}x^k\right)''=\left(x^2\sum_{k=2}^{\infty}x^{k-2}\right)''=\left(\frac{x^2}{1-x}\right)''=\left(\frac{x^2-1+1}{1-x}\right)''$$

$$=\left[-(x+1)+\frac{1}{1-x}\right]''=\left(-1+\frac{1}{(1-x)^2}\right)'$$

$$=\frac{2}{(1-x)^3}\quad(|x|<1).$$

例 8　设随机变量 X 的分布律为 $P\{X=n\}=\dfrac{ab^n}{n!}(n=0,1,2,\cdots)$；已知 $E(X)=\mu$，试确定 a 和 b.

解　由

$$1=\sum_{n=0}^{\infty}P\{X=n\}=\sum_{n=0}^{\infty}\frac{ab^n}{n!}=ae^b,$$

$$\mu=E(X)=\sum_{n=0}^{\infty}nP\{X=n\}=\sum_{n=0}^{\infty}n\frac{ab^n}{n!}=ab\sum_{n=1}^{\infty}\frac{b^{n-1}}{(n-1)!}=abe^b,$$

得

$$b=\mu,a=e^{-\mu}.$$

例 9　随机变量 X 的取值为 $x_k=(-1)^k\dfrac{2^k}{k}(k=1,2,\cdots)$，且对应的概率为 $p_k=\dfrac{1}{2^k}$，试说明 $E(X)$ 不存在.

解　根据题设条件，因为 $\sum\limits_{k=1}^{\infty}|x_k|p_k=\sum\limits_{k=1}^{\infty}\dfrac{1}{k}$ 发散，所以 $E(X)$ 不存在.

利用性质计算数学期望举例.

例 10　一批产品中有 M 件正品，N 件次品，从中任意抽取 n 件，以 X 表示取到次品的件数，求随机变量 X 的数学期望.

解　$\{X=k\}$=恰取到 k 件次品，$P\{X=k\}=\dfrac{C_N^kC_M^{n-k}}{C_{M+N}^n}(k=0,1,\cdots,l)$；$l=\min\{n,N\}$；

$$1=\sum_{k=0}^{l}P\{X=k\}=\sum_{k=0}^{l}\frac{C_M^{n-k}C_N^k}{C_{M+N}^n}$$

(比较$(1+x)^{M+N}=(1+x)^M(1+x)^N$两边$x^n$的系数,得到).

$$\text{方法一}\quad E(X)=\sum_{k=0}^{l}kP\{X=k\}=\sum_{k=0}^{l}k\frac{C_M^{n-k}C_N^k}{C_{M+N}^n}=\sum_{k=1}^{l}k\cdot\frac{C_M^{n-k}\cdot\frac{N}{k}C_{N-1}^{k-1}}{\frac{(M+N)}{n}C_{M+N-1}^{n-1}}$$

$$=\frac{nN}{M+N}\sum_{k=1}^{l}\frac{C_M^{n-1-(k-1)}C_{N-1}^{k-1}}{C_{M+N-1}^{n-1}}=\frac{nN}{M+N}$$

(从M件正品和$N-1$件次品中,任意抽取$n-1$件,取到次品件数的分布律之和为1).

方法二 取n个产品可看作不放回地取n次,每次取一个产品. 令

$$X_i=\begin{cases}1, & \text{第}\,i\,\text{次取到次品},\\ 0, & \text{第}\,i\,\text{次取到正品}\end{cases}\quad(i=1,2,\cdots,n),$$

则$X=X_1+X_2+\cdots+X_n$,且有

$$P\{X_i=1\}=\frac{N}{M+N}\quad(i=1,2,\cdots,n),$$

$$EX_i=1\times P\{X_i=1\}+0\times P\{X_i=0\}=\frac{N}{M+N},$$

于是$E(X)=E(X_1+X_2+\cdots+X_n)=\sum\limits_{i=1}^{n}E(X_i)=\sum\limits_{i=1}^{n}\frac{N}{M+N}=\frac{nN}{M+N}.$

例11 设一袋中有n个白球与m个黑球,现在从中无放回接连抽取N个球,求第i次取时得到黑球的概率$(1\leqslant i\leqslant N\leqslant n+m)$.

解 设$A_i=$"第i次取时得黑球",显然$P(A_1)=\frac{m}{n+m}$.

把n个白球和m个黑球看作各不相同,样本空间考虑前N次摸球. 那么,样本点总数就是从$n+m$个球中任取N个球的排列数,即A_{n+m}^N,而其中第i个位置上排黑球的排法是从m个黑球中任取一个,排在第i个位置上,再从余下的$n+m-1$个球中任取$N-1$个,排在其余$N-1$个位置上,这种排法一共有$C_m^1A_{n+m-1}^{N-1}$种,于是

$$P(A_i)=\frac{C_m^1A_{n+m-1}^{N-1}}{A_{n+m}^N}=\frac{m}{n+m}\quad(1\leqslant i\leqslant N\leqslant n+m).$$

例12 将n只球放入M只盒子中去,每只球落入各个盒子是等可能的(每盒容纳球的个数不限),求有球的盒子数X的数学期望.

解 设$\{X_i=1\}=$第i只盒子中有球,$\{X_i=0\}=$第i只盒子中无球$(i=1,2,\cdots,M)$,则$X=\sum\limits_{i=1}^{M}X_i$. 而

$$P\{X_i=0\}=\frac{(M-1)^n}{M^n},P\{X_i=1\}=1-P\{X_i=0\}=1-\frac{(M-1)^n}{M^n},$$

所以 $$E(X_i)=1\times P\{X_i=1\}+0\times P\{X_i=0\}=1-\frac{(M-1)^n}{M^n},$$

故 $$E(X)=E\left(\sum_{i=1}^{M}X_i\right)=\sum_{i=1}^{M}E(X_i)=M\left[1-\frac{(M-1)^n}{M^n}\right].$$

例 13　将 100 支铅笔随机地分给 80 个孩子，如果每支铅笔分给哪个孩子是等可能的，问平均有多少孩子得到铅笔？

解　设有 X 个孩子得到铅笔，$\{X_i=1\}$ = 第 i 个孩子得到铅笔，$\{X_i=0\}$ = 第 i 个孩子没得到铅笔$(i=1,2,\cdots,80)$，则 $X=\sum_{i=1}^{80}X_i$. 而

$$P\{X_i=0\}=\frac{(80-1)^{100}}{80^{100}}=\left(1-\frac{1}{80}\right)^{80\times\frac{100}{80}}\approx e^{-1.25},$$

$$P\{X_i=1\}=1-P\{X_i=0\}=1-\left(1-\frac{1}{80}\right)^{100},$$

$$E(X_i)=1\times P\{X_i=1\}+0\times P\{X_i=0\}=1-\left(1-\frac{1}{80}\right)^{100},$$

故 $E(X)=E\left(\sum_{i=1}^{80}X_i\right)=\sum_{i=1}^{80}E(X_i)=80\left[1-\left(1-\frac{1}{80}\right)^{100}\right]\approx 80(1-e^{-1.25})\approx 57$（查数学用表或用数学软件）.

例 14　将 n 只球（$1\sim n$ 号）随机地放进 n 只盒子（$1\sim n$ 号）中去，一只盒子装一只球，将一只球装入与球同号码的盒子中，称为一个配对，记 X 为配对的个数，求 $E(X)$.

解　设 $X_i=\begin{cases}1, & i\text{ 号球装入 } i \text{ 号盒子},\\ 0, & \text{其他}\end{cases}$ $(i=1,2,\cdots,n)$，根据题意，知

$$X=\sum_{i=1}^{n}X_i,P\{X_i=1\}=\frac{(n-1)!}{n!}=\frac{1}{n},$$

$$E(X_i)=1\times P\{X_i=1\}+0\times P\{X_i=0\}=\frac{1}{n},$$

故 $$E(X)=E\left(\sum_{i=1}^{n}X_i\right)=\sum_{i=1}^{n}E(X_i)=\sum_{i=1}^{n}\frac{1}{n}=n\times\frac{1}{n}=1.$$

例 15　把标有数字 $1,2,\cdots,n$ 的 n 张卡片混合后重新排列，若标有数字 k 的卡片正好排在第 k 个位置，称排列有一个“匹配”，求匹配数 X 的数学期望.

解　$E(X)=1$.

例 16　某市有 N 辆汽车，车牌号尾数从 1 到 N. 随机地记下 n 辆车的尾数，其

最大号码为 X,求 $E(X)$(仅考虑放回抽样情形).

解 可理解为对 N 个牌号进行 n 次有放回抽样,所有记法有 N^n 种.

最大号码 $X=k$ 的有 $k^n-(k-1)^n$ 种,因为不大于 k 的有 k^n 种,不大于 $k-1$ 的有 $(k-1)^n$ 种,故

$$P\{X=k\}=\frac{k^n-(k-1)^n}{N^n}\quad(k=1,2,\cdots,N),$$

所以

$$\begin{aligned}E(X)&=\sum_{k=1}^{N}kP\{X=k\}\\&=\frac{1}{N^n}\sum_{k=1}^{N}k\left[k^n-(k-1)^n\right]\\&=\frac{1}{N^n}\left[\sum_{k=1}^{N}kk^n-\sum_{k=1}^{N}k(k-1)^n\right]\\&=\frac{1}{N^n}\left[\left(\sum_{k=1}^{N-1}kk^n+N\cdot N^n\right)-\sum_{k=1}^{N-1}(k+1)k^n\right]\\&=N-\frac{1}{N^n}\sum_{k=1}^{N-1}k^n.\end{aligned}$$

例 17 对某目标进行射击,每次击发一枚子弹,直到击中目标 n 次为止。设各次射击相互独立,且每次射击时击中目标的概率为 $p(0<p<1)$,试求子弹的消耗量 X 的数学期望.

解 方法一 记 X_k 为第 $k-1$ 次击中至第 k 次击中目标之间所消耗的子弹数,X_1 为第一次击中目标所消耗的子弹数,则 X_k 的分布律为

$$P\{X_k=i\}=q^{i-1}p\quad(q=1-p;\ i=1,2,\cdots),$$

则第 n 次击中目标所需子弹数为 $X=\sum\limits_{k=1}^{n}X_k$,易知 $E(X_k)=\dfrac{1}{1-q}=\dfrac{1}{p}$,故

$$E(X)=E\left(\sum_{k=1}^{n}X_k\right)=\sum_{k=1}^{n}E(X_k)=\sum_{k=1}^{n}\frac{1}{p}=\frac{n}{p},$$

结果说明,耗弹量与击中概率 p 成反比,这是很符合直观的.

方法二 X 的分布律为

$$P\{X=k\}=C_{k-1}^{n-1}p^{n-1}q^{k-n}\cdot p=p^nC_{k-1}^{n-1}q^{k-n}(q=1-p;k=n,n+1,n+2,\cdots),$$

$$\begin{aligned}E(X)&=\sum_{k=n}^{\infty}kP\{X=k\}=\sum_{k=n}^{\infty}kp^nC_{k-1}^{n-1}q^{k-n}=p^n\sum_{k=n}^{\infty}\frac{k(k-1)\cdots(k-n+1)}{(n-1)!}q^{k-n}\\&=p^n\frac{1}{(n-1)!}\sum_{k=n}^{\infty}k(k-1)\cdots(k-n+1)q^{k-n}\\&=p^n\frac{1}{(n-1)!}\frac{n!}{p^{n+1}}=\frac{n}{p}.\end{aligned}$$

其中利用了 $\sum_{k=0}^{\infty} x^k = 1 + x + x^2 + \cdots + x^k + \cdots = \frac{1}{1-x}$,

$$\left(\sum_{k=0}^{\infty} x^k\right)^{(n)} = \left(\frac{1}{1-x}\right)^{(n)},$$

$$\sum_{k=n}^{\infty} k(k-1)\cdots(k-n+1)x^{k-n} = \frac{n!}{(1-x)^{n+1}},$$

$$\sum_{k=n}^{\infty} k(k-1)\cdots(k-n+1)q^{k-n} = \frac{n!}{(1-q)^{n+1}} = \frac{n!}{p^{n+1}}.$$

方法三　X 的分布律为

$P\{X=k\} = C_{k-1}^{n-1}p^{n-1}q^{k-n} \cdot p = p^n C_{k-1}^{n-1}q^{k-n}(q=1-p;k=n,n+1,n+2,\cdots)$,

由 $\sum_{k=n}^{\infty} P\{X=k\} = 1$, 可知

$$\sum_{k=n}^{\infty} pC_{k-1}^{n-1}p^{n-1}q^{k-n} = 1 \quad (n=1,2,\cdots).$$

对 $n=N+1$, 有　$\sum_{k=N+1}^{\infty} pC_{k-1}^{N}p^{N}q^{k-(N+1)} = 1$;

利用上式,可得

$$E(X) = \sum_{k=n}^{\infty} kP\{X=k\} = \sum_{k=n}^{\infty} kC_{k-1}^{n-1}p^n q^{k-n}$$

$$= \frac{n}{p}\sum_{k=n}^{\infty} pC_k^n p^n q^{k-n} = \frac{n}{p}\sum_{k=n}^{\infty} pC_{(k+1)-1}^{n}p^n q^{(k+1)-(n+1)} = \frac{n}{p}.$$

例 18　袋中装有 m 个颜色各不相同的球,有返回地摸取 n 次,设摸取出的球的颜色种数为 X,求 $E(X)$.

解　设 $X_k = \begin{cases} 1, & \text{取到第 } k \text{ 种颜色的球}, \\ 0, & \text{没有取到第 } k \text{ 种颜色的球}, \end{cases} k=1,2,\cdots,m$,

$$X = \sum_{k=1}^{m} X_k,$$

而　$P\{X_k=0\} = \frac{(m-1)^n}{m^n}, P\{X_k=1\} = 1-P\{X_k=0\} = 1-\frac{(m-1)^n}{m^n}$,

所以　$E(X_k) = 1 \cdot P\{X_k=1\} + 0 \cdot P\{X_k=0\} = 1-\frac{(m-1)^n}{m^n}$,

故　$E(X) = E\left(\sum_{k=1}^{m} X_k\right) = \sum_{k=1}^{m} E(X_k) = m\left[1-\frac{(m-1)^n}{m^n}\right]$.

第二节 连续型随机变量的数学期望

例1 已知随机变量 X 的概率密度为

$$f(x)=\begin{cases}x, & 0\leqslant x\leqslant 1,\\ 2-x, & 1<x\leqslant 2,\\ 0, & \text{其他},\end{cases}$$

求 $E(X)$ 及 $E(X^2)$.

解 $E(X)=\int_{-\infty}^{+\infty}xf(x)\mathrm{d}x=\int_0^1 x\cdot x\mathrm{d}x+\int_1^2 x(2-x)\mathrm{d}x=1$,

$$E(X^2)=\int_{-\infty}^{+\infty}x^2f(x)\mathrm{d}x=\int_0^1 x^2\cdot x\mathrm{d}x+\int_1^2 x^2(2-x)\mathrm{d}x=\frac{7}{6}.$$

例2 随机变量 X 服从柯西分布,其概率密度为

$$f(x)=\frac{1}{\pi}\cdot\frac{1}{1+x^2}\quad(-\infty<x<+\infty).$$

问 X 的数学期望是否存在?

解 $\int_{-\infty}^{+\infty}g(x)\mathrm{d}x$ 收敛是指 $\int_{-\infty}^{0}g(x)\mathrm{d}x$ 和 $\int_0^{+\infty}g(x)\mathrm{d}x$ 都收敛.

$$\int_0^A|x|\cdot\frac{1}{\pi}\frac{1}{1+x^2}\mathrm{d}x=\frac{1}{\pi}\int_0^A\frac{x}{1+x^2}\mathrm{d}x=\frac{1}{2\pi}\int_0^A\frac{1}{1+x^2}\mathrm{d}x^2$$

$$=\frac{1}{2\pi}\ln(1+x^2)\Big|_0^A=\frac{1}{2\pi}\ln(1+A^2)\to+\infty\quad(A\to+\infty),$$

积分 $\int_0^{+\infty}|x|\cdot\frac{1}{\pi}\frac{1}{1+x^2}\mathrm{d}x$ 不收敛,于是,积分 $\int_{-\infty}^{+\infty}|x|\cdot\frac{1}{\pi}\frac{1}{1+x^2}\mathrm{d}x$ 发散.

所以 X 的数学期望不存在.

例3 已知随机变量 X 的概率密度为

$$f(x)=\begin{cases}\dfrac{x}{2}, & 0\leqslant x\leqslant 2,\\ 0, & \text{其他},\end{cases}$$

求:(1) $Y=2X$ 的数学期望;(2) $Y=X^2+1$ 的数学期望.

解 (1) $E(Y)=E(2X)=\int_{-\infty}^{+\infty}2xf(x)\mathrm{d}x=\int_0^2 2x\cdot\frac{x}{2}\mathrm{d}x$

$$=\int_0^2 x^2\mathrm{d}x=\frac{1}{3}x^3\Big|_0^2=\frac{8}{3}.$$

$$(2)E(Y)=E(X^2+1)=E(X^2)+1=\int_{-\infty}^{+\infty}x^2f(x)\mathrm{d}x+1$$

$$=\int_0^2 x^2\cdot\frac{x}{2}\mathrm{d}x+1=\frac{1}{8}x^4\Big|_0^2+1=2+1=3.$$

例 4　对球的直径进行近似测量,设其值在$[a,b]$上服从均匀分布,求球的体积的均值.

解　根据题意,知直径 R 的概率密度为$f(x)=\begin{cases}\dfrac{1}{b-a}, & a\leqslant x\leqslant b,\\ 0, & 其他,\end{cases}$

球的体积 $V=\dfrac{4}{3}\pi r^3=\dfrac{4}{3}\pi\left(\dfrac{R}{2}\right)^3=\dfrac{1}{6}\pi R^3$,球的体积的均值为

$$E(V)=E\left(\frac{1}{6}\pi R^3\right)=\frac{1}{6}\pi\int_a^b x^3\frac{1}{b-a}\mathrm{d}x=\frac{1}{6}\pi\frac{1}{4}\frac{b^4-a^4}{b-a}=\frac{1}{24}\pi(a+b)(a^2+b^2).$$

例 5　设 X 服从参数为 $\lambda(\lambda>0)$的指数分布,即 X 有概率密度

$$f(x)=\begin{cases}\lambda\mathrm{e}^{-\lambda x}, & x>0,\\ 0, & x\leqslant 0,\end{cases}$$

求 $E(X),D(X)$.

解　$E(X)=\int_{-\infty}^{+\infty}xf(x)\mathrm{d}x=\int_0^{+\infty}x\cdot\lambda\mathrm{e}^{-\lambda x}\mathrm{d}x=\int_0^{+\infty}x(-\mathrm{e}^{-\lambda x})'\mathrm{d}x$

$$=x(-\mathrm{e}^{-\lambda x})\Big|_0^{+\infty}-\int_0^{+\infty}(-\mathrm{e}^{-\lambda x})\mathrm{d}x=\left(-\frac{1}{\lambda}\mathrm{e}^{-\lambda x}\right)\Big|_0^{+\infty}=\frac{1}{\lambda},$$

$$E(X^2)=\int_{-\infty}^{+\infty}x^2f(x)\mathrm{d}x=\int_0^{+\infty}x^2\cdot\lambda\mathrm{e}^{-\lambda x}\mathrm{d}x=\int_0^{+\infty}x^2(-\mathrm{e}^{-\lambda x})'\mathrm{d}x$$

$$=x^2(-\mathrm{e}^{-\lambda x})\Big|_0^{+\infty}-\int_0^{+\infty}2x(-\mathrm{e}^{-\lambda x})\mathrm{d}x=\frac{2}{\lambda}\int_0^{+\infty}x\cdot\lambda\mathrm{e}^{-\lambda x}\mathrm{d}x=\frac{2}{\lambda}\cdot\frac{1}{\lambda}=\frac{2}{\lambda^2},$$

$$D(X)=E(X^2)-(EX)^2=\frac{2}{\lambda^2}-\frac{1}{\lambda^2}=\frac{1}{\lambda^2}.$$

例 6　设随机变量 X_1,X_2 的概率密度分别为

$$f_1(x)=\begin{cases}2\mathrm{e}^{-2x}, & x>0,\\ 0, & x\leqslant 0,\end{cases}\quad f_2(x)=\begin{cases}4\mathrm{e}^{-4x}, & x>0,\\ 0, & x\leqslant 0,\end{cases}$$

求 $E(X_1+X_2)$与 $E(2X_1-3X_2^2)$.

解　设 X 服从参数为 $\lambda(\lambda>0)$的指数分布,则 $E(X)=\dfrac{1}{\lambda},E(X^2)=\dfrac{2}{\lambda^2}$.

于是　$$E(X_1+X_2)=E(X_1)+E(X_2)=\frac{1}{2}+\frac{1}{4}=\frac{3}{4},$$

$$E(2X_1-3X_2^2)=2E(X_1)-3E(X_2^2)=2\times\frac{1}{2}-3\times\frac{2}{4^2}=\frac{5}{8}.$$

例7 设随机变量 X 的概率密度为 $f(x)=\begin{cases}2e^{-2x}, & x>0,\\0, & x\leqslant 0,\end{cases}$ 求 $E(X+e^{-X})$.

解 因为 $E(X)=\dfrac{1}{2}$,

$$E(e^{-X})=\int_{-\infty}^{+\infty}e^{-x}f(x)dx=\int_0^{+\infty}e^{-x}\cdot 2e^{-2x}dx$$

$$=2\int_0^{+\infty}\left(-\frac{1}{3}e^{-3x}\right)'dx=2\left(-\frac{1}{3}e^{-3x}\right)\Big|_0^{+\infty}=\frac{2}{3},$$

所以 $$E(X+e^{-X})=EX+Ee^{-X}=\frac{1}{2}+\frac{2}{3}=\frac{7}{6}.$$

例8 设随机变量(X,Y)的概率密度为

$$f(x,y)=\begin{cases}2, & 0<x<1,0<y<x,\\0, & \text{其他},\end{cases}$$

求 $E(X+Y)$及 $E(XY)$.

解 $$E(X+Y)=\int_{-\infty}^{+\infty}\int_{-\infty}^{+\infty}(x+y)f(x,y)dxdy$$

$$=\int_0^1\left(\int_0^x(x+y)2dy\right)dx=\int_0^1(2x^2+x^2)dx=x^3\Big|_0^1=1,$$

$$E(XY)=\int_{-\infty}^{+\infty}\int_{-\infty}^{+\infty}(xy)f(x,y)dxdy=\int_0^1\left(\int_0^x(xy)2dy\right)dx$$

$$=\int_0^1x\cdot x^2dx=\frac{1}{4}x^4\Big|_0^1=\frac{1}{4}.$$

例9 有5个独立的电子装置,它们的寿命 $X_k(k=1,2,3,4,5)$服从同一指数分布,其分布函数为

$$F(x)=\begin{cases}1-e^{-\lambda x}, & x>0,\\0, & x\leqslant 0.\end{cases}$$

(1)将5个电子装置串联组成整机,求整机寿命 Y 的数学期望;

(2)将5个电子装置并联组成整机,求整机寿命 Z 的数学期望.

解 (1)根据题意 $Y=\min\{X_1,X_2,X_3,X_4,X_5\}$,$X_1,X_2,X_3,X_4,X_5$ 独立同分布,

Y 的分布函数为 $$F_Y(y)=1-[1-F(y)]^5=\begin{cases}1-e^{-5\lambda y}, & y>0,\\0, & y\leqslant 0,\end{cases}$$

Y 的概率密度为 $$f_Y(y)=F_Y'(y)=\begin{cases}5\lambda e^{-5\lambda y}, & y>0,\\0, & y\leqslant 0,\end{cases}$$

所以
$$E(Y)=\int_{-\infty}^{+\infty} yf_Y(y)\mathrm{d}y=\int_0^{+\infty} y\cdot 5\lambda \mathrm{e}^{-5\lambda y}\mathrm{d}y$$
$$=\int_0^{+\infty} y(-\mathrm{e}^{-5\lambda y})'\mathrm{d}y=y(-\mathrm{e}^{-5\lambda y})\Big|_0^{+\infty}+\int_0^{+\infty}\mathrm{e}^{-5\lambda y}\mathrm{d}y$$
$$=\left(-\frac{1}{5\lambda}\mathrm{e}^{-5\lambda y}\right)\Big|_0^{+\infty}=\frac{1}{5\lambda}.$$

(2)根据题意 $Z=\max\{X_1,X_2,X_3,X_4,X_5\}$，$X_1,X_2,X_3,X_4,X_5$ 独立同分布，

Z 的分布函数为
$$F_Z(z)=[F(z)]^5,$$
Z 的概率密度为
$$f_Z(z)=F_Z'(z)=5[F(z)]^4F'(z)$$
$$=\begin{cases}5(1-\mathrm{e}^{-\lambda z})^4\lambda \mathrm{e}^{-\lambda z}, & z>0,\\ 0, & z\leqslant 0.\end{cases}$$

所以
$$E(Z)=\int_{-\infty}^{+\infty} zf_Z(z)\mathrm{d}z=5\lambda\int_0^{+\infty} z(1-4\mathrm{e}^{-\lambda z}+6\mathrm{e}^{-2\lambda z}-4\mathrm{e}^{-3\lambda z}+\mathrm{e}^{-4\lambda z})\mathrm{e}^{-\lambda z}\mathrm{d}z$$
$$=5\int_0^{+\infty} z\left(\lambda \mathrm{e}^{-\lambda z}-2\cdot 2\lambda \mathrm{e}^{-2\lambda z}+2\cdot 3\lambda \mathrm{e}^{-3\lambda z}-4\lambda \mathrm{e}^{-4\lambda z}+\frac{1}{5}\cdot 5\lambda \mathrm{e}^{-5\lambda z}\right)\mathrm{d}z$$
$$=5\left(\frac{1}{\lambda}-2\cdot\frac{1}{2\lambda}+2\cdot\frac{1}{3\lambda}-\frac{1}{4\lambda}+\frac{1}{5}\cdot\frac{1}{5\lambda}\right)=\frac{137}{\lambda 60}.$$

例 10　公共汽车起点站于每小时的第 10min、第 30min、第 55min 发车，某乘客不知发车时间，在每小时的任一时刻随机到达车站，求：该乘客候车时间的数学期望(准确到 s).

解　设乘客到达车站时间为某小时的第 Xmin，则 $X\sim U(0,60)$；等待时间为
$$T(X)=\begin{cases}10-X, & 0<X\leqslant 10,\\ 30-X, & 10<X\leqslant 30,\\ 55-X, & 30<X\leqslant 55,\\ 70-X, & 55<X\leqslant 60,\end{cases}$$
$$ET=\int_{-\infty}^{+\infty} T(x)f(x)\mathrm{d}x$$
$$=\int_0^{10}(10-x)\frac{1}{60}\mathrm{d}x+\int_{10}^{30}(30-x)\frac{1}{60}\mathrm{d}x+$$
$$\int_{30}^{55}(55-x)\frac{1}{60}\mathrm{d}x+\int_{55}^{60}(70-x)\frac{1}{60}\mathrm{d}x-10\frac{25}{60}\mathrm{min}-10\mathrm{min}25\mathrm{s}.$$

例 11　设 $X_1,X_2,\cdots,X_n$ 为取正值的相互独立随机变量，且服从相同的分布，概率密度为 $f(x)$. 试证：$E\left(\frac{X_1+X_2+\cdots+X_k}{X_1+X_2+\cdots+X_n}\right)=\frac{k}{n}$.

证　$(X_1,X_2,\cdots,X_n)$ 的概率密度

$$f(x_1,x_2,\cdots,x_n)=f(x_1)f(x_2)\cdots f(x_n),$$

于是 $$E\left(\frac{X_i}{X_1+X_2+\cdots+X_n}\right)=E\left(\frac{X_j}{X_1+X_2+\cdots+X_n}\right),i,j=1,2,\cdots,n;$$

由于 $$\sum_{i=1}^{n}E\left(\frac{X_i}{X_1+X_2+\cdots+X_n}\right)=1,$$

所以 $$E\left(\frac{X_i}{X_1+X_2+\cdots+X_n}\right)=\frac{1}{n},i=1,2,\cdots,n;$$

故 $$E\left(\frac{X_1+X_2+\cdots+X_k}{X_1+X_2+\cdots+X_n}\right)=\sum_{i=1}^{k}E\left(\frac{X_i}{X_1+X_2+\cdots+X_n}\right)=\frac{k}{n}.$$

例 12 盒中有 7 只球,其中 4 只白球,3 只黑球,从中任抽 3 只球,求:抽到白球数 X 的数学期望 $E(X)$ 和方差 $D(X)$.

解 X 的分布律为

X	0	1	2	3
P	$\frac{1}{35}$	$\frac{12}{35}$	$\frac{18}{35}$	$\frac{4}{35}$

$$E(X)=\sum_{k=0}^{3}kP\{X=k\}=0\times\frac{1}{35}+1\times\frac{12}{35}+2\times\frac{18}{35}+3\times\frac{4}{35}=\frac{12}{7};$$

$$E(X^2)=\sum_{k=0}^{3}k^2P\{X=k\}=0^2\times\frac{1}{35}+1^2\times\frac{12}{35}+2^2\times\frac{18}{35}+3^2\times\frac{4}{35}=\frac{24}{7},$$

$$D(X)=E(X^2)-(EX)^2=\frac{24}{49}.$$

例 13 设随机变量 X 的概率密度为

$$\varphi(x)=\begin{cases}ax^2+bx+c, & 0<x<1,\\ 0, & \text{其他},\end{cases}$$

且 $E(X)=0.5,D(X)=0.15$,求常数 a,b,c.

解 $$1=\int_0^1(ax^2+bx+c)\mathrm{d}x=\frac{1}{3}a+\frac{1}{2}b+c,$$

$$0.5=E(X)=\int_0^1x(ax^2+bx+c)\mathrm{d}x=\frac{1}{4}a+\frac{1}{3}b+\frac{1}{2}c,$$

$$E(X^2)=D(X)+(EX)^2=0.4=\int_0^1x^2(ax^2+bx+c)\mathrm{d}x=\frac{1}{5}a+\frac{1}{4}b+\frac{1}{3}c,$$

从而得 $a=12$,$b=-12,c=3$.

例 14 设二维随机变量 (X,Y) 的概率密度为

$$f(x,y)=\begin{cases}\frac{1}{3}(x+y), & 0<x<1,0<y<2,\\ 0, & \text{其他},\end{cases}$$

求 $E(X),D(X)$.

解

$$E(X)=\int_0^1\int_0^2 x\frac{1}{3}(x+y)\mathrm{d}y\mathrm{d}x=\frac{5}{9},$$

$$E(X^2)=\int_0^1\int_0^2 x^2\frac{1}{3}(x+y)\mathrm{d}y\mathrm{d}x=\frac{63}{162},$$

$$D(X)=E(X^2)-(EX)^2=\frac{13}{162}.$$

例 15　设随机变量 $X\sim N(\mu,\sigma_1^2)$，$Y\sim N(\mu,\sigma_2^2)$，且 X 与 Y 相互独立，求 $D(|X-Y|)$.

解　$Z=X-Y\sim(0,\sigma_1^2+\sigma_2^2)$，

$$E(|Z|^2)=E(Z^2)=D(Z)+(EZ)^2=\sigma_1^2+\sigma_2^2,$$

$$E(|Z|)=2\int_0^{+\infty}z\frac{1}{\sqrt{2\pi(\sigma_1^2+\sigma_2^2)}}\mathrm{e}^{\frac{-z^2}{2(\sigma_1^2+\sigma_2^2)}}\mathrm{d}z=\sqrt{\frac{2(\sigma_1^2+\sigma_2^2)}{\pi}},$$

$$D(|Z|)=E(Z^2)-(E|Z|)^2=\left(1-\frac{2}{\pi}\right)(\sigma_1^2+\sigma_2^2).$$

例 16　点随机地落在中心在原点、半径为 R 的圆周上，并且对弧长是均匀分布的，求落点的横坐标的均值和方差.

解　$\theta\sim(0,2\pi)$，

$$E(R\cos\theta)=\int_0^{2\pi}R\cos\theta\frac{1}{2\pi}\mathrm{d}\theta=0,$$

$$E(R\cos\theta)^2=\int_0^{2\pi}(R\cos\theta)^2\frac{1}{2\pi}\mathrm{d}\theta=\frac{1}{2}R^2,$$

$$D(R\cos\theta)=E(R\cos\theta)^2-(ER\cos\theta)^2=\frac{1}{2}R^2.$$

例 17　在长为 l 的线段上任意选取两点，求两点间距离的数学期望及标准差.

解

$$f(x,y)=\begin{cases}\dfrac{1}{l^2}, & 0<x<l,0<y<l,\\ 0, & \text{其他},\end{cases}$$

$$E(|X-Y|)=\int_0^l\int_0^l|x-y|\frac{1}{l^2}\mathrm{d}y\mathrm{d}x=2\int_0^l\int_0^l(x-y)\frac{1}{l^2}\mathrm{d}y\mathrm{d}x=\frac{l}{3},$$

$$E(|X-Y|^2)=\int_0^l\int_0^l(x-y)^2\frac{1}{l^2}\mathrm{d}y\mathrm{d}x=\frac{l^2}{6},$$

$$D(|X-Y|)=E(|X-Y|^2)-(E|X-Y|)^2=\frac{l^2}{18},$$

$$\sqrt{D(|X-Y|)}=\frac{l}{3\sqrt{2}}.$$

例 18 从区间[0,1]上随机地抽取 n 个点 $X_1, X_2, \cdots, X_n$，设

$$Z_1 = \max\{X_1, X_2, \cdots, X_n\},$$
$$Z_2 = \min\{X_1, X_2, \cdots, X_n\}.$$

试求：$E(Z_1), E(Z_2), D(Z_1), D(Z_2), E(Z_1 - Z_2)$.

解 当 $0 \leqslant z_1 \leqslant 1$ 时，

$$F_{Z_1}(z_1) = P\{Z_1 \leqslant z_1\} = P\{X_1 \leqslant z_1, X_2 \leqslant z_2, \cdots, X_n \leqslant z_n\} = z_1^n,$$

$$f_{Z_1}(z_1) = \begin{cases} n z_1^{n-1}, & 0 \leqslant z_1 \leqslant 1, \\ 0, & 其他, \end{cases}$$

$$E(Z_1) = \int_0^1 n z_1^n \mathrm{d} z_1 = \frac{n}{n+1}.$$

当 $0 \leqslant z_2 \leqslant 1$ 时，

$$F_{Z_2}(z_2) = P\{Z_2 \leqslant z_2\} = 1 - (1 - P\{X_1 \leqslant z_2\})(1 - P\{X_2 \leqslant z_2\}) \cdots (1 - P\{X_n \leqslant z_2\}) = 1 - (1 - z_2)^n,$$

$$f_{Z_2}(z_2) = \begin{cases} n(1 - z_2)^{n-1}, & 0 \leqslant z_2 \leqslant 1, \\ 0, & 其他, \end{cases}$$

$$E(Z_1^2) = \int_0^1 n z_1^{n+1} \mathrm{d} z_1 = \frac{n}{n+2},$$

$$D(Z_1) = E(Z_1^2) - (EZ_1)^2 = \frac{2}{n+2} - \left(\frac{n}{n+1}\right)^2 = \frac{n}{(n+1)^2(n+2)};$$

$$E(Z_2) = \int_0^1 n(1 - z_2)^{n-1} z_2 \mathrm{d} z_2$$
$$= -n\int_0^1 [(1 - z_2)^{n-1} - (1 - z_2)^n] \mathrm{d}(1 - z_2) = \frac{1}{n+1},$$

$$E(Z_2^2) = \int_0^1 n(1 - z_2)^{n-1} z_2^2 \mathrm{d} z_2$$
$$= -n\int_0^1 [(1 - z_2)^{n-1} - 2(1 - z_2)^n + (1 - z_2)^{n+1}] \mathrm{d}(1 - z_2) = \frac{2}{(n+1)(n+2)};$$

$$D(Z_2) = E(Z_2^2) - (EZ_2)^2 = \frac{2}{(n+1)(n+2)} - \left(\frac{1}{n+1}\right)^2 = \frac{n}{(n+1)^2(n+2)};$$

$$E(Z_1 - Z_2) = E(Z_1) - E(Z_2) = \frac{n}{n+1} - \frac{1}{n+1} = \frac{n-1}{n+1}.$$

例 19 设连续型随机变量 X 的一切可能值在区间$[a,b]$内，其概率密度为 $f(x)$，证明：(1) $a \leqslant E(X) \leqslant b$； (2) $D(X) \leqslant \dfrac{(b-a)^2}{4}$.

证 (1) $a \leqslant X \leqslant b$, $a \leqslant E(X) \leqslant b$；

(2) 令 $Y = \dfrac{X-a}{b-a}$，则 $0 \leqslant Y \leqslant 1$, $Y^2 \leqslant Y$, $E(Y^2) \leqslant E(Y)$；

$$D(Y)=\frac{1}{(b-a)^2}D(X)=E(Y^2)-(EY)^2\leqslant EY-(EY)^2\leqslant\frac{1}{4},$$

$$D(X)\leqslant\frac{(b-a)^2}{4}.$$

第三节　常用随机变量的数学期望和方差

例 1　设 X 服从(0—1)分布,即

X	1	0
P	p	$1-p$

求 $E(X)$,$D(X)$.

解

$$E(X)=1\times p+0\times(1-p)=p,$$

$$E(X^2)=1^2\times p+0^2\times(1-p)=p,$$

$$D(X)=E(X^2)-(EX)^2=p-p^2=p(1-p).$$

例 2　设 X 服从二项分布 $B(n,p)$,即 $P\{X=k\}=\mathrm{C}_n^kp^k(1-p)^{n-k}(k=0,1,\cdots,n)$,求 $E(X)$,$D(X)$.

解　(由于直接求解比较繁杂,采用分解的方法)

设 $X_1,X_2,\cdots,X_n$ 相互独立,同服从(0—1)分布,于是有

$$P\{X_i=1\}=p,P\{X_i=0\}=1-p\quad(i=1,2,\cdots,n),$$

则

$$X=\sum_{i=1}^{n}X_i\sim B(n,p),$$

$$E(X_i)=p,D(X_i)=p(1\quad p).$$

于是

$$E(X)=E\left(\sum_{i=1}^{n}X_i\right)=\sum_{i=1}^{n}E(X_i)=\sum_{i=1}^{n}p=np,$$

$$D(X)=D\left(\sum_{i=1}^{n}X_i\right)=\sum_{i=1}^{n}D(X_i)=\sum_{i=1}^{n}p(1-p)=np(1-p).$$

例 3　设 X 服从二项分布 $B(n,p)$,求 $E(\mathrm{e}^{3X})$.

解

$$E(\mathrm{e}^{3X})=\sum_{k=0}^{n}\mathrm{e}^{3k}P\{X=k\}=\sum_{k=0}^{n}\mathrm{e}^{3k}\mathrm{C}_n^kp^kq^{n-k}$$

$$=\sum_{k=0}^{n}\mathrm{C}_n^k(\mathrm{e}^3p)^kq^{n-k}=(\mathrm{e}^3p+q)^n.$$

例 4　设 X 服从泊松分布 $\pi(\lambda)$,即 $P\{X=k\}=\dfrac{\mathrm{e}^{-\lambda}\lambda^k}{k!}(k=0,1,2,\cdots,n)$.

求$E(X),D(X)$.

解 $E(X)=\sum_{k=0}^{\infty}k\cdot\frac{e^{-\lambda}\lambda^k}{k!}=\lambda e^{-\lambda}\sum_{k=1}^{\infty}\frac{\lambda^{k-1}}{(k-1)!}=\lambda e^{-\lambda}\cdot e^{\lambda}=\lambda$,

$$E(X^2)=\sum_{k=0}^{\infty}k^2\cdot\frac{e^{-\lambda}\lambda^k}{k!}=e^{-\lambda}\sum_{k=1}^{\infty}k\frac{\lambda^k}{(k-1)!}=e^{-\lambda}\sum_{k=1}^{\infty}[(k-1)+1]\frac{\lambda^k}{(k-1)!}$$

$$=e^{-\lambda}\sum_{k=2}^{\infty}\frac{\lambda^{k-2}}{(k-2)!}\lambda^2+e^{-\lambda}\sum_{k=1}^{\infty}\frac{\lambda^{k-1}}{(k-1)!}\lambda$$

$$=e^{-\lambda}\cdot e^{\lambda}\lambda^2+e^{-\lambda}\cdot e^{\lambda}\lambda=\lambda^2+\lambda,$$

于是
$$D(X)=E(X^2)-(EX)^2=(\lambda^2+\lambda)-\lambda^2=\lambda.$$

例5 设$X\sim N(\mu,\sigma^2)$,求$E(X),D(X)$.

解 X的概率密度为$f(x)=\frac{1}{\sigma\sqrt{2\pi}}e^{-\frac{(x-\mu)^2}{2\sigma^2}}(-\infty<x<+\infty)$,则

$$E(X)=\int_{-\infty}^{+\infty}xf(x)dx=\int_{-\infty}^{+\infty}(\mu+x-\mu)f(x)dx$$

$$=\mu\int_{-\infty}^{+\infty}f(x)dx+\int_{-\infty}^{+\infty}(x-\mu)\frac{1}{\sigma\sqrt{2\pi}}e^{-\frac{(x-\mu)^2}{2\sigma^2}}dx$$

$$=\mu+\int_{-\infty}^{+\infty}(x-\mu)\frac{1}{\sigma\sqrt{2\pi}}e^{-\frac{(x-\mu)^2}{2\sigma^2}}dx$$

$t=x-\mu$

$$=\mu+\int_{-\infty}^{+\infty}t\frac{1}{\sigma\sqrt{2\pi}}e^{-\frac{t^2}{2\sigma^2}}dt=\mu+0=\mu,$$

$$D(X)=E(X-EX)^2=\int_{-\infty}^{+\infty}(x-\mu)^2f(x)dx=\int_{-\infty}^{+\infty}(x-\mu)^2\frac{1}{\sigma\sqrt{2\pi}}e^{-\frac{(x-\mu)^2}{2\sigma^2}}dx$$

$$\overset{\frac{x-\mu}{\sigma}=t}{=}\frac{\sigma^2}{\sqrt{2\pi}}\int_{-\infty}^{+\infty}t^2e^{-\frac{t^2}{2}}dt=\frac{\sigma^2}{\sqrt{2\pi}}\int_{-\infty}^{+\infty}t(-e^{-\frac{t^2}{2}})'dt$$

$$=\frac{\sigma^2}{\sqrt{2\pi}}\left\{\left[t(-e^{-\frac{t^2}{2}})\right]\Big|_{-\infty}^{+\infty}-\int_{-\infty}^{+\infty}(-e^{-\frac{t^2}{2}})dt\right\}=\frac{\sigma^2}{\sqrt{2\pi}}(0+\sqrt{2\pi})=\sigma^2.$$

例6 设X在区间$[a,b]$上服从均匀分布,求$E(X),D(X)$.

解 X的概率密度为$f(x)=\begin{cases}\frac{1}{b-a}, & a\leqslant x\leqslant b,\\ 0, & \text{其他},\end{cases}$

$$E(X)=\int_{-\infty}^{+\infty}xf(x)dx=\int_a^b x\cdot\frac{1}{b-a}dx=\frac{1}{b-a}\cdot\frac{1}{2}(b^2-a^2)=\frac{a+b}{2},$$

$$E(X^2)=\int_{-\infty}^{+\infty}x^2f(x)\mathrm{d}x=\int_a^b x^2\cdot\frac{1}{b-a}\mathrm{d}x=\frac{1}{b-a}\cdot\frac{1}{3}(b^3-a^3)=\frac{a^2+ab+b^2}{3},$$

$$D(X)=E(X^2)-(EX)^2=\frac{a^2+ab+b^2}{3}-\left(\frac{a+b}{2}\right)^2=\frac{(b-a)^2}{12}.$$

例 7　设随机变量 X 的数学期望 $E(X)$ 和方差 $D(X)$ 都存在，且 $D(X)\neq 0$，$X^*=\dfrac{X-E(X)}{\sqrt{D(X)}}$，求 $E(X^*)$，$D(X^*)$.

解

$$E(X^*)=E\left(\frac{X-EX}{\sqrt{DX}}\right)=E\left[\frac{1}{\sqrt{DX}}(X-EX)\right]$$

$$=\frac{1}{\sqrt{DX}}E(X-EX)=\frac{1}{\sqrt{DX}}(EX-EX)=0,$$

$$E(X^*)^2=E\left(\frac{X-EX}{\sqrt{DX}}\right)^2=E\left[\frac{1}{DX}(X-EX)^2\right]=\frac{1}{D(X)}$$

$$E(X-EX)^2=\frac{1}{D(X)}\cdot D(X)=1,$$

$$D(X^*)=E(X^*)^2-(EX^*)^2=1-0^2=1.$$

$X^*=\dfrac{X-E(X)}{\sqrt{DX}}$为随机变量 X 的标准化随机变量.

例 8　设随机变量 X 服从拉普拉斯分布，其概率密度为

$$f(x)=\frac{1}{2\lambda}\exp\left(-\frac{|x-\mu|}{\lambda}\right)\quad(-\infty<x<+\infty,\lambda>0),$$

求 $E(X)$，$D(X)$.

解

$$E(X)=\int_{-\infty}^{+\infty}xf(x)\mathrm{d}x=\int_{-\infty}^{+\infty}(\mu+x-\mu)f(x)\mathrm{d}x$$

$$=\mu\int_{-\infty}^{+\infty}f(x)\mathrm{d}x+\int_{-\infty}^{+\infty}(x-\mu)\frac{1}{2\lambda}\mathrm{e}^{-\frac{|x-\mu|}{\lambda}}\mathrm{d}x$$

$$=\mu+\int_{-\infty}^{+\infty}(x-\mu)\frac{1}{2\lambda}\mathrm{e}^{-\frac{|x-\mu|}{\lambda}}\mathrm{d}x$$

$$t=x-\mu$$

$$=\mu+\int_{-\infty}^{+\infty}t\frac{1}{2\lambda}\mathrm{e}^{-\frac{|t|}{\lambda}}\mathrm{d}t=\mu+0=\mu,$$

$$D(X)=E(X-EX)^2=\int_{-\infty}^{+\infty}(x-\mu)^2f(x)\mathrm{d}x=\int_{-\infty}^{+\infty}(x-\mu)^2\frac{1}{2\lambda}\mathrm{e}^{-\frac{|x-\mu|}{\lambda}}\mathrm{d}x$$

$$t=x-\mu$$

$$=\int_{-\infty}^{+\infty}t^2\frac{1}{2\lambda}\mathrm{e}^{-\frac{|t|}{\lambda}}\mathrm{d}t=\int_0^{+\infty}t^2\frac{1}{\lambda}\mathrm{e}^{-\frac{t}{\lambda}}\mathrm{d}t=2\lambda^2.$$

例9 设随机变量 X 服从 Γ 分布,其概率密度为

$$f(x)=\begin{cases}\dfrac{\beta}{\Gamma(\alpha)}(\beta x)^{\alpha-1}\mathrm{e}^{-\beta x}, & x>0,\\[2ex] 0, & x\leqslant 0,\end{cases}$$

其中常数 $\alpha>0,\beta>0$,求 $E(X)$ 与 $D(X)$.

解

$$E(X)=\int_{-\infty}^{+\infty}xf(x)\mathrm{d}x=\int_{0}^{+\infty}x\cdot\frac{\beta}{\Gamma(\alpha)}(\beta x)^{\alpha-1}\mathrm{e}^{-\beta x}\mathrm{d}x$$

$$\xlongequal{\beta x=t}\int_{0}^{+\infty}\frac{1}{\beta\Gamma(\alpha)}t^{\alpha+1-1}\mathrm{e}^{-t}\mathrm{d}t=\frac{1}{\beta\Gamma(\alpha)}\Gamma(\alpha+1)=\frac{\alpha}{\beta},$$

$$E(X^2)=\int_{-\infty}^{+\infty}x^2f(x)\mathrm{d}x=\int_{0}^{+\infty}x^2\cdot\frac{\beta}{\Gamma(\alpha)}(\beta x)^{\alpha-1}\mathrm{e}^{-\beta x}\mathrm{d}x$$

$$\xlongequal{\beta x=t}\int_{0}^{+\infty}\frac{1}{\beta^2\Gamma(\alpha)}t^{\alpha+2-1}\mathrm{e}^{-t}\mathrm{d}t=\frac{1}{\beta^2\Gamma(\alpha)}\Gamma(\alpha+2)=\frac{(\alpha+1)\alpha}{\beta^2},$$

$$D(X)=E(X^2)-(EX)^2=\frac{(\alpha+1)\alpha}{\beta^2}-\frac{\alpha^2}{\beta^2}=\frac{\alpha}{\beta^2}.$$

例10 设随机变量 X 的二阶矩存在,证明:当 $k=E(X)$ 时,$E(X-k)^2$ 的值最小,最小值为 $D(X)$.

证 由

$$\begin{aligned}E(X-k)^2&=E[(X-EX)+(EX-k)]^2\\&=E[(X-EX)^2+2(X-EX)(EX-k)+(EX-k)^2]\\&=E(X-EX)^2+(EX-k)^2\geqslant E(X-EX)^2=D(X),\end{aligned}$$

从而知,当 $k=E(X)$ 时,$E(X-k)^2$ 的值最小,最小值为 $D(X)$.

正态分布的性质有:

定理1 设 $X_i\sim N(\mu_i,{\sigma_i}^2)$,$X_1,X_2$ 相互独立,则 $Z=k_1X_1+k_2X_2+b$ 服从正态分布

$N(k_1\mu_1+k_2\mu_2+b,{k_1}^2{\sigma_1}^2+{k_2}^2{\sigma_2}^2)$ (k_1,k_2,b 为常数,$k_1\neq0$ 或 $k_2\neq0$).

定理2 设 $(X_1,X_2)\sim N(\mu_1,{\sigma_1}^2;\mu_2,{\sigma_2}^2;\rho)$,则

(1) $X_i\sim N(\mu_i,{\sigma_i}^2)$,$E(X_i)=\mu_i$,$D(X_i)={\sigma_i}^2(i=1,2)$.

(2) X_1,X_2 相互独立 $\Leftrightarrow\rho=0$.

(3) $Z=k_1X_1+k_2X_2+b$ 服从正态分布(k_1,k_2,b 为常数,$k_1\neq0$ 或 $k_2\neq0$).

定理3 设随机变量 $X_1,X_2,\cdots,X_n,X_{n+1},\cdots,X_{n+m}$ 相互独立,$g(x_1,x_2,\cdots,x_n)$,$h(y_1,y_2,\cdots,y_m)$ 是连续函数,则 $Y_1=g(X_1,X_2,\cdots,X_n)$,$Y_2=h(X_{n+1},X_{n+2},\cdots,X_{n+m})$ 相互独立.

例 11 已知随机变量 X_1,X_2,X_3,X_4 相互独立，且服从 $N(\mu,\sigma^2)$ 分布，求 $Y_1=X_1+X_2-2\mu$ 与 $Y_2=X_3-X_4$ 的联合概率密度.

解 由题设条件知，Y_1,Y_2 相互独立，且 Y_1,Y_2 服从正态分布，则

$$E(X_i)=\mu,D(X_i)=\sigma^2 \quad (i=1,2,3,4),$$

$$E(Y_1)=E(X_1)+E(X_2)-2\mu=\mu+\mu-2\mu=0,$$

$$D(Y_1)=D(X_1)+D(X_2)=2\sigma^2,$$

$$E(Y_2)=E(X_3)-E(X_4)=\mu-\mu=0,$$

$$D(Y_2)=D(X_3-X_4)=D(X_3)+D(X_4)=2\sigma^2,$$

所以 $Y_1\sim N(0,2\sigma^2)$，$Y_2\sim N(0,2\sigma^2)$，且

$$f_{Y_1}(y_1)=\frac{1}{\sqrt{2}\sigma\sqrt{2\pi}}e^{-\frac{y_1^2}{2(\sqrt{2}\sigma)^2}},f_{Y_2}(y_2)=\frac{1}{\sqrt{2}\sigma\sqrt{2\pi}}e^{-\frac{y_2^2}{2(\sqrt{2}\sigma)^2}},$$

于是，Y_1 与 Y_2 的联合概率密度为

$$f(y_1,y_2)=f_{Y_1}(y_1)f_{Y_2}(y_2)=\frac{1}{4\pi\sigma^2}e^{-\frac{y_1^2+y_2^2}{4\sigma^2}}$$

$$(-\infty<y_1<+\infty,-\infty<y_2<+\infty).$$

例 12 设一次试验成功的概率是 p，进行 100 次独立重复试验，当 p 为多少时成功次数的标准差的值最大，最大值是多少？

解 $X\sim B(100,p)$，$\sqrt{DX}=\sqrt{100p(1-p)}$.

当 $p=0.5$ 时，$\max\sqrt{DX}=5$.

例 13 设随机变量 X 服从区间[1,3]上的均匀分布，求：$\frac{1}{X}$的数学期望.

解 $E\left(\frac{1}{X}\right)=\int_1^3\frac{1}{x}\frac{1}{2}dx=\frac{1}{2}\ln3.$

例 14 设 X 表示 10 次独立重复射击命中目标的次数，每次射中目标的概率为 0.4，求：X^2 的数学期望 $E(X^2)$.

解 $X\sim B(10,0.4)$，

$$E(X^2)=D(X)+(EX)^2=10\times0.4\times0.6+(10\times0.4)^2=18.4.$$

例 15 设随机变量 X 与 Y 相互独立，且 X 服从均值为 1、标准差（均方差）为 $\sqrt{2}$的正态分布，Y 服从标准正态分布，试求：随机变量 $Z=2X-Y+3$ 的概率密度.

解 Z 服从正态分布，且

$$E(Z)=2\times1-1\times0+3=5,$$

$$D(Z)=2^2\times2+1^2\times1=9,$$

故

$$f_Z(z)=\frac{1}{3\sqrt{2\pi}}e^{\frac{(z-5)^2}{18}}.$$

例 16 设随机变量 X 的概率密度为

$$f(x)=\begin{cases}\dfrac{1}{2}\cos\dfrac{x}{2}, & 0\leqslant x<\pi,\\ 0, & \text{其他}.\end{cases}$$

对 X 独立地重复观察 4 次,用 Y 表示观测值大于$\dfrac{\pi}{3}$的次数,求:Y^2 的数学期望.

解

$$P\left\{X>\frac{\pi}{3}\right\}=\int_{\frac{\pi}{3}}^{\pi}\frac{1}{2}\cos\frac{x}{2}\mathrm{d}x=\frac{1}{2},$$

$$Y\sim B\left(4,\frac{1}{2}\right),E(Y^2)=D(Y)+(EY)^2=5.$$

例 17 已知随机变量 X 的概率密度是$f(x)=\dfrac{1}{\sqrt{\pi}}\mathrm{e}^{-x^2}$,求:$X$ 的数学期望和方差.

解 $X\sim N\left(0,\dfrac{1}{2}\right),E(X)=0,D(X)=\dfrac{1}{2}$.

例 18 100 件产品中有 5 件次品,任取 10 个,求:次品件数的数学期望和方差.

解 设$X_i=\begin{cases}1, & \text{第 } i \text{ 次抽到次品},\\ 0, & \text{第 } i \text{ 次没抽到次品},\end{cases}$ $i=1,2,\cdots,10,$

则

$$E(X_i)=\frac{5}{100},$$

$$D(X_i)=\frac{5}{100}\times\frac{95}{100}=\frac{19}{400},$$

$$\begin{aligned}\mathrm{Cov}(X_i,X_j)=E(X_iX_j)-E(X_i)E(X_j)&=\frac{\mathrm{A}_5^2 98!}{100!}-\frac{5}{100}\times\frac{5}{100}(i\neq j)\\&=\frac{1}{99\times 5}-\frac{5}{100}\times\frac{5}{100},\end{aligned}$$

$$X=\sum_{i=1}^{10}X_i,$$

$$E(X)=\sum_{i=1}^{10}E(X_i)=\frac{1}{2},$$

$$D(X)=\sum_{i=1}^{10}DX_i+2\sum_{i\neq j}\mathrm{Cov}(X_i,X_j)=10\times\frac{19}{400}+2\times 45\times\left(\frac{1}{99\times 5}-\frac{5}{100}\times\frac{5}{100}\right)=\frac{19}{44}.$$

第四节　协方差和相关系数

例 1　设(X,Y)的概率密度是

$$f(x,y)=\begin{cases}\dfrac{1}{\pi}, & x^2+y^2\leqslant 1,\\ 0, & \text{其他}.\end{cases}$$

(1)求:$\mathrm{Cov}(X,Y)$;(2)证明:X与Y不相关,但X与Y不独立.

解　(1)$\mathrm{Cov}(X,Y)=E(XY)-E(X)E(Y)$,

$$E(X)=\int_{-\infty}^{+\infty}\int_{-\infty}^{+\infty}xf(x,y)\mathrm{d}x\mathrm{d}y=\iint\limits_{x^2+y^2\leqslant 1}x\cdot\frac{1}{\pi}\mathrm{d}x\mathrm{d}y=0$$

(奇函数在对称区间上积分为零)

(或 $=\int_0^1\int_0^{2\pi}r\cos\theta\cdot\dfrac{1}{\pi}r\mathrm{d}\theta\mathrm{d}r=0$),

$$E(Y)=\int_{-\infty}^{+\infty}\int_{-\infty}^{+\infty}yf(x,y)\mathrm{d}x\mathrm{d}y=\iint\limits_{x^2+y^2\leqslant 1}y\cdot\frac{1}{\pi}\mathrm{d}x\mathrm{d}y=0$$

(或 $=\int_0^1\int_0^{2\pi}r\sin\theta\cdot\dfrac{1}{\pi}r\mathrm{d}\theta\mathrm{d}r=0$),

$$E(XY)=\int_{-\infty}^{+\infty}\int_{-\infty}^{+\infty}xyf(x,y)\mathrm{d}x\mathrm{d}y=\iint\limits_{x^2+y^2\leqslant 1}xy\cdot\frac{1}{\pi}\mathrm{d}x\mathrm{d}y$$

$$=\int_{-1}^{1}x\left(\int_{-\sqrt{1-x^2}}^{\sqrt{1-x^2}}y\mathrm{d}y\right)\mathrm{d}x=0,$$

所以　　$\mathrm{Cov}(X,Y)=E(XY)-E(X)E(Y)=0$;

(2)因为$\rho=\rho_{XY}=\dfrac{\mathrm{Cov}(X,Y)}{\sqrt{DX}\cdot\sqrt{DY}}=0$,所以$X$与$Y$不相关.

$$f_X(x)=\int_{-\infty}^{+\infty}f(x,y)\mathrm{d}y,$$

1)当$|x|>1$时,对任意y,有$f(x,y)=0$,$f_X(x)=0$;

2)当$|x|\leqslant 1$时,$f_X(x)=\int_{-\infty}^{+\infty}f(x,y)\mathrm{d}y=\int_{-\sqrt{1-x^2}}^{\sqrt{1-x^2}}\dfrac{1}{\pi}\mathrm{d}y=\dfrac{2}{\pi}\sqrt{1-x^2}$.

于是X的概率密度为

$$f_X(x)=\int_{-\infty}^{+\infty}f(x,y)\mathrm{d}y=\begin{cases}\dfrac{2}{\pi}\sqrt{1-x^2}, & -1\leqslant x\leqslant 1,\\ 0, & \text{其他},\end{cases}$$

同理Y的概率密度为

$$f_Y(y)=\int_{-\infty}^{+\infty}f(x,y)\mathrm{d}x=\begin{cases}\dfrac{2}{\pi}\sqrt{1-y^2}, & -1\leqslant y\leqslant 1,\\ 0, & \text{其他},\end{cases}$$

由于 $f(x,y)\neq f_X(x)f_Y(y)(-1<x<1,-1<y<1)$，所以 X 与 Y 不独立.

例2 设 $(X,Y)\sim N(\mu_1,\sigma_1{}^2;\mu_2,\sigma_2{}^2;\rho)$，求 $\mathrm{Cov}(X,Y)$.

解 由题设条件知，$X\sim N(\mu_1,\sigma_1{}^2)$，$E(X)=\mu_1$，$D(X)=\sigma_1{}^2$，

$$Y\sim N(\mu_2,\sigma_2{}^2),E(Y)=\mu_2,D(Y)=\sigma_2{}^2.$$

(X,Y) 的概率密度为

$$f(x,y)=\frac{1}{2\pi\sigma_1\sigma_2\sqrt{1-\rho^2}}\cdot\exp\left\{-\frac{1}{2(1-\rho^2)}\left[\left(\frac{x-\mu_1}{\sigma_1}\right)^2-2\rho\frac{x-\mu_1}{\sigma_1}\frac{y-\mu_2}{\sigma_2}+\left(\frac{y-\mu_2}{\sigma_2}\right)^2\right]\right\}$$

$$=\frac{1}{2\pi\sigma_1\sigma_2\sqrt{1-\rho^2}}\cdot\exp\left\{-\frac{1}{2(1-\rho^2)}\left[\left(\frac{y-\mu_2}{\sigma_2}-\rho\frac{x-\mu_1}{\sigma_1}\right)^2+(1-\rho^2)\left(\frac{x-\mu_1}{\sigma_1}\right)^2\right]\right\}$$

$$=\frac{1}{\sigma_1\sqrt{2\pi}}\exp\left\{-\frac{(x-\mu_1)^2}{2\sigma_1{}^2}\right\}\cdot\frac{1}{\sigma_2\sqrt{1-\rho^2}\sqrt{2\pi}}\exp\left\{-\frac{\left[(y-\mu_2)-\rho\sigma_2\dfrac{x-\mu_1}{\sigma_1}\right]^2}{2\sigma_2{}^2(1-\rho^2)}\right\}$$

$$=f_X(x)f_{Y|X}(y|x),$$

$$\begin{aligned}\mathrm{Cov}(X,Y)&=E[(X-EX)(Y-EY)]=E[(X-\mu_1)(Y-\mu_2)]\\&=\int_{-\infty}^{+\infty}\int_{-\infty}^{+\infty}(x-\mu_1)(y-\mu_2)f(x,y)\mathrm{d}x\mathrm{d}y\\&=\int_{-\infty}^{+\infty}(x-\mu_1)f_X(x)\left[\int_{-\infty}^{+\infty}(y-\mu_2)f_{Y|X}(y|x)\mathrm{d}y\right]\mathrm{d}x\\&=\int_{-\infty}^{+\infty}(x-\mu_1)f_X(x)\cdot\rho\sigma_2\frac{x-\mu_1}{\sigma_1}\mathrm{d}x\\&=\rho\frac{\sigma_2}{\sigma_1}\int_{-\infty}^{+\infty}(x-\mu_1)^2f_X(x)\mathrm{d}x=\rho\frac{\sigma_2}{\sigma_1}\cdot\sigma_1{}^2=\rho\sigma_1\sigma_2,\end{aligned}$$

故
$$\mathrm{Cov}(X,Y)=\rho\sigma_1\sigma_2,\rho_{XY}=\frac{\mathrm{Cov}(X,Y)}{\sqrt{DX}\cdot\sqrt{DY}}=\frac{\rho\sigma_1\sigma_2}{\sigma_1\sigma_2}=\rho.$$

定理4 设 $(X,Y)\sim N(\mu_1,\sigma_1{}^2;\mu_2,\sigma_2{}^2;\rho)$，则 X 与 Y 相互独立 $\Leftrightarrow\rho=0\Leftrightarrow X$ 与 Y 不相关.

（这个定理仅适合服从二维正态分布的随机变量 (X,Y)，X 与 Y 的独立性与不相关性是等价的；对一般随机变量 (X,Y)，X 与 Y 独立 $\Rightarrow X$ 与 Y 不相关，反之

不真)

例 3　设随机变量$(X,Y)\sim N(0,1^2;1,2^2;\rho)$,且$Z=X-2Y+1$,

(1)当$\rho=0$时,求Z的概率密度$f_Z(z)$及$D(XY)$;

(2)当$\rho=-\dfrac{1}{2}$时,求$E[(Y-X)Y]$及$D(X-2Y)$.

解　(1)由题设条件及$\rho=0$知,X与Y相互独立,所以$Z=X-2Y+1$服从正态分布,由$(X,Y)\sim N(0,1^2;1,2^2;0)$得$E(X)=0,D(X)=1,E(Y)=1,D(Y)=4$,于是得到

$$E(Z)=E(X-2Y+1)=E(X)-2E(Y)+1=0-2\times1+1=-1,$$

$$D(Z)=D(X-2Y+1)=D(X)+4D(Y)=1+4\times4=17,$$

故$Z\sim N(-1,17)$,Z的概率密度为$f_Z(z)=\dfrac{1}{\sqrt{17}\sqrt{2\pi}}\mathrm{e}^{-\frac{(z+1)^2}{34}}(-\infty<z<+\infty)$;

由X与Y的独立性,知X^2与Y^2也独立,且$E(XY)=E(X)E(Y)=0$,

$$E(X^2Y^2)=E(X^2)E(Y^2),\quad E(X^2)=D(X)+(EX)^2=1+0^2=1,$$

$$E(Y^2)=D(Y)+(EY)^2=4+1^2=5,$$

于是

$$\begin{aligned}D(XY)&=E(XY)^2-[E(XY)]^2\\&=E(X^2)E(Y^2)-(EX\cdot EY)^2=1\times5-0^2=5.\end{aligned}$$

(2)当$\rho_{XY}=\rho=-\dfrac{1}{2}$时,有

$$\mathrm{Cov}(X,Y)=\rho_{XY}\sqrt{DX}\cdot\sqrt{DY}=-\frac{1}{2}\times2\times1=-1,$$

由

$$\mathrm{Cov}(X,Y)=E(XY)-E(X)E(Y),$$

故

$$E(XY)=\mathrm{Cov}(X,Y)+E(X)E(Y)=-1+0\times1=-1,$$

$$E[(Y-X)Y]=E(Y^2)-E(XY)=5-(-1)=6,$$

$$D(X-2Y)=D(X)+4D(Y)-4\mathrm{Cov}(X,Y)=1+4\times4-4\times(-1)=21.$$

例 4　设随机变量X和Y的联合分布律为

X	Y		
	-1	0	1
-1	$\frac{1}{8}$	$\frac{1}{8}$	$\frac{1}{8}$
0	$\frac{1}{8}$	0	$\frac{1}{8}$
1	$\frac{1}{8}$	$\frac{1}{8}$	$\frac{1}{8}$

验证:X与Y不相关,但X与Y不独立.

证　由已知条件可以分别计算出X,Y的边缘分布律分别为

X	-1	0	1
P	$\frac{3}{8}$	$\frac{2}{8}$	$\frac{3}{8}$

Y	-1	0	1
P	$\frac{3}{8}$	$\frac{2}{8}$	$\frac{3}{8}$

则有
$$E(X)=(-1)\times\frac{3}{8}+0\times\frac{2}{8}+1\times\frac{3}{8}=0,$$
$$E(X^2)=(-1)^2\times\frac{3}{8}+0^2\times\frac{2}{8}+1^2\times\frac{3}{8}=\frac{3}{4},$$
$$D(X)=E(X^2)-(EX)^2=\frac{3}{4},$$
因 Y 与 X 的分布律相同,故 $E(Y)=E(X)=0,D(Y)=D(X)=\frac{3}{4}$,
$$\begin{aligned}E(XY)&=\sum_i\sum_j x_iy_jP\{X=x_i,Y=y_j\}\\&=(-1)\times(-1)\times\frac{1}{8}+(-1)\times0\times\frac{1}{8}+(-1)\times1\times\frac{1}{8}+\\&\quad 0\times(-1)\times\frac{1}{8}+0\times0\times0+0\times1\times\frac{1}{8}+1\times(-1)\times\frac{1}{8}+\\&\quad 1\times0\times\frac{1}{8}+1\times1\times\frac{1}{8}=0,\end{aligned}$$
$$\mathrm{Cov}(X,Y)=E(XY)-E(X)E(Y)=0,\rho_{XY}=\frac{\mathrm{Cov}(X,Y)}{\sqrt{DX}\cdot\sqrt{DY}}=0,$$
即得 X 与 Y 不相关;$P\{X=0,Y=0\}=0,P\{X=0\}P\{Y=0\}=\frac{4}{64}=\frac{1}{16}$,

即
$$P\{X=0,Y=0\}\neq P\{X=0\}P\{Y=0\},$$
因此 X 与 Y 不相互独立.

例5　接连不断地掷一颗骰子,直到出现小于5点为止,以 X 表示最后一次掷出的点数,以 Y 表示掷骰子的次数.

(1)求二维随机变量 (X,Y) 的分布律;

(2)求 (X,Y) 关于 X,Y 的边缘分布律;

(3)证明 X 与 Y 相互独立;

(4)求 $E(X),E(Y),E(XY)$.

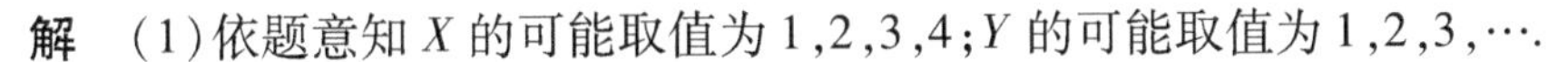

解　(1)依题意知 X 的可能取值为 1,2,3,4;Y 的可能取值为 1,2,3,….

设 B_k = 第 k 次掷时出 5 点或 6 点,A_{ki} = 第 k 次掷时出 i 点. 则 $P(B_k)=\dfrac{2}{6}$,

$P(A_{ki})=\dfrac{1}{6}$,$B_k+A_{k1}+A_{k2}+A_{k3}+A_{k4}=S$,$\{X=i,Y=j\}$ = 掷骰子 j 次,最后一次掷出 i 点,前$(j-1)$次掷出 5 点或 6 点 $=B_1\cdots B_{j-1}A_{ji}$(各次掷骰子出现的点数相互独立).

于是(X,Y)的分布律为

$$P\{X=i,Y=j\}=\left(\frac{2}{6}\right)^{j-1}\times\frac{1}{6}=\frac{1}{6}\times\left(\frac{1}{3}\right)^{j-1}\quad(i=1,2,3,4;\ j=1,2,\cdots)$$

(例如 $P\{X=1,Y=j\}=\left(\dfrac{2}{6}\right)^{j-1}\times\dfrac{1}{6}=\dfrac{1}{6}\times\left(\dfrac{1}{3}\right)^{j-1}$).

$$(2)P\{X=i\}=\sum_{j=1}^{\infty}P\{X=i,Y=j\}=\sum_{j=1}^{\infty}\frac{1}{6}\times\left(\frac{1}{3}\right)^{j-1}$$

$$=\frac{1}{6}\times\frac{1}{1-\frac{1}{3}}=\frac{1}{4}\quad(i=1,2,3,4);$$

分布律之和为 1 满足 $\sum\limits_{i=1}^{4}\sum\limits_{j=1}^{\infty}P\{X=i,Y=j\}=\sum\limits_{i=1}^{4}\dfrac{1}{4}=1$,

$$P\{Y=j\}=\sum_{i=1}^{4}P\{X=i,Y=j\}=\sum_{i=1}^{4}\frac{1}{6}\times\left(\frac{1}{3}\right)^{j-1}$$

$$=4\times\frac{1}{6}\times\left(\frac{1}{3}\right)^{j-1}=\frac{2}{3}\times\left(\frac{1}{3}\right)^{j-1}\quad(j=1,2,\cdots).$$

或由题意知,$\{X=i\}$ = 在掷出点数小于 5 的条件下,掷出的是 i 点,

于是 $$P\{X=i\}=\frac{1}{4}\quad(i=1,2,3,4).$$

$\{Y=j\}$ = 掷骰子 j 次,最后一次掷出的点数小于 5,前$(j-1)$次掷出 5 点或 6 点,

于是 $$P\{Y=j\}=\left(\frac{2}{6}\right)^{j-1}\times\frac{4}{6}=\frac{2}{3}\times\left(\frac{1}{3}\right)^{j-1}\quad(j=1,2,\cdots).$$

(3)由于 $P\{X=i\}P\{Y=j\}=\dfrac{1}{4}\times\dfrac{2}{3}\times\left(\dfrac{1}{3}\right)^{j-1}=\dfrac{1}{6}\times\left(\dfrac{1}{3}\right)^{j-1}$,即成立

$$P\{X=i,Y=j\}=P\{X=i\}P\{Y=j\}\quad(i=1,2,3,4;\ j=1,2,\cdots).$$

所以 X 与 Y 相互独立.

$$(4)E(X)=\sum_{i=1}^{4}iP\{X=i\}=(1+2+3+4)\times\frac{1}{4}=\frac{5}{2},$$

$$E(Y)=\sum_{j=1}^{\infty}jP\{Y=j\}=\sum_{j=1}^{\infty}j\frac{2}{3}\times\left(\frac{1}{3}\right)^{j-1}$$
$$=\frac{2}{3}\sum_{j=1}^{\infty}j\left(\frac{1}{3}\right)^{j-1}=\frac{2}{3}\times\frac{1}{\left(1-\frac{1}{3}\right)^2}=\frac{3}{2},$$

由于 X 与 Y 相互独立,所以 $E(XY)=E(X)E(Y)=\frac{5}{2}\times\frac{3}{2}=\frac{15}{4}$.

例6 设随机变量(X,Y)的联合概率密度是

$$f(x,y)=\begin{cases}1, & |y|<x,0<x<1,\\0, & \text{其他},\end{cases}$$

求 $\mathrm{Cov}(X,Y)$.

解 $$E(XY)=\int_{-\infty}^{+\infty}\int_{-\infty}^{+\infty}xyf(x,y)\mathrm{d}x\mathrm{d}y=\int_0^1\left(\int_{-x}^{x}xy\mathrm{d}y\right)\mathrm{d}x=0,$$

$$E(X)=\int_{-\infty}^{+\infty}\int_{-\infty}^{+\infty}xf(x,y)\mathrm{d}x\mathrm{d}y=\int_0^1\left(\int_{-x}^{x}x\mathrm{d}y\right)\mathrm{d}x=\int_0^1 2x^2\mathrm{d}x=\frac{2}{3}x^3\Big|_0^1=\frac{2}{3},$$

$$E(Y)=\int_{-\infty}^{+\infty}\int_{-\infty}^{+\infty}yf(x,y)\mathrm{d}x\mathrm{d}y=\int_0^1\left(\int_{-x}^{x}y\mathrm{d}y\right)\mathrm{d}x=0,$$

所以 $$\mathrm{Cov}(X,Y)=E(XY)-E(X)E(Y)=0.$$

例7 设随机变量 $X_i\sim N(-2,3^2)(i=1,2)$,且 X_1 与 X_2 相互独立. 给定常数 a,b,求 $D(aX_1-bX_2)$,$E(aX_1^2-bX_2^2)$.

解 由 $X_i\sim N(-2,3^2)$知,$E(X_i)=-2,D(X_i)=3^2$. $E(X_i^2)=DX_i+(EX_i)^2=13$,又 X_1 与 X_2 相互独立,于是 $D(aX_1-bX_2)=a^2D(X_1)+b^2D(X_2)=9(a^2+b^2)$,

$$E(aX_1^2-bX_2^2)=aE(X_1^2)-bE(X_2^2)=13(a-b).$$

例8 已知 $D(X)=25,D(Y)=36,\rho_{XY}=0.4$,求 $D(X+Y),D(X-Y)$.

解 $$\mathrm{Cov}(X,Y)=\rho_{XY}\sqrt{DX}\cdot\sqrt{DY}=0.4\times5\times6=12,$$

$$D(X+Y)=D(X)+D(Y)+2\mathrm{Cov}(X,Y)=25+36+2\times12=85,$$

$$D(X-Y)=D(X)+D(Y)-2\mathrm{Cov}(X,Y)=25+36-2\times12=37.$$

例9 已知随机变量 X_1,X_2,X_3,X_4 相互独立,且服从同一分布,数学期望为零,方差为 $\sigma^2\neq0$,令

$$X=X_1+X_2+X_3,Y=X_2+X_3+X_4,$$

求 X 与 Y 的相关系数.

解 已知 $E(X_i)=0,D(X_i)=\sigma^2,E(X_i^2)=\sigma^2$,且 X_1,X_2,X_3,X_4 相互独立,

$$E(X)=E(X_1+X_2+X_3)=0,E(Y)=E(X_2+X_3+X_4)=0,$$

$$D(X)=D(X_1+X_2+X_3)=D(X_1)+D(X_2)+D(X_3)=3\sigma^2,$$

$$D(Y)=D(X_2+X_3+X_4)=D(X_2)+D(X_3)+D(X_4)=3\sigma^2,$$

$$\begin{aligned}E(XY)&=E[(X_1+X_2+X_3)(X_2+X_3+X_4)]\\&=E[X_1(X_2+X_3+X_4)+(X_2+X_3)^2+(X_2+X_3)X_4]\\&=E(X_1)E(X_2+X_3+X_4)+E(X_2+X_3)^2+E(X_2+X_3)E(X_4)\\&=E(X_2+X_3)^2=D(X_2+X_3)=2\sigma^2,\end{aligned}$$

$$\mathrm{Cov}(X,Y)=E(XY)-E(X)E(Y)=2\sigma^2,$$

$$\rho_{XY}=\frac{\mathrm{Cov}(X,Y)}{\sqrt{DX}\cdot\sqrt{DY}}=\frac{2\sigma^2}{3\sigma^2}=\frac{2}{3}.$$

例 10　设随机变量(X,Y)的概率密度为

$$f(x,y)=\begin{cases}a\sin(x+y), & 0\leqslant x\leqslant\dfrac{\pi}{2},0\leqslant y\leqslant\dfrac{\pi}{2},\\0, & \text{其他},\end{cases}$$

求:(1)常数a;(2)$E(X),D(X),E(Y),D(Y)$;(3)$E(XY),\mathrm{Cov}(X,Y)$及ρ_{XY}.

解　(1)由$1=\int_{-\infty}^{+\infty}\int_{-\infty}^{+\infty}f(x,y)\mathrm{d}x\mathrm{d}y=\int_0^{\frac{\pi}{2}}\int_0^{\frac{\pi}{2}}a\sin(x+y)\mathrm{d}x\mathrm{d}y$

$$=a\int_0^{\frac{\pi}{2}}[-\cos(x+y)]\Big|_0^{\frac{\pi}{2}}\mathrm{d}y=a\int_0^{\frac{\pi}{2}}(\sin y+\cos y)\mathrm{d}y$$

$$=a(-\cos y+\sin y)\Big|_0^{\frac{\pi}{2}}=2a,$$

得

$$a=\frac{1}{2}.$$

(2)$\int_0^{\frac{\pi}{2}}x\sin(x+y)\mathrm{d}x=[-x\cos(x+y)]\Big|_0^{\frac{\pi}{2}}+\int_0^{\frac{\pi}{2}}\cos(x+y)\mathrm{d}x$

$$=\frac{\pi}{2}\sin y+\sin(x+y)\Big|_0^{\frac{\pi}{2}}=\frac{\pi}{2}\sin y+\cos y-\sin y,$$

$$\begin{aligned}E(X)&=\int_{-\infty}^{+\infty}\int_{-\infty}^{+\infty}xf(x,y)\mathrm{d}x\mathrm{d}y=a\int_0^{\frac{\pi}{2}}\int_0^{\frac{\pi}{2}}x\sin(x+y)\mathrm{d}x\mathrm{d}y\\&=a\int_0^{\frac{\pi}{2}}\left(\frac{\pi}{2}\sin y+\cos y-\sin y\right)\mathrm{d}y\\&=a\left[-\frac{\pi}{2}\cos y+\sin y+\cos y\right]\Big|_0^{\frac{\pi}{2}}=a\frac{\pi}{2}=\frac{\pi}{4},\end{aligned}$$

$$\int_0^{\frac{\pi}{2}}x^2\sin(x+y)\mathrm{d}x=[-x^2\cos(x+y)]\Big|_0^{\frac{\pi}{2}}+\int_0^{\frac{\pi}{2}}2x\cos(x+y)\mathrm{d}x$$

$$= \left(\frac{\pi}{2}\right)^2 \sin y + [2x\sin(x+y)]\Big|_0^{\frac{\pi}{2}} - 2\int_0^{\frac{\pi}{2}} \sin(x+y)\,dx$$

$$= \left(\frac{\pi}{2}\right)^2 \sin y + \pi\cos y + 2\cos(x+y)\Big|_0^{\frac{\pi}{2}}$$

$$= \left(\frac{\pi}{2}\right)^2 \sin y + \pi\cos y - 2\sin y - 2\cos y,$$

$$E(X^2) = \int_{-\infty}^{+\infty}\int_{-\infty}^{+\infty} x^2 f(x,y)\,dxdy = a\int_0^{\frac{\pi}{2}}\int_0^{\frac{\pi}{2}} x^2\sin(x+y)\,dxdy$$

$$= a\int_0^{\frac{\pi}{2}}\left[\left(\frac{\pi}{2}\right)^2 \sin y + \pi\cos y - 2\sin y - 2\cos y\right]dy$$

$$= a\left[-\left(\frac{\pi}{2}\right)^2 \cos y + \pi\sin y + 2\cos y - 2\sin y\right]\Big|_0^{\frac{\pi}{2}}$$

$$= a\left[\left(\frac{\pi}{2}\right)^2 + \pi - 2 - 2\right] = \frac{1}{2}\times\left[\left(\frac{\pi}{2}\right)^2 + \pi - 4\right],$$

$$D(X) = E(X^2) - (EX)^2 = \frac{1}{2}\times\left[\left(\frac{\pi}{2}\right)^2 + \pi - 4\right] - \left(\frac{\pi}{4}\right)^2 = \frac{\pi^2}{16} + \frac{\pi}{2} - 2,$$

考虑到对称性,同理 $E(Y) = \frac{\pi}{4}, D(Y) = \frac{\pi^2}{16} + \frac{\pi}{2} - 2.$

(3) $$E(XY) = \int_{-\infty}^{+\infty}\int_{-\infty}^{+\infty} xyf(x,y)\,dxdy = a\int_0^{\frac{\pi}{2}} y\int_0^{\frac{\pi}{2}} x\sin(x+y)\,dxdy$$

$$= a\int_0^{\frac{\pi}{2}} y\left[\left(\frac{\pi}{2} - 1\right)\sin y + \cos y\right]dy$$

$$= a\left\{y\left[\left(\frac{\pi}{2} - 1\right)(-\cos y) + \sin y\right]\Big|_0^{\frac{\pi}{2}} - \int_0^{\frac{\pi}{2}}\left[\left(\frac{\pi}{2} - 1\right)(-\cos y) + \sin y\right]dy\right\}$$

$$= a\left\{\frac{\pi}{2} + \left[\left(\frac{\pi}{2} - 1\right)\sin y + \cos y\right]\Big|_0^{\frac{\pi}{2}}\right\}$$

$$= a\left(\frac{\pi}{2} + \left(\frac{\pi}{2} - 1\right) - 1\right) = \frac{\pi}{2} - 1,$$

$$\mathrm{Cov}(X,Y) = E(XY) - E(X)E(Y) = \frac{\pi}{2} - 1 - \frac{\pi^2}{16},$$

$$\rho_{XY} = \frac{\mathrm{Cov}(X,Y)}{\sqrt{DX}\cdot\sqrt{DY}} = \frac{8\pi - 16 - \pi^2}{\pi^2 + 8\pi - 32}.$$

例 11　设 X,Y 为随机变量，若 $U=aX+b,V=cY+d,ac>0$，试证：$\rho_{UV}=\rho_{XY}$.

证　因为
$$\begin{aligned}\mathrm{Cov}(U,V)&=E[(U-EU)(V-EV)]\\&=E[a(X-EX)c(Y-EY)]\\&=acE[(X-EX)(Y-EY)]\\&=ac\mathrm{Cov}(X,Y),\end{aligned}$$
$$DU=D(aX+b)=a^2DX,DV=D(cY+d)=c^2DY,$$
于是
$$\rho_{UV}=\frac{\mathrm{Cov}(U,V)}{\sqrt{DU}\cdot\sqrt{DV}}=\frac{ac\mathrm{Cov}(X,Y)}{|a|\sqrt{DX}|c|\sqrt{DY}}=\rho_{XY}.$$

例 12　设 $X\sim N(\mu,\sigma^2)$，求 $E[(X-EX)^k]$（k 为正整数）.

解　由 $X\sim N(\mu,\sigma^2)$ 知，$E(X)=\mu,D(X)=\sigma^2$.

X 的概率密度为
$$f(x)=\frac{1}{\sigma\sqrt{2\pi}}\mathrm{e}^{-\frac{(x-\mu)^2}{2\sigma^2}}\quad(-\infty<x<+\infty),$$
$$\begin{aligned}E(X-EX)^k&=\int_{-\infty}^{+\infty}(x-\mu)^kf(x)\mathrm{d}x\\&=\int_{-\infty}^{+\infty}(x-\mu)^k\frac{1}{\sigma\sqrt{2\pi}}\mathrm{e}^{-\frac{(x-\mu)^2}{2\sigma^2}}\mathrm{d}x\\&\xlongequal{\frac{x-\mu}{\sigma}=t}\frac{\sigma^k}{\sqrt{2\pi}}\int_{-\infty}^{+\infty}t^k\mathrm{e}^{-\frac{t^2}{2}}\mathrm{d}t,\end{aligned}$$
此积分对任意正整数 k 收敛.

当 k 为奇数时，被积函数为奇函数，此时 $E(X-EX)^k=0$；

当 k 为偶数时，
$$\begin{aligned}\int_{-\infty}^{+\infty}t^k\mathrm{e}^{-\frac{t^2}{2}}\mathrm{d}t&=\int_{-\infty}^{+\infty}t^{k-1}(-\mathrm{e}^{-\frac{t^2}{2}})'\mathrm{d}t\\&=(k-1)\int_{-\infty}^{+\infty}t^{k-2}\mathrm{e}^{-\frac{t^2}{2}}\mathrm{d}t\\&=(k-1)(k-3)\times\cdots\times3\times1\int_{-\infty}^{+\infty}\mathrm{e}^{-\frac{t^2}{2}}\mathrm{d}t\\&=(k-1)(k-3)\times\cdots\times3\times1\times\sqrt{2\pi},\end{aligned}$$
于是 $E(X-EX)^k=\sigma^k(k-1)(k-3)\times\cdots\times3\times1$（$k$ 为偶数）.

例 13　设 A 和 B 为随机事件，且 $P(A)=\frac{1}{4},P(B|A)=\frac{1}{3},P(A|B)=\frac{1}{2}$，令
$$X=\begin{cases}1, & A\text{ 发生},\\0, & A\text{ 不发生},\end{cases}$$

$$Y=\begin{cases}1, & B\text{ 发生},\\0, & B\text{ 不发生}.\end{cases}$$

求:(1)二维随机变量(X,Y)的概率分布律;(2)X与Y的相关系数ρ_{XY}.

解　(1)$P\{X=1,Y=1\}=P(AB)=P(A)P(B|A)=\dfrac{1}{12}$,

$P\{X=1,Y=0\}=P(A\overline{B})=P(A)-P(AB)=\dfrac{1}{6}$,

$P(B)=\dfrac{P(AB)}{P(A|B)}=\dfrac{1}{6}$,

$P\{X=0,Y=1\}=P(B\overline{A})=P(B)-P(AB)=\dfrac{1}{12}$,

$P\{X=0,Y=0\}=P(\overline{B})-P(A\overline{B})=\dfrac{2}{3}$.

于是二维随机变量(X,Y)的概率分布律为

X	Y	
	0	1
0	$\frac{2}{3}$	$\frac{1}{12}$
1	$\frac{1}{6}$	$\frac{1}{12}$

(2)$E(X)=\dfrac{1}{4}$,$D(X)=\dfrac{1}{4}\times\dfrac{3}{4}=\dfrac{3}{16}$,

$E(Y)=\dfrac{1}{6}$,$D(Y)=\dfrac{1}{6}\times\dfrac{5}{6}=\dfrac{5}{36}$,

$E(XY)=\dfrac{1}{12}$,$\mathrm{Cov}(X,Y)=E(XY)-E(X)E(Y)=\dfrac{1}{24}$,

$\rho_{XY}=\dfrac{\sqrt{15}}{15}$.

例 14　设$X_1,X_2,\cdots,X_{n+m}(n>m)$是独立同分布且方差存在的随机变量,又令$Y=X_1+X_2+\cdots+X_n$,$Z=X_{m+1}+X_{m+2}+\cdots+X_{n+m}$,求:$\rho_{YZ}$.

解　记$E(X_i)=\mu$,$D(X_i)=\sigma^2$,则

$$E(X_i^2)=\mu^2+\sigma^2,i=1,2,\cdots,m+n;$$

$$\begin{aligned}E(YZ)&=E\Big[\Big(\sum_{i=1}^{m}X_i+\sum_{i=1}^{n-m}X_{m+i}\Big)\Big(\sum_{i=1}^{n-m}X_{m+i}+\sum_{i=1}^{m}X_{n+i}\Big)\Big]\\&=E\Big[\Big(\sum_{i=1}^{m}X_i\Big)\Big(\sum_{i=1}^{n}X_{m+i}\Big)+\Big(\sum_{i=1}^{n-m}X_{m+i}\Big)^2+\Big(\sum_{i=1}^{n-m}X_{m+i}\Big)\Big(\sum_{i=1}^{m}X_{n+i}\Big)\Big]\\&=n^2\mu^2+(n-m)\sigma^2,\end{aligned}$$

$$E(Y)=n\mu, E(Z)=n\mu,$$

$$\mathrm{Cov}(Y,Z)=E(YZ)-E(Y)E(Z)=(n-m)\sigma^2,$$

$$D(Y)=n\sigma^2, D(Z)=n\sigma^2,$$

$$\rho_{YZ}=\frac{(n-m)\sigma^2}{\sqrt{n\sigma^2\ n\sigma^2}}=\frac{n-m}{n}.$$

例 15　设二维随机变量(X,Y)的概率密度为

$$f(x,y)==\begin{cases}\frac{1}{8}(x+y), & 0\leqslant x\leqslant 2, 0\leqslant y\leqslant 2,\\ 0, & \text{其他}.\end{cases}$$

求:$E(X), D(X), E(Y), D(Y), \mathrm{Cov}(X,Y), \rho_{XY}$.

解　$E(X)=\int_0^2\int_0^2\frac{1}{8}(x+y)x\mathrm{d}x\mathrm{d}y=\frac{7}{6}$,

$$E(X^2)=\int_0^2\int_0^2\frac{1}{8}(x+y)x^2\mathrm{d}x\mathrm{d}y=\frac{5}{3},$$

$$D(X)=E(X^2)-(EX)^2=\frac{5}{3}-\left(\frac{7}{6}\right)^2=\frac{11}{36},$$

由对称性知,$E(Y)=\frac{7}{6}$, $D(Y)=\frac{11}{36}$,

$$E(XY)=\int_0^2\int_0^2\frac{1}{8}(x+y)xy\mathrm{d}x\mathrm{d}y=\frac{4}{3},$$

$$\mathrm{Cov}(X,Y)=\frac{4}{3}-\left(\frac{7}{6}\right)^2=-\frac{1}{36},$$

$$\rho_{XY}=\frac{\frac{-1}{36}}{\frac{11}{36}}=-\frac{1}{11}.$$

例 16　设连续型随机变量X的概率密度是偶函数,且$E(X^2)<+\infty$ 试证:X与$|X|$不相关

证　$E(X)=\int_{-\infty}^{+\infty}xf(x)\mathrm{d}x=0$,

$$E(X|X|)=\int_{-\infty}^{+\infty}x|x|f(x)\mathrm{d}x=0,$$

$$\mathrm{Cov}(X,|X|)=0, \rho=0.$$

第五节 数字特征综合例题

例1 设 $X\sim N(\mu,\sigma^2)$,求 $E|X-\mu|$.

解 X 的概率密度为 $f(x)=\dfrac{1}{\sigma\sqrt{2\pi}}e^{-\frac{(x-\mu)^2}{2\sigma^2}}\ (-\infty<x<+\infty)$,

$$E|X-\mu|=\int_{-\infty}^{+\infty}|x-\mu|f(x)\,dx\overset{z=|x-\mu|}{=\!=\!=}2\int_0^{+\infty}z\frac{1}{\sigma\sqrt{2\pi}}e^{-\frac{z^2}{2\sigma^2}}dz$$

$$=\frac{2}{\sigma\sqrt{2\pi}}\int_0^{+\infty}\sigma^2\left(-e^{-\frac{z^2}{2\sigma^2}}\right)'dz=\frac{\sqrt{2}\sigma}{\sqrt{\pi}}.$$

例2 设随机变量 $X\sim N(\mu,\sigma_1^2)$, $Y\sim N(\mu,\sigma_2^2)$, 且 X 与 Y 独立,求$D(|X-Y|)$.

解 由题设条件知 $Z=X-Y\sim N(0,\sigma_1^2+\sigma_2^2)$,$E(Z)=0$,$E(Z^2)=D(Z)=\sigma_1^2+\sigma_2^2$,由例1,得 $E|Z|=\sqrt{\dfrac{2}{\pi}}\sqrt{\sigma_1^2+\sigma_2^2}$,则

$$D(|X-Y|)=D|Z|=E|Z|^2-(E|Z|)^2$$

$$=\sigma_1^2+\sigma_2^2-\left[\sqrt{\frac{2}{\pi}}\sqrt{\sigma_1^2+\sigma_2^2}\right]^2$$

$$=\left(1-\frac{2}{\pi}\right)(\sigma_1^2+\sigma_2^2).$$

例3 设随机变量 X 与 Y 相互独立同服从正态 $N(\mu,\sigma^2)$分布. 求:

(1)$Z=X-Y$ 的概率密度$f_Z(z)$;

(2)$Z_1=|X-Y|$的概率密度$f_{Z_1}(z_1)$;

(3)$E|X-Y|$;

(4)$E(\max\{X,Y\})$,$E(\min\{X,Y\})$.

解 依题设条件知,$X\sim N(\mu,\sigma^2)$,$Y\sim N(\mu,\sigma^2)$,X 与 Y 相互独立,从而有$E(X)=\mu$,$E(Y)=\mu$,$D(X)=\sigma^2$,$D(Y)=\sigma^2$.

(1)$Z=X-Y$ 服从正态分布,$E(Z)=E(X-Y)=E(X)-E(Y)=\mu-\mu=0$,

$$D(Z)=D(X-Y)=D(X)+D(Y)=\sigma^2+\sigma^2=2\sigma^2,$$

得
$$Z=X-Y\sim N(0,2\sigma^2),$$

$Z=X-Y$ 的概率密度为$f_Z(z)=\dfrac{1}{\sqrt{2}\sigma\sqrt{2\pi}}e^{-\frac{z^2}{4\sigma^2}}\ (-\infty<z<+\infty)$.

(2)$F_{Z_1}(z_1)=P\{Z_1\leqslant z_1\}=P\{|Z|\leqslant z_1\}$.

当 $z_1 \leqslant 0$ 时，$F_{Z_1}(z_1)=0$；

当 $z_1>0$ 时，$F_{Z_1}(z_1)=P\{-z_1 \leqslant Z \leqslant z_1\}=F_Z(z_1)-F_Z(-z_1)$，

$Z_1=|X-Y|$ 的概率密度为 $f_{Z_1}(z_1)=\dfrac{\mathrm{d}F_{Z_1}(z_1)}{\mathrm{d}z_1}=\begin{cases}\dfrac{2}{\sqrt{2}\sigma\ \sqrt{2\pi}}\mathrm{e}^{-\frac{z_1^2}{4\sigma^2}}, & z_1>0,\\ 0, & z_1 \leqslant 0.\end{cases}$

$$(3)E|X-Y|=E(Z_1)=\int_{-\infty}^{+\infty} z_1 f_{Z_1}(z_1)\mathrm{d}z_1=\int_0^{+\infty} z_1\frac{1}{\sigma\sqrt{\pi}}\mathrm{e}^{-\frac{z_1^2}{4\sigma^2}}\mathrm{d}z_1$$

$$=\frac{1}{\sigma\sqrt{\pi}}\int_0^{+\infty}2\sigma^2\left(-\mathrm{e}^{-\frac{z_1^2}{4\sigma^2}}\right)'\mathrm{d}z_1=\frac{2\sigma}{\sqrt{\pi}}.$$

或 $\quad E|X-Y|=E|Z|=\int_{-\infty}^{+\infty}|z|f_Z(z)\mathrm{d}z$

$$=2\int_0^{+\infty} z\frac{1}{2\sigma\sqrt{\pi}}\mathrm{e}^{-\frac{z^2}{4\sigma^2}}\mathrm{d}z=\frac{1}{\sigma\sqrt{\pi}}\int_0^{+\infty}2\sigma^2\left(-\mathrm{e}^{-\frac{z^2}{4\sigma^2}}\right)'\mathrm{d}z=\frac{2\sigma}{\sqrt{\pi}};$$

或 $\quad E|X-Y|=\int_{-\infty}^{+\infty}\int_{-\infty}^{+\infty}|x-y|f(x,y)\mathrm{d}x\mathrm{d}y$

$$=\int_{-\infty}^{+\infty}\int_{-\infty}^{+\infty}|x-y|\frac{1}{2\pi\sigma^2}\mathrm{e}^{-\frac{(x-\mu)^2+(y-\mu)^2}{2\sigma^2}}\mathrm{d}x\mathrm{d}y$$

$$=\int_{-\infty}^{+\infty}\int_{-\infty}^{+\infty}|x-y|\frac{1}{2\pi\sigma^2}\mathrm{e}^{-\frac{x^2+y^2}{2\sigma^2}}\mathrm{d}x\mathrm{d}y$$

（做坐标变换 $x=\dfrac{z_1+z_2}{2}, y=\dfrac{z_2-z_1}{2}, |J|=\dfrac{1}{2}$）

$$=\int_{-\infty}^{+\infty}\int_{-\infty}^{+\infty}|z_1|\frac{1}{2\pi\sigma^2}\mathrm{e}^{-\frac{\left(\frac{z_1+z_2}{2}\right)^2+\left(\frac{z_2-z_1}{2}\right)^2}{2\sigma^2}}\frac{1}{2}\mathrm{d}z_1\mathrm{d}z_2$$

$$=\int_{-\infty}^{+\infty}\int_{-\infty}^{+\infty}|z_1|\frac{1}{2\pi\sigma^2}\mathrm{e}^{-\frac{z_1^2+z_2^2}{4\sigma^2}}\frac{1}{2}\mathrm{d}z_1\mathrm{d}z_2$$

$$=\frac{1}{\sigma\sqrt{\pi}}\int_{-\infty}^{+\infty}\frac{1}{\sqrt{2}\sigma\ \sqrt{2\pi}}\mathrm{e}^{-\frac{z_2^2}{4\sigma^2}}\mathrm{d}z_2\int_0^{+\infty}2\sigma^2\left(-\mathrm{e}^{-\frac{z_1^2}{4\sigma^2}}\right)'\mathrm{d}z_1=\frac{2\sigma}{\sqrt{\pi}}.$$

(4)注意到 $\max\{X,Y\}=\dfrac{X+Y+|X-Y|}{2}, \min\{X,Y\}=\dfrac{X+Y-|X-Y|}{2}$，

$$E(\max\{X,Y\})=E\left(\frac{X+Y+|X-Y|}{2}\right)=\frac{1}{2}[E(X)+E(Y)+E(|X-Y|)]=\mu+\frac{\sigma}{\sqrt{\pi}},$$

$$E(\min\{X,Y\})=E\left(\frac{X+Y-|X-Y|}{2}\right)=\frac{1}{2}[E(X)+E(Y)-E(|X-Y|)]=\mu-\frac{\sigma}{\sqrt{\pi}}.$$

例4 设随机变量(ξ,η)服从二维正态分布，且$E(\xi)=E(\eta)=0$，$D(\xi)=D(\eta)=1$，$\rho_{\xi\eta}=R$. 试证：$E(\max\{\xi,\eta\})=\sqrt{\dfrac{1-R}{\pi}}$.

解 方法一 由(ξ,η)服从二维正态分布，得$\xi+\eta,\xi-\eta$都服从正态分布，$E(\xi+\eta)=0$，则

$$D(\xi+\eta)=D(\xi)+D(\eta)+2\mathrm{Cov}(\xi,\eta)=2+2R,$$

$$E(\xi-\eta)=0,D(\xi-\eta)=D(\xi)+D(\eta)-2\mathrm{Cov}(\xi,\eta)=2-2R,$$

于是 $$\xi+\eta\sim N\left(0,(\sqrt{2+2R})^2\right),\xi-\eta\sim N(0,(\sqrt{2-2R})^2).$$

$$E(|\xi-\eta|)=\frac{\sqrt{2}\sqrt{2(1-R)}}{\sqrt{\pi}}=\frac{2\sqrt{1-R}}{\sqrt{\pi}},$$

再由$\max\{\xi,\eta\}=\dfrac{\xi+\eta+|\xi-\eta|}{2}$，得$E(\max\{\xi,\eta\})=\sqrt{\dfrac{1-R}{\pi}}$.

方法二 (ξ,η)的概率密度为

$$f(x,y)=\frac{1}{2\pi\sqrt{1-R^2}}\mathrm{e}^{-\frac{1}{2(1-R^2)}(x^2-2Rxy+y^2)}\ (-\infty<x<+\infty,-\infty<y<+\infty);$$

$$E(|\xi-\eta|)=\int_{-\infty}^{+\infty}\int_{-\infty}^{+\infty}|x-y|f(x,y)\mathrm{d}x\mathrm{d}y$$

$$=\int_{-\infty}^{+\infty}\int_{-\infty}^{+\infty}|x-y|\frac{1}{2\pi\sqrt{1-R^2}}\mathrm{e}^{-\frac{x^2-2Rxy+y^2}{2(1-R^2)}}\mathrm{d}x\mathrm{d}y$$

（做坐标变换$x=\dfrac{z_1+z_2}{2},y=\dfrac{z_2-z_1}{2},|J|=\dfrac{1}{2}$）

$$=\int_{-\infty}^{+\infty}\int_{-\infty}^{+\infty}|z_1|\frac{1}{2\pi\sqrt{1-R^2}}\mathrm{e}^{-\frac{\left(\frac{z_1+z_2}{2}\right)^2+2R\frac{z_1^2-z_2^2}{4}+\left(\frac{z_2-z_1}{2}\right)^2}{2(1-R^2)}}\frac{1}{2}\mathrm{d}z_1\mathrm{d}z_2$$

$$=\int_{-\infty}^{+\infty}\int_{-\infty}^{+\infty}|z_1|\frac{1}{2\pi\sqrt{1-R^2}}\mathrm{e}^{-\frac{(1+R)\frac{z_1^2}{2}+(1-R)\frac{z_2^2}{2}}{2(1-R^2)}}\frac{1}{2}\mathrm{d}z_1\mathrm{d}z_2$$

$$=\frac{\sqrt{2}}{\sqrt{1-R}\sqrt{2\pi}}\int_{-\infty}^{+\infty}\frac{1}{\sqrt{2(1+R)}\sqrt{2\pi}}\mathrm{e}^{-\frac{z_2^2}{2\times2(1+R)}}\mathrm{d}z_2\int_0^{+\infty}2(1-R)\left(-\mathrm{e}^{-\frac{z_1^2}{2\times2(1-R)}}\right)'\mathrm{d}z_1$$

$$=\frac{2\sqrt{1-R}}{\sqrt{\pi}}=2\sqrt{\frac{1-R}{\pi}}.$$

再由$\max\{\xi,\eta\}=\dfrac{\xi+\eta+|\xi-\eta|}{2}$，得$E(\max\{\xi,\eta\})=\sqrt{\dfrac{1-R}{\pi}}$.

例 5　设$(X,Y)\sim N(0,1;0,1;\rho)$，又$Z_1=\min\{X,Y\}$，$Z_2=\max\{X,Y\}$．试求$Z_2-Z_1$的概率密度.

解　因为　$Z_1=\min\{X,Y\}=\dfrac{X+Y-|X-Y|}{2}$，

$Z_2=\max\{X,Y\}=\dfrac{X+Y+|X-Y|}{2}$，则$Z_2-Z_1=|X-Y|$．令$Z=X-Y$，先求$Z$的概率密度，由二维正态分布的性质知，$Z=X-Y$服从正态分布，

$E(Z)=E(X)-E(Y)=0$，$D(Z)=D(X-Y)=D(X)+D(Y)-2\mathrm{Cov}(X,Y)=2-2\rho$，

于是
$$Z=X-Y\sim N(0,2(1-\rho)),$$

Z的概率密度为
$$f_Z(z)=\frac{1}{\sqrt{2\pi}\sqrt{2(1-\rho)}}\mathrm{e}^{-\frac{z^2}{4(1-\rho)}},$$

故$Z_2-Z_1=|X-Y|=|Z|$的概率密度为
$$g(z)=\begin{cases}2f_Z(z), & z>0,\\ 0, & z\leqslant 0\end{cases}$$
$$=\begin{cases}\dfrac{1}{\sqrt{\pi}\sqrt{1-\rho}}\mathrm{e}^{-\frac{z^2}{4(1-\rho)}}, & z>0,\\ 0, & z\leqslant 0.\end{cases}$$

例 6　将一颗匀称的骰子重复投掷n次，记X为出现点数小于3的次数，Y为出现点数大于2的次数，求X与Y的相关系数.

解　根据题意知$X+Y=n$，从而$X=n-Y$，则

$D(X)=D(n-Y)=D(Y)$，$E(X)=n-E(Y)$，$X-E(X)=-(Y-EY)$，

$\mathrm{Cov}(X,Y)=E[(X-EX)(Y-EY)]=E[(-(Y-EY)(Y-EY)]=-D(Y)$，

于是
$$\rho_{XY}=\frac{\mathrm{Cov}(X,Y)}{\sqrt{DX}\sqrt{DY}}=-\frac{D(Y)}{D(Y)}=-1.$$

例 7　设ξ在$(-\pi,\pi)$上服从均匀分布，$X=\sin\xi$，$Y=\cos\xi$，求：(1)EX，EY；(2)EX^2，DX，EY^2，DY；(3)$\mathrm{Cov}(X,Y)$；(4)X与Y的相关系数ρ，X与Y是否相关?

解　ξ的概率密度为
$$f(\theta)=\begin{cases}\dfrac{1}{2\pi}, & -\pi<\theta<\pi,\\ 0, & \text{其他},\end{cases}$$

$$(1)E(X)=E(\sin\xi)=\int_{-\infty}^{+\infty}\sin\theta\cdot f(\theta)\mathrm{d}\theta=\int_{-\pi}^{\pi}\sin\theta\cdot\frac{1}{2\pi}\mathrm{d}\theta=0,$$

$$E(Y)=E(\cos\xi)=\int_{-\infty}^{+\infty}\cos\theta\cdot f(\theta)\mathrm{d}\theta=\int_{-\pi}^{\pi}\cos\theta\cdot\frac{1}{2\pi}\mathrm{d}\theta=0,$$

(2) $E(X^2)=E(\sin^2\xi)=\int_{-\infty}^{+\infty}\sin^2\theta\cdot f(\theta)\mathrm{d}\theta$

$$=\int_{-\pi}^{\pi}\sin^2\theta\cdot\frac{1}{2\pi}\mathrm{d}\theta=\frac{1}{2\pi}\int_{-\pi}^{\pi}\frac{1-\cos2\theta}{2}\mathrm{d}\theta=\frac{1}{2},$$

$$D(X)=E(X^2)-(EX)^2=\frac{1}{2},$$

$$E(Y^2)=E(\cos^2\xi)=\int_{-\infty}^{+\infty}\cos^2\theta\cdot f(\theta)\mathrm{d}\theta=\int_{-\pi}^{\pi}\cos^2\theta\cdot\frac{1}{2\pi}\mathrm{d}\theta$$

$$=\frac{1}{2\pi}\int_{-\pi}^{\pi}\frac{1+\cos2\theta}{2}\mathrm{d}\theta=\frac{1}{2},$$

$$D(Y)=E(Y^2)-(EY)^2=\frac{1}{2}.$$

(3) $E(XY)=E(\sin\xi\cdot\cos\xi)=\int_{-\infty}^{+\infty}\sin\theta\cdot\cos\theta\cdot f(\theta)\mathrm{d}\theta$

$$=\int_{-\pi}^{\pi}\sin\theta\cdot\cos\theta\cdot\frac{1}{2\pi}\mathrm{d}\theta$$

$$=\frac{1}{2\pi}\int_{-\pi}^{\pi}\frac{\sin2\theta}{2}\mathrm{d}\theta=0.$$

$$\mathrm{Cov}(X,Y)=E(XY)-E(X)E(Y)=0.$$

(4) X 与 Y 的相关系数 $\rho=\dfrac{\mathrm{Cov}(X,Y)}{\sqrt{DX}\cdot\sqrt{DY}}=0$，所以 X 与 Y 不相关.

例 8　设随机变量 X,Y 的二阶矩 $E(X^2),E(Y^2)$ 存在.

证明：不等式 $|E(XY)|\leqslant(EX^2)^{\frac{1}{2}}(EY^2)^{\frac{1}{2}}$ 成立.

证　对任意实数 t，恒有

$$t^2E(X^2)+2tE(XY)+E(Y^2)=E(tX+Y)^2\geqslant0,$$

当 $E(X^2)>0$ 时，取 $t=-\dfrac{E(XY)}{E(X^2)}$，代入上式，则有

$$E(Y^2)-\frac{(EXY)^2}{EX^2}\geqslant0;(EXY)^2\leqslant E(X^2)\cdot E(Y^2),$$

即得
$$|E(XY)|\leqslant(EX^2)^{\frac{1}{2}}\cdot(EY^2)^{\frac{1}{2}}.$$

或直接由判别式 $\Delta=b^2-4ac\leqslant0$，得 $(2EXY)^2-4E(X^2)\cdot E(Y^2)\leqslant0$，

即得
$$(EXY)^2\leqslant E(X^2)\cdot E(Y^2),$$

于是 $$|E(XY)| \leqslant (EX^2)^{\frac{1}{2}} \cdot (EY^2)^{\frac{1}{2}}.$$

当 $E(X^2)=0$ 时，对任意实数 t，恒有

$$2tE(XY)+E(Y^2) \geqslant 0,$$

则必有 $E(XY)=0$，于是自然有

$$|E(XY)| \leqslant (EX^2)^{\frac{1}{2}} \cdot (EY^2)^{\frac{1}{2}},$$

结论得证.

由此结果，即得不等式

$$|\mathrm{Cov}(X,Y)| = |E[(X-EX)(Y-EY)]| \leqslant \sqrt{DX} \cdot \sqrt{DY}$$

成立.

例 9　设随机变量 X,Y 的二阶矩 EX^2,EY^2 存在，证明：成立不等式 $(E|X+Y|^2)^{\frac{1}{2}} \leqslant (EX^2)^{\frac{1}{2}}+(EY^2)^{\frac{1}{2}}$.

证　因为
$$\begin{aligned} E|X+Y|^2 &= E|X+Y|(|X+Y|) \\ &\leqslant E|X+Y|(|X|+|Y|) \\ &= E|X+Y||X|+E|X+Y||Y| \\ &\leqslant (E|X+Y|^2)^{\frac{1}{2}}(EX^2)^{\frac{1}{2}}+(E|X+Y|^2)^{\frac{1}{2}}(EY^2)^{\frac{1}{2}} \\ &= (E|X+Y|^2)^{\frac{1}{2}}\left[(EX^2)^{\frac{1}{2}}+(EY^2)^{\frac{1}{2}}\right], \end{aligned}$$

所以 $$(E|X+Y|^2)^{\frac{1}{2}} \leqslant (EX^2)^{\frac{1}{2}}+(EY^2)^{\frac{1}{2}}.$$

例 10　设 A,B 为任意事件，证明不等式

$$|P(AB)-P(A)P(B)| \leqslant [P(A)(1-P(A))]^{\frac{1}{2}}[P(B)(1-P(B))]^{\frac{1}{2}}.$$

证　定义随机变量

$$X=\begin{cases}1, & \text{若 } A \text{ 出现},\\ 0, & \text{若 } A \text{ 不出现};\end{cases} \quad Y=\begin{cases}1, & \text{若 } B \text{ 出现},\\ 0, & \text{若 } B \text{ 不出现},\end{cases}$$

则 $E(X)=P(A),E(X^2)=P(A),D(X)=E(X^2)-(EX)^2=P(A)(1-P(A))$,

$$E(Y)=P(B),D(Y)=P(B)(1-P(B)),$$

$$E(XY)=P(AB),\mathrm{Cov}(X,Y)=E(XY)-E(X)E(Y)=P(AB)-P(A)P(B),$$

利用不等式 $$|\mathrm{Cov}(X,Y)| \leqslant \sqrt{DX} \cdot \sqrt{DY},$$

即得到

$$|P(AB)-P(A)P(B)| \leqslant [P(A)(1-P(A))]^{\frac{1}{2}}[P(B)(1-P(B))]^{\frac{1}{2}}$$

成立.

例 11　设随机变量 X 与 Y 的协方差矩阵为 $\begin{pmatrix}25 & 12\\ 12 & 36\end{pmatrix}$.

求：$D\left(\frac{X+Y}{2}\right), D\left(\frac{X-Y}{2}\right)$.

解 $D\left(\frac{X+Y}{2}\right)=\frac{1}{4}(DX+DY+2\mathrm{Cov}(X,Y))=\frac{1}{4}(25+36+2\times12)=\frac{85}{4}$,

$D\left(\frac{X-Y}{2}\right)=\frac{1}{4}(DX+DY-2\mathrm{Cov}(X,Y))=\frac{1}{4}(25+36-2\times12)=\frac{37}{4}$.

例 12 在长为 a 的线段上任取两点，求：两点间的距离的期望和方差.

解

$$f(x,y)=\begin{cases}\frac{1}{a^2}, & 0<x<a, 0<y<a,\\ 0, & \text{其他},\end{cases}$$

$$E|X-Y|=\int_0^a\int_0^a|x-y|\frac{1}{a^2}\mathrm{d}y\mathrm{d}x=2\int_0^a\int_0^x(x-y)\frac{1}{a^2}\mathrm{d}y\mathrm{d}x=\frac{a}{3},$$

$$\begin{aligned}E|X-Y|^2&=\int_0^a\int_0^a|x-y|^2\frac{1}{a^2}\mathrm{d}y\mathrm{d}x\\&=\frac{1}{a^2}\int_0^a\int_0^a(x^2-2xy+y^2)\mathrm{d}y\mathrm{d}x\\&=\frac{1}{a^2}\int_0^a\left(ax^2-a^2x+\frac{1}{3}a^3\right)\mathrm{d}x\\&=\frac{1}{a^2}\left(\frac{1}{3}a^4-\frac{1}{2}a^4+\frac{1}{3}a^4\right)=\frac{1}{6}a^2,\end{aligned}$$

$$D|X-Y|=E|X-Y|^2-(E|X-Y|)^2=\frac{a^2}{18}.$$

第六章 大数定律和中心极限定理

第一节 切比雪夫不等式

定理1 设随机变量 X 存在数学期望 $E(X)$ 和方差 $D(X)$，则对任意正数 ε，有

$$P\{|X-EX|\geqslant\varepsilon\}\leqslant\frac{D(X)}{\varepsilon^2},$$

成立，此式称为切比雪夫不等式.

由定理1可知，$P\{|X-EX|<\varepsilon\}=1-P\{|X-EX|\geqslant\varepsilon\}\geqslant1-\frac{D(X)}{\varepsilon^2}$成立.

从切比雪夫不等式的证明方法中，还可以看出（类似可证）

$$P\{|X|\geqslant\varepsilon\}\leqslant\frac{E|X|^k}{\varepsilon^k}(\varepsilon>0,k>0),$$

$$P\{|X-EX|\geqslant\varepsilon\}\leqslant\frac{E(|X-EX|^k)}{\varepsilon^k}(\varepsilon>0,k>0)$$

等形式的不等式成立.

例1 设随机变量 X 的方差 $D(X)\neq0$，证明：

$$P\{|X-EX|\geqslant a\sqrt{DX}\}\leqslant\frac{1}{a^2}(a>0).$$

证 $P\{|X-EX|\geqslant a\sqrt{DX}\}\leqslant\frac{DX}{(a\sqrt{DX})^2}=\frac{1}{a^2}(a>0).$

例2 设随机变量 X 的概率密度为

$$f(x)=\begin{cases}\frac{x^m}{m!}e^{-x}, & x\geqslant0,\\ 0, & x<0,\end{cases}$$

其中 m 为正整数，证明：$P\{0<X<2(m+1)\}\geqslant\frac{m}{m+1}$.

证 $E(X)=\int_{-\infty}^{+\infty}xf(x)\mathrm{d}x=\int_0^{+\infty}x\cdot\frac{x^m}{m!}e^{-x}\mathrm{d}x=\frac{1}{m!}\int_0^{+\infty}x^{m+2-1}e^{-x}\mathrm{d}x$

$$=\frac{1}{m!}\Gamma(m+2)=\frac{1}{m!}(m+1)!=m+1,$$

$$E(X^2)=\int_{-\infty}^{+\infty}x^2f(x)\mathrm{d}x=\int_0^{+\infty}x^2\cdot\frac{x^m}{m!}\mathrm{e}^{-x}\mathrm{d}x=\frac{1}{m!}\int_0^{+\infty}x^{m+3-1}\mathrm{e}^{-x}\mathrm{d}x$$

$$=\frac{1}{m!}\Gamma(m+3)=\frac{1}{m!}(m+2)!=(m+2)(m+1),$$

$$D(X)=E(X^2)-(EX)^2=(m+2)(m+1)-(m+1)^2=m+1,$$

利用切比雪夫不等式,得

$$\begin{aligned}P\{0<X<2(m+1)\}&=P\{-(m+1)<X-(m+1)<(m+1)\}\\&=P\{|X-(m+1)|<(m+1)\}\\&=P\{|X-EX|<(m+1)\}\\&\geqslant 1-\frac{DX}{(m+1)^2}\\&=1-\frac{m+1}{(m+1)^2}=\frac{m}{m+1}.\end{aligned}$$

例3 设随机序列$\{X_n\}$和随机变量X,如果$\lim\limits_{n\to\infty}E|X_n-X|^2=0$,则对任意$\varepsilon>0$,有$\lim\limits_{n\to\infty}P\{|X_n-X|\geqslant\varepsilon\}=0$.

证 因为对任意$\varepsilon>0$,有

$$0\leqslant P\{|X_n-X|\geqslant\varepsilon\}\leqslant\frac{E|X_n-X|^2}{\varepsilon^2}$$

成立,利用条件$\lim\limits_{n\to\infty}E|X_n-X|^2=0$,即得$\lim\limits_{n\to\infty}P\{|X_n-X|\geqslant\varepsilon\}=0$成立.

例4 设随机变量X的数学期望$E(X)$和方差$D(X)$均存在,且$D(X)=0$,证明:

$$P\{X=EX\}=1.$$

证 由切比雪夫不等式$P\{|X-EX|\geqslant\varepsilon\}\leqslant\frac{DX}{\varepsilon^2}$,得

$$0\leqslant P\left\{|X-EX|\geqslant\frac{1}{n}\right\}\leqslant\frac{DX}{\left(\frac{1}{n}\right)^2}=0(n=1,2,\cdots),$$

$$P\left\{|X-EX|\geqslant\frac{1}{n}\right\}=0(n=1,2,\cdots),$$

又
$$\{|X-EX|\neq 0\}=\sum_{n=1}^{\infty}\left\{|X-EX|\geqslant\frac{1}{n}\right\},$$

则
$$0 \leqslant P\{|X-EX| \neq 0\} = P\left\{\sum_{n=1}^{\infty}\left\{|X-EX| \geqslant \frac{1}{n}\right\}\right\}$$
$$\leqslant \sum_{n=1}^{\infty} P\left\{|X-EX| \geqslant \frac{1}{n}\right\} = 0,$$
于是 $P\{|X-EX| \neq 0\}=0$，$P\{|X-EX|=0\}=1$，即 $P\{X=EX\}=1$.

其中用到的公式为
$$P(A_1+A_2)=P(A_1)+P(A_2)-P(A_1A_2) \leqslant P(A_1)+P(A_2),$$
$$P(A_1+A_2+A_3) \leqslant P(A_1)+P(A_2)+P(A_3),$$
$$P\left(\sum_{i=1}^{\infty} A_i\right) \leqslant \sum_{i=1}^{\infty} P(A_i).$$

例 5　在每次试验中，事件 A 发生的概率为 0.75，利用切比雪夫不等式，求：(1)在 1000 次独立试验中，事件 A 发生的次数在 700～800 之间的概率至少是多少？(2)n 取多大时才能保证在 n 次独立重复试验中事件 A 出现的频率在 0.74～0.76 之间的概率至少是 0.90？

解　(1)$X \sim B(1000,0.75)$，$E(X)=750$，$D(X)=187.5$，
$$P\{700<X<800\}=P\{|X-EX|<50\} \geqslant 1-\frac{D(X)}{50^2}=0.925.$$
(2)$X \sim B(n,0.75)$，$E(X)=0.75n$，$D(X)=0.1875n$，
$$P\left\{0.74<\frac{X}{n}<0.76\right\}=P\{|X-0.75n|<0.01n\} \geqslant 1-\frac{0.1875n}{(0.01n)^2}$$
$$=1-\frac{1875}{n} \geqslant 0.9,$$
$$n \geqslant 18750.$$

例 6　设随机变量 X 的数学期望 $E(X)=\mu$，方差 $D(X)=\sigma^2$，利用切比雪夫不等式估计概率 $P\{|X-\mu| \geqslant 3\sigma\}$.

解　$P\{|X-\mu| \geqslant 3\sigma\} \leqslant \dfrac{\sigma^2}{(3\sigma)^2}=\dfrac{1}{9}$.

例 7　设随机变量 X 的概率密度为
$$f(x)=\begin{cases}\dfrac{1}{2}x^2 e^{-x}, & x>0,\\ 0, & x \leqslant 0,\end{cases}$$
试用切比雪夫不等式估计概率 $P\{0<X<6\}$.

解　$E(X)=\displaystyle\int_0^{+\infty}\frac{1}{2}x^3 e^{-x}dx=3$,
$$E(X^2)=\int_0^{+\infty}\frac{1}{2}x^4 e^{-x}dx=12, D(X)=12-3^2=3,$$

$$P\{0<X<6\}=P\{|X-3|<3\}\geqslant 1-\frac{3}{3^2}=\frac{2}{3}.$$

例8　假设某一年龄段女童的平均身高为130cm，标准差是8cm，现在从该年龄段女童中随机地选取五名儿童测其身高，试用切比雪夫不等式估计她们的平均身高$\overline{X}$在120～140cm之间的概率.

解　$\overline{X}=\frac{1}{5}\sum_{i=1}^{5}X_i$，

$$E(\overline{X})=130,D(\overline{X})=\frac{\sigma^2}{5}=\frac{8^2}{5},$$

$$P\{120<\overline{X}<140\}=\{|\overline{X}-130|<10\}\geqslant 1-\frac{8^2}{5\times 10^2}=0.872.$$

例9　在区间(0,1)中任取100个数$X_i(i=1,2,\cdots,100)$，试用切比雪夫不等式估计概率$P\{45\leqslant\sum_{i=1}^{100}X_i\leqslant 55\}$.

解　$X_i\sim U(0,1),E(X_i)=\frac{1}{2},D(X_i)=\frac{1}{12}$，

$$X=\sum_{i=1}^{100}X_i,E(X)=50,D(X)=\frac{25}{3},$$

$$P\{45\leqslant X\leqslant 55\}=P\{|X-50|\leqslant 5\}\geqslant 1-\frac{25}{3\times 5^2}=\frac{2}{3}.$$

例10　设随机变量X，若$E|X|^k$存在$(k>0)$，证明：对任意$\varepsilon>0$，成立

$$P\{|X|\geqslant\varepsilon\}\leqslant\frac{E|X|^k}{\varepsilon^k}.$$

证　记$A=\{e\in S:|X(e)|\geqslant\varepsilon\}$，令

$$I_A(e)=\begin{cases}1, & e\in A,\\0, & e\in S-A,\end{cases}$$

则有
$$I_A(e)\varepsilon^k\leqslant|X(e)|^k,$$
从而，有$EI_A\varepsilon^k\leqslant E|X|^k$，即得　$\varepsilon^kP(A)\leqslant E|X|^k$，

于是成立
$$P\{|X|\geqslant\varepsilon\}\leqslant\frac{E|X|^k}{\varepsilon^k}.$$

例11　设随机变量X，证明：对任意$\varepsilon>0$，成立

$$P\{|X|\geqslant\varepsilon\}\leqslant\frac{1+\varepsilon}{\varepsilon}E\left(\frac{|X|}{1+|X|}\right),$$

$$E\left(\frac{|X|}{1+|X|}\right)\leqslant P\{|X|\geqslant\varepsilon\}+\frac{\varepsilon}{1+\varepsilon}.$$

证 记$A=\{e\in S:|X(e)|\geqslant\varepsilon\}$,令$I_A(e)=\begin{cases}1, & e\in A,\\0, & e\in S-A,\end{cases}$

利用$f(x)=\dfrac{x}{1+x}$在$[0,+\infty)$上是递增函数,可得

$$I_A\frac{\varepsilon}{1+\varepsilon}\leqslant\frac{|X|}{1+|X|},$$

从而成立
$$\frac{\varepsilon}{1+\varepsilon}P\{|X|\geqslant\varepsilon\}\leqslant E\left(\frac{|X|}{1+|X|}\right),$$

于是
$$P\{|X|\geqslant\varepsilon\}\leqslant\frac{1+\varepsilon}{\varepsilon}E\left(\frac{|X|}{1+|X|}\right);$$

由
$$I_A\frac{|X|}{1+|X|}\leqslant I_A,(1-I_A)\frac{|X|}{1+|X|}\leqslant\frac{\varepsilon}{1+\varepsilon},$$

$$\frac{|X|}{1+|X|}=I_A\frac{|X|}{1+|X|}+(1-I_A)\frac{|X|}{1+|X|},$$

得到
$$\begin{aligned}E\left(\frac{|X|}{1+|X|}\right)&=E\left(I_A\frac{|X|}{1+|X|}\right)+E\left[(1-I_A)\frac{|X|}{1+|X|}\right]\\&\leqslant E(I_A)+E\left(\frac{\varepsilon}{1+\varepsilon}\right)\\&=P\{|X|\geqslant\varepsilon\}+\frac{\varepsilon}{1+\varepsilon},\end{aligned}$$

即成立
$$E\left(\frac{|X|}{1+|X|}\right)\leqslant P\{|X|\geqslant\varepsilon\}+\frac{\varepsilon}{1+\varepsilon}.$$

第二节 大 数 定 律

定理2(切比雪夫大数定律) 设$X_1,X_2,\cdots,X_n,\cdots$是相互独立的随机变量序列,每一个$X_i$都有有限的方差,且有公共的上界,即$D(X_i)\leqslant C(i=1,2,\cdots,n,\cdots)$,则对任意$\varepsilon>0$,有

$$\lim_{n\to\infty}P\left\{\left|\frac{1}{n}\sum_{i=1}^{n}X_i-\frac{1}{n}\sum_{i=1}^{n}EX_i\right|<\varepsilon\right\}=1,$$

$$\lim_{n\to\infty}P\left\{\left|\frac{1}{n}\sum_{i=1}^{n}X_i-\frac{1}{n}\sum_{i=1}^{n}EX_i\right|\geqslant\varepsilon\right\}=0$$

成立.

定义 对于随机(变量)序列$\{X_n\}$和随机变量X(或常数a),若对任意$\varepsilon>0$,有

$$\lim_{n\to\infty} P\{|X_n - X| < \varepsilon\} = 1(\text{或}\lim_{n\to\infty} P\{|X_n - a| < \varepsilon\} = 1)$$

成立,则称随机(变量)序列$\{X_n\}$依概率收敛于X(或常数a),(等价于$\lim\limits_{n\to\infty} P\{|X_n - X| \geqslant \varepsilon\} = 0$).简记为$X_n \xrightarrow{P} X(n\to\infty)$(或$X_n \xrightarrow{P} a(n\to\infty)$).

推论(辛钦大数定律) 若随机变量序列$X_1, X_2, \cdots, X_n, \cdots$独立同分布,且存在有限的数学期望和方差$E(X_i) = \mu, D(X_i) = \sigma^2 (i = 1,2,\cdots)$,则对任意$\varepsilon > 0$,有

$$\lim_{n\to\infty} P\{|\overline{X} - \mu| < \varepsilon\} = 1,$$

其中$\overline{X} = \dfrac{1}{n}\sum\limits_{i=1}^{n} X_i$.

定理3(伯努利大数定律) 设n_A是n次独立重复试验中事件A发生的次数,p是事件A在每次试验中发生的概率,则对任意$\varepsilon > 0$,有$\lim\limits_{n\to\infty} P\left\{\left|\dfrac{n_A}{n} - p\right| < \varepsilon\right\} = 1$成立.

例1 设$X_1, X_2, \cdots, X_n, \cdots$是相互独立的随机变量序列,且其分布律为

$$P\{X_n = -\sqrt{n}\} = \frac{1}{2^{n+1}}, P\{X_n = \sqrt{n}\} = \frac{1}{2^{n+1}}, P\{X_n = 0\} = 1 - \frac{1}{2^n}(n = 1,2,\cdots).$$

记$Y_n = \dfrac{1}{n}\sum\limits_{i=1}^{n} X_i (n = 1,2,\cdots)$.证明:对于任意$\varepsilon > 0$,$\lim\limits_{n\to\infty} P\{|Y_n| < \varepsilon\} = 1$成立.

证 由数学期望和方差的性质及条件,有

$$E(X_n) = -\sqrt{n}\cdot\frac{1}{2^{n+1}} + \sqrt{n}\cdot\frac{1}{2^{n+1}} + 0 = 0,$$

$$E(X_n^2) = (-\sqrt{n})^2\cdot\frac{1}{2^{n+1}} + (\sqrt{n})^2\cdot\frac{1}{2^{n+1}} + 0 = \frac{n}{2^n},$$

$$D(X_n) = E(X_n^2) = \frac{n}{2^n} \leqslant 1, E(Y_n) = E\left(\frac{1}{n}\sum_{i=1}^{n} X_i\right) = \frac{1}{n}\sum_{i=1}^{n} E(X_i) = 0,$$

$$D(Y_n) = D\left(\frac{1}{n}\sum_{i=1}^{n} X_i\right) = \frac{1}{n^2}\sum_{i=1}^{n} D(X_i) \leqslant \frac{1}{n^2}n = \frac{1}{n}.$$

对任意$\varepsilon > 0$,由切比雪夫不等式,得

$$1 \geqslant P\{|Y_n| < \varepsilon\} = P\{|Y_n - EY_n| < \varepsilon\} \geqslant 1 - \frac{DY_n}{\varepsilon^2} = 1 - \frac{1}{n\varepsilon^2},$$

于是

$$\lim_{n\to\infty} P\{|Y_n| < \varepsilon\} = 1.$$

例2 设随机变量序列$X_1, X_2, \cdots, X_n, \cdots$独立,$X_i$的分布律为

X_i	$-ia$	0	ia
P	$\frac{1}{2i^2}$	$1-\frac{1}{i^2}$	$\frac{1}{2i^2}$

证明：
$$\lim_{n\to\infty}P\left\{\left|\frac{1}{n}\sum_{i=1}^{n}X_i\right|>\varepsilon\right\}=0.$$

证
$$E(X_i)=-ia\times\frac{1}{2i^2}+ia\times\frac{1}{2i^2}+0\times\left(1-\frac{1}{i^2}\right)=0,$$
$$E(X_i^2)=(-ia)^2\times\frac{1}{2i^2}+(ia)^2\times\frac{1}{2i^2}+0^2\times\left(1-\frac{1}{i^2}\right)=a^2,$$
$$D(X_i)=a^2,$$
$$E\left(\frac{1}{n}\sum_{k=1}^{n}X_k\right)=0,D\left(\frac{1}{n}\sum_{k=1}^{n}X_k\right)=\frac{1}{n^2}\sum_{k=1}^{n}D(X_k)\leqslant\frac{a^2}{n},$$
$$P\left\{\left|\frac{1}{n}\sum_{k=1}^{n}X_k-E\frac{1}{n}\sum_{k=1}^{n}X_k\right|<\varepsilon\right\}\geqslant1-\frac{D\left(\frac{1}{n}\sum_{k=1}^{n}X_k\right)}{\varepsilon^2}\geqslant1-\frac{a^2}{n\varepsilon^2}\to1.$$

例 3　设$\{\xi_n\}$是独立随机变量序列，且
$$P\{\xi_n=\pm\sqrt{\ln n}\}=\frac{1}{2},n=1,2,\cdots,$$
试证：$\{\xi_n\}$服从大数定律.

证
$$E(\xi_k)=0,E(\xi_k^2)=\ln k,D(\xi_k)=\ln k,$$
$$Y_n=\frac{1}{n}\sum_{k=1}^{n}\xi_k,E(Y_n)=0,D(Y_n)=\frac{1}{n^2}\sum_{k=1}^{n}D\xi_k\leqslant\frac{\ln n}{n},$$
$$P\{|Y_n-EY_n|\geqslant\varepsilon\}\leqslant\frac{D(Y_n)}{\varepsilon^2}\leqslant\frac{1}{\varepsilon^2}\frac{\ln n}{n}\to0(n\to\infty),$$
故$\{\xi_n\}$服从大数定律.

例 4　设$\{X_k\}$是独立随机变量序列，且
$$P\{X_k=\pm2^k\}=\frac{1}{2^{2k+1}},P\{X_k=0\}=1-\frac{1}{2^{2k}},k=1,2,\cdots,$$
试证：$\{X_k\}$服从大数定律

证
$$E(X_k)=2^k\times\frac{1}{2^{2k+1}}-2^k\times\frac{1}{2^{2k+1}}+0\times\left(1-\frac{1}{2^{2k}}\right)=0,$$
$$E(X_k^2)=2^{2k}\times\frac{1}{2^{2k+1}}+2^{2k}\times\frac{1}{2^{2k+1}}+0\times\left(1-\frac{1}{2^{2k}}\right)=1,$$

$$D(X_k)=1,$$

$$Y_n=\frac{1}{n}\sum_{k=1}^{n}X_k,E(Y_n)=0,D(Y_n)=\frac{1}{n^2}\sum_{k=1}^{n}D(X_k)=\frac{1}{n},$$

$$P\{|Y_n-EY_n|\geqslant\varepsilon\}\leqslant\frac{D(Y_n)}{\varepsilon^2}\leqslant\frac{1}{\varepsilon^2}\frac{1}{n}\to 0(n\to\infty),$$

故$\{X_k\}$服从大数定律.

例 5　设$\{X_k\}$是独立随机变量序列,其中X_k服从参数为$\sqrt{k}$的泊松分布. 试证:$\{X_k\}$服从大数定律.

证　由题设条件,可知$E(X_k)=\sqrt{k}$,$D(X_k)=\sqrt{k}$,

$$Y_n=\frac{1}{n}\sum_{k=1}^{n}X_k,D(Y_n)=\frac{1}{n^2}\sum_{k=1}^{n}D(X_k)=\frac{1}{n^2}\sum_{k=1}^{n}\sqrt{k}\leqslant\frac{1}{n^2}n\sqrt{n}=\frac{1}{\sqrt{n}},$$

$$P\{|Y_n-EY_n|\geqslant\varepsilon\}\leqslant\frac{D(Y_n)}{\varepsilon^2}\leqslant\frac{1}{\varepsilon^2}\frac{1}{\sqrt{n}}\to 0(n\to\infty),$$

故$\{X_k\}$服从大数定律.

例 6　对随机变量序列$\{X_n\}$,证明:$\{X_n\}$依概率收敛于 0 的充要条件是

$$\lim_{n\to\infty}E\left(\frac{|X_n|}{1+|X_n|}\right)=0.$$

证　充分性. 设成立
$$\lim_{n\to\infty}E\left(\frac{|X_n|}{1+|X_n|}\right)=0,$$

利用不等式
$$P\{|X|\geqslant\varepsilon\}\leqslant\frac{1+\varepsilon}{\varepsilon}E\left(\frac{|X|}{1+|X|}\right);$$

对任意$\varepsilon>0$,成立
$$P\{|X_n|\geqslant\varepsilon\}\leqslant\frac{1+\varepsilon}{\varepsilon}E\left(\frac{|X_n|}{1+|X_n|}\right),$$

由此,即得$\lim\limits_{n\to\infty}P\{|X_n|\geqslant\varepsilon\}=0$,即$\{X_n\}$依概率收敛于 0.

必要性. 设$\{X_n\}$以概率收敛于 0 ,即对任意$\varepsilon>0$,成立$\lim\limits_{n\to\infty}P\{|X_n|\geqslant\varepsilon\}=0$,

利用不等式
$$E\left(\frac{|X|}{1+|X|}\right)\leqslant P\{|X|\geqslant\varepsilon\}+\frac{\varepsilon}{1+\varepsilon},$$

则对任意给定$\varepsilon>0$,有

$$E\left(\frac{|X_n|}{1+|X_n|}\right)\leqslant P\{|X_n|\geqslant\varepsilon\}+\frac{\varepsilon}{1+\varepsilon}\leqslant P\{|X_n|\geqslant\varepsilon\}+\varepsilon.$$

对此给定的$\varepsilon>0$,利用$\lim\limits_{n\to\infty}P\{|X_n|\geqslant\varepsilon\}=0$,存在正整数$N$,当$n>N$时,有

$$P\{|X_n|\geqslant\varepsilon\}<\varepsilon;$$

于是,当$n>N$时,有
$$E\left(\frac{|X_n|}{1+|X_n|}\right)<2\varepsilon,$$

由此得到
$$\lim_{n\to\infty}E\left(\frac{|X_n|}{1+|X_n|}\right)=0.$$

第三节　中心极限定理

定理 4（独立同分布的中心极限定理）　设随机变量 $X_1,X_2,\cdots,X_n,\cdots$ 独立同分布，且存在有限的数学期望和方差 $E(X_i)=\mu,D(X_i)=\sigma^2\neq0(i=1,2,\cdots)$.

记 $Y_n=\sum\limits_{i=1}^{n}X_i(EY_n=n\mu,DY_n=n\sigma^2)$，$Y_n{}^*=\dfrac{Y_n-EY_n}{\sqrt{DY_n}}=\dfrac{Y_n-n\mu}{\sqrt{n}\sigma}$ 称为 Y_n 的标准化，且 $F_{Y_n{}^*}(x)=P\{Y_n{}^*\leqslant x\}$，则对任意实数 x，有

$$\lim_{n\to\infty}P\left\{\frac{Y_n-n\mu}{\sqrt{n}\sigma}\leqslant x\right\}=\lim_{n\to\infty}P\{Y_n{}^*\leqslant x\}$$
$$=\lim_{n\to\infty}F_{Y_n{}^*}(x)=\int_{-\infty}^{x}\frac{1}{\sqrt{2\pi}}e^{-\frac{t^2}{2}}dt=\Phi(x).$$

定理 5（棣莫弗－拉普拉斯定理）　设 μ_n 是 n 次独立重复试验中事件 A 发生的次数，p 是事件 A 在每次试验中发生的概率，则对任意区间 $[a,b]$，有

$$\lim_{n\to\infty}P\left\{a<\frac{\mu_n-np}{\sqrt{np(1-p)}}\leqslant b\right\}=\int_a^b\frac{1}{\sqrt{2\pi}}e^{-\frac{t^2}{2}}dt=\Phi(b)-\Phi(a).$$

成立.

近似计算公式：

由于　　$N<\mu_n\leqslant M\Leftrightarrow\dfrac{N-np}{\sqrt{np(1-p)}}<\dfrac{\mu_n-np}{\sqrt{np(1-p)}}\leqslant\dfrac{M-np}{\sqrt{np(1-p)}}$，

所以
$$P\{N<\mu_n\leqslant M\}$$
$$=P\left\{\frac{N-np}{\sqrt{np(1-p)}}<\frac{\mu_n-np}{\sqrt{np(1-p)}}\leqslant\frac{M-np}{\sqrt{np(1-p)}}\right\}$$
$$\approx\Phi\left(\frac{M-np}{\sqrt{np(1-p)}}\right)-\Phi\left(\frac{N-np}{\sqrt{np(1-p)}}\right).$$

例 1　某计算机系统有 120 个终端，每个终端有 5% 的时间在使用，若各终端使用与否是相互独立的，试求有 10 个以上的终端在使用的概率.

解　方法一　以 X 表示使用终端的个数，引入随机变量
$$X_i=\begin{cases}1,\text{第 }i\text{ 个终端在使用},\\0,\text{第 }i\text{ 个终端不使用}\end{cases}(i=1,2,\cdots,120),$$

则 $X = X_1 + X_2 + \cdots + X_{120}$,由于使用与否是独立的,所以 $X_1, X_2, \cdots, X_{120}$ 相互独立,且都服从相同的(0—1)分布,即

$$P\{X_i = 1\} = p = 0.05, P\{X_i = 0\} = 1 - p (i = 1,2,\cdots,120).$$

于是,所求概率为

$$P\{X > 10\} = 1 - P\{X \leqslant 10\} = 1 - P\left\{\frac{X - np}{\sqrt{np(1-p)}} \leqslant \frac{10 - np}{\sqrt{np(1-p)}}\right\},$$

由中心极限定理得

$$\begin{aligned} P\{X > 10\} &= 1 - P\{X \leqslant 10\} \\ &= 1 - P\left\{\frac{X - np}{\sqrt{np(1-p)}} \leqslant \frac{10 - np}{\sqrt{np(1-p)}}\right\} \\ &\approx 1 - \Phi\left(\frac{10 - np}{\sqrt{np(1-p)}}\right) \\ &= 1 - \Phi\left(\frac{10 - 120 \times 0.05}{\sqrt{120 \times 0.05 \times 0.95}}\right) \\ &= 1 - \Phi(1.68) = 1 - 0.9535 = 0.0465. \end{aligned}$$

方法二 以 X 表示使用终端的个数,根据题意知

$$X \sim B(n,p)(n = 120, p = 0.05, \lambda = np = 6),$$

所求概率为 $P\{X > 10\} = 1 - P\{X \leqslant 10\} = 1 - \sum_{k=0}^{10} C_n^k p^k (1-p)^{n-k} \approx 1 - \sum_{k=0}^{10} \frac{e^{-6}6^k}{k!}$

$$= \sum_{k=11}^{\infty} \frac{e^{-6}6^k}{k!} = 0.0426(\text{查泊松分布表}).$$

例 2 用切比雪夫不等式确定当投掷一枚均匀硬币时,需投多少次,才能使出现正面的频率在 0.4 至 0.6 之间的概率不小于 90%,并用棣莫弗-拉普拉斯定理计算同一问题,然后进行比较.

解 用切比雪夫不等式估计 n,设 μ_n 为投掷 n 次硬币出现正面的次数,则

$$\mu_n \sim B\left(n, \frac{1}{2}\right), \quad E(\mu_n) = np = \frac{n}{2}, \quad D(\mu_n) = npq = \frac{n}{4},$$

由题设

$$\begin{aligned} P\left\{0.4 < \frac{\mu_n}{n} < 0.6\right\} &= P\{0.4n < \mu_n < 0.6n\} \\ &= P\{-0.1n < \mu_n - 0.5n < 0.1n\} \\ &= P\{|\mu_n - 0.5n| < 0.1n\} \\ &= P\{|\mu_n - E(\mu_n)| < 0.1n\} \geqslant 0.9, \end{aligned}$$

又由切比雪夫不等式知(取 $\varepsilon = 0.1n$)

$$P\{|\mu_n - E(\mu_n)| < 0.1n\} \geqslant 1 - \frac{D(\mu_n)}{(0.1n)^2} = 1 - \frac{0.25n}{0.01n^2},$$

由 $1-\dfrac{0.25n}{0.01n^2}\geqslant 0.9$，得 $n\geqslant 250$.

用棣莫弗-拉普拉斯定理估计 n，设 μ_n 为投掷 n 次硬币出现正面的次数，则

$$\mu_n \sim B\left(n,\frac{1}{2}\right),\quad E(\mu_n)=np=\frac{n}{2},\quad D(\mu_n)=npq=\frac{n}{4}.$$

由题设

$$\begin{aligned}
&P\left\{0.4<\frac{\mu_n}{n}<0.6\right\}\\
&=P\{0.4n<\mu_n<0.6n\}\\
&=P\{-0.1n<\mu_n-0.5n<0.1n\}\\
&=P\{|\mu_n-0.5n|<0.1n\}\\
&=P\left\{\left|\frac{\mu_n-E(\mu_n)}{\sqrt{D(\mu_n)}}\right|<\frac{0.1n}{\sqrt{D(\mu_n)}}\right\}\\
&=P\left\{\left|\frac{\mu_n-E(\mu_n)}{\sqrt{D(\mu_n)}}\right|<0.2\sqrt{n}\right\}\\
&\approx\Phi(0.2\sqrt{n})-\Phi(-0.2\sqrt{n})\\
&=2\Phi(0.2\sqrt{n})-1\geqslant 0.9,
\end{aligned}$$

即 $\Phi(0.2\sqrt{n})\geqslant 0.95$，查表得 $0.2\sqrt{n}\geqslant z_{0.95}=1.645$，即 $n\geqslant 68$.

计算结果表明，用切比雪夫不等式估计至少需要掷 250 次，才能使出现正面的频率在 0.4～0.6 之间的概率不小于 0.9；而用棣莫弗-拉普拉斯定理估计至少需要掷 68 次，才能使出现正面的频率在 0.4～0.6 之间的概率不小于 0.9. 说明用中心极限定理计算比用切比雪夫不等式估计精确.

例 3　现有一大批种子，其中良种占 $\frac{1}{6}$. 现从中任选 6000 粒，试问在这些种子中，良种所占的比例与 $\frac{1}{6}$ 的误差小于 1% 的概率是多少？

解　设 X 表示良种个数，则 $X\sim B(n,p)$，$n=6000$，$p=\dfrac{1}{6}$，

所求概率为

$$\begin{aligned}
&P\left\{\left|\frac{X}{n}-\frac{1}{6}\right|<0.01\right\}\\
&=P\{|X-np|<n\times 0.01\}\\
&=P\left\{\left|\frac{X-np}{\sqrt{np(1-p)}}\right|<\frac{n\times 0.01}{\sqrt{np(1-p)}}\right\}
\end{aligned}$$

$$= P\left\{\left|\frac{X-np}{\sqrt{np(1-p)}}\right| < \frac{6000\times 0.01}{\sqrt{6000\times\frac{1}{6}\times\frac{5}{6}}}\right\}$$

$$\approx \Phi(2.078) - \Phi(-2.078)$$

$$= 2\Phi(2.078) - 1 = 2\times 0.98 - 1 = 0.96.$$

例 4　设有 30 个电子器件 $D_1, D_2, \cdots, D_{30}$，它们的使用情况为：D_1 损坏，D_2 接着使用；D_2 损坏，D_3 接着使用，…，设器件 D_i 的使用寿命服从参数 $\lambda = 0.1$（单位：h^{-1}）的指数分布. 令 T 为 30 个器件使用的总时数，问 T 超过 350h 的概率是多少？

解　设 X_i 为器件 D_i 的使用寿命，X_i 服从参数 $\lambda = 0.1$（单位：h^{-1}）的指数分布，$X_1, X_2, \cdots, X_{30}$ 相互独立，$T = X_1 + X_2 + \cdots + X_n\ (n = 30)$，$\mu = E(X_i) = \dfrac{1}{\lambda} = \dfrac{1}{0.1} = 10$，$\sigma^2 = D(X_i) = \dfrac{1}{\lambda^2} = \dfrac{1}{0.1^2} = 100$，由中心极限定理得

$$\begin{aligned} P\{T > 350\} &= 1 - P\{T \leqslant 350\} \\ &= 1 - P\left\{\frac{T - n\mu}{\sqrt{n}\sigma} < \frac{350 - n\mu}{\sqrt{n}\sigma}\right\} \\ &\approx 1 - \Phi\left(\frac{350 - 300}{\sqrt{30}\times 10}\right) \\ &= 1 - \Phi\left(\frac{5}{\sqrt{30}}\right) = 1 - \Phi(0.91) \\ &= 1 - 0.8186 = 0.1814. \end{aligned}$$

例 5　某单位设置一个电话总机，共有 200 个电话分机. 设每个电话分机有 5% 的时间要使用外线通话，假定每个电话分机是否使用外线通话是相互独立的，问总机需要安装多少条外线才能以 90% 的概率保证每个分机都能即时使用？

解　方法一　依题意设 X 为同时使用的电话分机个数，则

$$X \sim B(n, p)\ (n = 200, p = 0.05),$$

设安装了 N 条外线，引入随机变量

$$X_i = \begin{cases} 1, & \text{第 } i \text{ 个分机在使用}, \\ 0, & \text{第 } i \text{ 个分机不使用} \end{cases}\ (i = 1, 2, \cdots, 200),$$

则

$$X = X_1 + X_2 + \cdots + X_{200},$$

由于使用与否是独立的，所以 $X_1, X_2, \cdots, X_{200}$ 相互独立，且都服从相同的（0—1）分布，即

$$P\{X_i=1\}=p=0.05,P\{X_i=0\}=1-p(i=1,2,\cdots,200),$$

$\{X\leqslant N\}$ = 保证每个分机都能即时使用，则

$$P\{X\leqslant N\}=0.9,$$

于是 $0.9=P\{X\leqslant N\}=P\left\{\frac{X-np}{\sqrt{np(1-p)}}\leqslant\frac{N-np}{\sqrt{np(1-p)}}\right\}\approx\Phi\left(\frac{N-np}{\sqrt{np(1-p)}}\right)$

$$=\Phi\left(\frac{N-200\times0.05}{\sqrt{200\times0.05\times0.95}}\right)=\Phi\left(\frac{N-10}{\sqrt{9.5}}\right)=\Phi\left(\frac{N-10}{3.08}\right),$$

查标准正态分布表得 $\frac{N-10}{3.08}=z_{0.9}=1.28,N=1.28\times3.08+10=13.94$，取 $N=14$.

答：需要安装 14 条外线.

方法二　设 X 为同时使用的电话分机个数，则

$$X\sim B(n,p)(n=200,p=0.05),\lambda=np=10.$$

设安装了 N 条外线，$\{X\leqslant N\}$ = 保证每个分机都能即时使用，$P\{X\leqslant N\}=0.9$，

则有 $0.9=P\{X\leqslant N\}=\sum\limits_{k=0}^{N}C_n^kp^k(1-p)^{n-k}\approx\sum\limits_{k=0}^{N}\frac{e^{-10}10^k}{k!}=1-\sum\limits_{k=N+1}^{\infty}\frac{e^{-10}10^k}{k!}$,

$\sum\limits_{k=N+1}^{\infty}\frac{e^{-10}10^k}{k!}=0.1$，在列出的泊松分布表中没有 $\lambda=10$ 的情形，此法就解决不了这个问题.

方法一是用中心极限定理解决问题的，从而体会中心极限定理的作用.

例 6　做加法运算时，先对每个数取整（即四舍五入取作整数）. 设所有取整产生的误差是相互独立的，且都在区间 $(-0.5,0.5]$ 上服从均匀分布，试问最多几个数相加，方能保证误差总和的绝对值小于 15 的概率大于 0.90?

解　根据题意有 $X\sim U(-0.5,0.5],E(X)=0,D(X)=\frac{1}{12}$. 设 X_i 为第 i 个加数产生的误差，$X_i\sim U(-0.5,0.5],X_1,X_2,\cdots,X_n$ 相互独立.

由中心极限定理，得

$$P\left\{\left|\sum_{i=1}^{n}X_i\right|\leqslant15\right\}=P\left\{\frac{-15}{\sqrt{n\cdot\frac{1}{12}}}\leqslant\frac{\sum\limits_{i=1}^{n}X_i}{\sqrt{n\cdot\frac{1}{12}}}\leqslant\frac{15}{\sqrt{n\cdot\frac{1}{12}}}\right\}$$

$$\approx\Phi\left(30\sqrt{\frac{3}{n}}\right)-\Phi\left(-30\sqrt{\frac{3}{n}}\right)$$

$$=2\Phi\left(30\sqrt{\frac{3}{n}}\right)-1>0.90.$$

由 $\Phi\left(30\sqrt{\frac{3}{n}}\right)>0.95$，$30\sqrt{\frac{3}{n}}>z_{0.95}=1.65$，$\left(\frac{30\sqrt{3}}{1.65}\right)^2>n$，得 $n<992$.

例7 设随机变量 $X_n(n=1,2,\cdots)$ 相互独立且都在 $[-1,1]$ 上服从均匀分布，求 $\lim\limits_{n\to\infty}P\{\sum\limits_{i=1}^{n}X_i\leqslant\sqrt{n}\}$.

解 $X_i\sim U[-1,1]$，$E(X_i)=0$，$D(X_i)=\frac{1}{3}$，

$$E\left(\sum_{k=1}^{n}X_k\right)=0,$$

$$D\left(\sum_{k=1}^{n}X_k\right)=\sum_{k=1}^{n}D(X_k)=\frac{n}{3},$$

利用中心极限定理，可得

$$\lim_{n\to\infty}P\left\{\sum_{i=1}^{n}X_i\leqslant\sqrt{n}\right\}=\lim_{n\to\infty}P\left\{\frac{\sum\limits_{i=1}^{n}X_i}{\sqrt{\frac{n}{3}}}\leqslant\sqrt{3}\right\}=\Phi(\sqrt{3}).$$

例8 将一枚硬币抛掷100次，用中心极限定理，求：出现正面次数大于60的概率.

解 $P\{X_i=0\}=\frac{1}{2}$，$P\{X_i=1\}=\frac{1}{2}$，$E(X_i)=\frac{1}{2}$，$D(X_i)=\frac{1}{4}$，

$$E\left(\sum_{k=1}^{100}X_k\right)=50,$$

$$D\left(\sum_{k=1}^{100}X_k\right)=\sum_{k=1}^{100}D(X_k)=25,$$

利用中心极限定理，可得

$$P\left\{\sum_{i=1}^{100}X_i>60\right\}$$

$$=P\left\{\frac{\sum\limits_{i=1}^{100}X_i-50}{5}>2\right\}$$

$$\approx 1-\Phi(2)=1-0.9772=0.0228.$$

例9 假设某种型号的螺钉的重量是随机变量，期望值是50g，标准差是5g. 求：(1)每袋装有100个螺钉的重量超过5.1kg的概率；

(2)每箱螺钉装有500袋，500袋中最多有4%的重量超过5.1kg的概率.

解 (1) $E(X_i)=50$，$D(X_i)=25$，

$$E\left(\sum_{k=1}^{100} X_k\right) = 5000, D\left(\sum_{k=1}^{100} X_k\right) = \sum_{k=1}^{100} D(X_k) = 2500,$$

$$P\left\{\sum_{i=1}^{100} X_i > 5100\right\} = P\left\{\frac{\sum_{i=1}^{100} X_i - 5000}{50} > 2\right\} \approx 1 - \Phi(2) = 1 - 0.9772 = 0.0228.$$

(2) $Y \sim B(500, 0.0228)$,

$$P\left\{\frac{Y}{500} \leqslant 4\%\right\} = P\{Y \leqslant 20\}$$

$$= P\left\{\frac{Y - 500 \times 0.0228}{\sqrt{500 \times 0.0228 \times 0.9772}} \leqslant \frac{20 - 500 \times 0.0228}{\sqrt{500 \times 0.0228 \times 0.9772}}\right\}$$

$$= \Phi(2.577) = 0.995.$$

例 10　假设一条自动生产线生产的产品合格率是 0.8，要使一批产品的合格率达到在 76% ~84% 之间的概率不小于 90%，问：这批产品至少要生产多少件？

解　$X \sim B(n, 0.8)$,

$$P\left\{0.76 < \frac{X}{n} < 0.84\right\} = P\left\{\frac{0.76n - 0.8n}{\sqrt{0.8 \times 0.2n}} < \frac{X - 0.8n}{\sqrt{0.8 \times 0.2n}} < \frac{0.84n - 0.8n}{\sqrt{0.8 \times 0.2n}}\right\}$$

$$\approx \Phi(0.1\sqrt{n}) - \Phi(-0.1\sqrt{n}) = 2\Phi(0.1\sqrt{n}) - 1 \geqslant 0.9,$$

$$\Phi(0.1\sqrt{n}) \geqslant 0.95, 0.1\sqrt{n} \geqslant 1.645,$$

$$n \geqslant 16.45^2 = 271.$$

例 11　某校 900 名学生选修 6 名老师主讲的“高等数学”，假定每名学生完全随机地选择一位老师，且学生之间选择老师是彼此独立的，问每名老师的上课教室应设多少个座位才能保证因缺少座位而使学生离去的概率小于 1%？（$\Phi(2.33) = 0.9901, \Phi(2.4) = 0.9918, \Phi(2.43) = 0.9925$）

解

$$X \sim B\left(900, \frac{1}{6}\right),$$

$$P\{X > n\} = 1 - P\left\{\frac{X - 900 \times \frac{1}{6}}{\sqrt{900 \times \frac{1}{6} \times \frac{5}{6}}} < \frac{n - 900 \times \frac{1}{6}}{\sqrt{900 \times \frac{1}{6} \times \frac{5}{6}}}\right\} = 1 - \Phi\left(\frac{n - 900 \times \frac{1}{6}}{\sqrt{900 \times \frac{1}{6} \times \frac{5}{6}}}\right)$$

$$= 1 - \Phi\left(\frac{n - 150}{5\sqrt{5}}\right) < 0.01,$$

$$\Phi\left(\frac{n - 150}{5\sqrt{5}}\right) > 0.99, \frac{n - 150}{5\sqrt{5}} > 2.33,$$

$$n > 176.5, n = 177.$$

例 12　从装有 9 只白球和 1 只红球的箱子中有放回地取 n 只球，设随机

变量 X 表示这 n 只取球中白球出现的次数. 问:n 需要多大时才能使 $P\left\{\left|\frac{X}{n}-p\right|\leqslant 0.01\right\}=0.9545$,其中 p 是每一次取球中取到白球的概率.

解
$$p=\frac{9}{10},X\sim B(n,p),$$

$$P\left\{\left|\frac{X}{n}-p\right|\leqslant 0.01\right\}=P\left\{\left|\frac{\varepsilon-np}{\sqrt{np(1-p)}}\right|\leqslant\frac{0.01n}{\sqrt{np(1-p)}}\right\}$$

$$=2\Phi\left(\frac{0.01n}{\sqrt{np(1-p)}}\right)-1=2\Phi\left(\frac{\sqrt{n}}{30}\right)-1=0.9545,$$

$$\Phi\left(\frac{\sqrt{n}}{30}\right)=0.9772=\Phi(2),$$

$$\frac{\sqrt{n}}{30}=2,n=3600.$$

例 13 设在 n 次伯努利试验中,每次试验事件 A 出现的概率均为 0.7,要使事件 A 出现的频率在 0.68 ~ 0.72 的概率至少为 0.9,问至少要做多少次试验?

解 $X\sim B(n,0.7),E(X)=0.7n,D(X)=0.7\times 0.3n=0.21n,$

(1)用切比雪夫不等式计算估计.

$$P\left\{0.68\leqslant\frac{X}{n}\leqslant 0.72\right\}=P\{0.68n\leqslant X\leqslant 0.72n\}$$

$$=P\{|X-EX|\leqslant 0.02n\}\geqslant 1-\frac{D(X)}{(0.02n)^2}=1-\frac{0.21n}{0.0004n^2}=1-\frac{2100n}{4n^2}\geqslant 0.9,$$

$$n\geqslant 5250.$$

(2)用中心极限定律计算.

$$P\left\{0.68\leqslant\frac{X}{n}\leqslant 0.72\right\}=P\left\{\left|\frac{X-0.7n}{\sqrt{0.21n}}\right|\leqslant\frac{0.02n}{\sqrt{0.21n}}=\frac{0.2\sqrt{n}}{\sqrt{21}}\right\}=2\Phi\left(\frac{0.2\sqrt{n}}{\sqrt{21}}\right)-1\geqslant 0.9,$$

$$\Phi\left\{\frac{0.2\sqrt{n}}{\sqrt{21}}\right\}\geqslant 0.95,\frac{0.2\sqrt{n}}{\sqrt{21}}\geqslant 1.645,n\geqslant 1420.7,n=1421.$$

第七章　统计量及其分布

第一节　总体与样本、统计量

例 1　设总体 X 服从参数为 λ 的指数分布

$$F(x)=\begin{cases}1-e^{-\lambda x}, & x>0,\\ 0, & x\leqslant 0.\end{cases}$$

$X_1,X_2,\cdots,X_n$ 为来自于总体 X 的样本,求 $(X_1,X_2,\cdots,X_n)$ 的分布函数.

解　由于 $X_1,X_2,\cdots,X_n$ 独立同分布,故 $(X_1,X_2,\cdots,X_n)$ 的分布函数为

$$F(x_1,x_2,\cdots,x_n)=\prod_{i=1}^{n}F(x_i)=\begin{cases}\prod\limits_{i=1}^{n}(1-e^{-\lambda x_i}), & x_1>0,x_2>0,\cdots,x_n>0,\\ 0, & \text{其他}.\end{cases}$$

例 2　随机地观察总体 X,得到 10 个数据为

$$3.2,2.5,-4,2.5,0,3,2,2.5,3.2,2,$$

求其经验分布函数.

解　将数据由小到大排列为

$$-4<0<2=2<2.5=2.5=2.5<3<3.2=3.2.$$

于是经验分布函数为

$$F_{10}(x)=\begin{cases}0, & x<-4,\\ \dfrac{1}{10}, & -4\leqslant x<0,\\ \dfrac{2}{10}, & 0\leqslant x<2,\\ \dfrac{4}{10}, & 2\leqslant x<2.5,\\ \dfrac{7}{10}, & 2.5\leqslant x<3,\\ \dfrac{8}{10}, & 3\leqslant x<3.2,\\ 1, & x\geqslant 3.2.\end{cases}$$

例3 设$X_1,X_2,\cdots,X_n$为(0—1)分布的一个样本,$\overline{X}$和S^2分别为样本均值和样本方差,求$E(\overline{X})$,$D(\overline{X})$和$E(S^2)$.

解 由于$X_1,X_2,\cdots,X_n$同服从(0—1)分布,$E(X_i)=p$,$D(X_i)=p(1-p)$,又$X_1,X_2,\cdots,X_n$相互独立,则

$$E(\overline{X})=E\left(\frac{1}{n}\sum_{i=1}^{n}X_i\right)=\frac{1}{n}E\left(\sum_{i=1}^{n}X_i\right)=\frac{1}{n}\sum_{i=1}^{n}EX_i=p,$$

$$D(\overline{X})=D\left(\frac{1}{n}\sum_{i=1}^{n}X_i\right)=\frac{1}{n^2}\sum_{i=1}^{n}D(X_i)=\frac{1}{n^2}\sum_{i=1}^{n}p(1-p)$$

$$=\frac{1}{n^2}\cdot np(1-p)=\frac{p(1-p)}{n},$$

$$\sum_{i=1}^{n}X_i=n\overline{X},\sum_{i=1}^{n}(X_i-p)=n(\overline{X}-p).$$

计算$E(S^2)$:

$$E(S^2)=E\left[\frac{1}{n-1}\sum_{i=1}^{n}(X_i-\overline{X})^2\right]=E\left\{\frac{1}{n-1}\sum_{i=1}^{n}[(X_i-p)-(\overline{X}-p)]^2\right\}$$

$$=E\left\{\frac{1}{n-1}\sum_{i=1}^{n}[(X_i-p)^2-2(\overline{X}-p)(X_i-p)+(\overline{X}-p)^2]\right\}$$

$$=E\left\{\frac{1}{n-1}\left[\sum_{i=1}^{n}(X_i-p)^2-2(\overline{X}-p)\sum_{i=1}^{n}(X_i-p)+\sum_{i=1}^{n}(\overline{X}-p)^2\right]\right\}$$

$$=E\left\{\frac{1}{n-1}\left[\sum_{i=1}^{n}(X_i-p)^2-2(\overline{X}-p)\cdot n(\overline{X}-p)+\sum_{i=1}^{n}(\overline{X}-p)^2\right]\right\}$$

$$=E\left\{\frac{1}{n-1}\left[\sum_{i=1}^{n}(X_i-p)^2-2n(\overline{X}-p)^2+n(\overline{X}-p)^2\right]\right\}$$

$$=E\left\{\frac{1}{n-1}\left[\sum_{i=1}^{n}(X_i-p)^2-n(\overline{X}-p)^2\right]\right\}$$

$$=\frac{1}{n-1}\left[\sum_{i=1}^{n}E(X_i-p)^2-nE(\overline{X}-p)^2\right]$$

$$=\frac{1}{n-1}\left(\sum_{i=1}^{n}DX_i-nD\overline{X}\right)=\frac{1}{n-1}\left[\sum_{i=1}^{n}p(1-p)-n\cdot\frac{p(1-p)}{n}\right]$$

$$=\frac{1}{n-1}[np(1-p)-p(1-p)]=\frac{1}{n-1}(n-1)p(1-p)=p(1-p).$$

例4 设$X_1,X_2,\cdots,X_n$为泊松分布$\pi(\lambda)$的一个样本,求$(X_1,X_2,\cdots,X_n)$的分布律.

解　根据题设条件 X_i 的分布律为 $P\{X_i=k_i\}=\dfrac{e^{-\lambda}\lambda^{k_i}}{k_i!}(k_i=0,1,2,\cdots)$.
又 $X_1,X_2,\cdots,X_n$ 相互独立，于是 $(X_1,X_2,\cdots,X_n)$ 的分布律为

$$
\begin{aligned}
&P\{X_1=k_1,X_2=k_2,\cdots,X_n=k_n\}\\
&=\prod_{i=1}^{n}P\{X_i=k_i\}\\
&=\frac{e^{-n\lambda}\lambda^{\sum\limits_{i=1}^{n}k_i}}{k_1!k_2!\cdots k_n!}\quad(k_i=0,1,2,3,\cdots;i=1,2,\cdots,n).
\end{aligned}
$$

例 5　从装有 1 只白球和 2 只黑球的罐子里有放回地取球，令 $X=0$ 表示取到白球，$X=1$ 表示取到黑球，$X_1,X_2,\cdots,X_n$ 为来自总体 X 的样本，试求：

(1) 样本均值 $\overline{X}$ 的数学期望和方差；

(2) 样本方差 $S^2=\dfrac{1}{n-1}\sum\limits_{i=1}^{n}(X_i-\overline{X})^2$ 的数学期望；

(3) $X_1+X_2+\cdots+X_n$ 的分布律.

解　由于总体 X 服从两点分布，有 $P\{X=0\}=\dfrac{1}{3}$，$P\{X=1\}=\dfrac{2}{3}$，即 $X\sim B\left(1,\dfrac{2}{3}\right)$，则 $E(X)=\dfrac{2}{3}$，$D(X)=\dfrac{2}{9}$，于是

(1) $E(\overline{X})=E(X)=\dfrac{2}{3}$，$D(\overline{X})=\dfrac{1}{n}D(X)=\dfrac{2}{9n}$.

(2) $E(S^2)=D(X)=\dfrac{2}{9}$.

(3) $X_1,X_2,\cdots,X_n$ 相互独立且都服从二项分布 $B\left(1,\dfrac{2}{3}\right)$，故 $Y=X_1+X_2+\cdots+X_n$ 服从二项分布 $B\left(n,\dfrac{2}{3}\right)$，其分布律是

$$P\{Y=k\}=C_n^k\left(\frac{2}{3}\right)^k\left(\frac{1}{3}\right)^{n-k}(k=0,1,2,\cdots,n).$$

例 6　在总体 $N(20,1.5^2)$ 中随机抽取一容量为 25 的样本，求样本均值 $\overline{X}$ 落在 19.6 到 20.3 之间的概率.

解　根据正态总体的样本的线性函数的性质

$$\overline{X}=\frac{1}{n}\sum_{i=1}^{n}X_i\sim N\left(\mu,\frac{\sigma^2}{n}\right),$$

于是

$$\overline{X}\sim N\left(20,\frac{1.5^2}{25}\right)=N(20,0.3^2),$$

所以

$$P\{19.6<\overline{X}<20.3\}=P\left\{-\frac{4}{3}<\frac{\overline{X}-20}{0.3}<1\right\}$$
$$=\Phi(1)-\Phi(-1.33)$$
$$=0.8413-0.0918=0.7495.$$

例7 设x_1,x_2,x_3,x_4为总体$N(12,2^2)$的样本,$\bar{x}$为样本均值,求$P\{12<\bar{x}<13\}$.

解 由于$\bar{x}\sim N(12,1)$,所以

$$P\{12<\bar{x}<13\}=P\left\{\frac{12-12}{1}<\frac{\bar{x}-12}{1}<\frac{13-12}{1}\right\}$$
$$=\Phi(1)-\Phi(0)=0.8413-0.5=0.3413.$$

例8 设$x_1,x_2,\cdots,x_{18}$和$y_1,y_2,\cdots,y_{18}$为来自总体$N(\mu,\sigma^2)$的独立样本,其样本均值分别记为$\bar{x}$和$\bar{y}$,试求$P\{|\bar{x}-\bar{y}|<\sigma\}$.

解 根据题设条件知$\bar{x}\sim N\left(\mu,\frac{\sigma^2}{18}\right)$,$\bar{y}\sim N\left(\mu,\frac{\sigma^2}{18}\right)$,$\bar{x}$与$\bar{y}$相互独立,从而$\bar{x}-\bar{y}\sim N\left(0,\frac{\sigma^2}{9}\right)$,所以

$$P\{|\bar{x}-\bar{y}|<\sigma\}=P\left\{\left|\frac{\bar{x}-\bar{y}}{\sigma/3}\right|<\frac{\sigma}{\sigma/3}\right\}$$
$$=\Phi(3)-\Phi(-3)=2\Phi(3)-1$$
$$=2\times0.9987-1=0.9974.$$

例9 某市要调查成年男子的吸烟率,特聘请50名统计专业本科生做街头随机调查,要求每位学生调查100名成年男子,问该项调查的总体和样本分别是什么,总体用什么分布描述为宜?

解 (1)总体是该市所有成年男子(的吸烟情况);(2)样本是50组100名被调查的成年男子(的吸烟情况);(3)总体分布为二项分布$B(n,p)$,其中p为该市成年男子的吸烟率.

例10 某厂大量生产某种产品,其不合格品率p未知,每m件产品包装为一盒,为了检查产品的质量,任意抽取n盒,查其中的不合格品数,试说明什么是总体,什么是样本,并指出样本的分布.

解 (1)总体是该厂生产的产品(中的不合格品情况);

(2)样本是任意抽取n盒中每盒m件产品的不合格品数;

(3)样本$(X_1,X_2,\cdots,X_n)$的分布律为

$$P(x_1,x_2,\cdots,x_n)=\prod_{i=1}^{n}\mathrm{C}_m^{x_i}p^{x_i}(1-p)^{m-x_i}.$$

例11 某厂生产的电容器的使用寿命服从指数分布,为了解其平均寿命,从

中抽出 n 件产品测其实际使用寿命,试说明:总体和样本分别是什么,并指出样本的分布.

解　(1)总体是该厂生产的电容器的寿命.

(2)样本是抽出的 n 件电容器的寿命.

(3)样本$(X_1,X_2,\cdots,X_n)$的联合概率密度为

$$f(x_1,x_2,\cdots,x_n)=\begin{cases}\prod\limits_{i=1}^{n}\lambda e^{-\lambda x_i}, & x_i>0,i=1,2,\cdots,n,\\ 0, & \text{其他}.\end{cases}$$

例 12　在一本书上随机地检查 10 页,发现每页上的错误数为 4,5,6,0,3,1,4,2,1,4,试计算出样本均值、样本方差和样本标准差.

解　令 $x_1,x_2,\cdots x_{10}$分别为 4,5,6,0,3,1,4,2,1,4.

则样本均值　$\bar{x}=\dfrac{\sum_{i=1}^{10}x_i}{10}=\dfrac{4+5+6+0+3+1+4+2+1+4}{10}=3.$

样本方差　$S^2=\dfrac{1}{10-1}\sum\limits_{i=1}^{10}(x_i-\bar{x})^2$

$$=\frac{(4-3)^2+(5-3)^2+(6-3)^2+(0-3)^2+(3-3)^2+(1-3)^2+(4-3)^2+(2-3)^2+(1-3)^2+(4-3)^2}{10-1}=3.78,$$

样本标准差 $S=\sqrt{3.78}=1.94$.

例 13　证明:样本容量为 2 的样本(X_1,X_2)的样本方差为$\frac{1}{2}(X_1-X_2)^2$.

证明:$S^2=\dfrac{1}{2-1}\left[\left(X_1-\dfrac{X_1+X_2}{2}\right)^2+\left(X_2-\dfrac{X_1+X_2}{2}\right)^2\right]=\dfrac{1}{2}(X_1-X_2)^2$.

例 14　从同一总体中抽取两个容量分别为 n 和 m 的样本,样本均值分别为$\overline{X_1}$和$\overline{X_2}$,样本方差分别为 S_1^2 和 S_2^2,将两样本合并,其均值、方差分别为 $\overline{X}$ 和 S^2,证明:
$\overline{X}=\dfrac{n\overline{X}_1+m\overline{X}_2}{n+m}$, $S^2=\dfrac{(n-1)S_1^2}{n-m+1}+\dfrac{(m-1)S_2^2}{n-m+1}+\dfrac{nm(\overline{X}_1-\overline{X}_2)S_2^2}{(n+m)(n+m-1)}$.

证　设样本容量为 n 的样本为 $X_1,X_2,\cdots,X_n$;样本容量为 m 的样本为 $Y_1,Y_2,\cdots,Y_m$.

则由 $n\overline{X_1}+m\overline{X}_2=(n+m)\overline{X}$,可得均值　$\overline{X}=\dfrac{n\overline{X}_1+m\overline{X}_2}{n+m}$,

$$\text{方差}\quad S^2=\frac{1}{n+m-1}\left(\sum_{i=1}^{n}(X_i-\overline{X})^2+\sum_{j=1}^{m}(Y_j-\overline{X})^2\right)$$

$$=\frac{1}{n+m-1}\left(\sum_{i=1}^{n}[(X_i-\overline{X}_1)+((\overline{X}_1-\overline{X})]^2+\sum_{j=1}^{m}[(Y_j-(\overline{X}_2)+(\overline{X}_2-\overline{X})]\right.$$

$$=\frac{1}{n+m-1}\left(\sum_{i=1}^{n}(X_i-\overline{X}_1)+n(\overline{X}_1-\overline{X})+\sum_{j=1}^{m}(Y_j-\overline{X}_2)^2+m(\overline{X}_2-\overline{X})\right)$$

$$= \frac{1}{n+m-1}\left((n-1)S_1^2 + n\frac{m^2(\overline{X}_1-\overline{X}_2)^2}{(m+n)^2} + (m-1)S_2^2 + m\frac{n^2(\overline{X}_1-\overline{X}_2)^2}{(m+n)^2}\right)$$

$$= \frac{(n-1)S_1^2+(m-1)S_2^2}{n+m-1} + \frac{nm(\overline{X}_1-\overline{X}_2)^2}{(n+m)(n+m+1)}.$$

例 15　以下是某工厂通过抽样调察得到的 10 名工人在一周内生产的产品数

149　156　160　138　149　153　153　169　156　156

试用这些数据构造经验分布函数.

解　先将这 10 个数据按照由小到大的顺序排序,即

138　149　153　153　156　156　156　160　169

X	$(+\infty,138)$	$[138,149)$	$[149,153)$	$[153,156)$	$[156,160)$	$[160,169)$	$[169,+\infty]$
P	0	0.1	0.2	0.2	0.3	0.1	0.1

$$F_n(x)=\begin{cases}0, & x<138,\\ 0.1, & 138\leqslant x<149,\\ 0.3, & 149\leqslant x<153,\\ 0.5, & 153\leqslant x<156,\\ 0.8, & 156\leqslant x<160,\\ 0.9, & 160\leqslant x<169,\\ 1 & x\geqslant 169.\end{cases}$$

第二节　正态总体样本的线性函数分布和 χ^2 分布

例 1　设总体 $X\sim N(\mu,\sigma^2)$,$X_1,X_2,\cdots,X_n$ 是来自于 X 的一个样本,其中 σ^2 已知,求 $E[(\overline{X}-\mu)^2]$,$D[(\overline{X}-\mu)^2]$.

解　由题意得

$$E(\overline{X})=\mu, D(\overline{X})=\frac{\sigma^2}{n}, E[(\overline{X}-\mu)^2]=E[(\overline{X}-E\overline{X})^2]=D(\overline{X})=\frac{\sigma^2}{n},$$

$$D[(\overline{X}-\mu)^2]=D\left[\frac{\sigma^2}{n}\left(\frac{\overline{X}-\mu}{\sigma/\sqrt{n}}\right)^2\right]=\frac{\sigma^4}{n^2}D\left(\frac{\overline{X}-\mu}{\sigma/\sqrt{n}}\right)^2.$$

由于 $\frac{\overline{X}-\mu}{\sigma/\sqrt{n}}\sim N(0,1)$,所以 $\left[\frac{\overline{X}-\mu}{\sigma/\sqrt{n}}\right]^2\sim\chi^2(1)$.

由 χ^2 分布数字特征的性质,得 $D\left(\frac{\overline{X}-\mu}{\sigma/\sqrt{n}}\right)^2=D\chi^2(1)=2\times1=2$,于

是$D[(\overline{X}-\mu)^2]=\frac{2\sigma^4}{n^2}$.

例 2　设总体$X\sim N(\mu,\sigma^2)$,$X_1,X_2,\cdots,X_n$是来自于X的一个样本,其中σ^2已知,求$E(S^2)$,$D(S^2)$.

解　$E(S^2)=D(X)=\sigma^2$(对任意总体可证). 由于$\frac{n-1}{\sigma^2}S^2\sim\chi^2(n-1)$,所以

$$D(S^2)=D\left(\frac{\sigma^2}{n-1}\cdot\frac{n-1}{\sigma^2}S^2\right)=\left(\frac{\sigma^2}{n-1}\right)^2\cdot D\left(\frac{n-1}{\sigma^2}S^2\right)$$

$$=\left(\frac{\sigma^2}{n-1}\right)^2\cdot D[\chi^2(n-1)]=\left(\frac{\sigma^2}{n-1}\right)^2\cdot 2(n-1)=\frac{2\sigma^4}{n-1}.$$

例 3　设X_1,X_2是来自正态总体$X\sim N(\mu,\sigma^2)$的一个样本,证明X_1+X_2与X_1-X_2相互独立.

证　由于X_1,X_2相互独立且都服从正态分布,所以(X_1,X_2)服从二维正态分布,$X_i\sim N(\mu,\sigma^2)(i=1,2)$. 显然$(X_1+X_2,X_1-X_2)=(X_1,X_2)\begin{pmatrix}1 & 1\\ 1 & -1\end{pmatrix}$是线性变换,从而$(X_1+X_2,X_1-X_2)$服从二维正态分布,考察$X_1+X_2$与$X_1-X_2$的协方差得

$$\begin{aligned}\mathrm{Cov}(X_1+X_2,X_1-X_2)&=E[(X_1+X_2)(X_1-X_2)]-E(X_1+X_2)\cdot E(X_1-X_2)\\&=E(X_1^2-X_2^2)-(EX_1+EX_2)\cdot(EX_1-EX_2)\\&=EX_1^2-EX_2^2=0.\end{aligned}$$

由服从二维正态分布的随机变量独立判别法则,得X_1+X_2与X_1-X_2相互独立.

例 4　设$X_1,X_2,\cdots,X_{10}$为总体$X\sim N(\mu,\sigma^2)$的一个样本,试求:

(1)$P\left\{0.27\sigma^2\leqslant\frac{1}{10}\sum_{i=1}^{10}(X_i-\overline{X})^2\leqslant 2.36\sigma^2\right\}$;

(2)$P\left\{0.27\sigma^2\leqslant\frac{1}{10}\sum_{i=1}^{10}(X_i-\mu)^2\leqslant 2.36\sigma^2\right\}$.

解　(1) 利用结论$\frac{n-1}{\sigma^2}S^2=\frac{1}{\sigma^2}\sum_{i=1}^{n}(X_i-\overline{X})^2\sim\chi^2(n-1)$,

得
$$\frac{1}{\sigma^2}\sum_{i=1}^{10}(X_i-\overline{X})^2\sim\chi^2(10-1),$$

所以
$$P\left\{0.27\sigma^2\leqslant\frac{1}{10}\sum_{i=1}^{10}(X_i-\overline{X})^2\leqslant 2.36\sigma^2\right\}$$

$$=P\left\{2.7\leqslant\frac{1}{\sigma^2}\sum_{i=1}^{10}(X_i-\overline{X})^2\leqslant 23.6\right\}$$

$$=P\{\chi^2(9)\leqslant 23.6\}-P\{\chi^2(9)\leqslant 2.7\}\text{(查}\chi^2\text{ 分布表)}$$

$$=0.995-0.025=0.97.$$

(2)利用结论 $\frac{1}{\sigma^2}\sum_{i=1}^{n}(X_i-\mu)^2\sim\chi^2(n)$,得$\frac{1}{\sigma^2}\sum_{i=1}^{10}(X_i-\mu)^2\sim\chi^2(10)$,

所以
$$P\left\{0.27\sigma^2\leqslant\frac{1}{10}\sum_{i=1}^{10}(X_i-\mu)^2\leqslant 2.36\sigma^2\right\}$$
$$=P\left\{2.7\leqslant\frac{1}{\sigma^2}\sum_{i=1}^{10}(X_i-\mu)^2\leqslant 23.6\right\}$$
$$=P\{\chi^2(10)\leqslant 23.6\}-P\{\chi^2(10)\leqslant 2.7\}\text{(查}\chi^2\text{ 分布表)}$$
$$=0.99-0.01=0.98.$$

例5 设 $X_1,X_2,\cdots,X_7$ 为来自总体 $N(0,0.5^2)$的一个样本.

求$P\left\{\sum_{i=1}^{7}X_i^2>4\right\}$和$P\left\{\sum_{i=1}^{7}(X_i-\overline{X})^2>4\right\}$.

解 根据题意得$\mu=0,\sigma^2=0.5^2$,因为
$$\frac{1}{\sigma^2}\sum_{i=1}^{7}(X_i-\mu)^2=\frac{1}{0.5^2}\sum_{i=1}^{7}X_i^2=4\sum_{i=1}^{7}X_i^2\sim\chi^2(7),$$
$$\frac{n-1}{\sigma^2}S^2=\frac{1}{0.5^2}\sum_{i=1}^{7}(X_i-\overline{X})^2=4\sum_{i=1}^{7}(X_i-\overline{X})^2\sim\chi^2(6),$$

所以
$$P\left\{\sum_{i=1}^{7}X_i^2>4\right\}=P\left\{4\sum_{i=1}^{7}X_i^2>16\right\}=P\{\chi^2(7)>16\}$$
$$=1-P\{\chi^2(7)\leqslant 16\}\text{(因查表有}\chi^2_{0.975}(7)=16.013\text{)}$$
$$=1-0.975=0.025;$$
$$P\left\{\sum_{i=1}^{7}(X_i-\overline{X})^2>4\right\}=P\left\{4\sum_{i=1}^{7}(X_i-\overline{X})^2>16\right\}=P\{\chi^2(6)>16\}$$
$$=1-P\{\chi^2(6)\leqslant 16\}\text{(因查表有}\chi^2_{0.99}(6)=16.812\text{)}$$
$$=1-0.99=0.01.$$

例6 设 $X_1,X_2,\cdots,X_6$ 为来自正态总体 $N(0,5^2)$的一个样本,试确定常数 C,使随机变量 $Y=C[(X_1+X_2+X_3)^2+(X_4+X_5+X_6)^2]$服从$\chi^2$ 分布,其自由度为多少?

解 因为 $X_i\sim N(0,5^2)(i=1,2,\cdots,6)$,且 $X_1,X_2,\cdots,X_6$ 相互独立,

所以$(X_1+X_2+X_3)\sim N(0,3\times5^2)$,从而 $\frac{1}{5\sqrt{3}}(X_1+X_2+X_3)\sim N(0,1)$,

故知
$$\left[\frac{1}{5\sqrt{3}}(X_1+X_2+X_3)\right]^2\sim\chi^2(1),$$

同理可知
$$\left[\frac{1}{5\sqrt{3}}(X_4+X_5+X_6)\right]^2\sim\chi^2(1),$$

由χ^2分布的可加性,有$\left[\frac{1}{5\sqrt{3}}(X_1+X_2+X_3)\right]^2+\left[\frac{1}{5\sqrt{3}}(X_4+X_5+X_6)\right]^2\sim\chi^2(2)$,

即$Y=\frac{1}{75}[(X_1+X_2+X_3)^2+(X_4+X_5+X_6)^2]\sim\chi^2(2)$,故$C=\frac{1}{75}$,自由度为2.

例7　设总体$X\sim N(0,3^2)$,从此总体中取一容量为4的样本X_1,X_2,X_3,X_4,设$Y=a(X_1-2X_2)^2+b(3X_3-4X_4)^2$,试决定常数$a,b$,使随机变量$Y$服从$\chi^2$分布.

解　因为$X_i\sim N(0,3^2)(i=1,2,3,4)$,且$X_1,X_2,X_3,X_4$相互独立,所以$(X_1-2X_2)\sim N(0,5\times3^2)$,从而$\frac{1}{3\sqrt{5}}(X_1-2X_2)\sim N(0,1)$,故

$$\left[\frac{1}{3\sqrt{5}}(X_1-2X_2)\right]^2\sim\chi^2(1),$$

同理,有
$$\left[\frac{1}{3\sqrt{25}}(3X_3-4X_4)\right]^2\sim\chi^2(1),$$

由χ^2分布的可加性,得
$$\frac{1}{45}(X_1-2X_2)^2+\frac{1}{225}(3X_3-4X_4)^2\sim\chi^2(2),$$

由Y所给的表达式,即知
$$a=\frac{1}{45},b=\frac{1}{225}.$$

例8　设$X_1,X_2,\cdots,X_n$为来自总体$X\sim\chi^2(m-1)$的一个样本.

(1)求样本均值$\overline{X}=\frac{1}{n}\sum_{i=1}^{n}X_i$的数学期望和方差;

(2)求样本方差$S^2=\frac{1}{n-1}\sum_{i=1}^{n}(X_i-\overline{X})^2$的数学期望.

解　因为$X\sim\chi^2(m-1)$,所以$E(X)=m-1,D(X)=2(m-1)$.

(1)由样本的性质,得

$$E(\overline{X})=E\left(\frac{1}{n}\sum_{i=1}^{n}X_i\right)=\frac{1}{n}\sum_{i=1}^{n}E(X_i)=\frac{1}{n}\sum_{i=1}^{n}E(X)=E(X)=m-1,$$

$$D(\overline{X})=D\left(\frac{1}{n}\sum_{i=1}^{n}X_i\right)=\frac{1}{n^2}\sum_{i=1}^{n}D(X_i)=\frac{1}{n^2}\sum_{i=1}^{n}D(X)=\frac{1}{n}D(X)=\frac{2(m-1)}{n}.$$

(2)由于样本方差的数学期望等于总体方差,故$E(S^2)=D(X)=2(m-1)$.

例9　设$X_1,X_2,\cdots,X_n$是来自正态总体$N(0,1)$的样本,$1\leqslant m<n$.

(1)求 $\sum_{i=1}^{m} X_i$ 服从的分布；

(2)求 $\frac{1}{\sqrt{n-m}}\sum_{i=m+1}^{n} X_i$ 服从的分布；

(3)求统计量 $Y=\frac{1}{m}\left(\sum_{i=1}^{m} X_i\right)^2+\frac{1}{n-m}\left(\sum_{i=m+1}^{n} X_i\right)^2$ 服从的分布.

解 因 $X_1,X_2,\cdots,X_n$ 相互独立同服从 $N(0,1)$，则

(1) $\sum_{i=1}^{m} X_i$ 服从正态分布 $N(0,m)$，$\sum_{i=1}^{m} X_i\sim N(0,m)$.

(2) $\sum_{i=m+1}^{n} X_i\sim N(0,n-m)$，$\frac{1}{\sqrt{n-m}}\sum_{i=m+1}^{n} X_i\sim N(0,1)$.

(3)因为 $\frac{1}{\sqrt{m}}\sum_{i=1}^{m} X_i\sim N(0,1)$，$\frac{1}{m}\left(\sum_{i=1}^{m} X_i\right)^2\sim\chi^2(1)$ 和 $\frac{1}{n-m}\left(\sum_{i=m+1}^{n} X_i\right)^2\sim\chi^2(1)$ 又相互独立，于是统计量

$$Y=\frac{1}{m}\left(\sum_{i=1}^{m} X_i\right)^2+\frac{1}{n-m}\left(\sum_{i=m+1}^{n} X_i\right)^2\sim\chi^2(2).$$

例10 设 $X_1,X_2,\cdots,X_{16}$ 是总体 $N(10,2^2)$ 的样本，求：(1) 样本均值 $\overline{X}$ 落入区间 $[9.25,10.75]$ 的概率；(2) $E\left[\sum_{i=1}^{16}(X_i-\overline{X})^2\right]$；(3) $D\left[\sum_{i=1}^{16}(X_i-\overline{X})^2\right]$；(4) $P\left\{\sum_{i=1}^{16}(X_i-10)^2\geqslant 37.248\right\}$.

解 (1)因 $\overline{X}=\frac{1}{16}\sum_{i=1}^{16} X_i\sim N\left(10,\frac{2^2}{16}\right)$，则

$$\begin{aligned}P\{9.25\leqslant\overline{X}\leqslant 10.75\}&=P\left\{\frac{-0.75}{2/\sqrt{16}}\leqslant\frac{\overline{X}-10}{2/\sqrt{16}}\leqslant\frac{0.75}{2/\sqrt{16}}\right\}\\&=\Phi(1.5)-\Phi(-1.5)\\&=2\Phi(1.5)-1=2\times 0.9332-1=0.8664.\end{aligned}$$

(2)因为 $S^2=\frac{1}{n-1}\sum_{i=1}^{n}(X_i-\overline{X})^2$，$E(S^2)=\sigma^2$，$\frac{(n-1)}{\sigma^2}S^2\sim\chi^2(n-1)$，

则
$$\begin{aligned}E\left[\sum_{i=1}^{16}(X_i-\overline{X})^2\right]&=E\left[(16-1)\times\frac{1}{16-1}\sum_{i=1}^{16}(X_i-\overline{X})^2\right]\\&=E(15S^2)=15\sigma^2=15\times 2^2=60.\end{aligned}$$

(3) $D\left[\sum_{i=1}^{16}(X_i-\overline{X})^2\right]=D\left(2^2\times\frac{16-1}{2^2}S^2\right)$

$$= 2^4 \times 2 \times (16-1) = 480.$$

$$(4) P\left\{\sum_{i=1}^{16}(X_i-10)^2 \geqslant 37.248\right\} = P\left\{4\sum_{i=1}^{16}\left(\frac{X_i-10}{2}\right)^2 \geqslant 37.248\right\}$$

$$= P\{4\chi^2(16) \geqslant 37.248\}$$

$$= P\{\chi^2(16) \geqslant 9.312\}$$

$$= 1 - P\{\chi^2(16) < 9.312\}$$

$$= 1 - 0.10 = 0.90.$$

第三节　t 分布和 F 分布

例 1　设 $f_n(t)$ 是服从自由度为 n 的 t 分布的概率密度，证明

$$\lim_{n\to+\infty} f_n(t) = \frac{1}{\sqrt{2\pi}}e^{-\frac{t^2}{2}} \quad (-\infty < t < +\infty).$$

证　已知　$$f_n(t) = \frac{\Gamma\left(\frac{n+1}{2}\right)}{\sqrt{n\pi}\,\Gamma\left(\frac{n}{2}\right)}\left(1+\frac{t^2}{n}\right)^{-\frac{n+1}{2}} = C_n\left(1+\frac{t^2}{n}\right)^{-\frac{n+1}{2}},$$

显然　$$\lim_{n\to+\infty}\left(1+\frac{t^2}{n}\right)^{\frac{n+1}{2}} = \lim_{n\to+\infty}\left[\left(1+\frac{t^2}{n}\right)^{\frac{n}{t^2}}\right]^{\frac{t^2}{n}\cdot\frac{n+1}{2}} = e^{-\frac{t^2}{2}},$$

由概率密度的性质得

$$1 = \int_{-\infty}^{+\infty} f_n(t)\,dt = \int_{-\infty}^{+\infty} C_n\left(1+\frac{t^2}{n}\right)^{-\frac{n+1}{2}}dt,$$

则　$$1 = \lim_{n\to+\infty}\int_{-\infty}^{+\infty} C_n\left(1+\frac{t^2}{n}\right)^{-\frac{n+1}{2}}dt = \lim_{n\to+\infty} C_n \cdot \lim_{n\to+\infty}\int_{-\infty}^{+\infty}\left(1+\frac{t^2}{n}\right)^{-\frac{n+1}{2}}dt$$

$$= \lim_{n\to+\infty} C_n \cdot \int_{-\infty}^{+\infty} e^{-\frac{t^2}{2}}dt = \lim_{n\to+\infty} C_n \cdot \sqrt{2\pi},$$

从而　$$\lim_{n\to+\infty} C_n = \frac{1}{\sqrt{2\pi}},$$

于是　$$\lim_{n\to+\infty} f_n(t) = \lim_{n\to+\infty} C_n\left(1+\frac{t^2}{n}\right)^{-\frac{n+1}{2}} = \frac{1}{\sqrt{2\pi}}e^{-\frac{t^2}{2}}.$$

例 2　设 $X_1, X_2, \cdots, X_{32}$ 为来自于正态总体 $N(\mu, 4^2)$ 的样本，令

$$Y=\frac{\sum_{i=1}^{16}(X_i-\mu)}{\sqrt{\sum_{j=17}^{32}(X_j-\mu)^2}},$$

求 Y 的分布.

解 由条件知,$X_1,X_2,\cdots,X_{32}$ 相互独立,同服从 $N(\mu,4^2)$ 分布,则

$$\frac{X_i-\mu}{4}\sim N(0,1),\left(\frac{X_i-\mu}{4}\right)^2\sim\chi^2(1),$$

$$U=\frac{1}{\sqrt{16}}\sum_{i=1}^{16}\left(\frac{X_i-\mu}{4}\right)=\frac{1}{16}\sum_{i=1}^{16}(X_i-\mu)\sim N(0,1),$$

$$V=\frac{1}{16}\sum_{j=17}^{32}(X_j-\mu)^2=\sum_{j=17}^{32}\left(\frac{X_j-\mu}{4}\right)^2\sim\chi^2(16),$$

且 U 与 V 相互独立,由 t 分布的定义知

$$\frac{U}{\sqrt{V/16}}=\frac{\sum_{i=1}^{16}(X_i-\mu)}{\sqrt{\sum_{j=17}^{32}(X_j-\mu)^2}}\sim t(16),$$

所以 Y 服从自由度为 16 的 t 分布.

例 3 设总体 $X\sim N(\mu_1,\sigma^2)$,$Y\sim N(\mu_2,\sigma^2)$,X 与 Y 相互独立,$X_1,X_2,\cdots,X_n$ 和 $Y_1,Y_2,\cdots,Y_m$ 分别是来自 X 和 Y 的样本,$\overline{X},\overline{Y}$ 分别是两个样本的样本均值,$S_1{}^2=\sum_{i=1}^{n}(X_i-\overline{X})^2/(n-1)$,试求统计量 $T=\dfrac{\overline{X}-\overline{Y}-(\mu_1-\mu_2)}{S_1\sqrt{1/n+1/m}}$ 的分布.

解 由正态总体样本函数的分布知 $\overline{X}\sim N(\mu_1,\sigma^2/n)$,$\overline{Y}\sim N(\mu_2,\sigma^2/m)$,因而 $\overline{X}-\overline{Y}\sim N(\mu_1-\mu_2,\sigma^2/n+\sigma^2/m)$,经标准化得到

$$\frac{\overline{X}-\overline{Y}-(\mu_1-\mu_2)}{\sigma\sqrt{1/n+1/m}}\sim N(0,1).$$

又由定理 3 知

$$\frac{(n-1)S_1{}^2}{\sigma^2}\sim\chi^2(n-1),$$

再由 t 分布定义知

$$\frac{\overline{X}-\overline{Y}-(\mu_1-\mu_2)}{\sigma\sqrt{1/n+1/m}}\Bigg/\sqrt{\frac{(n-1)S_1{}^2}{\sigma^2(n-1)}}\sim t(n-1),$$

即
$$\frac{\overline{X}-\overline{Y}-(\mu_1-\mu_2)}{S_1\sqrt{1/n+1/m}} \sim t(n-1).$$

例4　设 $X_1,X_2,\cdots,X_n,X_{n+1}$ 是来自正态总体 $N(\mu,\sigma^2)$ 的样本，且
$$\overline{X_n}=\frac{1}{n}\sum_{i=1}^{n}X_i,S_n^2=\frac{1}{n-1}\sum_{i=1}^{n}(X_i-\overline{X_n})^2,$$
试求统计量 $Y=\frac{X_{n+1}-\overline{X_n}}{S_n}\sqrt{\frac{n}{n+1}}$ 服从的分布.

解　因为 $X_{n+1}-\overline{X_n}\sim N\left(0,\frac{n+1}{n}\sigma^2\right)$，所以 $\frac{X_{n+1}-\overline{X_n}}{\sqrt{\frac{n+1}{n}\sigma^2}}\sim N(0,1)$，又 $\frac{(n-1)S_n^2}{\sigma^2}\sim\chi^2(n-1)$，且 S_n^2 与 $X_{n+1}-\overline{X_n}$ 相互独立，故由 t 分布的定义知
$$\frac{X_{n+1}-\overline{X_n}}{S_n}\sqrt{\frac{n}{n+1}}=\frac{\dfrac{X_{n+1}-\overline{X_n}}{\sqrt{\frac{n+1}{n}\sigma^2}}}{\sqrt{\dfrac{(n-1)S_n^2}{\sigma^2}\Big/(n-1)}}\sim t(n-1),$$
即
$$Y=\frac{X_{n+1}-\overline{X_n}}{S_n}\sqrt{\frac{n}{n+1}}\sim t(n-1).$$

例5　设 $X_1,X_2,\cdots,X_m$ 和 $Y_1,Y_2,\cdots,Y_n$ 分别是来自两个独立的正态总体 $N(\mu_1,\sigma^2)$ 和 $N(\mu_2,\sigma^2)$ 的样本，$\overline{X},S_1^2$ 和 $\overline{Y},S_2^2$ 分别是两个总体的样本均值和样本方差. α 和 β 是两个非零实数，试求统计量 $Z=\frac{\alpha(\overline{X}-\mu_1)+\beta(\overline{Y}-\mu_2)}{\sqrt{\frac{(m-1)S_1^2+(n-1)S_2^2}{m+n-2}}\sqrt{\frac{\alpha^2}{m}+\frac{\beta^2}{n}}}$ 的分布.

解　因为
$$\alpha(\overline{X}-\mu_1)+\beta(\overline{Y}-\mu_2)\sim N\left(0,\left(\frac{\alpha^2}{m}+\frac{\beta^2}{n}\right)\sigma^2\right),$$
所以
$$\frac{\alpha(\overline{X}-\mu_1)+\beta(\overline{Y}-\mu_2)}{\sqrt{\left(\frac{\alpha^2}{m}+\frac{\beta^2}{n}\right)\sigma^2}}\sim N(0,1),$$
又 $\frac{(m-1)S_1^2}{\sigma^2}\sim\chi^2(m-1)$，$\frac{(n-1)S_2^2}{\sigma^2}\sim\chi^2(n-1)$，且相互独立，从而由 χ^2 分布的性

质,得

$$\frac{(m-1)S_1^2}{\sigma^2}+\frac{(n-1)S_2^2}{\sigma^2}\sim\chi^2(m+n-2),$$

再由$\dfrac{\alpha(\overline{X}-\mu_1)+\beta(\overline{Y}-\mu_2)}{\sqrt{\left(\dfrac{\alpha^2}{m}+\dfrac{\beta^2}{n}\right)\sigma^2}}$与$\dfrac{(m-1)S_1^2}{\sigma^2}+\dfrac{(n-1)S_2^2}{\sigma^2}$相互独立,故由 t 分布的定义知

$$Z=\frac{\alpha(\overline{X}-\mu_1)+\beta(\overline{Y}-\mu_2)}{\sqrt{\dfrac{(m-1)S_1^2+(n-1)S_2^2}{m+n-2}}\sqrt{\dfrac{\alpha^2}{m}+\dfrac{\beta^2}{n}}}\sim t(m+n-2).$$

例 6　设总体 X 和 Y 相互独立且都服从正态分布 $N(0,\sigma^2)$,而$(X_1,X_2,\cdots,X_9)$和$(Y_1,Y_2,\cdots,Y_9)$分别是来自总体 X 和 Y 的简单随机样本,求统计量

$U=\dfrac{\sum\limits_{i=1}^{9}X_i}{\sqrt{\sum\limits_{i=1}^{9}Y_i^2}}$和 U^2 服从的分布.

解　根据题设条件知　$\dfrac{1}{\sigma\sqrt{9}}\sum\limits_{i=1}^{9}X_i\sim N(0,1)$,　$\dfrac{Y_i}{\sigma}\sim N(0,1)$,

$\dfrac{1}{\sigma^2}\sum\limits_{i=1}^{9}Y_i^2=\sum\limits_{i=1}^{9}\left(\dfrac{Y_i}{\sigma}\right)^2\sim\chi^2(9)$,由 t 分布的构造方式,得到

$$U=\frac{\sum\limits_{i=1}^{9}X_i}{\sqrt{\sum\limits_{i=1}^{9}Y_i^2}}=\frac{\dfrac{1}{\sigma\sqrt{9}}\sum\limits_{i=1}^{9}X_i}{\sqrt{\dfrac{1}{9\sigma^2}\sum\limits_{i=1}^{9}Y_i^2}}\sim t(9),$$

即统计量 U 服从自由度为 9 的 t 分布.

$$U^2=\frac{\left(\sum\limits_{i=1}^{9}X_i\right)^2}{\sum\limits_{i=1}^{9}Y_i^2}=\frac{\left(\dfrac{1}{\sigma\sqrt{9}}\sum\limits_{i=1}^{9}X_i\right)^2}{\dfrac{1}{9\sigma^2}\sum\limits_{i=1}^{9}Y_i^2}\sim F(1,9).$$

例 7　设$(X_1,X_2,\cdots,X_9)$是来自总体 $X\sim N(\mu,\sigma^2)$的简单随机样本,且

$$Y_1=\frac{1}{6}\sum_{i=1}^{6}X_i,Y_2=\frac{1}{3}\sum_{i=7}^{9}X_i,S^2=\frac{1}{2}\sum_{i=7}^{9}(X_i-Y_2)^2,Z=\frac{\sqrt{2}(Y_1-Y_2)}{S},$$

证明:统计量 Z 服从自由度为 2 的 t 分布.

证　由题设条件知,$Y_1\sim N\left(\mu,\dfrac{\sigma^2}{6}\right)$,$Y_2\sim N\left(\mu,\dfrac{\sigma^2}{3}\right)$,且 Y_1 与 Y_2 相互独立.

则有 $E(Y_1-Y_2)=0, D(Y_1-Y_2)=D(Y_1)+D(Y_2)=\frac{\sigma^2}{6}+\frac{\sigma^2}{3}=\frac{\sigma^2}{2}$，从而

$$(Y_1-Y_2)\sim N\left(0,\frac{\sigma^2}{2}\right), U=\frac{Y_1-Y_2}{\sqrt{\frac{\sigma^2}{2}}}=\frac{\sqrt{2}(Y_1-Y_2)}{\sigma}\sim N(0,1),$$

由正态总体方差的性质，知 $\frac{2}{\sigma^2}S^2\sim\chi^2(2)$. 又 Y_1, Y_2, S^2 相互独立，从而 Y_1-Y_2 与 S^2 相互独立，于是

$$Z=\frac{\sqrt{2}(Y_1-Y_2)}{S}=\frac{\frac{\sqrt{2}(Y_1-Y_2)}{\sigma}}{\sqrt{\frac{2}{\sigma^2}S^2\Big/2}}\sim t(2).$$

例 8　设 $X_1, X_2, \cdots, X_{18}$ 为正态总体 $N(1,\sigma^2)$ 的样本，若

$$P\left\{\sum_{j=13}^{18}(X_j-1)^2>a\sum_{i=1}^{12}(X_i-1)^2\right\}=0.95,$$

已知 $F_{0.95}(12,6)=4$，即 $P\{F(12,6)\leqslant 4\}=0.95$，求常数 a 的值.

解　由
$$P\left\{\sum_{j=13}^{18}(X_j-1)^2>a\sum_{i=1}^{12}(X_i-1)^2\right\}=0.95,$$

得
$$P\left\{\frac{\sum_{i=1}^{12}(X_i-1)^2}{2\sum_{j=13}^{18}(X_j-1)^2}<\frac{1}{2a}\right\}=0.95.$$

因为
$$\frac{\sum_{i=1}^{12}(X_i-1)^2}{2\sum_{j=13}^{18}(X_j-1)^2}=\frac{\frac{1}{12}\sum_{i=1}^{12}\left(\frac{X_i-1}{\sigma}\right)^2}{\frac{1}{6}\sum_{j=13}^{18}\left(\frac{X_j-1}{\sigma}\right)^2}\sim F(12,6),$$

所以有 $\frac{1}{2a}=4$，即 $a=\frac{1}{8}=0.125$.

例 9　设总体 $X\sim N(0,\sigma^2)$，X_1, X_2 为取自该总体的一个样本，求统计量 $Y=\frac{(X_1+X_2)^2}{(X_1-X_2)^2}$ 服从的分布.

解　根据题设条件和正态分布的性质，(X_1, X_2) 服从二维正态分布，$X_1\sim N(0,\sigma^2)$，$X_2\sim N(0,\sigma^2)$，且 X_1 与 X_2 相互独立；(X_1+X_2, X_1-X_2) 服从二维正态分布，X_1+X_2 与 X_1-X_2 服从正态分布且相互独立，故

$$X_1+X_2\sim N(0,2\sigma^2), \frac{X_1+X_2}{\sqrt{2}\sigma}\sim N(0,1), \left(\frac{X_1+X_2}{\sqrt{2}\sigma}\right)^2\sim\chi^2(1),$$

$$X_1 - X_2 \sim N(0,2\sigma^2),\frac{X_1 - X_2}{\sqrt{2}\sigma} \sim N(0,1),\left(\frac{X_1 - X_2}{\sqrt{2}\sigma}\right)^2 \sim \chi^2(1),$$

根据 F 分布的定义,有

$$Y = \frac{(X_1 + X_2)^2}{(X_1 - X_2)^2} = \frac{\left(\frac{X_1 + X_2}{\sqrt{2}\sigma}\right)^2\Big/1}{\left(\frac{X_1 - X_2}{\sqrt{2}\sigma}\right)^2\Big/1} \sim F(1,1).$$

例 10 设 $T=\frac{X}{\sqrt{Y/n}}$,其中 $X\sim N(0,1)$,$Y\sim\chi^2(n)$,且 X 与 Y 相互独立,求 T^2 的分布.

解 方法一 因为 $X\sim N(0,1)$,所以 $X^2\sim\chi^2(1)$.

由题设知 $Y\sim\chi^2(n)$,由 X 与 Y 相互独立,得到 X^2 与 Y 相互独立,故

$$T^2 = \frac{X^2/1}{Y/n} \sim F(1,n).$$

方法二 直接由随机变量 T 的概率密度,用求随机变量的函数的概率密度方法,可求出 T^2 的概率密度.

例 11 设 $F=\frac{X/n_1}{Y/n_2}$,其中 $X\sim\chi^2(n_1)$,$Y\sim\chi^2(n_2)$,且 X 与 Y 相互独立.

(1)求$\frac{1}{F}$的分布;

(2)设 $\alpha(0<\alpha<1)$,分位点 $F_\alpha(n_1,n_2)$满足,$P\{F\leqslant F_\alpha(n_1,n_2)\}=\alpha$,证明:

$$F_{1-\alpha}(n_1,n_2) = \frac{1}{F_\alpha(n_2,n_1)}.$$

解 (1)方法一 由已知条件和 F 分布的定义,知$\frac{1}{F}=\frac{Y/n_2}{X/n_1}\sim F(n_2,n_1)$.

方法二 直接由随机变量 F 的概率密度,用求随机变量的函数的概率密度方法,可求出 $1/F$ 的概率密度.

(2)由分位点的定义,有

$$\begin{aligned}1-\alpha = P\{F\leqslant F_{1-\alpha}(n_1,n_2)\} &= P\left\{\frac{1}{F}\geqslant\frac{1}{F_{1-\alpha}(n_1,n_2)}\right\}\\ &= 1-P\left\{\frac{1}{F}<\frac{1}{F_{1-\alpha}(n_1,n_2)}\right\},\end{aligned}$$

从而
$$\alpha = P\left\{\frac{1}{F} < \frac{1}{F_{1-\alpha}(n_1,n_2)}\right\},$$
又由于 $F \sim F(n_1,n_2)$，所以$\frac{1}{F} \sim F(n_2,n_1)$. 故对于给定的 α，有
$$\alpha = P\left\{\frac{1}{F} < F_{\alpha}(n_2,n_1)\right\},$$
比较上面的式子，即有
$$F_{1-\alpha}(n_1,n_2) = \frac{1}{F_{\alpha}(n_2,n_1)}.$$

例 12　设 $X_1, X_2, \cdots, X_{200}$ 是总体 $N(\mu,\sigma^2)$ 的样本，令 $Y_i = (X_{2i} - X_{2i-1})$ $(i=1,2,\cdots,100)$，问 $Y = \frac{\sum\limits_{i=1}^{50} Y_i}{\sqrt{\sum\limits_{j=51}^{100} Y_j^2}}$服从什么分布？证明之. 又 Y^{-2} 服从什么分布？

解　由题设条件知　$Y_i \sim N(0,2\sigma^2)\ (i=1,2,\cdots,100)$，且 $Y_1,\cdots,Y_{50}$ 和 $Y_{51},\cdots,Y_{100}$ 相互独立，则
$$\sum_{i=1}^{50} Y_i \sim N(0,100\sigma^2),\ \frac{\sum\limits_{i=1}^{50} Y_i}{10\sigma} \sim N(0,1),\ \left(\frac{\sum\limits_{i=1}^{50} Y_i}{10\sigma}\right)^2 \sim \chi^2(1),$$
$$\frac{Y_j}{\sqrt{2}\sigma} \sim N(0,1),\quad \sum_{j=51}^{100}\frac{Y_j^2}{2\sigma^2} \sim \chi^2(50),$$
所以
$$Y = \frac{\sum\limits_{i=1}^{50} Y_i}{\sqrt{\sum\limits_{j=51}^{100} Y_j^2}} = \frac{\sum\limits_{i=1}^{50} Y_i \Big/ 10\sigma}{\sqrt{\sum\limits_{j=51}^{100}\frac{Y_j^2}{2\sigma^2}\Big/ 50}} \sim t(50),$$
$$Y^{-2} = \frac{\sum\limits_{j=51}^{100} Y_j^2}{\left(\sum\limits_{i=1}^{50} Y_i\right)^2} = \frac{\sum\limits_{j=51}^{100}\frac{Y_j^2}{2\sigma^2}\Big/ 50}{\left(\frac{\sum\limits_{i=1}^{50} Y_i}{10\sigma}\right)^2\Big/ 1} \sim F(50,1).$$

例 13　设 $X_1, X_2, \cdots, X_n$ 为来自总体 $X \sim N(\mu,\sigma^2)$ 的样本，试确定常数 c，使 $c\,\frac{(\overline{X}-\mu)^2}{S^2}$服从 F 分布.

解 因为 $\overline{X}\sim N(\mu,\sigma^2/n)$，所以$\dfrac{\overline{X}-\mu}{\sigma/\sqrt{n}}\sim N(0,1)$，$\left(\dfrac{\overline{X}-\mu}{\sigma/\sqrt{n}}\right)^2\sim\chi^2(1)$.

又$\dfrac{n-1}{\sigma^2}S^2\sim\chi^2(n-1)$，且$\dfrac{\overline{X}-\mu}{\sigma/\sqrt{n}}$与$\dfrac{n-1}{\sigma^2}S^2$ 相互独立，又因为

$$c\frac{(\overline{X}-\mu)^2}{S^2}=c\frac{1}{n}\frac{\left(\dfrac{\overline{X}-\mu}{\sigma/\sqrt{n}}\right)^2\Big/1}{\dfrac{(n-1)}{\sigma^2}S^2\Big/(n-1)},$$

所以当 $c=n$ 时，$c\dfrac{(\overline{X}-\mu)^2}{S^2}$服从 $F(1,n-1)$分布.

例14 设 $X_1,X_2,\cdots,X_n(1\leqslant m<n)$是来自正态总体 $N(0,1)$的样本，试确定常数 c，使 $Y=c\dfrac{(\sum\limits_{i=1}^{m}X_i)^2}{\sum\limits_{i=m+1}^{n}X_i^2}$服从 F 分布.

解 因$X_1,X_2,\cdots,X_m,X_{m+1},\cdots,X_n$ 相互独立同服从$N(0,1)$，$\sum\limits_{i=1}^{m}X_i$ 服从正态分布 $N(0,m)$，则$\sum\limits_{i=1}^{m}X_i\sim N(0,m)$.

$$\frac{1}{\sqrt{m}}\sum_{i=1}^{m}X_i\sim N(0,1),\quad \frac{1}{m}\left(\sum_{i=1}^{m}X_i\right)^2\sim\chi^2(1),\quad \sum_{i=m+1}^{n}X_i^2\sim\chi^2(n-m),$$

由于

$$Y=c\frac{\left(\sum\limits_{i=1}^{m}X_i\right)^2}{\sum\limits_{i=m+1}^{n}X_i^2}=c\frac{m}{(n-m)}\frac{\dfrac{1}{m}\left(\sum\limits_{i=1}^{m}X_i\right)^2\Big/1}{\sum\limits_{i=m+1}^{n}X_i^2\Big/(n-m)},$$

所以，当 $c=\dfrac{n-m}{m}$ 时，$Y=c\dfrac{\left(\sum\limits_{i=1}^{m}X_i\right)^2}{\sum\limits_{i=m+1}^{n}X_i^2}$服从 $F(1,n-m)$ 分布.

定理 设总体 $X\sim N(\mu_1,\sigma_1{}^2)$，$X_1,X_2,\cdots,X_n$ 为来自于总体 X 的样本；总体 $Y\sim N(\mu_1,\sigma_2^2)$，$Y_1,Y_2,\cdots,Y_m$ 为来自于总体 Y 的样本，X 与 Y 相互独立，且

$$\overline{X}=\frac{1}{n}\sum_{i=1}^{n}X_i,S_1^2=\frac{1}{n-1}\sum_{i=1}^{n}(X_i-\overline{X})^2,\overline{Y}=\frac{1}{m}\sum_{j=1}^{m}Y_j,S_2^2=\frac{1}{m-1}\sum_{j=1}^{m}(Y_j-\overline{Y})^2,$$

则　(1) $\sum_{i=1}^{n}\left(\frac{X_i-\mu_1}{\sigma_1}\right)^2+\sum_{j=1}^{m}\left(\frac{Y_j-\mu_2}{\sigma_2}\right)^2\sim\chi^2(n+m)$；

(2) $\frac{n-1}{\sigma_1^2}S_1^2\sim\chi^2(n-1),\frac{m-1}{\sigma_2^2}S_2^2\sim\chi^2(m-1)$ ；

(3) $\frac{n-1}{\sigma_1^2}S_1^2+\frac{m-1}{\sigma_2^2}S_2^2\sim\chi^2(n+m-2)$；

(4) $F=\frac{S_1^2\sigma_2^2}{S_2^2\sigma_1^2}=\frac{S_1^2/\sigma_1^2}{S_2^2/\sigma_2^2}=\frac{\frac{(n-1)}{\sigma_1^2}S_1^2\Big/(n-1)}{\frac{(m-1)}{\sigma_2^2}S_2^2\Big/(m-1)}\sim F(n-1,m-1)$.

例 15　设总体 X 服从正态分布 $N(72,100)$，为使样本均值大于 70 的概率不小于 90%，其样本容量至少取多少？

解　$X\sim N(72,100)$，$\overline{X}\sim N\left(72,\frac{100}{n}\right)$，

$$P\{\overline{X}>70\}=1-P\{\overline{X}\leqslant 70\}=1-\Phi\left(\frac{70-72}{\sqrt{\frac{100}{n}}}\right)$$

$$=1-\Phi\left(-\frac{\sqrt{n}}{5}\right)\geqslant 0.9,$$

$$\Phi\left(-\frac{\sqrt{n}}{5}\right)\leqslant 0.1\text{ , }-\frac{\sqrt{n}}{5}\leqslant -1.282,n\geqslant 41.1\text{ , }n=42.$$

例 16　在总体 $X\sim N(52,6.3^2)$ 中随机地抽取一容量为 36 的样本，求 $\overline{X}$ 落在 50.8～53.8 的概率.

解　$\overline{X}\sim N\left(52,\frac{6.3^2}{36}\right)$，

$$P\{50.8<\overline{X}<53.8\}=\Phi\left(\frac{53.8-52}{\frac{6.3}{6}}\right)-\Phi\left(\frac{50.8-52}{\frac{6.3}{6}}\right)$$

$$=\Phi(1.714)-\Phi(-1.143)=0.8293.$$

例 17　设 $(X_1,X_2,\cdots,X_{10})$ 和 $(Y_1,Y_2,\cdots,Y_{15})$ 是来自总体 $N(20,3)$ 的两个独立样本，求：$P\{|\overline{X}-\overline{Y}|>0.3\}$.

解　$\overline{X}\sim N\left(20,\frac{3}{10}\right)$，$\overline{Y}\sim N\left(20,\frac{3}{15}\right)$，$\overline{X}-\overline{Y}\sim N\left(0,\frac{1}{2}\right)$，

$$P\{|\overline{X}-\overline{Y}|>0.3\}=P\left\{\frac{|\overline{X}-\overline{Y}|}{\sqrt{0.5}}>\frac{0.3}{\sqrt{0.5}}\right\}=2\left(1-\Phi\left(\frac{0.3}{\sqrt{0.5}}\right)\right)=0.697.$$

例 18　设总体 $X \sim N(0,\sigma^2)$，$(X_1,X_2,\cdots,X_n)$ 为来自总体的简单随机样本，其样本均值、样本方差分别为 $\overline{X}$，S^2. 求：$\dfrac{n\overline{X}^2}{S^2}$ 服从的分布.

解　因为 $\overline{X} \sim N\left(0,\dfrac{\sigma^2}{n}\right)$，所以 $\dfrac{\sqrt{n}\,\overline{X}}{\sigma} \sim N(0,1)$.

而

$$\frac{n-1}{\sigma^2}S^2 \sim \chi^2(n-1),$$

所以

$$\frac{\left(\dfrac{\sqrt{n}\overline{X}}{\sigma}\right)^2/1}{\dfrac{n-1}{\sigma^2}S^2/n-1} = \frac{n\overline{X}}{S^2} \sim F(1,n-1).$$

第八章　参数估计

第一节　参数的点估计和矩估计

例 1　有一批零件，其长度 $X \sim N(\mu, \sigma^2)$，现从中任取 4 件，测得长度（单位：mm）为 12.6，13.4，12.8，13.2，试估计 μ 和 σ^2 的值.

解　由 $\bar{x} = \frac{1}{4}(12.6 + 13.4 + 12.8 + 13.2)\text{mm} = 13\text{mm}$，

$$s^2 = \frac{1}{4-1}[(12.6-13)^2 + (13.4-13)^2 + (12.8-13)^2 + (13.2-13)^2]\text{mm}^2$$

$$= 0.133\text{mm}^2,$$

得 μ 和 σ^2 的估计值分别为 13mm 和 0.133mm^2.

例 2　设总体 X 的概率密度为

$$f(x;\theta) = \begin{cases} \theta x^{\theta-1}, & 0 < x < 1, \\ 0, & \text{其他}, \end{cases}$$

$X_1, X_2, \cdots, X_n$ 为来自于总体 X 的样本，$x_1, x_2, \cdots, x_n$ 为样本值，求 θ 的矩估计.

解　先求总体矩 $E(X) = \int_0^1 x \cdot \theta x^{\theta-1}\mathrm{d}x = \theta\int_0^1 x^{\theta}\mathrm{d}x = \frac{\theta}{\theta+1}x^{\theta+1}\Big|_0^1 = \frac{\theta}{\theta+1}$.

令　$E(X) = A_1 = \frac{1}{n}\sum_{i=1}^{n} X_i = \bar{X}$，即得 $\frac{\theta}{\theta+1} = \bar{X}$，即有 $\theta = (\theta+1)\bar{X}$，解之得 $\hat{\theta} = \frac{\bar{X}}{1-\bar{X}}$ 为 θ 的矩估计量，$\hat{\theta} = \frac{\bar{x}}{1-\bar{x}}$ 为 θ 的矩估计值.

对于作等式的原则，总体矩和样本矩都有多种，要用同样种类的矩列出等式. 多个参数时，列等式的方式不唯一，因此，矩估计就得到不唯一的形式.

例如两个参数 θ_1, θ_2 情形的矩估计，可列如下几种方式：

$$\begin{cases} E(X) = A_1 = \bar{X}, \\ E(X^2) = A_2 \end{cases} \text{或} \begin{cases} E(X) = A_1 = \bar{X}, \\ E(X-EX)^2 = B_2 \end{cases} \text{或} \begin{cases} E(X) = A_1 = \bar{X}, \\ E(X-EX)^2 = S^2. \end{cases}$$

例 3　设总体 X 的概率密度为

$$f(x,\theta)=\frac{1}{2\theta}e^{-\frac{|x|}{\theta}}(-\infty<x<+\infty,\theta>0),$$

求 θ 的矩估计量 $\hat{\theta}$.

解 方法一 虽然 $f(x,\theta)$ 中仅含有一个参数 θ,但因 $E(X)=\int_{-\infty}^{+\infty}x\cdot\frac{1}{2\theta}e^{-\frac{|x|}{\theta}}dx=0$ 不含 θ,不能由此解出 θ,需继续求总体的二阶原点矩,即

$$E(X^2)=\int_{-\infty}^{+\infty}x^2\cdot\frac{1}{2\theta}e^{-\frac{|x|}{\theta}}dx=\frac{1}{\theta}\int_0^{+\infty}x^2e^{-\frac{x}{\theta}}dx=\theta^2\Gamma(3)=2\theta^2,$$

用 $A_2=\frac{1}{n}\sum_{i=1}^{n}X_i^2$ 替换 $E(X^2)$,$A_2=\frac{1}{n}\sum_{i=1}^{n}X_i^2=E(X^2)=2\theta^2$,即得 θ 的矩估计量为 $\hat{\theta}=\sqrt{\frac{1}{2}\cdot\frac{1}{n}\sum_{i=1}^{n}X_i^2}=\sqrt{A_2/2}$.

方法二 $E(|X|)=\int_{-\infty}^{+\infty}|x|\cdot\frac{1}{2\theta}e^{-\frac{|x|}{\theta}}dx=\frac{1}{\theta}\int_0^{+\infty}|x|e^{-\frac{|x|}{\theta}}dx=\theta\Gamma(2)=\theta$,

即 $\theta=E(|X|)$,用 $\frac{1}{n}\sum_{i=1}^{n}|X_i|$ 替换 $E(|X|)$,即得 θ 的另一矩估计量为

$$\hat{\theta}=\frac{1}{n}\sum_{i=1}^{n}|X_i|.$$

例4 设 $X_1,X_2,\cdots,X_n$ 为来自于总体 X 的样本,总体 X 的概率密度为

$$f(x;a,b)=\begin{cases}\frac{1}{b-a}, & a\leqslant x\leqslant b\text{ 且 }b>a,\\ 0, & \text{其他},\end{cases}$$

求参数 a,b 的矩估计量.

解 总体矩 $E(X)=\int_{-\infty}^{+\infty}xf(x)dx=\int_a^b x\cdot\frac{1}{b-a}dx=\frac{1}{b-a}\cdot\frac{1}{2}(b^2-a^2)=\frac{a+b}{2}$,

$$E(X^2)=\int_{-\infty}^{+\infty}x^2f(x)dx=\int_a^b x^2\cdot\frac{1}{b-a}dx=\frac{1}{b-a}\cdot\frac{1}{3}(b^3-a^3)=\frac{a^2+ab+b^2}{3},$$

$$D(X)=E(X^2)-(EX)^2=\frac{(b-a)^2}{12}.$$

令 $\frac{a+b}{2}=E(X)=\overline{X}$,即 $a+b=2\overline{X}$;$\frac{(b-a)^2}{12}=D(X)=S^2$,即 $b-a=2\sqrt{3}S$.

解之得 $\hat{a}=\overline{X}-\sqrt{3}S$,$\hat{b}=\overline{X}+\sqrt{3}S$ 分别为 a,b 的矩估计量.

例5 设总体的分布律为 $P\{X=x\}=(1-p)^{x-1}p(x=1,2,\cdots)$,$(X_1,X_2,\cdots,X_n)$ 是来自 X 的样本,试求 p 的矩估计量.

解 总体矩 $E(X)=\sum_{x=1}^{\infty}x\,P\{X=x\}=\sum_{x=1}^{\infty}x\,(1-p)^{x-1}p$

$$=p\frac{1}{[1-(1-p)]^2}=\frac{1}{p}.$$

令$\frac{1}{p}=E(X)=\overline{X}$,得$\hat{p}=\frac{1}{\overline{X}}$为$p$的矩估计量.

例6 设总体X的概率密度为

$$f(x;\alpha)=\begin{cases}(\alpha+1)x^{\alpha}, & 0<x<1,\\ 0, & 其他,\end{cases}$$

其中$\alpha>-1$是未知参数,$X_1,X_2,\cdots,X_n$是来自X的样本,试求α的矩估计量.

解 总体矩 $E(X)=\int_{-\infty}^{+\infty}xf(x)\mathrm{d}x=\int_0^1 x(\alpha+1)x^{\alpha}\mathrm{d}x=\frac{\alpha+1}{\alpha+2}.$

令$\frac{\alpha+1}{\alpha+2}=E(X)=\overline{X}$,解之得$\alpha$的矩估计量为$\hat{\alpha}=\frac{2\overline{X}-1}{1-\overline{X}}.$

例7 设总体X的概率密度为

$$f(x)=\begin{cases}\frac{6x}{\theta^3}(\theta-x), & 0<x<\theta,\\ 0, & 其他,\end{cases}$$

$X_1,X_2,\cdots,X_n$为来自总体X的样本.

求:(1)总体均值$E(X)$,总体方差$D(X)$;(2)θ的矩估计量$\hat{\theta}$;(3)$\hat{\theta}$的数学期望$E(\hat{\theta})$;(4)$\hat{\theta}$的方差$D(\hat{\theta})$.

解 (1)总体均值

$$E(X)=\int_{-\infty}^{+\infty}xf(x)\mathrm{d}x=\int_0^{\theta}x\cdot\frac{6x}{\theta^3}(\theta-x)\mathrm{d}x=\frac{6}{\theta^3}\left(\frac{1}{3}\theta x^3-\frac{1}{4}x^4\right)\bigg|_0^{\theta}=\frac{\theta}{2};$$

$$E(X^2)=\int_{-\infty}^{+\infty}x^2f(x)\mathrm{d}x=\int_0^{\theta}x^2\cdot\frac{6x}{\theta^3}(\theta-x)\mathrm{d}x=\frac{6}{\theta^3}\left(\frac{1}{4}\theta x^4-\frac{1}{5}x^5\right)\bigg|_0^{\theta}=\frac{3}{10}\theta^2;$$

总体方差 $D(X)=E(X^2)-(EX)^2=\frac{3}{10}\theta^2-\left(\frac{\theta}{2}\right)^2=\frac{1}{20}\theta^2.$

(2)令$\frac{\theta}{2}=E(X)=\overline{X}$,得$\theta$的矩估计量为$\hat{\theta}=2\overline{X}$.

(3)$E(\hat{\theta})=E(2\overline{X})=2E(\overline{X})=2E(X)=2\times\frac{\theta}{2}=\theta.$

(4) $\hat{\theta}$的方差 $D(\hat{\theta}) = D(2\overline{X}) = 4D(\overline{X}) = 4\dfrac{1}{n}D(X) = \dfrac{1}{5n}\theta^2$.

例8　设总体 X 的概率密度如下：(1) $f(x;\theta) = \dfrac{2}{\theta^2}(\theta - x), 0 < x < \theta, \theta > 0$；(2) $f(x;\theta) = \dfrac{1}{\theta}e^{-\frac{x-\mu}{\theta}}, x > \mu, \theta > 0$. $X_1, X_2, \cdots, X_n$ 为样本，试求未知参数的矩估计.

解　(1) $E(X) = \int_0^\theta x \cdot \dfrac{2}{\theta^2}(\theta - x)\mathrm{d}x = \left(\dfrac{x^2}{\theta} - \dfrac{2x^3}{3\theta^2}\right)\Bigg|_0^\theta = \dfrac{\theta}{3}, \hat{E}(X) = \dfrac{\hat{\theta}}{3} = \overline{X}$, $\hat{\theta} = 3\overline{X}$；

(2) $E(X) = \int_\mu^{+\infty} x \cdot \dfrac{1}{\theta}e^{-\frac{x-\mu}{\theta}}\mathrm{d}x = \theta + \mu$；

$$D(X) = \int_\mu^{+\infty} (x - \theta - \mu)^2 \cdot \frac{1}{\theta}e^{-\frac{x-\mu}{\theta}}\mathrm{d}x = \theta^2,$$

$$\hat{E}(X) = \hat{\theta} + \hat{\mu} = \overline{X}, \hat{D}(X) = S^2,$$

$$\hat{\theta} = S, \hat{\mu} = \overline{X} - S.$$

例9　设总体 X 的概率密度为

$$f(x;\theta) = \begin{cases} e^{-x(x-\theta)}, & x \geqslant 0, \\ 0, & x < \theta, \end{cases}$$

$(X_1, X_2, \cdots, X_n)$ 是来自于总体 X 的简单随机样本，求未知参数 θ 的矩估计量.

解　$E(X) = \int_\theta^{+\infty} xe^{-(x-\theta)}\mathrm{d}x = \theta + 1, E(X) = \theta + 1 = \overline{X}$, 所以

$$\theta = \overline{X} - 1.$$

第二节　极大似然估计

例1　设总体 X 服从参数为 λ 的指数分布，即有概率密度

$$f(x,\lambda) = \begin{cases} \lambda e^{-\lambda x}, & x > 0, \\ 0, & x \leqslant 0 \end{cases} (\lambda > 0),$$

又 $x_1, x_2, \cdots, x_n$ 为来自于总体 X 的样本值，试求 λ 的极大似然估计.

解　似然函数为 $L = L(x_1, x_2, \cdots, x_n; \lambda) = \lambda^n \prod\limits_{i=1}^n e^{-\lambda x_i} = \lambda^n e^{-\lambda \sum\limits_{i=1}^n x_i}$，于是

$$\ln L = n\ln\lambda - \lambda\sum_{i=1}^{n} x_i, \frac{\mathrm{d}\ln L}{\mathrm{d}\lambda} = \frac{n}{\lambda} - \sum_{i=1}^{n} x_i.$$

方程$\frac{\mathrm{d}\ln L}{\mathrm{d}\lambda} = \frac{n}{\lambda} - \sum_{i=1}^{n} x_i = 0$的根为$\hat{\lambda} = \frac{n}{\sum_{i=1}^{n} x_i} = \frac{1}{\bar{x}}$. 经验证,$\ln L(\lambda)$在$\lambda = \hat{\lambda} = \frac{1}{\bar{x}}$处达到最大,所以$\hat{\lambda}$是$\lambda$的极大似然估计.

例 2 设总体X的密度函数为$f(x;\alpha) = \begin{cases}(\alpha+1)x^{\alpha}, & 0 < x < 1, \\ 0, & 其他,\end{cases}$其中$\alpha > -1$是未知参数, $X_1, X_2, \cdots, X_n$是来自X的样本,试求α的极大似然估计量.

解 似然函数为$L(\alpha) = \prod_{i=1}^{n} f(x_i;\alpha) = (\alpha+1)^n \prod_{i=1}^{n} x_i^{\alpha}$,$\ln L(\alpha) = n\ln(\alpha+1) + \alpha\sum_{i=1}^{n} \ln x_i$, $\frac{\mathrm{d}\ln L(\alpha)}{\mathrm{d}\alpha} = \frac{n}{\alpha+1} + \sum_{i=1}^{n} \ln x_i$, 令$\frac{\mathrm{d}\ln L(\alpha)}{\mathrm{d}\alpha} = \frac{n}{\alpha+1} + \sum_{i=1}^{n} \ln x_i = 0$, 得$\hat{\alpha} = -\frac{n}{\sum_{i=1}^{n} \ln x_i} - 1$,所以$\alpha$的极大似然估计量为$\hat{\alpha} = -\frac{n}{\sum_{i=1}^{n} \ln X_i} - 1$.

例 3 设总体X的概率密度为

$$f(x;\lambda) = \begin{cases}\lambda\alpha x^{\alpha-1}\mathrm{e}^{-\lambda x^{\alpha}}, & x > 0, \\ 0, & x \leqslant 0,\end{cases}$$

其中$\lambda > 0$是未知参数,$\alpha > 0$是已知常数, $X_1, X_2, \cdots, X_n$是来自X的样本,求参数λ的极大似然估计量.

解 似然函数为$L(\lambda) = \prod_{i=1}^{n} f(x_i;\lambda) = (\lambda\alpha)^n \prod_{i=1}^{n} x_i^{\alpha-1}\mathrm{e}^{-\lambda\sum_{i=1}^{n} x_i^{\alpha}}$,

$$\ln L(\lambda) = n\ln(\lambda\alpha) + (\alpha-1)\sum_{i=1}^{n} \ln x_i - \lambda\sum_{i=1}^{n} x_i^{\alpha},$$

$$\frac{\mathrm{d}\ln L(\lambda)}{\mathrm{d}\lambda} = \frac{n}{\lambda} - \sum_{i=1}^{n} x_i^{\alpha} = 0, 得\hat{\lambda} = \frac{n}{\sum_{i=1}^{n} x_i^{\alpha}},$$

所以λ的极大似然估计量为 $\hat{\lambda} = \frac{n}{\sum_{i=1}^{n} X_i^{\alpha}}$

例 4 设总体X的概率密度为$f(x;\theta) = \begin{cases}\frac{2x}{\theta^2}\exp\left\{-\frac{x^2}{\theta^2}\right\}, & x > 0, \\ 0, & x \leqslant 0\end{cases}$ $(\theta > 0)$,

$x_1,x_2,\cdots,x_n(x_i>0,i=1,2,\cdots,n)$为样本值. 求参数 θ^2 的极大似然估计$\hat{\theta}^2$.

解　似然函数 $L=\prod\limits_{i=1}^{n}f(x_i;\theta)=\prod\limits_{i=1}^{n}\dfrac{2x_i}{\theta^2}\exp\left(-\dfrac{x_i^2}{\theta^2}\right)=\prod\limits_{i=1}^{n}2x_i\cdot\dfrac{1}{(\theta^2)^n}\exp\left(-\dfrac{\sum\limits_{i=1}^{n}x_i^2}{\theta^2}\right)$,

$\ln L=\ln\prod\limits_{i=1}^{n}2x_i-n\ln\theta^2-\dfrac{1}{\theta^2}\sum\limits_{i=1}^{n}x_i^2$, $\dfrac{\mathrm{d}\ln L}{\mathrm{d}(\theta^2)}=-\dfrac{n}{\theta^2}+\dfrac{1}{(\theta^2)^2}\sum\limits_{i=1}^{n}x_i^2$.

令 $-\dfrac{n}{\theta^2}+\dfrac{1}{(\theta^2)^2}\sum\limits_{i=1}^{n}x_i^2=0$, 得解 $n\hat{\theta}^2=\sum\limits_{i=1}^{n}x_i^2,\hat{\theta}^2=\dfrac{1}{n}\sum\limits_{i=1}^{n}x_i^2$,所以参数 θ^2 的极大似然估计为$\hat{\theta}^2=\dfrac{1}{n}\sum\limits_{i=1}^{n}x_i^2$.

例 5　设 $x_1,x_2,\cdots,x_n$ 为正态总体 $N(\mu,\sigma^2)$的样本值,求:(1)μ 和 σ^2 的极大似然估计;(2)$P\{X<t\}$ 的极大似然估计.

解　(1) 似然函数为

$$L(x_1,\cdots,x_n;\mu,\sigma^2)=\prod_{i=1}^{n}\frac{1}{\sqrt{2\pi}\sigma}\exp\left[-\frac{1}{2\sigma^2}(x_i-\mu)^2\right]$$

$$=\left(\frac{1}{2\pi\sigma^2}\right)^{\frac{n}{2}}\exp\left[-\frac{1}{2\sigma^2}\sum_{i=1}^{n}(x_i-\mu)^2\right],$$

$$\ln L=-\frac{n}{2}\ln(2\pi\sigma^2)-\frac{1}{2\sigma^2}\sum_{i=1}^{n}(x_i-\mu)^2,$$

解方程组

$$\begin{cases}\dfrac{\partial\ln L}{\partial\mu}=\dfrac{1}{\sigma^2}\sum\limits_{i=1}^{n}(x_i-\mu)=0\\ \dfrac{\partial\ln L}{\partial\sigma^2}=-\dfrac{n}{2\sigma^2}+\dfrac{1}{2\sigma^4}\sum\limits_{i=1}^{n}(x_i-\mu)^2=0\end{cases}$$

得

$$\hat{\mu}=\frac{1}{n}\sum_{i=1}^{n}x_i=\bar{x},\ \hat{\sigma}^2=\frac{1}{n}\sum_{i=1}^{n}(x_i-\hat{\mu})^2=\frac{1}{n}\sum_{i=1}^{n}(x_i-\bar{x})^2,$$

这就是μ 和 σ^2 的极大似然估计,即 $L(\hat{\mu},\hat{\sigma}^2)=\max L(\mu,\sigma^2)$.

(2)因为 $P\{X<t\}=F(t)=\Phi(\dfrac{t-\mu}{\sigma})$,由(1)知道似然函数 $L(\mu,\sigma^2)$在$(\hat{\mu},\hat{\sigma}^2)$处达到最大值,$\Phi\left(\dfrac{t-\mu}{\sigma}\right)$中的参数取 $\mu=\hat{\mu},\sigma=\hat{\sigma}$时, 即取 $\Phi\left(\dfrac{t-\mu}{\sigma}\right)$为$\Phi\left(\dfrac{t-\hat{\mu}}{\hat{\sigma}}\right)$时,似然函数 $L(\mu,\sigma^2)$在$(\hat{\mu},\hat{\sigma}^2)$处达到最大值,所以 $P\{X<t\}$ 的极大似然估计为 $\Phi\left(\dfrac{t-\hat{\mu}}{\hat{\sigma}}\right)$.

例 6 已知某种灯泡的寿命服从正态分布,从某日所生产的该种灯泡中随机抽取 10 只,测得其寿命(单位:h)为 1067,919,1196,785,1126,936,918,1156,920,948. 设总体参数均未知,试用极大似然估计法估计该日生产的灯泡能使用 1300h 以上的概率.

解 已知总体 $X \sim N(\mu,\sigma^2)$,μ 和 σ^2 的极大似然估计分别为

$$\hat{\mu} = \frac{1}{n}\sum_{i=1}^{n} x_i = \bar{x}, \hat{\sigma}^2 = \frac{1}{n}\sum_{i=1}^{n} (x_i - \hat{\mu})^2 = \frac{1}{n}\sum_{i=1}^{n} (x_i - \bar{x})^2,$$

将样本值代入计算,即得.

例 7 设 $X_1, X_2, \cdots, X_n$ 是总体 $X \sim N(\mu_0, \sigma^2)$ 的样本,试求 σ^2 的极大似然估计量.

解 似然函数为
$$L(x_1,\cdots,x_n;\sigma^2) = \prod_{i=1}^{n} \frac{1}{\sqrt{2\pi}\sigma}\exp\left[-\frac{1}{2\sigma^2}(x_i-\mu_0)^2\right]$$
$$= \left(\frac{1}{2\pi\sigma^2}\right)^{\frac{n}{2}}\exp\left[-\frac{1}{2\sigma^2}\sum_{i=1}^{n}(x_i-\mu_0)^2\right],$$

$$\ln L = -\frac{n}{2}\ln(2\pi\sigma^2) - \frac{1}{2\sigma^2}\sum_{i=1}^{n}(x_i-\mu_0)^2,$$

解方程
$$\frac{\mathrm{d}L}{\mathrm{d}\sigma^2} = -\frac{n}{2}\frac{1}{\sigma^2} + \frac{1}{2(\sigma^2)^2}\sum_{i=1}^{n}(x_i-\mu_0)^2 = 0,$$

得
$$\hat{\sigma}^2 = \frac{1}{n}\sum_{i=1}^{n}(x_i-\mu_0)^2.$$

这就是 σ^2 的极大似然估计,故 σ^2 的极大似然估计量为$\hat{\sigma}^2 = \frac{1}{n}\sum_{i=1}^{n}(X_i-\mu_0)^2$.

例 8 设总体 X 的概率密度为

$$f(x,\theta) = \begin{cases} e^{-(x-\theta)}, & x \geqslant \theta, \\ 0, & x < \theta, \end{cases}$$

又 $x_1, x_2, \cdots, x_n$ 为来自于总体 X 的样本值,求参数 θ 的极大似然估计.

解 令 $x_1^* = \min\{x_1, x_2, \cdots, x_n\}$,似然函数

$$L(\theta) = L(x_1, x_2, \cdots, x_n;\theta) = \prod_{i=1}^{n} f(x_l;\theta) = \begin{cases} \prod_{i=1}^{n} e^{-(x_i-\theta)}, & \theta \leqslant x_1{}^*, \\ 0, & \theta > x_1{}^*. \end{cases}$$

当 $\theta \leqslant x_1^*$ 时,$L(\theta)$ 是 θ 的单调增函数,$L(\theta) \leqslant L(x_1^*)$;当 $\theta > x_1^*$ 时,$L(\theta) = 0$. 于是 $L(\theta)$ 在$\hat{\theta} = x_1{}^*$ 处达到最大值,所以 θ 的极大似然估计为

$$\hat{\theta} = \min\{x_1, x_2, \cdots, x_n\}.$$

以上介绍了连续总体的极大似然估计，现在来看离散型的总体的极大似然估计.

一般地，若总体 X 是离散型的随机变量，有分布律(分布列)

$$\begin{pmatrix} a_1 & a_2 & \cdots & a_k & \cdots \\ p(a_1;\theta) & p(a_2;\theta) & \cdots & p(a_k;\theta) & \cdots \end{pmatrix}(\theta\text{是未知参数},\theta\in\Theta).$$

设 $x_1,x_2,\cdots,x_n$ 为来自于总体 X 的样本值($x_i\in\{a_1,a_2,\cdots,a_k,\cdots\};i=1,2,\cdots,n$)，则似然函数为 $L(\theta)=L(x_1,x_2,\cdots,x_n;\theta)=p(x_1;\theta)p(x_2;\theta)\cdots p(x_n;\theta)$. 如果有一个统计量 $\hat{\theta}(x_1,x_2,\cdots,x_n)$ 使 $L[\hat{\theta}(x_1,x_2,\cdots,x_n)]=\sup\limits_{\theta\in\Theta}L(x_1,x_2,\cdots,x_n;\theta)$，则称 $\hat{\theta}(x_1,x_2,\cdots,x_n)$ 是 θ 的极大似然估计量.

例 9 设总体 X 服从参数为 λ 的泊松分布，即 X 有分布律(分布列)

$$p(k;\lambda)=P\{X=k\}=\frac{\lambda^k}{k!}e^{-\lambda}(k=0,1,2,\cdots),$$

λ 是未知参数，$\lambda\in(0,+\infty)$，设 $x_1,x_2,\cdots,x_n$ 为来自于总体 X 的样本值，试求 λ 的极大似然估计.

解 样本的似然函数为

$$\begin{aligned} L(\lambda)&=L(x_1,x_2,\cdots,x_n;\lambda)=p(x_1;\lambda)p(x_2;\lambda)\cdots p(x_n;\lambda)\\ &=\frac{\lambda^{x_1}}{x_1!}e^{-\lambda}\frac{\lambda^{x_2}}{x_2!}e^{-\lambda}\cdots\frac{\lambda^{x_n}}{x_n!}e^{-\lambda}\\ &=\frac{\lambda^{\sum\limits_{i=1}^{n}x_i}}{x_1!x_2!\cdots x_n!}e^{-n\lambda}(x_i\in\{0,1,2,\cdots\};i=1,2,\cdots,n). \end{aligned}$$

$$\ln L(\lambda)=\ln L(x_1,x_2,\cdots,x_n;\lambda)=-n\lambda+\left(\sum_{i=1}^{n}x_i\right)\ln\lambda-\sum_{i=1}^{n}\ln(x_i!),$$

$$\frac{\partial}{\partial\lambda}\ln L(x_1,x_2,\cdots,x_n;\lambda)=-n+(\sum_{i=1}^{n}x_i)\frac{1}{\lambda},$$

由 $\frac{\partial\ln L}{\partial\lambda}=0$ 可以解出 $\lambda=\frac{1}{n}\sum\limits_{i=1}^{n}x_i=\bar{x}$.

当 $\sum\limits_{i=1}^{n}x_i>0$ 时，$\left.\frac{\partial^2\ln L}{\partial\lambda^2}\right|_{\lambda=\bar{x}}=-\left.\frac{1}{\lambda^2}\sum\limits_{i=1}^{n}x_i\right|_{\lambda=\bar{x}}<0$，

所以
$$L(x_1,x_2,\cdots,x_n;\frac{1}{n}\sum_{i=1}^{n}x_i)=\sup_{\lambda\in\Theta}L(x_1,x_2,\cdots,x_n;\lambda).\tag{1}$$

当 $\sum\limits_{i=1}^{n}x_i=0$ 时，$x_1=x_2=\cdots=x_n=0$，这时 $L(x_1,x_2,\cdots,x_n;\lambda)=e^{-n\lambda}$.

$$
\begin{aligned}
& L(x_1, x_2, \cdots, x_n; \frac{1}{n}\sum_{i=1}^{n} x_i) \\
&= L(x_1, x_2, \cdots, x_n; 0) \qquad\qquad (2) \\
&= 1 = \operatorname*{Sup}_{\lambda\in\Theta} L(x_1, x_2, \cdots, x_n; \lambda).
\end{aligned}
$$

由(1)(2)知，$\hat{\lambda}(x_1, x_2, \cdots, x_n) = \frac{1}{n}\sum\limits_{i=1}^{n} x_i$ 是 λ 的极大似然估计.

例 10 设总体的分布律为 $P\{X = x\} = (1-p)^{x-1}p(x = 1,2,\cdots)$，$(X_1, X_2, \cdots, X_n)$ 是来自 X 的样本，试求 p 的极大似然估计量.

解 似然函数为 $L(p) = \prod\limits_{i=1}^{n} P\{X = x_i\}$

$$
= \prod_{i=1}^{n} (1-p)^{x_i - 1} p = p^n (1-p)^{\sum\limits_{i=1}^{n} x_i - n},
$$

$$
\ln L(p) = n\ln p + \left(\sum_{i=1}^{n} x_i - n\right)\ln(1-p),
$$

$$
\frac{\mathrm{d}\ln L(p)}{\mathrm{d}p} = \frac{n}{p} + \frac{-1}{1-p}\left(\sum_{i=1}^{n} x_i - n\right).
$$

令 $\frac{\mathrm{d}\ln L(p)}{\mathrm{d}p} = \frac{n}{p} + \frac{-1}{1-p}\left(\sum\limits_{i=1}^{n} x_i - n\right) = 0$，解之得 $\hat{p} = \frac{n}{\sum\limits_{i=1}^{n} x_i} = \frac{1}{\overline{X}}$，

于是 p 的极大似然估计量为 $\hat{p} = \frac{n}{\sum\limits_{i=1}^{n} X_i} = \frac{1}{\overline{X}}$.

例 11 已知总体 X 的概率密度为

$$
f(x;\theta) = \begin{cases} \frac{1}{\theta}, & 0 < x < \theta, \\ 0, & \text{其他}, \end{cases} (\theta > 0)
$$

X_1, X_2, X_3 是总体 X 的样本，求常数 c，使 $\hat{\theta} = c\min\{X_1, X_2, X_3\}$ 为 θ 的无偏估计.

解 总体 X 的分布函数为 $F(x;\theta) = \begin{cases} 0, & x < 0, \\ \frac{x}{\theta}, & 0 \leqslant x \leqslant \theta, \\ 1, & \theta \leqslant x, \end{cases}$

X_1, X_2, X_3 独立同分布，设 $Y = \min\{X_1, X_2, X_3\}$，则

$$
\begin{aligned}
F_Y(y) &= P\{Y \leqslant y\} = P\{\min\{X_1, X_2, X_3\} \leqslant y\} \\
&= 1 - P\{\min\{X_1, X_2, X_3\} > y\}
\end{aligned}
$$

$$=1-P\{X_1>y,X_2>y,X_3>y\}$$
$$=1-[1-F(y;\theta)]^3,$$

$$f_Y(y)=\frac{\mathrm{d}}{\mathrm{d}y}F_Y(y)=3[1-F(y;\theta)]^2\cdot f(y;\theta)=\begin{cases}3\left(1-\dfrac{y}{\theta}\right)^2\cdot\dfrac{1}{\theta}, & 0<y<\theta,\\ 0, & \text{其他},\end{cases}$$

$$E(Y)=\int_{-\infty}^{+\infty}yf_Y(y)\,\mathrm{d}y=\int_0^{\theta}y\cdot 3\left(1-\frac{y}{\theta}\right)^2\cdot\frac{1}{\theta}\mathrm{d}y$$

$$t=\frac{y}{\theta}$$

$$=3\theta\int_0^1 t(1-t)^2\mathrm{d}t=3\theta\int_0^1(t-2t^2+t^3)\,\mathrm{d}t=\frac{1}{4}\theta,$$

$\hat{\theta}=cY$,无偏性要求,$\theta=E(\hat{\theta})=cE(Y)=c\cdot\dfrac{1}{4}\theta$,所以 $c=4$.

例 12　设总体 X 的概率密度为

$$f(x;\theta)=\begin{cases}\dfrac{x^3}{2\theta^4}\mathrm{e}^{-\frac{x^2}{2\theta^2}}, & x>0,\\ 0, & x\leqslant 0\end{cases}(\theta>0),$$

$(X_1,X_2,\cdots,X_n)$是来自 X 的样本,求参数 θ 的矩估计和极大似然估计.

解　总体均值 $\mu=E(X)=\int_{-\infty}^{+\infty}xf(x;\theta)\,\mathrm{d}x$

$$=\int_0^{+\infty}\frac{x^4}{2\theta^4}\mathrm{e}^{-\frac{x^2}{2\theta^2}}\mathrm{d}x\overset{x=\sqrt{2}\theta y}{=\!=}2\sqrt{2}\theta\int_0^{+\infty}y^4\mathrm{e}^{-y^2}\mathrm{d}y$$

$$=2\sqrt{2}\theta\int_0^{+\infty}y^3\left(-\frac{1}{2}\mathrm{e}^{-y^2}\right)'\mathrm{d}y$$

$$=2\sqrt{2}\theta\cdot\frac{3}{2}\int_0^{+\infty}y^2\mathrm{e}^{-y^2}\mathrm{d}y=3\sqrt{2}\theta\int_0^{+\infty}y\left(-\frac{1}{2}\mathrm{e}^{-y^2}\right)'\mathrm{d}y$$

$$=3\sqrt{2}\theta\cdot\frac{1}{2}\int_0^{+\infty}\mathrm{e}^{-y^2}\mathrm{d}y$$

$$=3\sqrt{2}\theta\cdot\frac{1}{2}\cdot\frac{\sqrt{\pi}}{2}=\frac{3\sqrt{2\pi}}{4}\theta,$$

令样本矩等于总体矩 $\overline{X}=\mu=E(X)=\dfrac{3\sqrt{2\pi}}{4}\theta$,得 θ 的矩估计量为 $\hat{\theta}=\dfrac{4}{3\sqrt{2\pi}}\overline{X}$.

似然函数　$L=L(x_1,x_2,\cdots,x_n;\theta)=\prod\limits_{i=1}^{n}f(x_i;\theta)=\prod\limits_{i=1}^{n}\dfrac{x_i^3}{2\theta^4}\mathrm{e}^{-\frac{x_i^2}{2\theta^2}}$

$$= \left(\prod_{i=1}^{n} x_i\right)^3 \cdot \frac{1}{2^n \theta^{4n}} e^{-\frac{\sum_{i=1}^{n} x_i^2}{2\theta^2}},$$

$$\ln L = 3\ln\prod_{i=1}^{n} x_i - \ln 2^n - 4n\ln\theta - \frac{1}{2\theta^2}\sum_{i=1}^{n} x_i^2,$$

$$\frac{\mathrm{d}}{\mathrm{d}\theta}\ln L = -\frac{4n}{\theta} + \frac{1}{\theta^3}\sum_{i=1}^{n} x_i^2 = 0,$$

解之,得 θ 的极大似然估计$\hat{\theta}^2 = \frac{1}{4n}\sum_{i=1}^{n} x_i^2$, $\hat{\theta} = \frac{1}{2}\sqrt{\frac{1}{n}\sum_{i=1}^{n} x_i^2}$.

例 13 设总体概率函数如下:(1)$f(x;\theta) = \frac{1}{2\theta}e^{-\frac{|x|}{\theta}}, -\infty < x < +\infty, \theta > 0$;

(2)$f(x;\theta_1,\theta_2) = \begin{cases} \frac{1}{\theta_2 - \theta_1}, & \theta_1 < x < \theta_2, \\ 0, & 其他. \end{cases}$ $(X_1, X_2, \cdots, X_n)$是样本,试求未知参数的极大似然估计.

解 (1)似然函数 $L = \prod_{i=1}^{n} \frac{1}{2\theta}e^{-\frac{|x_i|}{\theta}} = \frac{1}{(2\theta)^n}e^{-\frac{1}{\theta}\sum_{i=1}^{n}|x_i|}$,

$$\ln L = -n\ln(2\theta) - \frac{1}{\theta}\sum_{i=1}^{n}|x_i|,$$

$$\frac{\mathrm{d}}{\mathrm{d}\theta}\ln L = -\frac{n}{\theta} + \frac{1}{\theta^2}\sum_{i=1}^{n}|x_i|,$$

$$\hat{\theta} = \frac{1}{n}\sum_{l=1}^{n}|x_i|.$$

(2)令

$$x_n^* = \max\{x_1, x_2, \cdots, x_n\}, x_1^* = \min\{x_1, x_2, \cdots, x_n\},$$

似然函数 $L(\theta_1,\theta_2) = L(x_1, x_2, \cdots, x_n;\theta_1,\theta_2) = \begin{cases} \frac{1}{(\theta_2 - \theta_1)^n}, & \theta_2 \geqslant x_n^*, \theta_1 \leqslant x_1^*, \\ 0, & 其他. \end{cases}$

$L(\theta_1,\theta_2) \leqslant L(x_1^*, x_n^*)$,于是 $L(\theta_1,\theta_2)$在 $\theta_2 = x_n^*, \theta_1 = x_1^*$ 处达到最大值,所以 θ_1, θ_2 的极大似然估计为

$$\theta_2 = \max\{x_1, x_2, \cdots, x_n\}, \theta_1 = \min\{x_1, x_2, \cdots, x_n\}.$$

例 14 一个罐子里装有黑球和白球,有放回地抽取一个容量为 n 的样本,其中有 k 只白球,求罐子里黑球数与白球数之比为 R 的极大似然估计.

解 令 $X = \begin{cases} 1, & 取到白球, \\ 0, & 取到黑球, \end{cases}$ 设取到白球的概率为 p, X 服从两点分布,分布

律为

$$P\{X=m\}=p^m(1-p)^{1-m},p=\frac{1}{1+R},m=0,1.$$

$$L=\prod_{i=1}^{n}P\{X_i=m_i\}=p^{\sum\limits_{i=1}^{n}m_i}(1-p)^{n-\sum\limits_{i=1}^{n}m_i},m_i=0,1.$$

$$\ln L=\sum_{i=1}^{n}m_i\ln p+(n-\sum_{i=1}^{n}m_i)\ln(1-p),$$

$$\frac{\mathrm{d}}{\mathrm{d}p}\ln L=\frac{\sum\limits_{i=1}^{n}m_i}{p}-\frac{n-\sum\limits_{i=1}^{n}m_i}{1-p}=0,$$

$$p=\frac{\sum\limits_{i=1}^{n}m_i}{n}=\frac{1}{1+R},\quad R=\frac{1}{p}-1.$$

例 15　假设随机变量 X 的概率密度为

$$f(x;\mu,\sigma^2)=\frac{1}{\sqrt{2\pi}\sigma x}\exp^{-\frac{(\ln x-\mu)^2}{2\sigma^2}},x>0(\text{即对数正态分布}),$$

$(X_1,X_2,\cdots,X_n)$是样本,求参数 μ,σ^2 的极大似然估计.

解　$$L(\mu,\sigma^2)=\prod_{i=1}^{n}\frac{1}{\sqrt{2\pi}\sigma x_i}\mathrm{e}^{-\frac{(\ln x_i-\mu)^2}{2\sigma^2}}=\left(\frac{1}{2\pi\sigma^2}\right)^{\frac{n}{2}}\prod_{i=1}^{n}\frac{1}{x_i}\exp\left\{-\frac{(\ln x_i-\mu)^2}{2\sigma^2}\right\},$$

$$\ln L=-\frac{n}{2}\ln\sigma^2-\frac{n}{2}\ln 2\pi-\sum_{i=1}^{n}\ln x_i-\sum_{i=1}^{n}\frac{(\ln x_i-\mu)^2}{2\sigma^2},$$

$$\frac{\partial\ln L}{\partial\mu}=\sum_{i=1}^{n}\frac{(\ln x_i-\mu)}{\sigma^2}=0;$$

$$\frac{\partial\ln L}{\partial\sigma^2}=-\frac{n}{2\sigma^2}+\sum_{i=1}^{n}\frac{(\ln x_i-\mu)^2}{2\sigma^4}=0;$$

$$\mu=\frac{1}{n}\sum_{i=1}^{n}\ln x_i,\ \sigma^2=\frac{1}{n}\sum_{i=1}^{n}\left(\ln x_i-\frac{1}{n}\sum_{i=1}^{n}\ln x_i\right).$$

例 16　一地质学家为研究某湖泊的虎滩地区的岩石成分,随机地从该地区取100个样本,每个样本有10块石子,该地质学家记录了每个样本中属于石灰石的石子数. 假设这100次观察相互独立,并且由过去的经验可知,它们都服从参数为 $n(n=10)$ 和 p 的二项分布,p 为该地区一块石子为石灰石的概率. 该地质学家所得的数据如下:

样本中属石灰石的石子数	0	1	2	3	4	5	6	7	8	9	10
观察到石灰石的样本个数	0	1	6	7	23	26	21	12	3	1	0

求:p 的极大似然估计值.

解 $X \sim B(10,p)$, $P\{X=k\} = C_{10}^k p^k (1-p)^{10-k}$, $k=0,1,2,\cdots,10$,

$$L(p) = \prod_{i=1}^{100} C_{10}^{k} p^{k_i}(1-p)^{10-k_i} = \prod_{i=1}^{100} C_{10}^{k} \cdot p^{\sum_{i=1}^{100} k_i}(1-p)^{1000-\sum_{i=1}^{100} k_i};$$

$$\ln L(p) = \sum_{i=1}^{100} \ln C_{10}^{k} + \sum_{i=1}^{100} k_i \ln p + \left(1000 - \sum_{i=1}^{100} k_i\right)\ln(1-p),$$

$$\frac{\partial \ln L(p)}{\partial p} = \frac{\sum_{i=1}^{100} k_i}{p} - \frac{1000 - \sum_{i=1}^{100} k_i}{1-p} = 0,$$

$$\hat{p} = \frac{1}{1000}\sum_{i=1}^{100} k_i = 0.99.$$

第三节 无偏估计与最小方差估计、一致性估计

例 1 证明:样本均值和样本方差分别是总体均值和总体方差的无偏估计量.

解 设 $X_1, X_2, \cdots, X_n$ 为来自于总体 X 的样本,总体均值 $E(X)=\mu$,总体方差 $D(X)=\sigma^2$;则 $X_1, X_2, \cdots, X_n$ 独立且与 X 同分布,$E(X_i)=\mu$, $D(X_i)=\sigma^2 (i=1,2,\cdots,n)$;

$$\bar{X} = \frac{1}{n}\sum_{i=1}^{n} X_i, S^2 = \frac{1}{n-1}\sum_{i=1}^{n} (X_i - \bar{X})^2,$$

先计算 $E(X)$, $D(X)$:

$$E(\bar{X}) = E\left(\frac{1}{n}\sum_{i=1}^{n} X_i\right) = \frac{1}{n}E\left(\sum_{i=1}^{n} X_i\right) = \frac{1}{n}\sum_{i=1}^{n} E(X_i) = \mu,$$

$$D(\bar{X}) = D\left(\frac{1}{n}\sum_{i=1}^{n} X_i\right) = \frac{1}{n^2}\sum_{i=1}^{n} D(X_i) = \frac{1}{n^2}\sum_{i=1}^{n} \sigma^2 = \frac{1}{n^2}\cdot n\sigma^2 = \frac{\sigma^2}{n},$$

$$\sum_{i=1}^{n} X_i = n\bar{X},$$

$$\sum_{i=1}^{n} (X_i - \mu) = n(\bar{X} - \mu).$$

再计算 $E(S^2)$:

方法一

$$E(S^2) = E\left[\frac{1}{n-1}\sum_{i=1}^{n} (X_i - \bar{X})^2\right]$$

$$= E\left\{\frac{1}{n-1}\sum_{i=1}^{n} [(X_i - \mu) - (\bar{X} - \mu)]^2\right\}$$

$$=E\left\{\frac{1}{n-1}\sum_{i=1}^{n}\left[(X_i-\mu)^2-2(\overline{X}-\mu)(X_i-\mu)+(\overline{X}-\mu)^2\right]\right\}$$

$$=E\left\{\frac{1}{n-1}\left[\sum_{i=1}^{n}(X_i-\mu)^2-2(\overline{X}-\mu)\sum_{i=1}^{n}(X_i-\mu)+\sum_{i=1}^{n}(\overline{X}-\mu)^2\right]\right\}$$

$$=E\left\{\frac{1}{n-1}\left[\sum_{i=1}^{n}(X_i-\mu)^2-2(\overline{X}-\mu)\cdot n(\overline{X}-\mu)+\sum_{i=1}^{n}(\overline{X}-\mu)^2\right]\right\}$$

$$=E\left\{\frac{1}{n-1}\left[\sum_{i=1}^{n}(X_i-\mu)^2-2n(\overline{X}-\mu)^2+n(\overline{X}-\mu)^2\right]\right\}$$

$$=E\left\{\frac{1}{n-1}\left[\sum_{i=1}^{n}(X_i-\mu)^2-n(\overline{X}-\mu)^2\right]\right\}$$

$$=\frac{1}{n-1}\left[\sum_{i=1}^{n}E(X_i-\mu)^2-nE(\overline{X}-\mu)^2\right]$$

$$=\frac{1}{n-1}\left(\sum_{i=1}^{n}DX_i-nD\overline{X}\right)=\frac{1}{n-1}\left(\sum_{i=1}^{n}\sigma^2-n\cdot\frac{\sigma^2}{n}\right)$$

$$=\frac{1}{n-1}(n\sigma^2-\sigma^2)=\frac{1}{n-1}(n-1)\sigma^2=\sigma^2.$$

方法二

$$E(X_i^2)=D(X_i)+(EX_i)^2=\sigma^2+\mu^2, E(\overline{X}^2)=D(\overline{X})+(E\overline{X})^2=\frac{\sigma^2}{n}+\mu^2,$$

$$E(S^2)=E\left[\frac{1}{n-1}\sum_{i=1}^{n}(X_i-\overline{X})^2\right]=E\left[\frac{1}{n-1}\sum_{i=1}^{n}\left(X_i^2-2\overline{X}X_i+\overline{X}^2\right)\right]$$

$$=E\left[\frac{1}{n-1}\left(\sum_{i=1}^{n}X_i^2-2\overline{X}\sum_{i=1}^{n}X_i+\sum_{i=1}^{n}\overline{X}^2\right)\right]$$

$$=E\left[\frac{1}{n-1}\left(\sum_{i=1}^{n}X_i^2-2\overline{X}\cdot n\overline{X}+n\overline{X}^2\right)\right]$$

$$=E\left[\frac{1}{n-1}\left(\sum_{i=1}^{n}X_i^2-n\overline{X}^2\right)\right]=\frac{1}{n-1}\left(\sum_{i=1}^{n}EX_i^2-nE\overline{X}^2\right)$$

$$=\frac{1}{n-1}\left[\sum_{i=1}^{n}(\sigma^2+\mu^2)-n\left(\frac{\sigma^2}{n}+\mu^2\right)\right]$$

$$=\frac{1}{n-1}\left[n(\sigma^2+\mu^2)-n\left(\frac{\sigma^2}{n}+\mu^2\right)\right]$$

$$=\frac{1}{n-1}\cdot(n-1)\sigma^2=\sigma^2.$$

方法三

$E(X_i - \overline{X}) = E(X_i) - E(\overline{X}) = \mu - \mu = 0$,

$$E(S^2) = E\left[\frac{1}{n-1}\sum_{i=1}^{n}(X_i - \overline{X})^2\right] = \frac{1}{n-1}\sum_{i=1}^{n}E(X_i - \overline{X})^2$$

$$= \frac{1}{n-1}\sum_{i=1}^{n}D(X_i - \overline{X}),$$

$$D(X_i - \overline{X}) = D\left(X_i - \frac{1}{n}\sum_{j=1}^{n}X_j\right) = D\left[\left(1 - \frac{1}{n}\right)X_i - \frac{1}{n}\sum_{j\neq i}X_j\right]$$

$$= \left(1 - \frac{1}{n}\right)^2 D(X_i) + \frac{1}{n^2}\sum_{j\neq i}D(X_j)$$

$$= \left(1 - \frac{1}{n}\right)^2 \sigma^2 + \frac{1}{n^2}\sum_{j\neq i}\sigma^2 = \left(1 - \frac{1}{n}\right)^2\sigma^2 + \frac{1}{n^2}\cdot(n-1)\sigma^2$$

$$= \frac{n-1}{n}\sigma^2,$$

故 $E(S^2) = \frac{1}{n-1}\sum_{i=1}^{n}D(X_i - \overline{X}) = \frac{1}{n-1}\sum_{i=1}^{n}\frac{n-1}{n}\sigma^2 = \frac{1}{n-1}\cdot n\frac{n-1}{n}\sigma^2 = \sigma^2.$

但是，$\frac{1}{n}\sum_{i=1}^{n}(X_i - \overline{X})^2$ 不是总体方差的无偏估计. 事实上，

$$E\left[\frac{1}{n}\sum_{i=1}^{n}(X_i - \overline{X})^2\right] = E\left[\frac{n-1}{n}\cdot\frac{1}{n-1}\sum_{i=1}^{n}(X_i - \overline{X})^2\right]$$

$$= \frac{n-1}{n}E\left[\frac{1}{n-1}\sum_{i=1}^{n}(X_i - \overline{X})^2\right] = \frac{n-1}{n}\sigma^2,$$

所以，它是有偏的.

例 2 设 $X_1, X_2, \cdots, X_n$ 为泊松分布 $\pi(\lambda)$ 的一个样本，试证样本方差 S^2 是 λ 的无偏估计.

证 总体 X 的分布律为 $P\{X = k\} = \frac{e^{-\lambda}\lambda^k}{k!}(k = 0,1,2,\cdots)$,

$$E(X) = \lambda, D(X) = \lambda.$$

因为 $E(S^2) = D(X) = \lambda$，所以 S^2 是 λ 的无偏估计.

例 3 设$\hat{\theta}$是参数 θ 的无偏估计，且有 $D(\hat{\theta}) > 0$. 试证$(\hat{\theta})^2$ 不是 θ^2 的无偏估计.

证 由于 $E(\hat{\theta}) = \theta, D(\hat{\theta}) > 0, E(\hat{\theta})^2 = D(\hat{\theta}) + (E\hat{\theta})^2 = D(\hat{\theta}) + \theta^2 > \theta^2$，故$(\hat{\theta})^2$ 不是 θ^2 的无偏估计.

例 4 设总体 X 的概率密度为

$$f(x)=\begin{cases}\dfrac{6x}{\theta^3}(\theta-x), & 0<x<\theta,\\ 0, & \text{其他},\end{cases}$$

$X_1,X_2,\cdots,X_n$ 为来自总体 X 的样本.(1)求总体均值 $E(X)$,总体方差 $D(X)$;(2)求θ 的矩估计量$\hat{\theta}$;(3)$\hat{\theta}$是否为 θ 的无偏估计?(4)求$\hat{\theta}$的方差 $D(\hat{\theta})$.

解　(1)总体均值 $E(X)=\int_{-\infty}^{+\infty}xf(x)\mathrm{d}x=\int_0^{\theta}x\cdot\dfrac{6x}{\theta^3}(\theta-x)\mathrm{d}x$

$$=\frac{6}{\theta^3}\int_0^{\theta}(\theta x^2-x^3)\mathrm{d}x$$

$$=\frac{6}{\theta^3}\left(\frac{1}{3}\theta x^3-\frac{1}{4}x^4\right)\bigg|_0^{\theta}=\frac{\theta}{2};$$

$$E(X^2)=\int_{-\infty}^{+\infty}x^2f(x)\mathrm{d}x=\int_0^{\theta}x^2\cdot\frac{6x}{\theta^3}(\theta-x)\mathrm{d}x$$

$$=\frac{6}{\theta^3}\int_0^{\theta}(\theta x^3-x^4)\mathrm{d}x$$

$$=\frac{6}{\theta^3}\left(\frac{1}{4}\theta x^4-\frac{1}{5}x^5\right)\bigg|_0^{\theta}=\frac{3}{10}\theta^2;$$

总体方差　$D(X)=E(X^2)-(EX)^2=\dfrac{3}{10}\theta^2-\left(\dfrac{\theta}{2}\right)^2=\dfrac{1}{20}\theta^2.$

(2)令 $E(X)=\overline{X}$,即$\dfrac{\theta}{2}=\overline{X}$,得 θ 的矩估计量为$\hat{\theta}=2\overline{X}$.

(3)$E(\hat{\theta})=E(2\overline{X})=2E(\overline{X})=2E(X)=2\times\dfrac{\theta}{2}=\theta$,所以$\hat{\theta}$是 θ 的无偏估计.

(4)$\hat{\theta}$的方差 $D(\hat{\theta})=D(2\overline{X})=4D(\overline{X})=4\dfrac{1}{n}DX=4\dfrac{1}{n}\cdot\dfrac{1}{20}\theta^2=\dfrac{1}{5n}\theta^2.$

例5　设总体$X\sim N(\mu,\sigma^2)$,$X_1,X_2,\cdots,X_n$ 是来自 X 的一个样本,试确定常数 C,使 $C\sum\limits_{i=1}^{n-1}(X_{i+1}-X_i)^2$ 为 σ^2 的无偏估计.

解　方法一　因为 $X_{i+1}-X_i\sim N(0,2\sigma^2)(i=1,2,\cdots,n-1)$,故

$\dfrac{X_{i+1}-X_i}{\sqrt{2}\sigma}\sim N(0,1)$,$\left(\dfrac{X_{i+1}-X_i}{\sqrt{2}\sigma}\right)^2\sim\chi^2(1)$,$E\left(\dfrac{X_{i+1}-X_i}{\sqrt{2}\sigma}\right)^2=1(i=1,2,\cdots,n-1)$

(若写成　$$\sum_{i=1}^{n-1}\left(\frac{X_{i+1}-X_i}{\sqrt{2}\sigma}\right)^2\sim\chi^2(n-1)$$

则错了,因为$\dfrac{X_2-X_1}{\sqrt{2}\sigma}$,$\dfrac{X_3-X_2}{\sqrt{2}\sigma}$,$\cdots$,$\dfrac{X_n-X_{n-1}}{\sqrt{2}\sigma}$不独立).

故 $$E\left[\sum_{i=1}^{n-1}\left(\frac{X_{i+1}-X_i}{\sqrt{2}\sigma}\right)^2\right]=\sum_{i=1}^{n-1}E\left(\frac{X_{i+1}-X_i}{\sqrt{2}\sigma}\right)^2=\sum_{i=1}^{n-1}1=n-1,$$

而由 $$E\left[C\sum_{i=1}^{n-1}(X_{i+1}-X_i)^2\right]=\sigma^2$$

得到 $C2\sigma^2E\left[\sum_{i=1}^{n-1}\left(\frac{X_{i+1}-X_i}{\sqrt{2}\sigma}\right)^2\right]=\sigma^2$,于是 $2C\sigma^2(n-1)=\sigma^2$,故 $C=1/[2(n-1)]$.

方法二 因为 $X_1,X_2,\cdots,X_n$ 独立同分布,则

$E(X_i)=\mu,D(X_i)=\sigma^2(i=1,2,\cdots,n),E(X_{i+1}-X_i)=0,D(X_{i+1}-X_i)=2\sigma^2$,

因而 $E(X_{i+1}-X_i)^2=D(X_{i+1}-X_i)+[E(X_{i+1}-X_i)]^2=2\sigma^2$,

$$\sigma^2=CE\left[\sum_{i=1}^{n-1}(X_{i+1}-X_i)^2\right]=C\sum_{i=1}^{n-1}E(X_{i+1}-X_i)^2$$

$$=C\sum_{i=1}^{n-1}(2\sigma^2)=C(n-1)2\sigma^2,$$

故 $C=1/[2(n-1)]$.

方法三 $$E\left[C\sum_{i=1}^{n-1}(X_{i+1}-X_i)^2\right]=C\sum_{i=1}^{n-1}E(X_{i+1}-X_i)^2,$$

$$E(X_{i+1}-X_i)^2=E(X_{i+1})^2-2E(X_{i+1}X_i)+E(X_i)^2,$$

因 $X_i(i=1,2,\cdots,n-1)$独立同分布,故

$$E(X_i^2)=D(X_i)+(EX_i)^2=\sigma^2+\mu^2(i=1,2,\cdots,n-1),$$

$$E(X_iX_{i+1})=E(X_i)E(X_{i+1})=\mu^2,$$

$$E(X_{i+1}-X_i)^2=E(X_{i+1})^2-2E(X_{i+1}X_i)+E(X_i)^2$$

$$=(\sigma^2+\mu^2)-2\mu^2+(\sigma^2+\mu^2)=2\sigma^2.$$

于是 $E\left[C\sum_{i=1}^{n-1}(X_{i+1}-X_i)^2\right]=C\sum_{i=1}^{n-1}E(X_{i+1}-X_i)^2=C\sum_{i=1}^{n-1}(2\sigma^2)=C(n-1)2\sigma^2$,

为使其为 σ^2 的无偏估计,必有 $C2(n-1)\sigma^2=\sigma^2$,即 $C=1/[2(n-1)]$.

方法四 由 $X_{i+1}-X_i=(X_{i+1}-\mu)-(X_i-\mu)$得到

$$\sigma^2=C\left[\sum_{i=1}^{n-1}E(X_{i+1}-X_i)^2\right]=C\left\{\sum_{i=1}^{n-1}E[(X_{i+1}-\mu)-(X_i-\mu)]^2\right\}$$

$$=C\left\{\sum_{i=1}^{n-1}E[(X_{i+1}-\mu)^2-2(X_{i+1}-\mu)(X_i-\mu)+(X_i-\mu)^2]\right\}$$

$$=C\left\{\sum_{i=1}^{n-1}[E(X_{i+1}-\mu)^2-2E[(X_{i+1}-\mu)(X_i-\mu)]+E(X_i-\mu)^2]\right\}$$

$$=C\left\{\sum_{i=1}^{n-1}\left[DX_{i+1}-2E(X_{i+1}-\mu)E(X_i-\mu)+DX_i\right]\right\}$$

$$=C\left[\sum_{i=1}^{n-1}(\sigma^2-0+\sigma^2)\right]=2C(n-1)\sigma^2,$$

故 $C=1/[2(n-1)]$.

例 6　设 $X_1,X_2,\cdots,X_n$ 是来自总体 $N(\mu,\sigma^2)$ 的样本，$\overline{X}=\frac{1}{n}\sum_{i=1}^{n}X_i$，求 A 使 $\hat{\sigma}=A\sum_{i=1}^{n}|X_i-\overline{X}|$ 为 σ 的无偏估计量.

解　$X_i-\overline{X}=X_i-\frac{1}{n}\sum_{j=1}^{n}X_j=\left(1-\frac{1}{n}\right)X_i-\frac{1}{n}\sum_{j\neq i}X_j$

服从正态分布 $N\left(0,\frac{n-1}{n}\sigma^2\right)$，由前面的结果 $E(|X_i-\overline{X}|)=\sqrt{\frac{2}{\pi}}\cdot\sqrt{\frac{n-1}{n}}\sigma$，

于是　$E(\hat{\sigma})=E\left(A\sum_{i=1}^{n}|X_i-\overline{X}|\right)=A\sum_{i=1}^{n}E|X_i-\overline{X}|$

$$=An\sqrt{\frac{2}{\pi}}\cdot\sqrt{\frac{n-1}{n}}\sigma=A\sqrt{\frac{2n(n-1)}{\pi}}\sigma,$$

欲使 $E(\hat{\sigma})=A\sqrt{\frac{2n(n-1)}{\pi}}\sigma=\sigma$，取 $A=\sqrt{\frac{\pi}{2n(n-1)}}$.

例 7　设 $X_1,X_2,\cdots,X_n$ 为来自于总体 X 的样本，总体均值 $E(X)=\mu$，总体方差 $D(X)=\sigma^2$，求 μ 的最小方差线性无偏估计.

解　已知 $X_1,X_2,\cdots,X_n$ 独立且与 X 同分布，$E(X_i)=\mu,D(X_i)=\sigma^2(i=1,2,\cdots,n)$. μ 的线性估计是将 $X_1,X_2,\cdots,X_n$ 的线性函数 $a_1X_1+a_2X_2+\cdots+a_nX_n$ 作为 μ 的估计量. 问题是如何选取 $a_1,a_2,\cdots,a_n$ 的值，使得无偏性和最小方差这两个要求都能得到满足. 易知

$$E(a_1X_1+a_2X_2+\cdots+a_nX_n)=\mu\left(\sum_{i=1}^{n}a_i\right),$$

$$D(a_1X_1+a_2X_2+\cdots+a_nX_n)=\sigma^2\left(\sum_{i=1}^{n}a_i^2\right).$$

无偏性要求 $\sum_{i=1}^{n}a_i=1$，最小方差要求 $\sum_{i=1}^{n}a_i^2$ 达到最小. 利用柯西不等式得，

$1=\left|\sum_{i=1}^{n}a_i\right|\leqslant\left(\sum_{i=1}^{n}{a_i}^2\right)^{\frac{1}{2}}n^{\frac{1}{2}}$，当且仅当 a_i 全相等时，等号成立.

记 $a_1=a_2=\cdots=a_n=a$，由条件 $1=\sum_{i=1}^{n}a_i=\sum_{i=1}^{n}a=na$，得到 $a=\frac{1}{n}$.

于是当$a_1 = a_2 = \cdots = a_n = \dfrac{1}{n}$时，$\sum\limits_{i=1}^{n} a_i^2$ 达到最小，故 $\overline{X} = \dfrac{1}{n}\sum\limits_{i=1}^{n} X_i$，是$\mu$ 的最小方差无偏估计.

从这里，我们看到了选取样本均值 $\overline{X}$ 作为总体均值的估计的优良性质.

例 8　设 X_1, X_2, X_3 为总体的一个样本，试证估计量

$$\hat{\theta}_1 = \frac{1}{5}X_1 + \frac{3}{10}X_2 + \frac{1}{2}X_3, \hat{\theta}_2 = \frac{1}{3}X_1 + \frac{1}{4}X_2 + \frac{5}{12}X_3, \hat{\theta}_3 = \frac{1}{3}X_1 + \frac{3}{4}X_2 - \frac{1}{12}X_3,$$

都是总体均值μ 的无偏估计量，且问哪一个最佳？

证　已知 X_1, X_2, X_3 独立同分布，$E(X_i)=\mu, D(X_i)=\sigma^2 (i=1,2,3)$，

$$E\,\hat{\theta}_1 = E\left(\frac{1}{5}X_1 + \frac{3}{10}X_2 + \frac{1}{2}X_3\right) = \frac{1}{5}E(X_1) + \frac{3}{10}E(X_2) + \frac{1}{2}E(X_3)$$

$$= \left(\frac{1}{5} + \frac{3}{10} + \frac{1}{2}\right)\mu = \mu,$$

$$E(\hat{\theta}_2) = \left(\frac{1}{3} + \frac{1}{4} + \frac{5}{12}\right)\mu = \mu, E(\hat{\theta}_3) = \left(\frac{1}{3} + \frac{3}{4} - \frac{1}{12}\right)\mu = \mu,$$

所以$\hat{\theta}_1, \hat{\theta}_2, \hat{\theta}_3$ 都是μ 的无偏估计量.

$$D(\hat{\theta}_1) = D\left(\frac{1}{5}X_1 + \frac{3}{10}X_2 + \frac{1}{2}X_3\right)$$

$$= \left(\frac{1}{5}\right)^2 D(X_1) + \left(\frac{3}{10}\right)^2 D(X_2) + \left(\frac{1}{2}\right)^2 D(X_3)$$

$$= \left[\left(\frac{1}{5}\right)^2 + \left(\frac{3}{10}\right)^2 + \left(\frac{1}{2}\right)^2\right]\sigma^2 = \frac{38}{100}\sigma^2,$$

$$D(\hat{\theta}_2) = \left[\left(\frac{1}{3}\right)^2 + \left(\frac{1}{4}\right)^2 + \left(\frac{5}{12}\right)^2\right]\sigma^2 = \frac{50}{144}\sigma^2,$$

$$D(\hat{\theta}_3) = \left[\left(\frac{1}{3}\right)^2 + \left(\frac{3}{4}\right)^2 + \left(-\frac{1}{12}\right)^2\right]\sigma^2 = \frac{98}{144}\sigma^2.$$

于是 $D(\hat{\theta}_2) < D(\hat{\theta}_1) < D(\hat{\theta}_3)$，故$\hat{\theta}_2$ 最佳.

例 9　试证样本均值 $\overline{X}$ 为总体均值μ 的一致性估计.

证　因为 $E(\overline{X}) = E\left(\dfrac{1}{n}\sum\limits_{i=1}^{n} X_i\right) = \mu$，所以，对于相互独立且服从同一分布的随机变量 $X_1, X_2, \cdots, X_n$，由大数定律，即得

$$\lim_{n\to\infty} P\{|\overline{X} - \mu| < \varepsilon\} = 1, \lim_{n\to\infty} P\left\{\left|\frac{1}{n}\sum_{i=1}^{n} X_i - E\left(\frac{1}{n}\sum_{i=1}^{n} X_i\right)\right| < \varepsilon\right\} = 1.$$

例 10　证明正态总体 $N(\mu, \sigma^2)$ 的样本方差 S^2 是总体方差 σ^2 的一致性估计量.

证 由切比雪夫不等式有

$$P\left\{ |S^2-\sigma^2|<\varepsilon \right\}=P\left\{ |S^2-E(S^2)|<\varepsilon \right\}\geqslant 1-\frac{D(S^2)}{\varepsilon^2},$$

而
$$D(S^2)=D\left[\frac{(n-1)S^2}{\sigma^2}\cdot\frac{\sigma^2}{n-1}\right]=\frac{\sigma^4}{(n-1)^2}D\left[\frac{(n-1)S^2}{\sigma^2}\right]$$
$$=\frac{\sigma^4}{(n-1)^2}\cdot 2(n-1)=\frac{2\sigma^4}{n-1},$$

所以
$$1\geqslant P\left\{ |S^2-\sigma^2|<\varepsilon \right\}\geqslant 1-\frac{2\sigma^4}{\varepsilon^2(n-1)},$$

即得
$$\lim_{n\to\infty}P\{|S^2-\sigma^2|<\varepsilon\}=1.$$

例11 设 $X_1,X_2,\cdots,X_n$ 是总体 $N(\mu_0,\sigma^2)$ 的样本.

(1) 验证 σ^2 的极大似然估计量 $\hat{\sigma}^2=\frac{1}{n}\sum_{i=1}^{n}(X_i-\mu_0)^2$ 是 σ^2 的无偏估计和一致性估计;

(2) 令
$$\hat{\sigma}_1^2=\frac{1}{n-1}\sum_{i=1}^{n}(X_i-\overline{X})^2,\ \hat{\sigma}_2^2=\frac{1}{n}\sum_{i=1}^{n}(X_i-\overline{X})^2,$$
$$\hat{\sigma}_3^2=\frac{1}{n-1}\sum_{i=1}^{n}(X_i-\mu_0)^2,\ \hat{\sigma}_4^2=\frac{1}{n}\sum_{i=1}^{n}(X_i-\mu_0)^2,$$

判断 $\hat{\sigma}_i^2(i=1,2,3,4)$ 作为 σ^2 的估计量时,哪些是无偏估计量,并确定哪一个估计量更佳.

解 (1) $E(\hat{\sigma}^2)=\frac{1}{n}\sum_{i=1}^{n}E(X_i-\mu_0)^2=\frac{1}{n}\sum_{i=1}^{n}D(X_i)=\frac{1}{n}\cdot n\sigma^2=\sigma^2$,所以 $\hat{\sigma}^2$ 是 σ^2 的无偏估计量;又

$$\hat{\sigma}^2=\frac{1}{n}\sigma^2\sum_{i=1}^{n}\left(\frac{X_i-\mu_0}{\sigma}\right)^2=\frac{1}{n}\sigma^2\chi^2(n),\ D(\hat{\sigma}^2)=\left(\frac{1}{n}\sigma^2\right)^2D\chi^2(n)=\frac{\sigma^4}{n^2}\cdot 2n=\frac{2\sigma^4}{n},$$

对任意 $\varepsilon>0$,有

$$1\geqslant P\{|\hat{\sigma}^2-\sigma^2|<\varepsilon\}=P\{|\hat{\sigma}^2-E\hat{\sigma}^2|<\varepsilon\}\geqslant 1-\frac{D(\hat{\sigma}^2)}{\varepsilon^2}=1-\frac{2\sigma^4}{n\varepsilon^2},$$

即得 $\lim_{n\to\infty}P\{|\hat{\sigma}^2-\sigma^2|<\varepsilon\}=1$,于是 $\hat{\sigma}^2$ 是 σ^2 的一致性估计量.

(2) $E(\hat{\sigma}_1^2)=E(S^2)=\sigma^2,E(\hat{\sigma}_2^2)=E\left(\frac{n-1}{n}S^2\right)=\frac{n-1}{n}\sigma^2$,

$$E(\hat{\sigma}_3^2)=\frac{1}{n-1}\sum_{i=1}^{n}D(X_i)=\frac{n}{n-1}\sigma^2,E(\hat{\sigma}_4^2)=\frac{1}{n}\sum_{i=1}^{n}D(X_i)=\sigma^2,$$

所以, $\hat{\sigma}_1^2,\hat{\sigma}_4^2$ 是 σ^2 的无偏估计量, $\hat{\sigma}_2^2,\hat{\sigma}_3^2$ 是 σ^2 的有偏估计量;又

$D(\hat{\sigma}_1^2)=D(S^2)=D\left(\frac{\sigma^2}{n-1}\cdot\frac{n-1}{\sigma^2}S^2\right)=\left(\frac{\sigma^2}{n-1}\right)^2D\chi^2(n-1)=\frac{\sigma^4}{(n-1)^2}\cdot 2(n-1)$

$=\frac{2\sigma^4}{n-1}$，$D(\hat{\sigma}_4^2)=(\frac{1}{n}\sigma^2)^2D\chi^2(n)=\frac{\sigma^4}{n^2}\cdot 2n=\frac{2\sigma^4}{n}$，显然$D(\hat{\sigma}_4^2)<D(\hat{\sigma}_1^2)$，故$\hat{\sigma}_4^2$比$\hat{\sigma}_1^2$较佳.

例 12　已知总体X的概率密度为

$$f(x;\theta)=\begin{cases}\frac{1}{\theta}, & 0<x<\theta,\\ 0, & 其他\end{cases}(0>0),$$

X_1,X_2,X_3是总体X的样本，求常数c，使$\hat{\theta}=c\min\{X_1,X_2,X_3\}$为$\theta$的无偏估计.

解　总体X的分布函数为

$$F(x;\theta)=\begin{cases}0, & x<0,\\ \frac{x}{\theta}, & 0\leqslant x<\theta,\\ 1, & x\geqslant\theta.\end{cases}$$

X_1,X_2,X_3独立同分布，设$Y=\min\{X_1,X_2,X_3\}$，

$F_Y(y)=P\{Y\leqslant y\}=P\{\min\{X_1,X_2,X_3\}\leqslant y\}=1-P\{\min\{X_1,X_2,X_3\}>y\}$

$=1-P\{X_1>y,X_2>y,X_3>y\}=1-[1-F(y;\theta)]^3$，

$$f_Y(y)=\frac{\mathrm{d}}{\mathrm{d}y}F_Y(y)=3[1-F(y;\theta)]^2\cdot f(y;\theta)=\begin{cases}3\left(1-\frac{y}{\theta}\right)^2\cdot\frac{1}{\theta}, & 0<y<\theta,\\ 0, & 其他,\end{cases}$$

$$E(Y)=\int_{-\infty}^{+\infty}yf_Y(y)\mathrm{d}y=\int_0^\theta y\cdot 3\left(1-\frac{y}{\theta}\right)^2\cdot\frac{1}{\theta}\mathrm{d}y$$

$$=3\theta\int_0^1 t(1-t)^2\mathrm{d}t=3\theta\int_0^1(t-2t^2+t^3)\mathrm{d}t=\frac{1}{4}\theta,$$

$\hat{\theta}=cY$，无偏性要求，$\theta=E(\hat{\theta})=cE(Y)=c\cdot\frac{1}{4}\theta$，所以$c=4$.

例 13　设X_1,X_2独立同分布，它们共同的概率密度为

$$f(x;\theta)=\begin{cases}\frac{3x^2}{\theta^3}, & 0<x<\theta,\\ 0, & 其他.\end{cases}$$

(1)证明：$T_1=\frac{2}{3}(X_1+X_2)$和$T_2=\frac{7}{6}\max\{X_1,X_2\}$都是$\theta$的无偏估计；

(2)计算T_1,T_2的方差并比较大小.

解　(1)$E(X)=\int_0^\theta x\cdot\frac{3x^2}{\theta^3}\mathrm{d}x=\frac{3}{4}\theta$，$E(T_1)=\frac{2}{3}\cdot 2E(X)=0$；

$$F(x,\theta)=\begin{cases}0, & x\leqslant 0,\\ \int_0^x \frac{3u^2}{\theta^3}\mathrm{d}u=\left(\frac{x}{\theta}\right)^3, & 0<x<\theta,\\ 1, & x\geqslant\theta.\end{cases}$$

记 $Y=\max\{X_1,X_2\}$，则 $F_Y(y,\theta)=F^2(y,\theta)$，$f(y,\theta)=\begin{cases}\frac{6y^5}{\theta^6}, & 0<y<\theta,\\ 0, & 其他.\end{cases}$

$$E(Y)=\int_0^\theta y\cdot\frac{6y^5}{\theta^6}\mathrm{d}y=\frac{6}{7}\theta, E(T_2)=\theta;$$

故 $T_1=\frac{2}{3}(X_1+X_2)$ 和 $T_2=\frac{7}{6}\max\{X_1,X_2\}$ 都是 θ 的无偏估计.

(2) $E(X^2)=\int_0^\theta x^2\cdot\frac{3x^2}{\theta^3}\mathrm{d}x=\frac{3}{5}\theta^2, D(X)=E(X^2)-(EX)^2=\frac{3}{80}\theta^2,$

$$D(T_1)=\frac{4}{9}\cdot 2D(X)=\frac{1}{30}\theta^2;$$

$$E(Y^2)=\int_0^\theta y^2\cdot\frac{6y^5}{\theta^6}\mathrm{d}y=\frac{3}{4}\theta^2, D(Y)=E(Y^2)-(EY)^2=\frac{3}{196}\theta^2,$$

$$D(T_2)=\frac{49}{36}\cdot D(Y)=\frac{1}{48}\theta^2;$$

$$D(T_2)<D(T_1).$$

例 14 设 $X_1,X_2,\cdots,X_n$ 和 $Y_1,Y_2,\cdots,Y_m$ 分别是来自总体 $X\sim N(\mu,1)$ 和 $Y\sim N(\mu,4)$ 的两个独立样本，μ 的一个无偏估计形式为 $Z=a\sum_{i=1}^n X_i+b\sum_{j=1}^m Y_j$，试问 a 和 b 应满足什么条件及 a 和 b 为何值时，Z 最有效?

解 $E(Z)=a\sum_{i=1}^n E(X_i)+b\sum_{j=1}^m E(Y_j)=(na+mb)\mu=\mu,$

从而，有 $$na+mb=1;$$

$$D(Z)=a^2\sum_{i=1}^n D(X_i)+b^2\sum_{j=1}^m D(Y_j)=na^2+4mb^2,$$

令

$$f(a,b,\lambda)=na^2+4mb^2-\lambda(na+mb-1),$$

$$\frac{\partial f}{\partial a}=2na-\lambda n=0,\quad \frac{\partial f}{\partial b}=8mb-\lambda m=0,\quad \frac{\partial f}{\partial\lambda}=-(na+mb-1)=0,$$

解得

$$a=\frac{4}{4n+m}, b=\frac{1}{4n+m}.$$

第四节　正态分布均值和方差的区间估计

例 1　某车间生产滚珠,从长期实践中知道滚珠直径 X 可以认为是服从正态分布,且滚珠直径的方差是 0.05,从某天生产的产品中随机抽取 6 个,量得直径(单位:mm)为:14.6,15.1,14.9,14.8,15.2,15.1,当 $\alpha=0.05$ 时,试找出滚珠平均直径的区间估计.

解　$n=6$, $\bar{x}=\frac{1}{6}(14.6+15.1+14.9+14.8+15.2+15.1)=14.95$,

$$z_{1-\alpha/2}=z_{0.975}=1.96,$$

得平均直径的区间估计为

$$\left[\bar{x}-z_{1-\alpha/2}\cdot\frac{\sigma}{\sqrt{n}},\bar{x}+z_{1-\alpha/2}\cdot\frac{\sigma}{\sqrt{n}}\right]=[14.77,15.13].$$

例 2　某种零件的质量服从正态分布,现从中抽得容量为 16 的样本,观察到的质量(单位:kg)分别是:4.8,4.7,5.0,5.2,4.7,4.9,5.0,5.0,4.6,4.7,5.0,5.1,4.7,4.5,4.9,4.9. 求平均质量的区间估计,其中置信水平是 0.95.

解　$n=16$, $\bar{x}=4.856$, $s=0.1931$, $\alpha=0.05$, $t_{1-\alpha/2}(16-1)=2.1315$,

由此得$\left[\bar{x}-t_{1-\alpha/2}(16-1)\cdot\frac{s}{\sqrt{n}},\bar{x}+t_{1-\alpha/2}(16-1)\cdot\frac{s}{\sqrt{n}}\right]=[4.75,4.96]$.

例 3　设总体 $X\sim N(\mu,\sigma^2)$. 现从总体中取得容量为 4 的样本值,分别为 1.2,3.4,0.6,5.6.

(1)若已知 $\sigma=3$,试求 μ 的置信水平为 99% 的置信区间;

(2)若σ^2未知,试求 μ 的置信水平为 95% 的置信区间.

解　$n=4$, $\bar{x}=2.7$, $s=2.277$, $\alpha=0.01$,

$$z_{1-0.01/2}=2.575,t_{1-0.05/2}(4-1)=3.1824,$$

(1)$\left[\bar{x}-z_{1-0.01/2}\cdot\frac{s}{\sqrt{n}},\bar{x}+z_{1-0.01/2}\cdot\frac{s}{\sqrt{n}}\right]=[-1.16,6.56]$;

(2)$\left[\bar{x}-t_{1-0.05/2}(4-1)\cdot\frac{s}{\sqrt{n}},\bar{x}+t_{1-0.05/2}(4-1)\cdot\frac{s}{\sqrt{n}}\right]=[-0.923,6.324]$.

例 4　某自动包装机包装洗衣粉,其质量服从正态分布,今随机抽查 12 袋,测得其质量(单位:g)分别为 1001,1004,1003,1000,997,999,1004,1000,996,1002,998,999. 求:(1)平均袋重 μ 的点估计值;(2)方差 σ^2 的点估计值;(3)μ 的置信水平为 95% 的置信区间;(4)σ^2 的置信水平为 95% 的置信区间;(5)μ 的置信水平为 95% 的置信区间(若已知 $\sigma^2=9$).

解　(1)令 $x_i(i=1,2,\cdots,12)$ 分别表示12袋洗衣粉的质量(单位:g)1001,1004,1003,1000,997,999,1004,1000,996,1002,998,999.

则
$$\overline{x}=\frac{1}{12}\sum_{i=1}^{12}x_i=1000.25.$$

(2) $s^2=\dfrac{1}{12-1}\sum\limits_{i=1}^{12}(x_i-\overline{x})^2=6.93$;

(3) $n=12,t_{1-0.05/2}(12-1)=2.201$,

$$\left[\overline{x}-t_{1-0.05/2}(12-1)\cdot\frac{s}{\sqrt{n}},\overline{x}+t_{1-0.05/2}(12-1)\cdot\frac{s}{\sqrt{n}}\right]=[998.577,1001.923];$$

(4) $\chi^2_{0.05/2}(12-1)=3.816,\chi^2_{1-0.05/2}(12-1)=21.920$,

$$\left[\frac{(n-1)s^2}{\chi^2_{0.05/2}(12-1)},\frac{(n-1)s^2}{\chi^2_{1-0.05/2}(12-1)}\right]=[3.479,19.982];$$

(5) $z_{1-0.05/2}=1.96$,

$$\left[\overline{x}-z_{1-0.05/2}\cdot\frac{s}{\sqrt{n}},\overline{x}+z_{1-0.05/2}\cdot\frac{s}{\sqrt{n}}\right]=[998.553,1001.947].$$

例5　某车间生产铜丝,设铜丝折断力服从正态分布,现随机抽取10根,检查折断力,得数据(单位:N)分别为578, 572, 570, 568, 572, 570,570,572,596,584,求:铜丝折断力方差的置信水平为95%的置信区间.

解　$n=10,s^2=\dfrac{1}{10-1}\sum\limits_{i=1}^{10}(x_i-\overline{x})^2=57.73$;

$$\chi^2_{0.025}(10-1)=2.70,\chi^2_{1-0.025}(10-1)=19.023,$$

$$\left[\frac{(n-1)s^2}{\chi^2_{0.025}(10-1)},\frac{(n-1)s^2}{\chi^2_{1-0.025}(10-1)}\right]=[35.83,252.44].$$

例6　设 $X_1,X_2,\cdots,X_n$ 是来自正态总体 $N(\mu,\sigma_0^2)$ 的样本,μ 未知,σ_0^2 已知.对给定置信水平 $1-\alpha(0<\alpha<1)$,满足

$$P\left\{a\leqslant\frac{\overline{X}-\mu}{\sqrt{\sigma_0^2/n}}\leqslant b\right\}=1-\alpha,$$

即
$$P\left\{\overline{X}-\frac{\sigma_0}{\sqrt{n}}b\leqslant\mu\leqslant\overline{X}-\frac{\sigma_0}{\sqrt{n}}a\right\}=1-\alpha$$

的实数 $a,b(a<b)$ 有无穷多组,试求 a,b,使得 μ 的置信水平为 $1-\alpha$ 的置信区间 $\left[\overline{X}-\dfrac{\sigma_0}{\sqrt{n}}b,\overline{X}-\dfrac{\sigma_0}{\sqrt{n}}a\right]$ 的长度最短(用标准正态分布的分布函数 $\Phi(x)$ 的反函数 $\Phi^{-1}(x)$ 表示出所求的 a,b 即可).

解　要求 a,b 使得置信区间 $\left[\overline{X}-\dfrac{\sigma_0}{\sqrt{n}}b,\overline{X}-\dfrac{\sigma_0}{\sqrt{n}}a\right]$ 的长度最短,实际上是要求满

足等式

$$P\left\{a \leqslant \frac{\overline{X}-\mu}{\sqrt{\sigma_0^2/n}} \leqslant b\right\}=1-\alpha, \text{即 } \Phi(b)-\Phi(a)=1-\alpha$$

的 a,b,使得 $g(a,b)=b-a$ 最小,这是个条件极值问题. 令

$$\varphi(a,b,\lambda)=b-a+\lambda[\Phi(b)-\Phi(a)-(1-a)],$$

其中 $\Phi(x)$ 表示标准正态分布的分布函数. 求偏导有

$$\frac{\partial}{\partial a}\varphi(a,b,\lambda)=-1-\frac{\lambda}{\sqrt{2\pi}}e^{-\frac{a^2}{2}},$$

$$\frac{\partial}{\partial b}\varphi(a,b,\lambda)=1+\frac{\lambda}{\sqrt{2\pi}}e^{-\frac{b^2}{2}},$$

$$\frac{\partial}{\partial \lambda}\varphi(a,b)=\Phi(b)-\Phi(a)-(1-\alpha).$$

令三个偏导数等于零,可得 $|a|=|b|$.

由于 $a<b$,所以有 a 与 b 为相反数,即 $a=-b(b>0)$,再由等式

$$P\left\{-b \leqslant \frac{\overline{X}-\mu}{\sqrt{\sigma_0^2/n}} \leqslant b\right\}=1-\alpha,$$

$$2\Phi(b)-1=1-\alpha, \Phi(b)=1-\frac{\alpha}{2},$$

可得 $b=\Phi^{-1}\left(1-\dfrac{\alpha}{2}\right)=z_{1-\alpha/2}, a=-\Phi^{-1}\left(1-\dfrac{\alpha}{2}\right)=-z_{1-\alpha/2}$.

第五节 两正态总体均值差和方差比的区间估计

例 1 随机地从 A 组导线中抽取 4 根,从 B 组导线中抽取 5 根,测得其电阻(单位:Ω)为 A 组导线:0.143,0.142,0.143,0.137;B 组导线:0.140,0.142,0.136,0.138,0.140.

若测试数据分别服从正态分布 $N(\mu_1,\sigma^2)$ 和 $N(\mu_2,\sigma^2)$,且它们相互独立,且 μ_1,μ_2,σ^2 均未知,试求 $\mu_1-\mu_2$ 的 95% 的置信区间.

解 $t=\dfrac{\overline{x}-\overline{y}-(\mu_1-\mu_2)}{S_w\sqrt{\dfrac{1}{n_1}+\dfrac{1}{n_2}}}, n_1=4, n_2=5, S_1=0.00287, S_2=0.00228,$

$$S_w=\sqrt{\frac{(n_1-1)S_1^2+(n_2-1)S_2^2}{n_1+n_2-2}}=0.004045,$$

$$t_{0.975}(4+5-2)=2.365, \overline{x}=0.1413, \overline{y}=0.1392,$$

代入得

$$\left[\bar{x}-\bar{y}-t_{0.975}(4+5-2)S_w\sqrt{\frac{1}{n_1}+\frac{1}{n_2}},\bar{x}-\bar{y}+t_{0.975}(4+5-2)S_w\sqrt{\frac{1}{n_1}+\frac{1}{n_2}}\right]$$

$$=\left[0.1413-0.1392-2.365\sqrt{\frac{1}{4}+\frac{1}{5}},0.1413-0.1392+2.365\sqrt{\frac{1}{4}+\frac{1}{5}}\right]$$

$$=[-0.00194,0.00615].$$

例 2 某厂利用两条自动化流水线罐装番茄酱,分别从两条流水线上抽取样本$X_1,X_2,\cdots,X_{12}$和$Y_1,Y_2,\cdots,Y_{17}$,算出$\overline{X}=10.6\text{g},\overline{Y}=9.5\text{g},S_1^2=2.4,S_2^2=4.7$. 假设这两条流水线上罐装番茄酱的质量服从正态分布，其均值分别为μ_1和μ_2，且有相同的方差，试求：均值差$\mu_1-\mu_2$的区间估计,其中置信水平为0.95.

解 $n_1=12,n_2=17,S_1^2=2.4,S_2^2=4.7$,

$$S_w=\sqrt{\frac{(n_1-1)S_1^2+(n_2-1)S_2^2}{n_1+n_2-2}}=1.939,$$

$$t_{0.975}(12+17-2)=2.0518,\bar{x}=10.6,\bar{y}=9.5,$$

代入得

$$\left[\bar{x}-\bar{y}-t_{0.975}(12+17-2)S_w\sqrt{\frac{1}{n_1}+\frac{1}{n_2}},\bar{x}-\bar{y}+t_{0.975}(12+17-2)S_w\sqrt{\frac{1}{n_1}+\frac{1}{n_2}}\right]$$

$$=\left[10.6-9.5-2.0518\times1.939\sqrt{\frac{1}{12}+\frac{1}{17}},10.6-9.5+2.0518\times1.939\sqrt{\frac{1}{12}+\frac{1}{17}}\right]$$

$$=[-0.4002,2.6000].$$

例 3 从一学校中随机抽查30名男生和15名女生的身高，借以估计男、女学生平均身高之差. 经测量,男学生身高的平均数为1.73m,标准差为0.035m;女学生身高的平均数为1.66m,标准差为0.036m. 试求:男、女学生身高期望之差的置信水平为0.95的置信区间. 假定男、女学生身高都服从方差相同的正态分布.

解 $n_1=30,n_2=15,S_1^2=0.035^2=0.001225,S_2^2=0.036^2=0.001296$,

$$S_w=\sqrt{\frac{(n_1-1)S_1^2+(n_2-1)S_2^2}{n_1+n_2-2}}=0.03533,$$

$$t_{0.975}(30+15-2)=2.0167,\bar{x}=1.73,\bar{y}=1.66,$$

代入得

$$\left[\bar{x}-\bar{y}-t_{0.975}(30+15-2)S_w\sqrt{\frac{1}{n_1}+\frac{1}{n_2}},\bar{x}-\bar{y}+t_{0.975}(30+15-2)S_w\sqrt{\frac{1}{n_1}+\frac{1}{n_2}}\right]$$

$$=\left[1.73-1.66-2.0167\times0.03533\sqrt{\frac{1}{30}+\frac{1}{15}},1.73-1.66+2.0167\times0.03533\sqrt{\frac{1}{30}+\frac{1}{15}}\right]$$

$$=[0.0475,0.0925].$$

例 4 设两位化验员 A,B 独立地对某种聚合物含氯量用相同的方法各做 10 次测定,其测定值的样本方差依次为$S_A^2=0.5419$,$S_B^2=0.6065$,设σ_A^2,σ_B^2分别是 A 和 B 所测定的测定值总体的方差,总体为正态分布,求方差比σ_A^2/σ_B^2的置信水平为 0.95 的置信区间.

解 $n_A=n_B=10, S_A^2=0.5419, S_B^2=0.6065$,

$$F_{1-\alpha/2}(10-1,10-1)=F_{0.975}(10-1,10-1)=4.03,$$

$$F_{\alpha/2}(10-1,10-1)=F_{0.025}(10-1,10-1)=0.248,$$

代入得

$$\left[\frac{S_A^2}{S_B^2F_{1-\alpha/2}(10-1,10-1)},\frac{S_A^2}{S_B^2F_{\alpha/2}(10-1,10-1)}\right]$$

$$=[0.2217,3.6028].$$

第九章 假设检验

第一节 假设检验的基本思想

检验假设的方法,其依据是“小概率事件在一次试验中实际上不可能发生”的原理(概率论中称它为实际推断原理). 它是指人们根据长期的经验坚持这样一个信念:概率很小的事件在一次实际试验中是不可能发生的. 如果发生了,人们仍然坚持上述信念,而宁愿认为该事件的前提条件起了变化. 例如,认为所给有关数据(资料)不够准确,或认为该事件的发生并非随机性,而是人为安排的,或认为该事件的发生属于一种反常现象等.

小概率原理又称实际推断原理,它是概率论中一个基本而有实际价值的原理,在日常生活中也有广泛应用. 人们出差、旅行可以放心大胆地乘坐火车,原因是“火车出事故”这个事件的概率很小,在一次试验(乘坐一次火车)中,这个小概率事件实际上是不会发生的.

我们先看几个小概率原理的例子.

例 1 某县教委统计报告指出:该县学龄儿童入学率为 97%,现从该县学龄儿童中任抽 5 名,发现 2 名没有入学,问该县的统计是否准确?

解 这里是不放回抽样,但由于一个县的学龄儿童很多,所以可以按放回抽样处理,抽 5 名儿童可看作 5 次伯努利试验(仅考察“入学”与“未入学”). 如果县里统计可靠,则“未入学”的概率(未入学率)为 0.03,入学的概率为 0.97,于是 5 名中有 2 名未入学的概率为 $p = C_5^2 0.03^2 \times 0.97^3 \approx 0.008$,这个概率很小,由经验可知,小概率事件在一次试验中可以看作是实际上不可能发生的事件,但上述事件竟在一次抽样中出现了,违背了小概率原理,因而有理由认为该县教委的统计不准确.

例 2 某工作人员在某一个星期里,曾经接见过访问者 12 次,所有这 12 次的访问恰巧都在星期二或者星期四,试求该事件的概率. 是否可断定他只在星期二或星期四接见访问者? 若 12 次没有一次是在星期日,是否可以断言星期日他根本不会客?

解 假设接见具有随机性,则 12 次接见访问者都在星期二或星期四的概率

为 $2^{12}/7^{12}\approx0.0000003$，即使接见可以是一个星期中的任意两天，那么概率也只有 $C_7^2 2^{12}/7^{12}$，这个数值仍然很小，因而 12 次接见全部集中在星期二和星期四是小概率事件，而现在这种情况居然发生了，因此有理由认为接见访问的日子是有规定的，只在星期二与星期四进行. 若这 12 次访问没有一次在星期日，仍假定接见具有随机性，则此事件的概率为 $6^{12}/7^{12}\approx0.15727$. 这不是小概率事件，因此不能断言他在星期日根本不会客.

通过以上这两个例子我们了解了小概率原理的含义. 但是具体如何由这个原理得出的假设检验的基本思想呢？我们可以由下面这个例子看出.

例 3 袋内装有红、白两种颜色的球共 100 只，有人猜测这 100 只球中大部分是白色球，问这种猜测成立否？

解 (1)先作原假设 H_0：袋内白色球占绝大部分.

(2)在原假设 H_0 成立的条件下，事件 A = 任意一球为红球是一小概率事件.

(3)进行一次试验，即从袋内任意摸一球观察其试验结果，若摸得红球，这表明小概率事件 A 在一次试验中发生了，与小概率事件实际不可能发生原理矛盾，说明原假设 H_0 不能成立，即袋内白色球不占绝大部分；若摸得白球，则所述小概率事件没有发生，我们没有理由拒绝原假设 H_0，只能认为它是成立的，即袋内白色球占绝大部分.

从上例我们可以看出，假设检验实际上是建立在"小概率事件实际不可能发生"的原理上的反证法，它的基本思想是：先根据问题的题意提出原假设 H_0；然后在原假设 H_0 成立的条件下，寻找与问题有关的小概率事件 A，并进行一次试验；然后观察试验结果，看 A 是否发生？若发生则与小概率事件实际不可能发生原理矛盾，从而推翻原假设 H_0，否则只能接受原假设 H_0.

例 4 设总体 ξ 服从正态分布 $N(a,1)$，其中 a 是未知参数，现在假定 $a=0$，问这个假设是否成立？

解 (1)根据题意提出原假设 $H_0: a=0$.

(2)为了检验假设，我们从总体中抽取样本，假定抽取了容量为 9 的样本 $\xi_1,\xi_2,\cdots,\xi_9$，易知 $\bar{\xi}=\dfrac{1}{9}\sum\limits_{i=1}^{9}\xi_i\sim N\left(a,\left(\dfrac{1}{3}\right)^2\right)$，因而

$$U=\frac{\bar{\xi}-a}{\frac{1}{3}}=3\left(\bar{\xi}-a\right)\sim N(0,1).$$

(3) 在原假设 H_0 成立，即 $a=0$ 的条件下，有

$$3\left(\bar{\xi}-a\right)=3\bar{\xi}\sim N(0,1),E\left(3\bar{\xi}\right)=0,$$

这意味着 $3\bar{\xi}$ 应在 0 的附近，$3\bar{\xi}$ 偏离 0 较远的可能性比较小，因此问题中的小概率事件 A 可构造如下：选取一个小的正数 α（一般 $\alpha=0.10,0.05,0.01$），称之为检

验水平，寻找 λ，使得 $P\left\{\left|3\bar{\xi}-0\right|\geqslant\lambda\right\}=\alpha$，即在 H_0 成立的条件下，事件 $\left\{\left|3\bar{\xi}-0\right|\geqslant\lambda\right\}$ 是小概率事件.

(4) 进行一次试验，获得样本 $\xi_1,\xi_2,\cdots,\xi_9$ 的试验值 $x_1,x_2,\cdots,x_9$，计算 $\bar{x}=\frac{1}{9}\sum_{i=1}^{9}x_i$.

(5) 若 $|3\bar{x}-0|\geqslant\lambda$，表示小概率事件 $\left\{\left|3\bar{x}-0\right|\geqslant\lambda\right\}$ 在一次试验中发生，这与小概率事件实际不可能发生原理矛盾，拒绝原假设，即 $a\neq 0$；否则接受原假设，即 $a=0$. 例如选取 $\alpha=0.05$，由 $3\bar{\xi}-0=3\bar{\xi}\sim N(0,1)$，查标准正态分布表可得 $z_{1-\alpha/2}=z_{0.975}=1.96$；若 $\xi_1,\xi_2,\cdots,\xi_9$ 的一个试验值是

$$-1,1,1.5,2,0.9,0.8,1.6,-0.6,0.5$$

$$\bar{x}=\frac{1}{9}(-1+1+1.5+2+0.9+0.8+1.6-0.6+0.5)=\frac{6.7}{9},$$

则有
$$3\bar{x}=\frac{6.7}{3}\approx 2.23.$$

因为 $\left|3\bar{x}-0\right|\approx 2.23>1.96=\lambda$，所以拒绝原假设.

依据本题的分析讨论，我们可以把假设检验的一般步骤归纳如下：

第一步，根据问题的需要提出原假设 H_0，即写出所要检验的假设 H_0 的具体内容.

第二步，根据原假设 H_0 的内容建立合适的样本函数 $W(\xi_1,\xi_2,\cdots,\xi_n)$（称为检验函数），它在原假设 H_0 为真的条件下为一统计量，其精确分布（小样本情况）或极限分布（大样本情况）已知.

第三步，选取检验水平 α（通常 $\alpha=0.10,0.05,0.01$），在 H_0 为真的条件下，寻找区域 D，使得 $P\{W(\xi_1,\xi_2,\cdots,\xi_n)\in D\}=\alpha$（也可以是 $P\{W(\xi_1,\xi_2,\cdots,\xi_n)\in D\}\leqslant\alpha$）.

第四步，进行一次试验，得到样本 $(\xi_1,\xi_2,\cdots,\xi_n)$ 的试验值 $(x_1,x_2,\cdots,x_n)$，算出 $W(\xi_1,\xi_2,\cdots,\xi_n)$ 的试验值 $W(x_1,x_2,\cdots,x_n)$.

第五步，检验小概率事件 $\{W(\xi_1,\xi_2,\cdots,\xi_n)\in D\}$ 是否发生，若 $W(x_1,x_2,\cdots,x_n)\in D$，则拒绝原假设 H_0；若 $W(x_1,x_2,\cdots,x_n)\notin D$，则接受原假设 H_0. 通常将区域 D 称为拒绝域，$\bar{D}\left(\bar{D}=R-D\right)$ 称为接受域，拒绝域的边界点称为临界点.

例 5 设 $x_1,x_2,\cdots,x_n$ 为来自 $N(\mu,1)$ 的样本，考虑如下的假设检验问题

$$H_0:\mu=2,H_1:\mu=3,$$

若检验的拒绝域为 $W=\{\bar{x}\geqslant 2.6\}$，确定：(1) $n=20$ 时检验犯两类错误的概率；(2) 如果要使得检验犯第二类错误的概率 $\beta\leqslant 0.01$，n 最小应取多少？(3) 证明：当 $n\to\infty$ 时，$\alpha\to\infty$，$\beta\to\infty$.

解 (1) 第一类错误的概率：

$$n=20,\mu=2,\bar{x}\sim N\left(2,\frac{1}{20}\right),$$

$$1-P\{\bar{x}\geqslant 2.6\}=1-\Phi\left(\frac{2.6-2}{\sqrt{1/20}}\right)=1-\Phi(2.6833)=0.0037.$$

第二类错误的概率：

$$n=20,\mu=3,\bar{x}\sim N\left(3,\frac{1}{20}\right),$$

$$P\{\bar{x}<2.6\}=\Phi\left(\frac{2.6-3}{\sqrt{1/20}}\right)=\Phi(-1.7888)=0.0367.$$

(2)

$$\mu=3,\bar{x}\sim N\left(3,\frac{1}{n}\right),$$

$$P\{\bar{x}<2.6\}=\Phi\left(\frac{2.6-3}{\sqrt{1/n}}\right)\leqslant 0.01,\frac{2.6-3}{\sqrt{1/n}}<-2.33,$$

$$n>\left(\frac{2.33}{0.4}\right)^2=33.9,n=34.$$

(3) 当 $n\to\infty$ 时，$1-\Phi\left(\frac{2.6-2}{\sqrt{1/n}}\right)=1-\Phi(+\infty)=0$,

$$\Phi\left(\frac{2.6-3}{\sqrt{1/n}}\right)=\Phi(-\infty)=0.$$

例 6 设 x_1,x_2,x_3,x_4 为来自 $N(\mu,1)$ 的样本，考虑检验问题 $H_0:\mu=6,H_1:\mu\neq 6$，拒绝域取为 $W=\{|\bar{x}-6|\geqslant c\}$，试求 c，使得检验的显著性水平 α 为 0.05，并求该检验在 $\mu=6.5$ 处犯第二类错误的概率.

解 $\bar{x}\sim N\left(6,\frac{1}{4}\right),P\{|\bar{x}-6|\geqslant c\}=P\left\{\left|\frac{\bar{x}-6}{\sqrt{\frac{1}{4}}}\right|\geqslant\frac{c}{\sqrt{\frac{1}{4}}}\right\}=0.05$;

$$P\left\{\frac{\bar{x}-6}{\sqrt{\frac{1}{4}}}\geqslant\frac{c}{\sqrt{\frac{1}{4}}}\right\}=0.025,P\left\{\frac{\bar{x}-6}{\sqrt{\frac{1}{4}}}<\frac{c}{\sqrt{\frac{1}{4}}}\right\}=0.975;$$

$$\Phi\left(\frac{c}{\sqrt{\frac{1}{4}}}\right)=0.975,\frac{c}{\sqrt{\frac{1}{4}}}=1.96,c=0.98;$$

$$\bar{x}\sim N\left(6.5,\frac{1}{4}\right),P\{|\bar{x}-6|<0.98\}=P\{5.02<\bar{x}<6.98\}$$

$$=P\left\{\frac{5.02-6.5}{\sqrt{\frac{1}{4}}}<\frac{\bar{x}-6.5}{\sqrt{\frac{1}{4}}}<\frac{6.98-6.5}{\sqrt{\frac{1}{4}}}\right\}$$

$$=\Phi\left(\frac{6.98-6.5}{\sqrt{\frac{1}{4}}}\right)-\Phi\left(\frac{5.02-6.5}{\sqrt{\frac{1}{4}}}\right)$$

$$=\Phi(0.96)-\Phi(-2.96)=0.83.$$

第二节 正态总体均值和方差的假设检验

设总体 $X\sim N(\mu,\sigma^2)$，$x_1,x_2,\cdots,x_n$ 为 X 的样本.

一、单个正态总体均值的假设检验——U 检验法

1. 已知方差 σ^2，检验假设：$H_0:\mu=\mu_0$.

分析：由于 $\bar{x}$ 比较集中地反映了总体均值 μ 的信息，所以检验函数可以从 $\bar{x}$ 着手考虑.

由于 $U=\dfrac{\bar{x}-\mu}{\sigma/\sqrt{n}}\sim N(0,1)$，因此很自然地选用统计量 $U_0=\dfrac{\bar{x}-\mu_0}{\sigma/\sqrt{n}}$作为检验函数，在 H_0 为真的条件下，$U_0=\dfrac{\bar{x}-\mu_0}{\sigma/\sqrt{n}}\sim N(0,1)$，且 $E(U_0)=0$，因此，$U_0=\dfrac{\bar{x}-\mu_0}{\sigma/\sqrt{n}}$应当在 0 的周围随机摆动，远离 0 的可能性较小，所以拒绝域可选在双边区域.

基于以上分析，可得检验方法步骤如下：

(1)先提出假设 $H_0:\mu=\mu_0$.

(2)选取检验用的统计量 $U=\dfrac{\bar{x}-\mu_0}{\sigma/\sqrt{n}}\sim N(0,1)$.

(3)确定检验水平(标准，要求)和拒绝域，给定水平 α，查 $N(0,1)$表得 $z_{1-\alpha/2}$，这里 $z_{1-\alpha/2}$为由 $N(0,1)$表得到的 $1-\dfrac{\alpha}{2}$的分位点，$\Phi\left(z_{1-\alpha/2}\right)=P\left\{U\leqslant z_{1-\alpha/2}\right\}=1-\dfrac{\alpha}{2}$，使得 $P\left\{|U|>z_{1-\alpha/2}\right\}=1-\left(2\Phi(z_{1-\frac{\alpha}{2}})-1\right)=\alpha$，这就是说事件

$\left\{\left|\dfrac{\bar{x}-\mu_0}{\sigma/\sqrt{n}}\right|>z_{1-\frac{\alpha}{2}}\right\}$是一个小概率事件，从而拒绝域为

$$D=\left(-\infty,-z_{1-\frac{\alpha}{2}}\right]\cup\left[z_{1-\frac{\alpha}{2}},+\infty\right).$$

（4）根据样本的试验值 $x_1,x_2,\cdots,x_n$，算得 U 的值为 $u_0=\dfrac{\bar{x}-\mu_0}{\sigma/\sqrt{n}}$.

比较判断下结论：

若 $u_0\in D$，即 $|u_0|>z_{1-\frac{\alpha}{2}}$（小概率事件在一次试验中发生），则拒绝原假设 H_0；

若 $|u_0|<z_{1-\frac{\alpha}{2}}$，则接受原假设 H_0.

例1　根据大量调查得知，我国健康成年男子的脉搏平均为72次/min，标准差为6.4次/min，现从某体院男生中，随机抽出25人，测得平均脉搏为68.6次/min。根据经验，脉搏 X 服从正态分布. 如果标准差不变，试问该体院男生的脉搏与一般健康成年男子的脉搏有无差异？并求出体院男生脉搏的置信区间（$\alpha=0.05$）.

解　此例是在已知 $\sigma=6.4$ 的情况下，则

（1）检验假设 $H_0:\mu=72$，统计量 $U=\dfrac{\bar{x}-\mu_0}{\sigma/\sqrt{n}}\sim N(0,1)$.

（2）现在 $n=25$，$\bar{x}=68.6$，$|u_0|=\left|\dfrac{\bar{x}-\mu_0}{\sigma/\sqrt{n}}\right|=\left|\dfrac{68.6-72}{6.4/5}\right|=2.656$.

（3）对于 $\alpha=0.05$，查标准正态分布表得

$z_{1-\alpha/2}=z_{0.975}=1.96$.

（4）因为 $|u_0|=2.656>1.96=z_{1-\alpha/2}$，故拒绝 H_0，说明该体院男生的脉搏与一般健康成年男子的脉搏存在差异.

由于

$$\bar{x}-\frac{\sigma}{\sqrt{n}}z_{1-\alpha/2}=68.6-\frac{6.4}{\sqrt{25}}\times1.96\approx66.1,$$

$$\bar{x}+\frac{\sigma}{\sqrt{n}}z_{1-\alpha/2}=68.6+\frac{6.4}{\sqrt{25}}\times1.96\approx71.1,$$

所以，该体院男生脉搏的95%的置信区间为（66.1，71.1）.

有的时候，我们还要检验总体的均值 μ 是等于 μ_0、小于 μ_0 还是大于 μ_0，即要在假设 $H_0:\mu=\mu_0$ 或 $H_1:\mu<\mu_0$ 中做出选择；或者要在假设 $H_0:\mu=\mu_0$；$H_1:\mu>\mu_0$ 中做出选择. 这里的 H_1 称为备选假设，而把 H_0 称为原假设.

2. 已知方差 σ^2，检验假设：$H_0:\mu=\mu_0$；$H_1:\mu<\mu_0$（事先算出样本观察值 $\bar{x}<\mu_0$，才提出这样的检验问题），选取统计量 $U=\dfrac{\bar{x}-\mu_0}{\sigma/\sqrt{n}}$，在 H_0 为真的条件下，

$U=\dfrac{\bar{x}-\mu_0}{\sigma/\sqrt{n}}\sim N(0,1)$,对给定的$\alpha$,选取$z_{1-\alpha}$,$\Phi(z_{1-\alpha})=1-\alpha$, $-z_{1-\alpha}=z_{\alpha}$,故

$$P\left\{\frac{\bar{x}-\mu_0}{\sigma/\sqrt{n}}<-z_{1-\alpha}\right\}=P\{U<-z_{1-\alpha}\}=\Phi(z_{\alpha})=\alpha.$$

这表明在H_0为真的条件下,$\left\{\dfrac{\bar{x}-\mu_0}{\sigma/\sqrt{n}}<-z_{1-\alpha}\right\}$是一小概率事件,由此可以得出如下判定方法.

计算$U=\dfrac{\bar{x}-\mu_0}{\sigma/\sqrt{n}}$的试验值$u_0=\dfrac{\bar{x}-\mu_0}{\sigma/\sqrt{n}}$;若$u_0<-z_{1-\alpha}$,则拒绝原假设$H_0$,接受$H_1$;否则接受原假设$H_0$.

例2 已知某零件的质量$X\sim N(\mu,\sigma^2)$,由经验知$\mu=10\text{g}$,$\sigma^2=0.05$.技术改新后,抽取8个样品,测得质量(单位:g)为9.8, 9.5, 10.1, 9.6, 10.2, 10.1, 9.8, 10.0,若方差不变,问平均质量是否比10小?(取$\alpha=0.05$)

解 本例是一个左边检验问题,检验假设:$H_0:\mu=10$;$H_1:\mu<10$,选取统计量$U=\dfrac{\bar{x}-\mu_0}{\sigma/\sqrt{n}}$,在$H_0$为真的条件下,$U=\dfrac{\bar{x}-10}{\sigma/\sqrt{n}}\sim N(0,1)$,查标准正态分布表得$z_{1-\alpha}=z_{0.95}=1.645$,由样本值计算出$\bar{x}=9.9$计算$U=\dfrac{\bar{x}-10}{\sigma/\sqrt{n}}$的试验值并比较,得

$$u_0=\frac{\bar{x}-10}{\sigma/\sqrt{n}}=\frac{9.9-10}{\sqrt{0.05}/\sqrt{10}}=-1.26>-1.645=-z_{1-\alpha},$$

故接受假设$H_0:\mu=10$.

3. 已知方差σ^2,检验假设:$H_0:\mu=\mu_0$;$H_1:\mu>\mu_0$(事先算出样本观察值$\bar{x}>\mu_0$,才提出这样的检验问题),选取统计量$U=\dfrac{\bar{x}-\mu_0}{\sigma/\sqrt{n}}$,在$H_0$为真的条件下,$U=\dfrac{\bar{x}-\mu_0}{\sigma/\sqrt{n}}\sim N(0,1)$,对给定的$\alpha$,选取$z_{1-\alpha}$,则

$$\Phi(z_{1-\alpha})=1-\alpha,P\{U>z_{1-\alpha}\}=1-\Phi(z_{1-\alpha})=\alpha,$$

故

$$P\left\{\frac{\bar{x}-\mu_0}{\sigma/\sqrt{n}}>z_{1-\alpha}\right\}=P\{U>z_{1-\alpha}\}=1-\Phi(z_{1-\alpha})=\alpha,$$

这表明在H_0为真的条件下,$\left\{\dfrac{\bar{x}-\mu_0}{\sigma/\sqrt{n}}>z_{1-\alpha}\right\}$是一小概率事件,由此可以得出如下判定方法:计算$U=\dfrac{\bar{x}-\mu_0}{\sigma/\sqrt{n}}$的试验值$u_0=\dfrac{\bar{x}-\mu}{\sigma/\sqrt{n}}$;若$u_0>z_{1-\alpha}$,则拒绝原假设$H_0$,接

受 H_1；否则接受原假设 H_0.

例3　某厂生产的一种铜丝，它的主要质量指标是折断力的大小. 根据以往资料分析，可以认为折断力 X 服从正态分布，且数学期望 $E(X)=\mu=570\text{N}$，标准差是 $\sigma=8\text{N}$. 今换了原材料新生产一批铜丝，并从中抽出 10 个样品，测得折断力（单位：N）为

$$578,572,568,570,572,570,570,572,596,584.$$

从性能上看，估计折断力的方差不会发生变化，问这批铜丝的折断力是否比以往生产的铜丝的折断力较大？（取 $\alpha=0.05$）

解　(1) 假设 $H_0:\mu=570$；$H_1:\mu>570$.

(2) 计算统计量 $\dfrac{\bar{x}-570}{\sigma/\sqrt{n}}$ 的值，算出 $\bar{x}=575.2$，$\dfrac{\bar{x}-570}{\sigma/\sqrt{n}}=\dfrac{575.2-570}{8/\sqrt{10}}=2.055$.

(3) 当 $\alpha=0.05$ 时，查标准正态分布表得临界值 $z_{1-\alpha}=z_{0.95}=1.645$.

(4) 比较 $\dfrac{\bar{x}-570}{\sigma/\sqrt{n}}$ 与 $z_{1-\alpha}$ 的值的大小. 现在 $\dfrac{\bar{x}-570}{\sigma/\sqrt{n}}=2.055>1.645=z_{1-\alpha}$，故拒绝假设 H_0，接受 H_1，也就是说新生产的铜丝的折断力比以往生产的铜丝的折断力要大.

以上三种检验法由于都是使用 U 的分布，故又名 U 检验法.

二、σ^2 未知时，均值 μ 的假设检验——t 检验法

1. 未知方差 σ^2，检验假设 $H_0:\mu=\mu_0$，由于 σ^2 未知，这时 U 已不是统计量，因此，我们很自然地用 σ^2 的无偏估计量 s^2 来代替 σ^2，选取检验函数 $T=\dfrac{\bar{x}-\mu_0}{s/\sqrt{n}}$ 为检验 $H_0:\mu=\mu_0$ 的统计量. 由第七章定理4得 $T=\dfrac{\bar{x}-\mu}{s/\sqrt{n}}\sim t(n-1)$，所以在 H_0 为真时，有

$$T=\frac{\bar{x}-\mu_0}{s/\sqrt{n}}\sim t(n-1).$$

类似于前面的讨论，采用双边检验，对于给定的检验水平 α，查 $t(n-1)$ 表得 $t_{1-\alpha/2}(n-1)$，使得

$$P\left\{T\leqslant t_{1-\alpha/2}(n-1)\right\}=1-\frac{\alpha}{2},$$

$$P\left\{|T|\leqslant t_{1-\alpha/2}(n-1)\right\}=1-\alpha,P\left\{|T|>t_{1-\alpha/2}(n-1)\right\}=\alpha,$$

即得 $P\left\{\left|\dfrac{\bar{x}-\mu_0}{s/\sqrt{n}}\right|>t_{1-\alpha/2}(n-1)\right\}=\alpha$，$\left\{\left|\dfrac{\bar{x}-\mu_0}{s/\sqrt{n}}\right|>t_{1-\alpha/2}(n-1)\right\}$ 是一个小概率事

件；由样本值算出 $T=\dfrac{\bar{x}-\mu_0}{s/\sqrt{n}}$,然后与 $t_{1-\alpha/2}(n-1)$ 相比较,做出判断:

若 $|T|>t_{1-\alpha/2}(n-1)$,则拒绝假设 H_0;

若 $|T|<t_{1-\alpha/2}(n-1)$,则接受假设 H_0.

有的时候,我们还要检验总体的均值 μ 是等于 μ_0 还是大于 μ_0,即要在假设 $H_0:\mu=\mu_0$ 或 $H_1:\mu>\mu_0$ 中做出选择. 这里的 H_1 称为备选假设(也称备择假设),而把 H_0 称为原假设.

2. 未知方差 σ^2, 检验假设 $H_0:\mu=\mu_0$;$H_1:\mu>\mu_0$(事先算出样本值 $\bar{x}>\mu_0$,才提出这样的检验假设),选取检验用的统计量 $T=\dfrac{\bar{x}-\mu}{s/\sqrt{n}}\sim t(n-1)$,所以在 H_0 为真时,$T=\dfrac{\bar{x}-\mu_0}{s/\sqrt{n}}\sim t(n-1)$.

类似于前面的讨论,采用单边检验,对于给定的检验水平 α,查 $t(n-1)$ 表得 $t_{1-\alpha}(n-1)$,使得

$$P\{T\leqslant t_{1-\alpha}(n-1)\}=1-\alpha,P\{T>t_{1-\alpha}(n-1)\}=\alpha,$$

即得 $P\left\{\dfrac{\bar{x}-\mu_0}{s/\sqrt{n}}>t_{1-\alpha}(n-1)\right\}=\alpha,\left\{\dfrac{\bar{x}-\mu_0}{s/\sqrt{n}}>t_{1-\alpha}(n-1)\right\}$是一个小概率事件.

由样本值算出 $T=\dfrac{\bar{x}-\mu_0}{s/\sqrt{n}}$,然后与 $t_{1-\alpha}(n-1)$ 相比较,做出判断:

若 $T>t_{1-\alpha}(n-1)$,则拒绝假设 H_0,接受 H_1;

若 $T<t_{1-\alpha}(n-1)(\bar{x}>\mu_0)$,则接受假设 H_0.

3. 未知方差 σ^2,检验假设 $H_0:\mu=\mu_0$;$H_1:\mu<\mu_0$(事先算出样本值有 $\bar{x}<\mu_0$,才提出这样的检验假设),选取检验用的统计量 $T=\dfrac{\bar{x}-\mu}{s/\sqrt{n}}\sim t(n-1)$,所以在 H_0 为真时,$T=\dfrac{\bar{x}-\mu_0}{s/\sqrt{n}}\sim t(n-1)$. 类似于前面的讨论,采用单边检验,对于给定的检验水平 α,查 $t(n-1)$ 表得 $t_{1-\alpha}(n-1)$,使得

$$P\{T\leqslant t_{1-\alpha}(n-1)\}=1-\alpha,\ -t_{1-\alpha}(n-1)=t_{\alpha}(n-1),$$

$$P\{T<-t_{1-\alpha}(n-1)\}=P\{T<t_{\alpha}(n-1)\}=\alpha,$$

即得 $P\left\{\dfrac{\bar{x}-\mu_0}{s/\sqrt{n}}<-t_{1-\alpha}(n-1)\right\}=\alpha,\left\{\dfrac{\bar{x}-\mu_0}{s/\sqrt{n}}<-t_{1-\alpha}(n-1)\right\}$是一个小概率事件.

由样本值算出 $T=\dfrac{\bar{x}-\mu_0}{s/\sqrt{n}}$,然后与 $-t_{1-\alpha}(n-1)$ 相比较,做出判断:

若 $T < -t_{1-\alpha}(n-1)$，则拒绝假设 H_0，接受 H_1；

若 $T > -t_{1-\alpha}(n-1)(\bar{x} < \mu_0)$，则接受假设 H_0.

以上三种检验法均采用了 t 分布，故又名 t 检验法. 通常总体的方差 σ^2 是未知的，所以用本法对均值 μ 进行检验及求均值 μ 的置信区间具有更大的使用价值.

例 4　在某砖厂生产的一批砖中，随机地抽取 6 块进行抗断强度试验，测得结果（单位：kg/cm^2）为

$$32.56, 29.66, 31.64, 30.00, 31.87, 31.03.$$

设砖的抗断强度服从正态分布，问这批砖的平均抗断强度是否为 $32.50kg/cm^2$？（取 $\alpha = 0.05$）

解　(1) 假设 $H_0: \mu = 32.50$.

(2) 计算统计量 T 的值，算出 $\bar{x} = 31.13, s = 1.13$，

$$T = \frac{\bar{x} - 32.50}{s/\sqrt{n}} = \frac{31.13 - 32.50}{1.13/\sqrt{6}} = -2.97.$$

(3) 当 $\alpha = 0.05$ 时，查 t 分布表得 $t_{1-\alpha/2}(n-1) = t_{0.975}(5) = 2.57$.

(4) 比较 $|T|$ 与 $t_{1-\alpha/2}(n-1)$ 的大小. 现在 $|T| > t_{1-\alpha/2}(n-1)$，故拒绝假设 H_0.

读者可能已发现，这里检验用的统计量与均值的区间估计所用的统计量是一致的. 事实上，上述检验与区间估计之间有着密切的联系. 例如 μ 的置信水平为 $1-\alpha$ 的置信区间是满足不等式 $\left|\frac{\bar{x}-\mu}{s/\sqrt{n}}\right| \leqslant t_{1-\alpha/2}(n-1)$ 的 μ 值的集合. 而假设 $H_0: \mu = \mu_0$ 的检验实质上是找出 μ 的置信区间，如果 μ_0 落在置信区间内，则接受假设 H_0；如果落在置信区间外，就拒绝接受 H_0.

例 5　抽取某班级 28 名学生的语文考试成绩，得样本均值为 80 分，样本标准差（所谓样本标准差是 s，而样本方差 $s^2 = \frac{1}{n-1}\sum_{i=1}^{n}(x_i - \bar{x})^2$）是为 8 分，若全年级语文平均成绩为 85 分，试问该班学生语文的平均成绩与全年级的平均成绩有无差异？并求出该班学生语文平均成绩的置信区间.（假定该年级语文考试成绩服从正态分布，$\alpha = 0.05$）

解　本例第一个问题为未知方差，检验 $H_0: \mu = 85$，故用 t 检验法，且

$$\mu_0 = 85, n = 28, \bar{x} = 80, S^2 = 64,$$

$$s^2 = \frac{n}{n-1}S^2 \approx 66.37, s \approx 8.147,$$

$$t_0 = \frac{\bar{x} - \mu_0}{s/\sqrt{n}} \approx \frac{\sqrt{28} \times (80 - 85)}{8.147} \approx -3.248.$$

对于 $\alpha=0.05$，查 $t(27)$ 分布表，得 $t_{1-\alpha/2}(27)=2.052$，因 $|t_0|=3.248>2.052$，拒绝 H_0，这表明该班学生的语文平均成绩与全年级平均成绩存在差异，由于

$$\bar{x}-\frac{s}{\sqrt{n}}t_{1-\alpha/2}\approx 76.84,\qquad \bar{x}+\frac{s}{\sqrt{n}}t_{1-\alpha/2}\approx 83.16,$$

故该班学生的语文平均成绩的95%置信区间是(76.84,83.16).

三、(单个)正态总体方差的假设检验——χ^2 检验法

已知总体 $X\sim N(\mu,\sigma^2)$，$x_1,x_2,\cdots,x_n$ 为来自于总体 X 的样本，且

$$s^2=\frac{1}{n-1}\sum_{i=1}^{n}(x_i-\bar{x})^2,E(s^2)=\sigma^2.$$

1. 检验假设 $H_0:\sigma^2=\sigma_0^2$.

分析：s^2 比较集中地反映了 σ^2 的信息，若 $\sigma^2=\sigma_0^2$，s^2 与 ${\sigma_0}^2$ 应接近，因此 s^2/σ_0^2不能太大或太小. 如果s^2/σ_0^2太大或太小，应拒绝 H_0. 而又由第七章定理3知 $\chi^2=\dfrac{(n-1)s^2}{\sigma^2}\sim\chi^2(n-1)$，于是我们选取统计量$\chi^2=\dfrac{(n-1)s^2}{\sigma_0^2}$，作为检验函数.

在 H_0 为真的条件下，有

$$\chi^2=\frac{(n-1)s^2}{\sigma_0^2}\sim\chi^2(n-1).$$

因而检验步骤如下：

(1)提出检验假设 $H_0:\sigma^2=\sigma_0^2$.

(2)选取统计量$\chi^2=\dfrac{(n-1)s^2}{\sigma_0^2}$.

(3)给定水平 α，查$\chi^2(n-1)$表得$\chi^2_{1-\alpha/2}(n-1)$，$\chi^2_{\alpha/2}(n-1)$，使得

$$P\left\{\chi^2\leqslant\chi^2_{1-\alpha/2}(n-1)\right\}=1-\frac{\alpha}{2},\quad P\left\{\chi^2\leqslant\chi^2_{\alpha/2}(n-1)\right\}=\frac{\alpha}{2},$$

从而
$$P\left\{\chi^2>\chi^2_{1-\alpha/2}(n-1)\right\}=\frac{\alpha}{2},\quad P\left\{\chi^2<\chi^2_{\alpha/2}(n-1)\right\}=\frac{\alpha}{2}.$$

于是
$$\left\{\chi^2>\chi^2_{1-\alpha/2}(n-1)\right\}\cup\left\{\chi^2<\chi^2_{\alpha/2}(n-1)\right\}$$

是小概率事件. 于是拒绝域为

$$D=\left(0,\chi^2_{\alpha/2}(n-1)\right]\cup\left[\chi^2_{1-\alpha/2}(n-1),\infty\right).$$

(4)根据样本值 $x_1,x_2,\cdots,x_n$，算得χ^2 的值为 $\dfrac{\sum\limits_{i=1}^{n}\left(x_i-\bar{x}\right)^2}{\sigma_0^2}$.

若$\chi^2<\chi^2_{\alpha/2}(n-1)$或$\chi^2>\chi^2_{1-\alpha/2}(n-1)$，则拒绝假设 H_0；否则接受假设 H_0.

例 6 某厂生产螺钉,生产一直比较稳定,长期以来,螺钉的直径服从方差为 $\sigma^2=0.0002\text{cm}^2$ 的正态分布.今从产品中随机抽取10只进行测量,得螺钉直径的数据(单位:cm)如下:

1.19,1.21,1.21,1.18,1.17,1.20,1.20,1.17,1.19,1.18.

问是否可以认为该厂生产的螺钉的直径的方差为 0.0002cm^2?(取 $\alpha=0.05$)

解 (1)检验假设 $H_0:\sigma^2=0.0002$.

(2)统计量 $\chi^2=\dfrac{(n-1)s^2}{\sigma_0^2}\sim\chi^2(9)$.

(3)由样本值得 $\bar{x}=1.19$, $s^2=\dfrac{1}{n-1}\sum\limits_{i=1}^{n}\left(x_i-\bar{x}\right)^2=0.0002$,

故 $\chi^2=\dfrac{(n-1)s^2}{\sigma_0^2}=10$.

(4)查 χ^2 分布表,得 $\chi^2_{1-\alpha/2}(9)=\chi^2_{0.975}(9)=19.0$, $\chi^2_{\alpha/2}(9)=\chi^2_{0.25}(9)=2.7$.

现在
$$\chi^2_{\alpha/2}(9)=2.7<10<19.0=\chi^2_{1-\alpha/2}(9),$$
因此接受假设 $H_0:\sigma^2=0.0002$.

2. 检验假设 $H_0:\sigma^2=\sigma_0^2$; $H_1:\sigma^2>\sigma_0^2$(事先由样本值算出 $s^2>\sigma_0^2$,才这样提出检验假设)

检验步骤如下:

(1)提出检验假设 $H_0:\sigma^2=\sigma_0^2$; $H_1:\sigma^2>\sigma_0^2$.

(2)选取统计量 $\chi^2=\dfrac{(n-1)s^2}{\sigma_0^2}$.

(3)给定水平 α,查 $\chi^2(n\quad 1)$ 表得临界值 $\chi^2_{1-\alpha}(n-1)$,使得 $P\left\{\chi^2\leqslant\chi^2_{1-\alpha}(n-1)\right\}=1-\alpha$,从而

$P\left\{\chi^2>\chi^2_{1-\alpha}(n-1)\right\}=1-P\left\{\chi^2\leqslant\chi^2_{1-\alpha}(n-1)\right\}=\alpha$, $\left\{\chi^2>\chi^2_{1-\alpha}(n-1)\right\}$ 是小概率事件.

(4)根据样本值 $x_1,x_2,\cdots,x_n$,算得 χ^2 的值 $\dfrac{\sum\limits_{i=1}^{n}\left(x_i-\bar{x}\right)^2}{\sigma_0^2}$,如果 $\chi^2>\chi^2_{1-\alpha}(n-1)$,则拒绝假设 H_0,接受 H_1;如果 $\chi^2<\chi^2_{1-\alpha}(n-1)$,则接受假设 H_0.

(如果 $\chi^2_{1-\alpha}(n-1)<\chi^2<\chi^2_{1-\alpha/2}(n-1)$,这是大的不太多的情形,可认为等于)

3. 检验假设 $H_0:\sigma^2=\sigma_0^2$; $H_1:\sigma^2<\sigma_0^2$(事先由样本值算出 $s^2<\sigma_0^2$,据此提出检验假设)

检验步骤如下：

(1)提出检验假设 $H_0:\sigma^2=\sigma_0^2$； $H_1:\sigma^2<\sigma_0^2$.

(2)选取统计量$\chi^2=\dfrac{(n-1)s^2}{\sigma_0^2}$.

(3)给定水平 α,查$\chi^2(n-1)$表得临界值$\chi_\alpha^2(n-1)$,使得$P\left\{\chi^2\leqslant\chi_\alpha^2(n-1)\right\}=\alpha$,从而$\left\{\chi^2<\chi_\alpha^2(n-1)\right\}$是小概率事件.

(4)根据样本值 $x_1,x_2,\cdots,x_n$,算得 χ^2 的值为 $\dfrac{\sum\limits_{i=1}^{n}\left(x_i-\bar{x}\right)^2}{\sigma_0^2}$,如果 $\chi^2<\chi_\alpha^2(n-1)$,则拒绝假设 H_0,接受 H_1;如果$\chi^2>\chi_\alpha^2(n-1)$,则接受假设 H_0.(如果$\chi_{\frac{\alpha}{2}}^2(n-1)<\chi^2<\chi_\alpha^2(n-1)$,小点,但小的不多).

以上三种检验法均采用χ^2分布,故又称χ^2检验法.

例 7 设维尼纶纤度在正常生产条件下服从正态分布 $N(1.405,0.048^2)$,某日抽取 5 根纤维,测得其纤度为

$$1.32,1.36,1.55,1.44,1.40.$$

问这一天生产的维尼纶的纤度的方差是否正常?($\alpha=0.10$)

解 本题问题归结为检验假设 $H_0:\sigma^2=0.048^2$. 因 $n=5,\bar{x}=1.414$,故 $\chi_0^2=\dfrac{1}{\sigma_0^2}\sum\limits_{i=1}^{5}\left(x_i-\bar{x}\right)^2=\dfrac{0.03112}{0.002304}=13.5$,由 $\alpha=0.10$,查表得$\chi_{\frac{\alpha}{2}}^2=0.711$, $\chi_{1-\frac{\alpha}{2}}^2=9.488$. 因$\chi_0^2=13.5>9.488$,所以拒绝 H_0,即认为这一天生产的维尼纶的纤度方差不正常.

例 8 在进行工艺改革时,一般若方差显著增大,可做相反方向的改革以减小方差,若方差变化不显著,可试行别的改革方案. 今进行某项工艺改革,加工 23 个活塞,测量其直径,计算 $s^2=0.00066$,设已知改革前活塞直径方差为 0.0004,问进一步改革的方向应如何?(假定改革前后的活塞直径服从正态分布,$\alpha=0.05$)

解 要解决这个问题,先看改革后的直径方差是否不大于改革前的直径方案,即检验 $H_0:\sigma^2\leqslant0.0004$. 对 $\alpha=0.05$,自由度为22,查分布表得$\chi_{1-\alpha}^2=33.92$,再由样本值计算得$\chi_0^2=36.3$,因为 36.3 >33.92,所以拒绝 $\sigma^2\leqslant0.0004$ 的假设,即认为改革后的活塞直径方差大于改革前,因此下一步改革应朝相反方向进行.

例 9 设某次考试的学生成绩服从正态分布,从中随机地抽取 36 位考生的成绩,算得平均成绩为 66.5 分,标准差为 15 分,问在显著性水平 0.05 下,是否可以认为这次考试全体考生的平均成绩为 70 分? 并给出检验过程.

解 $H_0:\mu=70, H_1:\mu\neq 70, n=36, \bar{x}=66.5, \sigma=15, \alpha=0.05, \mu=70$，拒绝域：$\left|\dfrac{\bar{x}-\mu}{\sigma/\sqrt{n}}\right|>Z_{0.975}$，$\dfrac{\bar{x}-\mu}{\sigma/\sqrt{n}}=-1.4$，$Z_{0.975}=1.96$，接受$H_0$，从而在显著性水平 $\alpha=0.05$ 下，可以认为这次考试全体考生的平均成绩为 70 分.

例 10 正常人的脉搏平均为 72 次/min，现某医生从铅中毒的患者中抽取 10 个人，测得其脉搏（单位：次/min）为 63，69，58，54，67，68，78，70，65，69，设脉搏服从正态分布 $N(\mu,\sigma^2)$，问在检验水平 $\alpha=0.05$ 时铅中毒患者和正常人的脉搏是否有显著性差异？

解 $H_0:\mu=72, H_1:\mu\neq 72, n=10, \bar{x}=66.1, s=6.33, \alpha=0.05, \mu=72$，

拒绝域：$\left|\dfrac{\bar{x}-\mu}{s/\sqrt{n}}\right|>t_{0.975}(9)$，$\dfrac{\bar{x}-\mu}{s/\sqrt{n}}=-2.95$，$t_{0.975}(9)=2.26$，拒绝$H_0$，从而得出：在检验水平 $\alpha=0.05$ 时铅中毒患者和正常人的脉搏有显著性差异.

例 11 某厂生产的显像管寿命 $Y\sim N(5000,300^2)$，进行工艺改革后测试显像管寿命有所提高. 任取 36 只进行测试，若 $\bar{x}=\dfrac{1}{36}\sum\limits_{i=1}^{36}x_i>5100$，则认为寿命有所提高；否则，没有提高，待检验假设为$H_0:\mu=5000, H_1:\mu>5000$，试给出以下内容：（1）总体及分布形式；（2）样本容量；（3）拒绝域；（4）犯第一类错误的概率.

解 （1）$X\sim N(\mu,300^2)$；（2）36；（3）$c=\left\{(x_1,x_2,\cdots,x_n):\dfrac{1}{36}\sum\limits_{i=1}^{36}x_i>5100\right\}$；

（4）第一类错误的概率：

$$n=36, \mu=5000, \bar{x}\sim N\left(5000,\frac{300^2}{36}\right)=N(5000,50^2),$$

$$1-\Phi\left(\frac{5100-5000}{50}\right)=1-\Phi(2)=0.0228.$$

例 12 设总体 $X\sim N(\mu,1)$，$x_1,x_2,\cdots,x_{10}$是 X 的一组样本观测值，要在 $\alpha=0.05$ 的水平下检验假设 $H_0:\mu=0, H_1:\mu\neq 0$，拒绝域为 $R=\{|\bar{x}|>c\}$.

（1）求 c 的值；（2）若已知$\bar{x}=1$，是否可据此样本推断 $\mu=0$；（3）若以$\{|\bar{x}|>1.15\}$作为检验$H_0:\mu=0$ 的拒绝域，求检验的显著性水平.

解 （1）$\bar{x}\sim N\left(\mu,\dfrac{1}{10}\right)$，$P\{|\bar{x}|>c\}=P\left\{\dfrac{|\bar{x}|}{\sqrt{\frac{1}{10}}}>\dfrac{c}{\sqrt{\frac{1}{10}}}\right\}=2P\left\{\dfrac{x}{\sqrt{\frac{1}{10}}}>\dfrac{c}{\sqrt{\frac{1}{10}}}\right\}=0.05.$

$$P\left\{\frac{x}{\sqrt{\frac{1}{10}}}>\frac{c}{\sqrt{\frac{1}{10}}}\right\}=0.025, P\left\{\frac{x}{\sqrt{\frac{1}{10}}}<\frac{c}{\sqrt{\frac{1}{10}}}\right\}=0.975=\Phi(1.96),$$

$$\frac{c}{\sqrt{\frac{1}{10}}}=1.96, c=0.62;$$

(2) 拒绝域 $R=\{|\bar{x}|>0.62\}$, $\bar{x}=1$, 拒绝;

(3) $P\{|\bar{x}|>1.15\}=P\left\{\frac{|\bar{x}|}{\sqrt{\frac{1}{10}}}>\frac{1.15}{\sqrt{\frac{1}{10}}}\right\}=2P\left\{\frac{x}{\sqrt{\frac{1}{10}}}>\frac{1.15}{\sqrt{\frac{1}{10}}}\right\}$

$$=2\left(1-P\left\{\frac{x}{\sqrt{\frac{1}{10}}}<\frac{1.15}{\sqrt{\frac{1}{10}}}\right\}\right)=2\left(1-\Phi\left(\frac{1.15}{\sqrt{\frac{1}{10}}}\right)\right)$$

$$=2(1-\Phi(3.6366))=0.0003.$$

例13 某厂生产的电子管的使用寿命服从正态分布 $N(15,2^2)$，今从一批产品中抽出100只检查,测得使用寿命的平均值为14.8(单位:10^5h)，问这批电子管的使用寿命的均值是否如常?($\alpha=0.05$)

解 $H_0:\mu=0, H_1:\mu<15, n=100, \bar{x}=14.8, \sigma=2, \alpha=0.05, \mu=15$, 拒绝域 $\frac{\bar{x}-\mu}{\sigma/\sqrt{n}}<Z_{0.05}$, $\frac{\bar{x}-\mu}{\sigma/\sqrt{n}}=-1, Z_{0.05}=-1.645$, 接受. 所以这批电子管的使用寿命的均值如常.

例14 从已知方差为 $\sigma^2=5.2^2$ 的正态总体中抽取容量为 $n=16$ 的一个样本，计算出样本均值为 $\bar{x}=28.75$, 试分别在显著性水平(1) $\alpha=0.05$; (2) $\alpha=0.01$ 两种情况下检验假设 $H_0:\mu=26, H_1:\mu\neq 26$.

解 (1) $\alpha=0.05$, 拒绝域 $\left|\frac{\bar{x}-\mu}{\sigma/\sqrt{n}}\right|>Z_{0.975}$, $\frac{\bar{x}-\mu}{\sigma/\sqrt{n}}=2.115, Z_{0.975}=1.96$, 拒绝.

(2) $\alpha=0.01$, 拒绝域 $\left|\frac{\bar{x}-\mu}{\sigma/\sqrt{n}}\right|>Z_{0.995}$, $\frac{\bar{x}-\mu}{\sigma/\sqrt{n}}=2.115, Z_{0.995}=2.345$, 接受.

例15 某工厂生产的铜丝折断力(单位:kg)服从正态分布 $N(\mu,\sigma^2)$, 某日随机抽取了10根铜丝进行折断力测验,其折断力分别为 $x_1,x_2,\cdots,x_{10}$. 经计算得 $\bar{x}=\frac{1}{10}\sum_{i=1}^{10}x_i=57.5$, $s^2=\frac{1}{10-1}\sum_{i=1}^{10}(x_i-\bar{x})^2=68.16$, 试在显著性水平 $\alpha=0.05$ 的情况下检验假设: $H_0:\sigma^2=8^2, H_1:\sigma^2\neq 8^2$.

解 拒绝域: $\frac{(n-1)s^2}{\sigma^2}>\chi^2_{0.975}(n-1)$ 或 $\frac{(n-1)s^2}{\sigma^2}<\chi^2_{0.025}(n-1)$,

$\frac{(n-1)s^2}{\sigma^2}=9.585$, $\chi^2_{0.975}(10-1)=19.023$, $\chi^2_{0.025}(n-1)=2.7$, 接受 H_0, 即在

显著性水平 $\alpha=0.05$ 的情况下检验假设:$H_0:\sigma^2=8^2$,$H_1:\sigma^2\neq 8^2$.

例 16 在正常的生产条件下,某产品的测试指标总体 $X\sim N(\mu_0,\sigma_0^2)$,其中 $\sigma_0=0.23$,后来改变了工艺,推出了新产品,假设新产品的测试指标仍为 X,且 $X\sim N(\mu,\sigma^2)$,从新产品中随机地抽取 10 件,测得样本值$x_1,x_2,\cdots,x_{10}$,算得样本标准差 $s=0.33$. 试在检验水平 $\alpha=0.05$ 的情况下检验(1)方差 σ^2有没有显著变化?(2)方差σ^2是否变大?

解 (1)$H_0:\sigma^2=0.23^2$,$H_1:\sigma^2\neq 0.23^2$,

拒绝域:$\dfrac{(n-1)s^2}{\sigma^2}>\chi^2_{0.975}(n-1)$或$\dfrac{(n-1)s^2}{\sigma^2}<\chi^2_{0.025}(n-1)$,

$\dfrac{(n-1)s^2}{\sigma^2}=18.53$,$\chi^2_{0.975}(10-1)=19.023$,$\chi^2_{0.025}(n-1)=2.7$,接受$H_0$,认为在检验水平 $\alpha=0.05$ 的情况下方差 σ^2没有显著变化.

(2)$H_0:\sigma^2=0.23^2$,$H_1:\sigma^2>0.23^2$,

拒绝域:$\dfrac{(n-1)s^2}{\sigma^2}>\chi^2_{0.95}(n-1)$,

$\dfrac{(n-1)s^2}{\sigma^2}=18.53$,$\chi^2_{0.95}(10-1)=16.919$,拒绝$H_0$,认为在检验水平 $\alpha=0.05$ 的情况下方差σ^2变大.

第三节 两正态总体均值差和方差比的假设检验

例 1 杜鹃总是把蛋生在别的鸟巢中,现从两种鸟巢中得到杜鹃蛋 24 个. 其中 9 个来自一种鸟巢,15 个来自另一种鸟巢,测得杜鹃蛋的长度(以 mm 计)如下:

$n=9$	21.2 21.6 21.9 22.0 22.0 22.2 22.8 22.9 23.2	$\bar{x}=22.20$ $s_1^2=0.4225$
$m=15$	19.8 20.0 20.3 20.8 20.9 20.9 21.0 21.0 21.0 21.2 21.5 22.0 22.0 22.1 22.3	$\bar{y}=21.12$ $s_2^2=0.5689$

试判别两个样本均值的差异是仅由随机因素造成的还是与来自不同的鸟巢有关($\alpha=0.05$).

解 杜鹃蛋的长度服从正态分布,设第一种鸟巢的蛋的长度 $X\sim N(\mu_1,\sigma_1)$,另外一种鸟巢的蛋的长度 $X\sim N(\mu_1,\sigma_1)$,$Y\sim(\mu_2,\sigma_2)$.

假设

$$H_0:\mu_1=\mu_2;H_2:\mu_1\neq\mu_2$$

取统计量
$$T=\frac{\overline{X}-\overline{Y}}{\sqrt{\frac{1}{n}-\frac{1}{m}}S_w}\sim T(n+m-2).$$

$$S_w=\sqrt{\frac{(n-1)S_1^2+(m-1)S_2^2}{n+m-2}}=0.718.$$

拒绝域　$R_0:|T|\geqslant t_{0.975}(22)=2.074.$

统计量的值：$|T|=3.568>2.074$ 落在R_0内，因此拒绝H_0，认为两个样本均值的差异与来自不同的鸟巢有关.

例2　假设机器A和机器B都生产钢管，要检验A和B生产的钢管的内径的稳定程度.设它们生产的钢管内径分别为X和Y，都服从正态分布$X\sim N(\mu_1,\sigma_1)$，$Y\sim(\mu_2,\sigma_2)$.现从A生产的钢管中抽出18根，测得$S_{12}=0.34$，从B生产的钢管中抽出13根，测得$S_{22}=0.29$，设两样本相互独立．问是否能认为两台机器生产的钢管内径的稳定程度相同？（取$\alpha=0.1$）

解　假设

$$H_0:\sigma_1^2=\sigma_2^2,H_1:\sigma_1^2\neq\sigma_2^2,$$

取统计量
$$F=\frac{s_{11}^2}{s_{12}^2}\sim F(17,12).$$

拒绝域　$R_0:F\geqslant F_{0.95}(17,12)=2.59$ 或 $F\leqslant F_{0.05}(17,12)=0.42.$

统计量的值：$F=\frac{s_{11}^2}{s_{12}^2}=1.174$ 落在R_0外，因此接受H_0，认为稳定性相同.

例3　新设计的某种化学天平，其测量的误差服从正态分布，现要求99.7%的测量误差不超过0.1mg，即要求$3\sigma\leqslant0.1$.现拿它与标准天平相比，得10个误差数据，其样本方差$S_2=0.0009$.试问在$\alpha=0.05$的水平上能否认为满足设计要求？

解　假设

$$H_0:\sigma\leqslant\frac{1}{30};H_1:\sigma>\frac{1}{30};$$

μ未知，故检验统计量可选为$\chi^2=\frac{(n-1)s^2}{\sigma_0^2}\sim\chi^2(n-1)$；

拒绝域：$\chi^2=\frac{9s^2}{\left(\frac{1}{30}\right)^2}>\chi_{1-0.05}^2(9)=16.919$；

计算可知：$\chi^2=\frac{9\times0.0009}{\left(\frac{1}{30}\right)^2}=7.29<16.919.$

故接受原假设，认为满足设计要求.

第四节　总体分布的假设检验

例　从自动精密机床的产品传送带中取出200个零件，以1μm以内的测量精度检查零件尺寸，对测量值和额定尺寸的偏差进行计算，得其均值为 $\bar{x}=\frac{1}{n}\sum_{i=1}^{n}x_i=4.3$，二阶中心矩 $s^2=\frac{1}{n}\sum_{i=1}^{n}(x_i-\bar{x})^2=94.26$，把测量值与额定尺寸的偏差按每隔5μm进行分组，计算出这种偏差落在各组内的频数 f_i，数据如下：

组　号	组　限	f_i	组　号	组　限	f_i
1	−20 ~ −15	7	6	5 ~ 10	41
2	−15 ~ −10	11	7	10 ~ 15	26
3	−10 ~ −5	15	8	15 ~ 20	17
4	−5 ~ 0	24	9	20 ~ 25	7
5	0 ~ 5	49	10	25 ~ 30	3

试用 χ^2 检验法检验 H_0：尺寸偏差服从正态分布（取 $\alpha=0.05$）.

解　极大似然估计均值和方差分别为

$$\hat{\mu}=\bar{x}=4.3,\hat{\sigma}^2=s^2=94.26=9.71^2,$$

故检验

$$H_0:X\sim N(4.3,9.71^2);$$

选用统计量　$\chi^2=\sum_{i=1}^{n}\frac{(f_i-np_i)^2}{np_i}\sim\chi^2(k-r-1)$；

拒绝域：$\chi^2>\chi^2_{1-\alpha}(k-r-1)=\chi^2_{1-\alpha}(9-2-1)=12.592$.

计算 p_i：

$$p_1=P\{X<-15\}=\Phi\left(\frac{-15-4.3}{9.701}\right)=\Phi(-1.99)=0.0233;$$

$$p_2=P\{-15\leqslant X<-10\}=\Phi\left(\frac{-10-4.3}{9.701}\right)-\Phi\left(\frac{-15-4.3}{9.701}\right)=0.0475;$$

$$p_3=P\{-10\leqslant X<-5\}=\Phi\left(\frac{-5-4.3}{9.701}\right)-\Phi\left(\frac{-10-4.3}{9.701}\right)=0.0977;$$

$$p_4=P\{-5\leqslant X<0\}=\Phi\left(\frac{0-4.3}{9.701}\right)-\Phi\left(\frac{-5-4.3}{9.701}\right)=0.1615;$$

$$p_5=P\{0\leqslant X<5\}=\Phi\left(\frac{5-4.3}{9.701}\right)-\Phi\left(\frac{0-4.3}{9.701}\right)=0.1979;$$

$$p_6 = P\{5 \leqslant X < 10\} = \Phi\left(\frac{10-4.3}{9.701}\right) - \Phi\left(\frac{5-4.3}{9.701}\right) = 0.1945;$$

$$p_7 = P\{10 \leqslant X < 15\} = \Phi\left(\frac{15-4.3}{9.701}\right) - \Phi\left(\frac{10-4.3}{9.701}\right) = 0.1419;$$

$$p_8 = P\{15 \leqslant X < 20\} = \Phi\left(\frac{20-4.3}{9.701}\right) - \Phi\left(\frac{15-4.3}{9.701}\right) = 0.0831;$$

$$p_9 = P\{X \geqslant 20\} = 1 - \Phi\left(\frac{20-4.3}{9.701}\right) = 0.0526.$$

计算χ^2如下：

区间	f_i	p_i	np_i	$f_i - np_i$	$\frac{(f_i - np_i)^2}{n p_i}$
$(-\infty, -15)$	7	0.0233	4.66	2.34	1.1750
$[-15, -10)$	11	0.0475	9.5	1.5	0.2368
$[-10, -5)$	15	0.0977	19.54	−4.54	1.0548
$[-5, 0)$	24	0.1615	32.3	−8.3	2.1328
$[0, 5)$	49	0.1979	39.58	9.42	2.2420
$[5, 10)$	41	0.1945	38.9	2.1	0.1134
$[10, 15)$	26	0.1419	28.38	−2.38	0.1996
$[15, 20)$	17	0.0831	16.62	0.38	0.0087
$[20, \infty)$	10	0.0526	10.52	−0.25	0.0257
Σ	200	1	200	0	7.1888

$$\chi^2 = 7.188 < \chi^2_{0.95}(6) = 12.592.$$

没有落在拒绝域内，故可以认为零件尺寸偏差服从正态分布 $N(4.3, 9.71^2)$.

第十章　随机过程的基本概念

第一节　随机过程的概率分布

例 1　设随机相位正弦波为 $X(t)=a\cos(t+\Theta)(-\infty<t<+\infty)$，其中 a 是正常数，Θ 是在区间 $(0,2\pi)$ 上服从均匀分布的随机变量.

(1) 当 Θ 取值 $\theta=\frac{\pi}{4},\frac{\pi}{2},\pi$ 时，相应的样本函数是什么?

(2) 求 $X(t)$ 在 $t=\frac{\pi}{4}$ 时的一维概率密度.

解　(1) 当 Θ 取值 $\theta=\frac{\pi}{4},\frac{\pi}{2},\pi$ 时，相应的样本函数分别是

$$x_1(t)=a\cos\left(t+\frac{\pi}{4}\right)(-\infty<t<+\infty);$$

$$x_2(t)=a\cos\left(t+\frac{\pi}{2}\right)=-a\sin t(-\infty<t<+\infty);$$

$$x_3(t)=a\cos(t+\pi)=-a\cos t(-\infty<t<+\infty).$$

(2) $X(t)$ 在 $t=\frac{\pi}{4}$ 时，$X\left(\frac{\pi}{4}\right)=a\cos\left(\frac{\pi}{4}+\Theta\right)$，$\Theta$ 的概率密度为

$$f(\theta)=\begin{cases}\frac{1}{2\pi}, & 0<\theta<2\pi,\\ 0, & \text{其他}.\end{cases}$$

令 $X=X\left(\frac{\pi}{4}\right)=a\cos\left(\frac{\pi}{4}+\Theta\right)$，$X$ 的分布函数为

$$F(x)=P\{X\leqslant x\}=P\left\{a\cos\left(\frac{\pi}{4}+\Theta\right)\leqslant x\right\}=\int_{a\cos\left(\frac{\pi}{4}+\theta\right)\leqslant x}f(\theta)\,\mathrm{d}\theta,$$

当 $x<-a$ 时，$F(x)=P\{\varnothing\}=0$;

当 $x\geqslant a$ 时，$F(x)=P\{S\}=1$;

当 $-a\leqslant x<\frac{\sqrt{2}}{2}a$ 时，$\arccos\frac{x}{a}\leqslant\frac{\pi}{4}+\theta\leqslant 2\pi-\arccos\frac{x}{a}$.

注意到$f(\theta)$不为0的范围

$$F(x)=\int_{\arccos\frac{x}{a}\leqslant\frac{\pi}{4}+\theta\leqslant 2\pi-\arccos\frac{x}{a}}f(\theta)\mathrm{d}\theta=\int_{\arccos\frac{x}{a}-\frac{\pi}{4}}^{\frac{7}{4}\pi-\arccos\frac{x}{a}}\frac{1}{2\pi}\mathrm{d}\theta=\frac{1}{\pi}\left(\pi-\arccos\frac{x}{a}\right).$$

当 $\dfrac{\sqrt{2}}{2}a<x\leqslant a$ 时，$\arccos\dfrac{x}{a}\leqslant\dfrac{\pi}{4}+\theta\leqslant 2\pi-\arccos\dfrac{x}{a}$

或

$$2\pi+\arccos\frac{x}{a}\leqslant\frac{\pi}{4}+\theta\leqslant 4\pi-\arccos\frac{x}{a}.$$

注意到$f(\theta)$不为0的范围

$$F(x)=\int_0^{\frac{7}{4}\pi-\arccos\frac{x}{a}}\frac{1}{2\pi}\mathrm{d}\theta+\int_{\frac{7}{4}\pi+\arccos\frac{x}{a}}^{2\pi}\frac{1}{2\pi}\mathrm{d}\theta=\frac{1}{\pi}\left(\pi-\arccos\frac{x}{a}\right).$$

于是$X=X\left(\dfrac{\pi}{4}\right)=a\cos\left(\dfrac{\pi}{4}+\Theta\right)$的概率密度为

$$f_1\left(x;\frac{\pi}{4}\right)=\frac{\mathrm{d}}{\mathrm{d}x}F(x)=\begin{cases}\dfrac{1}{\pi}\dfrac{1}{\sqrt{a^2-x^2}}, & |x|<a,\\ 0, & |x|\geqslant a.\end{cases}$$

例2 依据独立重复抛掷硬币的试验定义随机过程

$$X(t)=\begin{cases}-t, & \text{第}t\text{次出现花面},\\ t, & \text{第}t\text{次出现字面}\end{cases}(t=1,2,3,\cdots),$$

每次试验各以$\dfrac{1}{2}$的概率出现花面或者出现字面，试求$X(t)$的一维分布函数$F_1(x;1)$和二维分布函数$F_2(x_1,x_2;1,2)$.

解 根据题意知，在$t_1=1$和$t_2=2$时，过程的状态$X(1)$和$X(2)$的分布律分别为

$X(1)$	-1	1	$X(2)$	-2	2
P	$\frac{1}{2}$	$\frac{1}{2}$	P	$\frac{1}{2}$	$\frac{1}{2}$

一维分布函数分别为

$$F(x;1)=P\{X(1)\leqslant x\}=\begin{cases}0, & x<-1,\\ \dfrac{1}{2}, & -1\leqslant x<1,\\ 1, & x\geqslant 1;\end{cases}$$

$$F(x;2)=P\{X(2)\leqslant x\}=\begin{cases}0, & x<-2,\\ \dfrac{1}{2}, & -2\leqslant x<2,\\ 1, & x\geqslant 2.\end{cases}$$

由于 $X(1)$ 与 $X(2)$ 相互独立，于是二维分布函数为

$$F(x_1,x_2;1,2)=F(x_1;1)F(x_2;2)=\begin{cases}0, & x_1<-1 \text{ 或 } x_2<-2,\\ \dfrac{1}{4}, & -1\leqslant x_1<1,\ -2\leqslant x_2<2,\\ \dfrac{1}{2}, & \begin{cases}-1\leqslant x_1<1,\\ x_2\geqslant 2\end{cases} \text{或} \begin{cases}x_1\geqslant 1,\\ -2\leqslant x_2<2,\end{cases}\\ 1, & x_1\geqslant 1, x_2\geqslant 2.\end{cases}$$

例 3　设随机过程 $Y(t)=X\sin\omega t$，式中 ω 是常数，X 是服从 $N(\mu,\sigma^2)$ 分布的随机变量，求 $Y(t)$ 的一维概率密度.

解　当 $\sin\omega t\neq 0$ 时，$Y(t)$ 是正态分布随机变量 X 的线性函数，所以 $Y(t)$ 服从正态分布，且 $Y(t)\sim N(\sin\omega t\mu, \sin^2\omega t\sigma^2)$，故 $Y(t)$ 的一维概率密度为

$$f(y;t)=\frac{1}{\sqrt{2\pi}\sigma\,|\sin\omega t|}\exp\left\{-\frac{(y-\mu\sin\omega t)^2}{2\sigma^2\sin^2\omega t}\right\}(-\infty<y<+\infty).$$

当 $\sin\omega t=0$ 时，$Y(t)\equiv 0$.

例 4　设随机过程 $Z(t)=X+Yt(t>1)$，X,Y 是相互独立的随机变量，且同在 $(0,1)$ 上服从均匀分布，求 $Z(t)$ 的一维分布函数.

解　由于 X,Y 是相互独立的随机变量，且同在 $(0,1)$ 上服从均匀分布，所以 X,Y 的联合概率密度为

$$f(x,y)=\begin{cases}1, & 0<x<1, 0<y<1,\\ 0, & \text{其他},\end{cases}$$

$Z(t)$ 的一维分布函数

$$\begin{aligned}F(z;t)&=P\{Z(t)\leqslant z\}\\ &=P\{X+tY\leqslant z\}\\ &=\iint_{x+ty\leqslant z}f(x,y)\,\mathrm{d}x\mathrm{d}y,\end{aligned}$$

当 $z\leqslant 0$ 时，$F(z;t)=0$；

当 $0<z\leqslant 1$ 时，$F(z;t)=\int_0^z\mathrm{d}x\int_0^{\frac{z-x}{t}}\mathrm{d}y=\int_0^z\frac{z-x}{t}\mathrm{d}x=\frac{z^2}{2t}$；

当 $1<z\leqslant t$ 时，$F(z;t)=\int_0^1\mathrm{d}x\int_0^{\frac{z-x}{t}}\mathrm{d}y=\int_0^1\frac{z-x}{t}\mathrm{d}x=\frac{z}{t}-\frac{1}{2t}$；

当 $t<z\leqslant t+1$ 时，

$$\begin{aligned}F(z;t)&=\int_0^{z-t}\mathrm{d}x\int_0^1\mathrm{d}y+\int_{z-t}^1\mathrm{d}x\int_0^{\frac{z-x}{t}}\mathrm{d}y=z-t+\int_{z-t}^1\frac{z-x}{t}\mathrm{d}x=z-t-\left.\frac{(z-x)^2}{2t}\right|_{z-t}^{1}\\ &=z-\frac{t}{2}-\frac{(z-1)^2}{2t};\end{aligned}$$

当 $z>t+1$ 时，$F(z;t)=1$.

故 $Z(t)$ 的一维分布函数为

$$F(z;t)=\begin{cases}0, & z\leqslant 0,\\ \dfrac{z^2}{2t}, & 0<z\leqslant 1,\\ \dfrac{z}{t}-\dfrac{1}{2t}, & 1<z\leqslant t,\\ z-\dfrac{t}{2}-\dfrac{(z-1)^2}{2t}, & t<z\leqslant t+1,\\ 1, & z>t+1.\end{cases}$$

第二节　随机过程的数字特征

例1　设随机过程 $Z(t)=X\cos\omega t+Y\sin\omega t$，式中 ω 是常数，X 和 Y 是相互独立的标准正态随机变量，求 $Z(t)$ 的均值函数、自相关函数.

解　由题设条件知 $E(X)=0,D(X)=1,E(X)^2=1,E(Y)=0,D(Y)=1,E(Y^2)=1,E(XY)=E(X)E(Y)=0$.

$Z(t)$ 的均值函数为
$$\mu_Z(t)=E[Z(t)]=E(X\cos\omega t+Y\sin\omega t)=E(X)\cdot\cos\omega t+E(Y)\cdot\sin\omega t=0,$$

$Z(t)$ 的自相关函数为

$$\begin{aligned}R_Z(t_1,t_2)&=E[Z(t_1)Z(t_2)]\\&=E[(X\cos\omega t_1+Y\sin\omega t_1)(X\cos\omega t_2+Y\sin\omega t_2)]\\&=\cos\omega(t_2-t_1).\end{aligned}$$

例2　设随机过程 $Y(t)=\mathrm{e}^{-tX}(t\in(-\infty,+\infty))$，其中 X 是在 $(0,1)$ 上服从均匀分布的随机变量，求 $Y(t)$ 的均值函数、自相关函数.

解　由题设条件知，X 的概率密度为

$$f(x)=\begin{cases}1, & 0<x<1,\\ 0, & \text{其他},\end{cases}$$

$Y(t)$ 的均值函数为
$$\mu_Y(t)=E[Y(t)]=E(\mathrm{e}^{-tX})=\int_{-\infty}^{+\infty}\mathrm{e}^{-tx}f(x)\,\mathrm{d}x=\int_0^1\mathrm{e}^{-tx}\,\mathrm{d}x=\frac{1-\mathrm{e}^{-t}}{t};$$

$Y(t)$ 的自相关函数为
$$R_Y(t_1,t_2)=E[Y(t_1)Y(t_2)]=E(\mathrm{e}^{-t_1X}\mathrm{e}^{-t_2X})=\int_{-\infty}^{+\infty}\mathrm{e}^{-(t_1+t_2)x}f(x)\,\mathrm{d}x$$

$$= \int_0^1 e^{-(t_1+t_2)x} dx = \frac{1 - e^{-(t_1+t_2)}}{t_1 + t_2}.$$

例 3 设随机过程 $Z(t) = X + Yt$,其中 X 和 Y 都是随机变量,已知 X 与 Y 的协方差矩阵 $C = \begin{pmatrix} \sigma_1^2 & r \\ r & \sigma_2^2 \end{pmatrix}$,求 $Z(t)$ 的自协方差函数.

解 由题设条件知, $D(X) = \mathrm{Cov}(X,X) = \sigma_1^2$, $D(Y) = \mathrm{Cov}(Y,Y) = \sigma_2^2$, $\mathrm{Cov}(X,Y) = r$, $Z(t)$ 的自协方差函数

$$\begin{aligned} C_Z(t_1,t_2) &= \mathrm{Cov}(Z(t_1),Z(t_2)) = \mathrm{Cov}(X + Yt_1, X + Yt_2) \\ &= \mathrm{Cov}(X,X) + (t_1 + t_2)\mathrm{Cov}(X,Y) + t_1 t_2 \mathrm{Cov}(Y,Y) \\ &= \sigma_1^2 + (t_1 + t_2)r + t_1 t_2 \sigma_2^2. \end{aligned}$$

例 4 给定随机过程 $X(t)$ 和常数 a,设 $Y(t) = X(t + a) - X(t)$,试以 $X(t)$ 的自相关函数表示 $Y(t)$的自相关函数.

解 $Y(t)$ 的自相关函数为

$$\begin{aligned} R_Y(t_1,t_2) &= E[Y(t_1)Y(t_2)] = E[(X(t_1 + a) - X(t_1))(X(t_2 + a) - X(t_2))] \\ &= E[X(t_1 + a)X(t_2 + a)] - E[X(t_1 + a)X(t_2)] - \\ &\quad E[X(t_1)X(t_2 + a)] + E[X(t_1)X(t_2)] \\ &= R_X(t_1 + a, t_2 + a) - R_X(t_1 + a, t_2) - R_X(t_1, t_2 + a) + R_X(t_1, t_2). \end{aligned}$$

例 5 给定随机过程 $X(t)$,定义另一个随机过程

$$Y(t) = Y(e;t,x) = \begin{cases} 1, X(t) \leqslant x, \\ 0, X(t) > x, \end{cases} \quad x \text{ 是任意实数.}$$

试证: $Y(t)$ 的均值函数和自相关函数分别是 $X(t)$ 的一维分布函数和二维分布函数.

证 $Y(t)$ 服从两点分布, $P\{Y(t) = 1\} = P\{X(t) \leqslant x\} = F_1(x;t)$.

$Y(t)$ 的均值函数为

$$\begin{aligned} \mu_Y(t,x) &= E[Y(t)] = 1 \times P\{Y(t) = 1\} + 0 \times P\{Y(t) = 0\} \\ &= P\{X(t) \leqslant x\} = F_1(x;t); \end{aligned}$$

$Y(t)$ 的自相关函数为

$$\begin{aligned} R_Y(t_1,t_2,x_1,x_2) &= E[Y(t_1)Y(t_2)] \\ &= 1 \times 1 \times P\{Y(t_1) = 1, Y(t_2) = 1\} + \\ &\quad 1 \times 0 \times P\{Y(t_1) = 1, Y(t_2) = 0\} + \\ &\quad 0 \times 1 \times P\{Y(t_1) = 0, Y(t_2) = 1\} + \\ &\quad 0 \times 0 \times P\{Y(t_1) = 0, Y(t_2) = 0\} \\ &= P\{X(t_1) \leqslant x_1, X(t_2) \leqslant x_2\} = F_2(x_1,x_2;t_1,t_2). \end{aligned}$$

例6　设 $X(t)$ 是独立随机过程,且均值 $\mu_X(t)=\mu$ 是一个常数. 又随机过程 $Y(t)=X(t)+\varphi(t)$,式中 $\varphi(t)$ 是普通实函数. 求:(1) $Y(t)$ 的自相关函数;(2) $X(t)$ 和 $Y(t)$ 的互相关函数、互协方差函数.

解　因为 $X(t)$ 是独立随机过程,且均值 $\mu_X(t)=\mu$ 是一个常数,则

(1) $Y(t)$ 的自相关函数为

$$\begin{aligned}R_Y(t_1,t_2)&=E[Y(t_1)Y(t_2)]=E[(X(t_1)+\varphi(t_1))(X(t_2)+\varphi(t_2))]\\&=E[X(t_1)X(t_2)]+E[X(t_1)\varphi(t_2)]+\\&\quad E[\varphi(t_1)X(t_2)]+E[\varphi(t_1)\varphi(t_2)]\\&=\mu^2+\varphi(t_2)\mu+\varphi(t_1)\mu+\varphi(t_1)\varphi(t_2).\end{aligned}$$

(2) $X(t)$ 和 $Y(t)$ 的互相关函数为

$$\begin{aligned}R_{XY}(t_1,t_2)&=E[X(t_1)Y(t_2)]\\&=E[X(t_1)(X(t_2)+\varphi(t_2))]\\&=E[X(t_1)X(t_2)]+E[X(t_1)\varphi(t_2)]\\&=\mu^2+\varphi(t_2)\mu;\end{aligned}$$

$X(t)$ 和 $Y(t)$ 的互协方差函数为

$$\begin{aligned}C_{XY}(t_1,t_2)&=\mathrm{Cov}(X(t_1),Y(t_2))\\&=E[(X(t_1)-\mu)(X(t_2)-\mu)]=0\quad(t_1\neq t_2).\end{aligned}$$

例7　设 $\{X_n,n=1,2,\cdots\}$ 是具有状态空间 $S=\{0,1\}$ 的独立随机序列,且 $P\{X_i=0\}=\dfrac{2}{3}$,$P\{X_i=1\}=\dfrac{1}{3}(i=1,2,\cdots)$,并令 $Y_n=\sum\limits_{i=1}^{n}X_i$,求:(1)随机序列 $\{Y_n,n=1,2,\cdots\}$ 的一维分布率;(2) $\{Y_n,n=1,2,\cdots\}$ 的均值函数和自相关函数;(3)两个随机序列 $\{X_n,n=1,2,\cdots\}$ 和 $\{Y_n,n=1,2,\cdots\}$ 的互相关函数、互协方差函数.

解　(1)由题设条件,$X_n\sim B\left(1,\dfrac{1}{3}\right)$,$\{X_n,n=1,2,\cdots\}$ 是独立随机序列,利用独立二项分布的可加性,得 $Y_n=\sum\limits_{i=1}^{n}X_i\sim B\left(n,\dfrac{1}{3}\right)$,

$$P\{Y_n=k\}=\mathrm{C}_n^k\left(\frac{1}{3}\right)^k\left(\frac{2}{3}\right)^{n-k}(k=0,1,2,\cdots,n);$$

(2) $E(X_n)=\dfrac{1}{3}$,$D(X_n)=\dfrac{2}{9}$,$E(X_n^2)=\dfrac{1}{3}$;$E(Y_n)=np=\dfrac{n}{3}$,

$D(Y_n)=np(1-p)=\dfrac{2n}{9}$,$E(Y_n^2)=\dfrac{2n}{9}+\dfrac{n^2}{9}$,

$$R_Y(n,n+l)=E(Y_nY_{n+l})=E\left[Y_n\left(Y_n+\sum_{i=n+1}^{n+l}X_i\right)\right]$$

$$= E(Y_n)^2 + E(Y_n)E\left(\sum_{i=n+1}^{n+l} X_i\right)$$

$$= \frac{2n}{9} + \frac{n^2}{9} + \frac{n}{3}\cdot\frac{l}{3} = \frac{n}{9}(2+n+l)\quad (l\text{ 为非负整数}).$$

(3) $$R_{XY}(n,n+l) = E(X_nY_{n+l}) = E\left[X_n\left(X_n + \left(\sum_{i=1}^{n+l} X_i - X_n\right)\right)\right]$$

$$= E(X_n)^2 + EX_n\cdot E\left(\sum_{i=1}^{n+l} X_i - X_n\right)$$

$$= \frac{1}{3} + \frac{1}{3}\times\left(\frac{n+l}{3} - \frac{1}{3}\right)$$

$$= \frac{1}{9}(n+l+2)\quad (l\text{ 为非负整数}),$$

$$R_{XY}(n+l,n) = E(X_{n+l}Y_n)\,(X_{n+l}\text{ 与 }Y_n\text{ 独立})$$

$$= E(X_{n+l})\cdot E(Y_n) = \frac{1}{3}\cdot\frac{n}{3} = \frac{n}{9}\quad (l\text{ 为正整数}),$$

$$C_{XY}(n,n+l) = \mathrm{Cov}(X_n, Y_{n+l})$$

$$= R_{XY}(n,n+l) - E(X_n)\cdot E(Y_{n+l})$$

$$= \frac{1}{9}(n+l+2) - \frac{1}{3}\cdot\frac{n+l}{3}$$

$$= \frac{2}{9}\quad (l\text{ 为非负整数}),$$

$$C_{XY}(n+l,n) = \mathrm{Cov}(X_{n+l}, Y_n)$$

$$= 0\quad (X_{n+l}\text{ 与 }Y_n\text{ 独立}, l\text{ 为正整数}).$$

第十一章　平 稳 过 程

第一节　严平稳过程

例 1　(伯努利序列)独立重复地进行某项试验,每次试验成功的概率为 $p(0<p<1)$,失败的概率为 $1-p$. 以 X_n 表示第 n 次试验成功的次数,试验证 $\{X_n,n=1,2,3,\cdots\}$ 是严平稳过程.

解　$X_n=\begin{cases}1,\text{第 } n \text{ 次试验成功},\\0,\text{第 } n \text{ 次试验失败},\end{cases}$ $P\{X_n=k\}=p^k(1-p)^{1-k}(k=0,1)$,且 $\{X_n,n=1,2,\cdots\}$ 是独立随机序列. 任取 m 个正整数 $i_1,i_2,\cdots,i_m$,则 m 维分布律为

$$P\{X_{i_1}=k_1,X_{i_2}=k_2,\cdots,X_{i_m}=k_m\}=\prod_{r=1}^{m}P\{X_{i_r}=k_r\}$$
$$=\prod_{r=1}^{m}p^{k_r}(1-p)^{1-k_r}(k_r=0,1).$$

m 维分布律不依赖于 $i_1,i_2,\cdots,i_m$.

对任意正整数 l,必有

$$P\{X_{i_1+l}=k_1,X_{i_2+l}=k_2,\cdots,X_{i_m+l}=k_m\}$$
$$=\prod_{r=1}^{m}P\{X_{i_r+l}=k_r\}=\prod_{r=1}^{m}p^{k_r}(1-p)^{1-k_r}$$
$$=P\{X_{i_1}=k_1,X_{i_2}=k_2,\cdots,X_{i_m}=k_m\},$$

故伯努利序列 $\{X_n,n=1,2,3,\cdots\}$ 是严平稳过程.

例 2　设 X,Y 是相互独立的标准正态随机变量, $Z(t)=(X^2+Y^2)t\ (t>0)$. 试验证随机过程 $Z(t)$ 不是严平稳过程, $Z(t)$ 的数字特征也不具有平稳性.

解　首先求 $Z(t)$ 的一维分布函数 $X\sim N(0,1),Y\sim N(0,1)$;$X$ 与 Y 独立,X 与 Y 的联合概率密度为

$$f(x,y)=\frac{1}{2\pi}e^{-\frac{x^2+y^2}{2}}(-\infty<x<+\infty,-\infty<y<+\infty),$$

$$F(z;t)=P\{Z(t)\leqslant z\}=P\{(X^2+Y^2)t\leqslant z\}=P\left\{X^2+Y^2\leqslant\frac{z}{t}\right\}.$$

(1)若 $z\leqslant 0$,则 $F(z;t)=0$.

(2)若 $z>0$,则 $F(z;t)=\iint\limits_{x^2+y^2\leqslant\frac{z}{t}} f(x,y)\mathrm{d}x\mathrm{d}y=\iint\limits_{x^2+y^2\leqslant\frac{z}{t}}\frac{1}{2\pi}\mathrm{e}^{-\frac{x^2+y^2}{2}}\mathrm{d}x\mathrm{d}y$

$$=\int_0^{2\pi}\int_0^{\sqrt{\frac{z}{t}}}\frac{1}{2\pi}\mathrm{e}^{-\frac{r^2}{2}}r\mathrm{d}r\mathrm{d}\theta=2\pi\cdot\frac{1}{2\pi}\left(-\mathrm{e}^{-\frac{r^2}{2}}\right)\Bigg|_0^{\sqrt{\frac{z}{t}}}$$

$$=1-\mathrm{e}^{-\frac{z}{2t}},$$

于是 $F(z;t)=\begin{cases}1-\mathrm{e}^{-\frac{z}{2t}}, & z>0,\\ 0, & z\leqslant 0,\end{cases}$ 显然依赖于参数 t,故对任意实数 ε,有 $F(z;t)\neq F(z;t+\varepsilon)$,所以 $Z(t)$ 不是严平稳过程.

$Z(t)$ 的一维概率密度为 $f(z;t)=\begin{cases}\frac{1}{2t}\mathrm{e}^{-\frac{z}{2t}}, & z>0,\\ 0, & z\leqslant 0,\end{cases}$ 服从参数 $\lambda=\frac{1}{2t}$的指数分布,$E[Z(t)]=\frac{1}{\lambda}=2t$ 依赖于 t,即 $Z(t)$ 的均值函数不满足平稳性.

例 3 设$\{X_n,n\geqslant 1\}$是独立同分布的随机变量序列,且$X_n\sim U(0,1)$,$n=1,2,\cdots$. 讨论$\{X_n,n\geqslant 1\}$是否为严平稳过程,并求其一维和二维分布.

解 X_n的分布函数为

$$F_1(x,n)=F(x)=\begin{cases}0, & x<0,\\ x, & 0\leqslant x<1,\\ 1, & x\geqslant 1;\end{cases}$$

任取 m 个正整数:$i_1<i_2<\cdots<i_m$,由于$\{X_n,n\geqslant 1\}$是独立同分布的随机变量序列,所以$(X_{i_1},X_{i_2},\cdots,X_{i_m})$的分布函数为

$$F(x_1,x_2,\cdots,x_m;i_1,i_2,\cdots,i_m)=\prod_{r=1}^{m}F(x_r),$$

m 维分布不依赖于 $i_1,i_2,\cdots,i_m$;对任意正整数 l,必有

$$F(x_1,x_2,\cdots,x_m;i_1+l,i_2+l,\cdots,i_m+l)=\prod_{r=1}^{m}F(x_r)=F(x_1,x_2,\cdots,x_m;i_1,i_2,\cdots,i_m),$$

故序列$\{X_n,n=1,2,3,\cdots\}$是严平稳过程.

一维分布函数为 $F_1(x,n)=F(x)=\begin{cases}0, & x<0,\\ x, & 0\leqslant x<1,\\ 1, & x\geqslant 1;\end{cases}$

二维分布函数为

$$F_2(x_1,x_2;n_1,n_2)=F_1(x_1;n_1)F_1(x_2;n_2)=\begin{cases}0, & x_1<0 \text{ 且 } x_2<0,\\ x_1x_2, & 0\leqslant x_1<1 \text{ 且 } 0\leqslant x_2<1,\\ x_1, & 0\leqslant x_1<1 \text{ 且 } x_2\geqslant 1,\\ x_2, & x_1\geqslant 0 \text{ 且 } 0\leqslant x_2<1,\\ 1, & x_1\geqslant 1 \text{ 且 } x_2\geqslant 1.\end{cases}$$

例 4 设 η 是概率空间(Ω,F,P)上的一个随机变量，其概率密度为

$$f(x)=\begin{cases}0, & |x|\leqslant 2,\\ \dfrac{c}{x^2\ln|x|}, & |x|>2,\end{cases}$$

其中 c 为常数，由 $\int_{-\infty}^{+\infty}f(x)\,\mathrm{d}x=1$ 决定，取 $X(t)=\eta$，试说明$\{X(t),t\in T\}$是严平稳过程，但其均值函数不存在.

解 设 $F(x)$ 为 η 的分布函数，任取 m 个参数：$t_1<t_2<\cdots<t_m$，$(X(t_1),X(t_2),\cdots,X(t_m))$的分布函数为

$$F(x_1,x_2,\cdots,x_m;t_1,t_2,\cdots,t_m)=F(\min_{1\leqslant i\leqslant m}\{x_i\}),$$

m 维分布不依赖于 $t_1,t_2,\cdots,t_m$；对任意实数 τ，必有

$$\begin{aligned}F(x_1,x_2,\cdots,x_m;t_1+\tau,t_2+\tau,\cdots,t_m+\tau)&=F(\min_{1\leqslant i\leqslant m}\{x_i\})\\&=F(x_1,x_2,\cdots,x_m;t_1,t_2,\cdots,t_m),\end{aligned}$$

故$\{X(t),t\in T\}$是严平稳过程；

$$f_1(x;t)=\begin{cases}0, & |x|\leqslant 2,\\ \dfrac{c}{x^2,\ln|x|}, & |x|>2,\end{cases}$$

$$EX(t)=\int_{|x|>2}\frac{c}{x^2\ln|x|}x\,\mathrm{d}x=\int_2^{+\infty}\frac{c}{x^2\ln|x|}x\,\mathrm{d}x+\int_{-\infty}^{-2}\frac{c}{x^2\ln|x|}x\,\mathrm{d}x,$$

而 $\int_2^{+\infty}\frac{c}{x^2\ln|x|}x\,\mathrm{d}x$ 发散，于是均值函数 $EX(t)$不存在.

第二节 广义平稳过程

例 1 设 $Y(t)=\sin Xt$，X 是在$[0,2\pi]$上服从均匀分布的随机变量. 试证：(1)$\{Y(n),n=1,2,\cdots\}$是平稳序列；(2)$\{Y(t),t\in(-\infty,+\infty)\}$不是平稳过程.

证 X 的概率密度为$f(x)=\begin{cases}\dfrac{1}{2\pi}, & 0\leqslant x\leqslant 2\pi,\\ 0, & \text{其他}.\end{cases}$

$$(1)\ E[Y(n)]=E(\sin nX)=\int_{-\infty}^{+\infty}\sin nx\cdot f(x)\mathrm{d}x$$
$$=\int_0^{2\pi}\sin nx\frac{1}{2\pi}\mathrm{d}x=0\quad(n=1,2,\cdots),$$
$$E[Y^2(n)]=E[\sin^2 nX]=\int_{-\infty}^{+\infty}\sin^2 nx\cdot f(x)\mathrm{d}x=\int_0^{2\pi}\sin^2 nx\frac{1}{2\pi}\mathrm{d}x$$
$$=\int_0^{2\pi}\frac{1-\cos 2nx}{2}\frac{1}{2\pi}\mathrm{d}x=\frac{1}{2}\quad(n=1,2,\cdots),$$
取 τ 为任意正整数,有
$$E[Y(n)Y(n+\tau)]=E[\sin nX\cdot\sin(n+\tau)X]$$
$$=\int_{-\infty}^{+\infty}\sin nx\cdot\sin(n+\tau)x\cdot f(x)\mathrm{d}x$$
$$=\int_0^{2\pi}\sin nx\cdot\sin(n+\tau)x\frac{1}{2\pi}\mathrm{d}x$$
$$=\int_0^{2\pi}\frac{\cos\tau x-\cos(2n+\tau)x}{2}\frac{1}{2\pi}\mathrm{d}x=0\quad(n=1,2,\cdots),$$
所以,$\{Y(n),n=1,2,\cdots\}$ 是平稳序列.

$$(2)\ E[Y(t)]=E(\sin tX)=\int_{-\infty}^{+\infty}\sin tx\cdot f(x)\mathrm{d}x=\int_0^{2\pi}\sin tx\frac{1}{2\pi}\mathrm{d}x=\frac{1-\cos 2\pi t}{2\pi t},$$
不是常数,故 $\{Y(t),t\in(-\infty,+\infty)\}$ 不是平稳过程.

例 2　随机振幅正弦波 $Z(t)=X\cos 2\pi t+Y\sin 2\pi t$,其中 X 和 Y 都是随机变量,且 $E(X)=E(Y)=0,D(X)=D(Y)=1,E(XY)=0$. 验证 $Z(t)$ 是平稳过程.

验证　由已知条件,知 $E(X^2)=E(Y^2)=1$,
$$E[Z(t)]=E(X\cos 2\pi t+Y\sin 2\pi t)$$
$$=\cos 2\pi t\cdot E(X)+\sin 2\pi t\cdot E(Y)=0;$$
$$E[Z(t)Z(t+\tau)]=E[(X\cos 2\pi t+Y\sin 2\pi t)$$
$$(X\cos 2\pi(t+\tau)+Y\sin 2\pi(t+\tau))]$$
$$=\cos 2\pi t\cos 2\pi(t+\tau)+\sin 2\pi t\sin 2\pi(t+\tau)$$
$$=\cos 2\pi\tau;$$
$E[Z^2(t)]=1$. 所以,$Z(t)$ 是平稳过程.

例 3　(通信系统中的加密序列)设 $\{\xi_0,\eta_0,\xi_1,\eta_1,\cdots,\xi_n,\eta_n,\cdots\}$ 是相互独立的随机变量序列. $\xi_n(n=0,1,2,\cdots)$ 同分布,$\eta_n(n=0,1,2,\cdots)$ 同分布,$E(\xi_n)=E(\eta_n)=0$, $D(\xi_n)=D(\eta_n)=\sigma^2\neq 0$. 设 $X_n=\xi_n+\eta_n+(-1)^n(\xi_n-\eta_n)$,则加密序列 $\{X_n,n=0,1,2,\cdots\}$ 是平稳序列.

验证　因 $X_n=[1+(-1)^n]\xi_n+[1+(-1)^{n+1}]\eta_n$,则

(1) $E(X_n)=0$.

(2) $E(X_n^2)=D(X_n)+(EX_n)^2=DX_n$

$$=[1+(-1)^n]^2D(\xi_n)+[1+(-1)^{n+1}]^2D(\eta_n)=4\sigma^2.$$

(3) τ 为任意正整数，X_n 与 $X_{n+\tau}$ 相互独立，

$$E(X_nX_{n+\tau})=E(X_n)\cdot E(X_{n+\tau})=0, E(X_nX_n)=4\sigma^2,$$

所以，$\{X_n, n=0,1,2,\cdots\}$ 是平稳序列.

例4 设随机过程 $X(t)$ 的均值函数为 $\mu_X(t)=at+b(a\neq0)$，自协方差函数 $C_X(t_1,t_2)=e^{-\lambda|t_1-t_2|}(\lambda>0)$，给定 $l>0$，令 $Y(t)=X(t+l)-X(t)$.

(1) 求 $Y(t)$ 的均值函数、自相关函数、均方值函数；

(2) 判定 $Y(t)$ 是不是广义平稳过程？

解 (1)

$$\begin{aligned}\mu_Y(t)&=E[Y(t)]=E[X(t+l)-X(t)]\\&=E[X(t+l)]-E[X(t)]\\&=\mu_X(t+l)-\mu_X(t)\\&=(a(t+l)+b)-(at+b)=al,\end{aligned}$$

$$\begin{aligned}R_Y(t,t+\tau)&=E[Y(t)Y(t+\tau)]\\&=E\{[X(t+l)-X(t)][X(t+\tau+l)-X(t+\tau)]\}\\&=R_X(t+l,t+l+\tau)-R_X(t+l,t+\tau)-R_X(t,t+l+\tau)+\\&\quad R_X(t,t+\tau)\\&=[C_X(t+l,t+l+\tau)+\mu_X(t+l)\mu_X(t+l+\tau)]-\\&\quad[C_X(t+l,t+\tau)+\mu_X(t+l)\mu_X(t+\tau)]-\\&\quad[C_X(t,t+l+\tau)+\mu_X(t)\mu_X(t+l+\tau)]+\\&\quad[C_X(t,t+\tau)+\mu_X(t)\mu_X(t+\tau)]\\&=[e^{-\lambda|\tau|}+(a(t+l)+b)(a(t+l+\tau)+b)]-\\&\quad[e^{-\lambda|\tau-l|}+(a(t+l)+b)(a(t+\tau)+b)]-\\&\quad[e^{-\lambda|\tau+l|}+(at+b)(a(t+l+\tau)+b)]+\\&\quad[e^{-\lambda|\tau|}+(at+b)(a(t+\tau)+b)]\\&=2e^{-\lambda|\tau|}-e^{-\lambda|\tau-l|}-e^{-\lambda|\tau+l|}+a^2l^2,\end{aligned}$$

$$\Psi_Y^2(t)=R_Y(t,t)=2-2e^{-\lambda l}+a^2l^2.$$

(2) 因为 $E[Y(t)]=al, E[Y^2(t)]=2-2e^{-\lambda l}+a^2l^2$ 均为常数，

$$R_Y(t,t+\tau)=E[Y(t)Y(t+\tau)]=2e^{-\lambda|\tau|}-e^{-\lambda|\tau-l|}-e^{-\lambda|\tau+l|}+a^2l^2,$$

仅依赖于 τ，而与 t 无关，所以，$Y(t)$ 是广义平稳过程.

例5 设 $Y(t)=X\sin(\omega t+\Theta)(-\infty<t<+\infty)$，其中 ω 是常数，X 与 Θ 是相互独立的随机变量，且 $X\sim N(0,1)$，$\Theta\sim U[0,2\pi]$.

(1) 求 $Y(t)$ 的均值函数、自相关函数；

(2)问:$Y(t)$是不是平稳过程?

解 由题设条件,知 $E(X)=0, E(X^2)=1$, Θ 的概率密度为

$$f(\theta)=\begin{cases}\frac{1}{2\pi}, & 0\leqslant\theta\leqslant 2\pi,\\ 0 & \text{其他},\end{cases}$$

X 与 Θ 相互独立.

(1)$Y(t)$的均值函数为

$$\mu_Y(t)=E[Y(t)]=E(X)\cdot E[\sin(\omega t+\Theta)]=0;$$

$Y(t)$的自相关函数为

$$\begin{aligned}R_Y(t_1,t_2)&=E[Y(t_1)Y(t_2)]\\&=E(X^2)\cdot E[\sin(\omega t_1+\Theta)\cdot\sin(\omega t_2+\Theta)]\\&=\frac{1}{2}\cos\omega(t_1-t_2).\end{aligned}$$

(2)由(1)的结果,有

$$E[Y(t)]=0, R_Y(t,t+\tau)=\frac{1}{2}\cos\omega\tau, E[Y^2(t)]=\frac{1}{2},$$

从而 $Y(t)$是平稳过程.

例 6 随机相位正弦波 $X(t)=a\cos(\omega t+\Theta)$,式中 a 和 ω 是常数,Θ 是$(0,2\pi)$上服从均匀分布的随机变量,验证 $X(t)$是平稳过程.

验证

$$\begin{aligned}E[X(t)]&=E[a\cos(\omega t+\Theta)]\\&=\int_{-\infty}^{+\infty}a\cos(\omega t+\theta)f(\theta)\mathrm{d}\theta\\&=\int_0^{2\pi}a\cos(\omega t+\theta)\frac{1}{2\pi}\mathrm{d}\theta=0\end{aligned}$$

是常数;

$$\begin{aligned}E[X(t)X(t+\tau)]&=E[a\cos(\omega t+\Theta)\cdot a\cos(\omega(t+\tau)+\Theta)]\\&=E[a^2\frac{1}{2}(\cos(\omega t+\omega(t+\tau)+2\Theta)+\cos\omega\tau)]\\&=\frac{a^2}{2}[E(\cos(\omega t+\omega(t+\tau)+2\Theta))+E(\cos\omega\tau)]\\&=\frac{a^2}{2}\cos\omega\tau\end{aligned}$$

仅依赖于 τ;$E[X^2(t)]=\frac{a^2}{2}\cos\omega\tau\big|_{\tau=0}=\frac{a^2}{2}$是常数,所以 $X(t)=a\cos(\omega t+\Theta)$是平

稳过程.

例7 (白噪声序列)验证互不相关的随机变量序列$\{X_n, n=0, \pm1, \pm2, \cdots\}$，$E(X_n)=0, D(X_n)=\sigma^2\neq0$，是一个平稳序列.

验证 取τ为任意非零整数，由X_n与$X_{n+\tau}$互不相关，则有

$$E(X_nX_{n+\tau}) = E(X_n)\cdot E(X_{n+\tau}) = 0; E(X_n^2) = D(X_n) + (EX_n)^2 = \sigma^2,$$

所以，$\{X_n, n=0, \pm1, \pm2, \cdots\}$是一个平稳序列.

例8 (随机电报信号)电报信号用电流I或$-I$给出，任意时刻t的电报信号$X(t)$为I或$-I$的概率各为$\frac{1}{2}$. 又以$N(t)$表示$[0,t)$内信号变化的次数，已知$\{N(t), t\geqslant0\}$是一泊松过程，则$\{X(t), t\geqslant0\}$是一个平稳过程.

验证 (1)$E[X(t)] = IP\{X(t)=I\} + (-I)P\{X(t)=-I\} = \frac{I}{2} - \frac{I}{2} = 0.$

$$\begin{aligned}(2)E[X(t)X(t+\tau)] &= I^2P\{X(t)X(t+\tau)=I^2\} + \\ &\quad (-I^2)P\{X(t)X(t+\tau)=-I^2\} \\ &= I^2\sum_{n=0}^{\infty}P\{N(t+\tau)-N(t)=2n\} - \\ &\quad I^2\sum_{n=0}^{\infty}P\{N(t+\tau)-N(t)=2n+1\},\end{aligned}$$

由泊松过程的定义

$$P\{N(t+\tau)-N(t)=k\} = \frac{(\lambda|\tau|)^k}{k!}e^{-\lambda|\tau|}(\lambda>0, k=0,1,2,\cdots),$$

得到
$$\begin{aligned}E[X(t)X(t+\tau)] &= I^2\sum_{n=0}^{\infty}\frac{(\lambda|\tau|)^{2n}}{(2n)!}e^{-\lambda|\tau|} - I^2\sum_{n=0}^{\infty}\frac{(\lambda|\tau|)^{2n+1}}{(2n+1)!}e^{-\lambda|\tau|} \\ &= I^2e^{-\lambda|\tau|}\left\{\sum_{n=0}^{\infty}\frac{(-\lambda|\tau|)^{2n}}{(2n)!} + \sum_{n=0}^{\infty}\frac{(-\lambda|\tau|)^{2n+1}}{(2n+1)!}\right\} \\ &= I^2e^{-\lambda|\tau|}\sum_{n=0}^{\infty}\frac{(-\lambda|\tau|)^n}{n!} \\ &= I^2e^{-\lambda|\tau|}\cdot e^{-\lambda|\tau|} = I^2e^{-2\lambda|\tau|}.\end{aligned}$$

(3)$E[X^2(t)] = I^2$，所以$\{X(t), t\geqslant0\}$是一个平稳过程.

例9 设$Z(t) = X\sin\omega t + Y\cos\omega t$，其中$\omega$是常数，$X$与$Y$是相互独立的随机变量，且$X\sim N(0,1)$，$Y\sim U[-\sqrt{3},\sqrt{3}]$，试证：$Z(t)$是广义平稳过程.

验证 由题设条件得$E(X)=0, D(X)=1, E(X^2)=1; E(Y)=0, E(Y^2)=1, D(Y)=1$；

$E(XY) = E(X)\cdot E(Y) = 0; E[Z(t)] = \sin\omega t\cdot E(X) + \cos\omega t\cdot E(Y) = 0,$

$$E[Z(t)Z(t+\tau)] = \sin\omega t \cdot \sin\omega(t+\tau) \cdot E(X^2) + [\sin\omega t \cdot \cos\omega(t+\tau) + \cos\omega t \cdot \sin\omega(t+\tau)]E[XY] + \cos\omega t \cdot \cos\omega(t+\tau) \cdot E(Y^2)$$
$$= \sin\omega t \cdot \sin\omega(t+\tau) + \cos\omega t \cdot \cos\omega(t+\tau) = \cos\omega\tau,$$

$E[Z^2(t)]=1$，于是 $Z(t)$ 是广义平稳过程.

第三节 正态平稳过程

例 1 设正态过程 $\{X(t), -\infty < t < +\infty\}$ 的均值函数 $\mu_X(t)=0$，自相关函数 $R_X(t_1,t_2)=R_X(t_2-t_1)$，试写出过程的一维、二维概率密度函数.

解 根据题设条件，知 $X(t)$ 服从正态分布，$(X(t_1),X(t_2))$ 服从二维正态分布；$E[X(t)]=\mu_X(t)=0, DX(t)=EX^2(t)-[EX(t)]^2=R_X(t,t)=R_X(0)$，即得

$$X(t) \sim N(0,R_X(0));E[X(t_i)]=\mu_X(t_i)=0, DX(t_i)=R_X(0)\ (i=1,2),$$

$$\begin{aligned}\mathrm{Cov}(X(t_1),X(t_2)) &= E[X(t_1)X(t_2)] - EX(t_1)\cdot EX(t_2)\\ &= R_X(t_1,t_2) = R_X(t_2-t_1),\end{aligned}$$

$$\rho = \frac{\mathrm{Cov}(X(t_1),X(t_2))}{\sqrt{DX(t_1)}\cdot\sqrt{DX(t_2)}} = \frac{R_X(t_2-t_1)}{R_X(0)},$$

于是
$$(X(t_1),X(t_2)) \sim N\left(0,R_X(0),0,R_X(0),\frac{R_X(t_2-t_1)}{R_X(0)}\right).$$

例 2 设 $X(t)$ 是正态平稳过程，且 $E[X(t)]=\mu_X(t)=0$，令

$$Y(t) = \begin{cases}1, & 当 X(t) < 0,\\ 0, & 当 X(t) \geqslant 0,\end{cases}$$

证明：$Y(t)$ 是平稳过程.

证 因为 $X(t)$ 是平稳过程，所以 $R_X(t_1,t_2)=R_X(t_2-t_1)$，又 $X(t)$ 是正态过程，且 $E[X(t)]=\mu_X(t)=0$，由上例知

$$X(t) \sim N(0,R_X(0)),(X(t_1),X(t_2)) \sim N\left(0,R_X(0);0,R_X(0);\frac{R_X(t_2-t_1)}{R_X(0)}\right),$$

其概率密度为 $f(x_1,x_2;t_1,t_2)=f(x_1,x_2;t_2-t_1)$，$P\{Y(t)=1\}=P\{X(t)<0\}=\dfrac{1}{2}$，

$$P\{Y(t)=0\}=P\{X(t)\geqslant 0\}=\frac{1}{2}, E[Y(t)]$$
$$=1\cdot P\{Y(t)=1\}+0\cdot P\{Y(t)=0\}=\frac{1}{2}（是常数）,$$

$E[Y^2(t)]=\dfrac{1}{2}$ 存在且有限，所以

$$
\begin{aligned}
E[Y(t)Y(t+\tau)] &= 1\times1\times P\{Y(t)=1,Y(t+\tau)=1\}+1\times0\times P\{Y(t)=1,\\
&\quad Y(t+\tau)=0\}+0\times1\times P\{Y(t)=0,Y(t+\tau)=1\}+\\
&\quad 0\times0\times P\{Y(t)=0,Y(t+\tau)=0\}\\
&= P\{Y(t)=1,Y(t+\tau)=1\}=P\{X(t)<0,X(t+\tau)<0\}\\
&= \iint\limits_{\substack{x_1<0\\x_2<0}} f(x_1,x_2;\tau)\mathrm{d}x_1\mathrm{d}x_2 = F_X(0,0;\tau)
\end{aligned}
$$

仅依赖于τ,故$Y(t)$是平稳过程.

例 3 设随机过程$X(t)=U\cos\omega t+V\sin\omega t\ ,t\geqslant0$,其中$\omega$为常数,$E(U)=E(V)=0$, $D(U)=D(V)=\sigma^2$,且U和V是相互独立的正态变量,试证:$\{X(t),t\geqslant0\}$为正态过程,并求其一维概率密度和二维概率密度.

证 由题设条件,可知$\begin{pmatrix}U\\V\end{pmatrix}$服从二维正态分布,任取$t_1,t_2,\cdots,t_n\geqslant0$,则

$$
\begin{pmatrix}X(t_1)\\X(t_2)\\\vdots\\X(t_n)\end{pmatrix}=\begin{pmatrix}\cos\omega t_1 & \sin\omega t_1\\\cos\omega t_2 & \sin\omega t_2\\\vdots & \vdots\\\cos\omega t_n & \sin\omega t_n\end{pmatrix}\begin{pmatrix}U\\V\end{pmatrix},
$$

从而可知,$(X(t_1),X(t_2),\cdots,X(t_n))$都服从正态分布(可能有退化正态分布的情形). 所以$\{X(t),t\geqslant0\}$为正态过程.

$(X(t_1),X(t_2),\cdots,X(t_n))$的协方差矩阵为

$$
\begin{aligned}
\boldsymbol{C} &= \begin{pmatrix}\cos\omega t_1 & \sin\omega t_1\\\cos\omega t_2 & \sin\omega t_2\\\vdots & \vdots\\\cos\omega t_n & \sin\omega t_n\end{pmatrix}\begin{pmatrix}\sigma^2 & 0\\0 & \sigma^2\end{pmatrix}\begin{pmatrix}\cos\omega t_1 & \sin\omega t_1\\\cos\omega t_2 & \sin\omega t_2\\\vdots & \vdots\\\cos\omega t_n & \sin\omega t_n\end{pmatrix}^{\mathrm{T}}\\
&= \sigma^2\begin{pmatrix}1 & \cos\omega(t_1-t_2) & \cdots & \cos\omega(t_1-t_n)\\\cos\omega(t_2-t_1) & 1 & \cdots & \cos\omega(t_2-t_n)\\\vdots & \vdots & & \vdots\\\cos\omega(t_n-t_1) & \cos\omega(t_n-t_2) & \cdots & 1\end{pmatrix}
\end{aligned}
$$

一维概率密度为

$$
f(x;t)=\frac{1}{\sqrt{2\pi}\sigma}\mathrm{e}^{-\frac{x^2}{2\sigma^2}};
$$

二维概率密度为

$$
f(x_1,x_2;t_1,t_2)=\frac{1}{2\pi|\boldsymbol{C}|^{\frac{1}{2}}}\mathrm{e}^{-\frac{x^{\mathrm{T}}C^{-1}x}{2}},
$$

其中 $$\boldsymbol{x}=(x_1,x_2)^{\mathrm{T}},\boldsymbol{C}=\begin{pmatrix}\sigma^2 & \sigma^2\cos\omega(t_2-t_1)\\ \sigma^2\cos\omega(t_2-t_1) & \sigma^2\end{pmatrix}.$$

例 4 已知 A 和 B 相互独立同服从 $N(0,\sigma^2)$ 分布，α 为一实常数．

求：$X(t)=A\cos\alpha t+B\sin\alpha t(t\geqslant0)$ 的均值函数、协方差函数和有限维分布.

解
$$m_X(t)=E[X(t)]=0,\ t\geqslant0;$$
$$\begin{aligned}C_X(s,t)&=\mathrm{Cov}[X(s),X(t)]\\&=\mathrm{Cov}[A\cos\alpha s+B\sin\alpha s,A\cos\alpha t+B\sin\alpha t]\\&=\sigma^2\cos(t-s)\alpha,s,t\geqslant0,\end{aligned}$$

对任意的 n 及 $t_1,t_2,\cdots,t_n\geqslant0$，有
$$\begin{pmatrix}X(t_1)\\X(t_2)\\\vdots\\X(t_n)\end{pmatrix}=\begin{pmatrix}\cos\alpha\,t_1 & \sin\alpha\,t_1\\\cos\alpha\,t_2 & \sin\alpha\,t_2\\\vdots & \vdots\\\cos\alpha\,t_n & \sin\alpha\,t_n\end{pmatrix}\begin{pmatrix}A\\B\end{pmatrix},$$

由于 A 和 B 为相互独立的正态随机变量，故 (A,B) 为服从 $N(0,\sigma^2E)$ 的二维正态随机变量，而 $(X(t_1),X(t_2),\cdots,X(t_n))$ 是二维正态随机变量 (A,B) 的线性变换，因此 $X(t),t\geqslant0$ 是一个正态过程；故 $(X(t_1),X(t_2),\cdots,X(t_n))\sim N(0,D)$，其中
$$\boldsymbol{D}=\sigma^2\begin{pmatrix}\cos\alpha\,t_1 & \sin\alpha\,t_1\\\cos\alpha\,t_2 & \sin\alpha\,t_2\\\vdots & \vdots\\\cos\alpha\,t_n & \sin\alpha\,t_n\end{pmatrix}\begin{pmatrix}\cos\alpha\,t_1 & \cos\alpha\,t_2 & \cdots & \cos\alpha\,t_n\\\sin\alpha\,t_1 & \sin\alpha\,t_2 & \cdots & \sin\alpha\,t_n\end{pmatrix}$$
$$=\sigma^2\begin{pmatrix}1 & \cos\alpha(t_1-t_2) & \cdots & \cos\alpha(t_1-t_n)\\\cos\alpha(t_2-t_1) & 1 & \cdots & \cos\alpha(t_2-t_n)\\\vdots & \vdots & & \vdots\\\cos\alpha(t_n-t_1) & \cos\alpha(t_n-t_2) & \cdots & 1\end{pmatrix}.$$

例 5 已知随机变量 R 和 Θ 相互独立，R 服从瑞利(Rayleigh)分布，即其概率密度函数为 $p_R(r)=\begin{cases}\dfrac{r}{\sigma^2}\exp\left(-\dfrac{r^2}{2\sigma^2}\right), & r\geqslant0,\\ 0, & \text{其他},\end{cases}$ Θ 服从区间 $(0,2\pi)$ 上的均匀分布，对 $-\infty<t<+\infty$，令 $X(t)=R\cos(\omega t+\Theta)$，其中 ω 是常数.

求证：$\{X(t),-\infty<t<+\infty\}$ 是一正态过程.

证
$$X(t)=R\cos(\omega t+\Theta)=R\cos\Theta\cos\omega t-R\sin\Theta\sin\omega t,$$
令
$$X=R\cos\Theta,Y=R\sin\Theta,$$
(R,Θ) 的概率密度为

$$p(r,\theta)=\begin{cases}\dfrac{1}{2\pi}\dfrac{r}{\sigma^2}\exp\left(-\dfrac{r^2}{2\sigma^2}\right), & r\geqslant 0, 0<\theta<2\pi,\\ 0, & 其他.\end{cases}$$

令

$$x=r\cos\theta, y=r\sin\theta,$$

$$r=\sqrt{x^2+y^2},\ \frac{\partial(r,\theta)}{\partial(x,y)}=\frac{1}{r},$$

则(X,Y)的概率密度为

$$f(x,y)=p(r,\theta)\frac{\partial(r,\theta)}{\partial(x,y)}=\frac{1}{2\pi}\frac{1}{\sigma^2}\exp\left(-\frac{x^2+y^2}{2\sigma^2}\right),$$

可见，(X,Y)服从二维正态分布$N(0,\sigma^2E)$，对任意的$n\geqslant 1$及$t_1,t_2,\cdots,t_n\in(-\infty,+\infty)$，有

$$\begin{pmatrix}X(t_1)\\X(t_2)\\\vdots\\X(t_n)\end{pmatrix}=\begin{pmatrix}\cos\omega t_1 & -\sin\omega t_1\\\cos\omega t_2 & -\sin\omega t_2\\\vdots & \vdots\\\cos\omega t_n & -\sin\omega t_n\end{pmatrix}\begin{pmatrix}X\\Y\end{pmatrix},$$

由于(X,Y)为二维正态分布$N(0,\sigma^2E)$. 而$(X(t_1),X(t_2),\cdots,X(t_n))$是二维正态随机变量$(X,Y)$的线性变换，故服从$n$维正态分布. 因此$\{X(t),-\infty<t<+\infty\}$是一正态过程.

第四节 遍历过程

例1 随机振幅正弦波$Z(t)=X\cos2\pi t+Y\sin2\pi t$，其中$X$和$Y$都是随机变量，且$E(X)=E(Y)=0, D(X)=D(Y)=1, E(XY)=0$. (1)求平稳过程$Z(t)$的时间均值；(2)$Z(t)$的时间均值是否具有遍历性.

解 由已给条件，知$E(X^2)=E(Y^2)=1$，

$$E[Z(t)]=E[X\cos2\pi t+Y\sin2\pi t]=\cos2\pi t\cdot E(X)+\sin2\pi t\cdot E(Y)=0;$$

$Z(t)$的时间均值 $\overline{Z(t)}=\overline{Z(e,t)}=\lim\limits_{l\to+\infty}\dfrac{1}{2l}\displaystyle\int_{-l}^{l}Z(e,t)\mathrm{d}t$

$$=\lim_{l\to+\infty}\frac{1}{2l}\int_{-l}^{l}[X\cos2\pi t+Y\sin2\pi t]\mathrm{d}t$$

$$=\lim_{l\to+\infty}\frac{1}{2l}\cdot\frac{1}{2\pi}[X\sin2\pi t-Y\cos2\pi t]\Big|_{-l}^{l}=0,$$

从而有$P\{\overline{Z(t)}=E[Z(t)]=\mu_Z\}=P\{S\}=1$，故得$Z(t)$的时间均值具有遍历性.

例 2　设 $X(t)=S(t+\Theta)$ 是以 T 为周期的随机相位周期过程,即满足(S 是周期函数)

$$X(t+T)=S(t+T+\Theta)=S(t+\Theta)=X(t),$$

其中 Θ 是在 $(0,T)$ 上服从均匀分布的随机变量. 试证:(1) $X(t)=S(t+\Theta)$ 是平稳过程;(2) $X(t)=S(t+\Theta)$ 是遍历过程.

证　(1) Θ 的概率密度 $f(\theta)=\begin{cases}\dfrac{1}{T}, & 0<\theta<T,\\ 0, & 其他,\end{cases}$

$$\begin{aligned}\mu_X(t)&=E[X(t)]=E[S(t+\Theta)]=\int_{-\infty}^{+\infty}S(t+\theta)f(\theta)\,\mathrm{d}\theta\\&=\int_0^T S(t+\theta)\frac{1}{T}\mathrm{d}\theta=\frac{1}{T}\int_t^{t+T}S(u)\,\mathrm{d}u\\&=\frac{1}{T}\left(\int_0^T+\int_t^0+\int_T^{t+T}\right)S(u)\,\mathrm{d}u=\frac{1}{T}\int_0^T S(u)\,\mathrm{d}u\quad(常数),\end{aligned}$$

$$\begin{aligned}R_X(t,t+\tau)&=E[X(t)X(t+\tau)]=E[S(t+\Theta)S(t+\tau+\Theta)]\\&=\int_0^T S(t+\theta)S(t+\tau+\theta)\frac{1}{T}\mathrm{d}\theta\\&=\frac{1}{T}\int_t^{t+T}S(u)S(u+\tau)\,\mathrm{d}u=\frac{1}{T}\int_0^T S(u)S(u+\tau)\,\mathrm{d}u=R_X(\tau),\end{aligned}$$

$\Psi_X^2(t)=E[X^2(t)]=R_X(0)$ 存在,所以 $X(t)=S(t+\Theta)$ 是平稳过程.

(2) $\overline{X(t)}=\lim\limits_{l\to+\infty}\dfrac{1}{2l}\displaystyle\int_{-l}^{l}S(t+\Theta)\,\mathrm{d}t=\lim\limits_{n\to+\infty}\dfrac{1}{2nT}\displaystyle\int_{-nT}^{nT}S(t+\Theta)\,\mathrm{d}t$, 这是因为,对任意 $l>1$,存在正整数 n,使得

$$l=nT+r,0\leqslant r<T,l\to+\infty\Leftrightarrow n\to+\infty,\lim_{n\to+\infty}\frac{2nT}{2l}=1,$$

$$\frac{1}{2l}\int_{-l}^{l}S(t+\Theta)\,\mathrm{d}t=\frac{1}{2l}\left[\int_{-nT-r}^{-nT}S(t+\Theta)\,\mathrm{d}t+\int_{-nT}^{nT}S(t+\Theta)\,\mathrm{d}t+\int_{nT}^{nT+r}S(t+\Theta)\,\mathrm{d}t\right],$$

$$\begin{aligned}&\left|\frac{1}{2l}\left[\int_{-nT-r}^{-nT}S(t+\Theta)\,\mathrm{d}t+\int_{nT}^{nT+r}S(t+\Theta)\,\mathrm{d}t\right]\right|\\&=\left|\frac{1}{2l}\left[\int_{-r}^{0}S(t+\Theta)\,\mathrm{d}t+\int_0^r S(t+\Theta)\,\mathrm{d}t\right]\right|\\&\leqslant\frac{1}{2l}\left[\int_{-r}^{0}|S(t+\Theta)|\,\mathrm{d}t+\int_0^r|S(t+\Theta)|\,\mathrm{d}t\right]\\&\leqslant\frac{1}{2l}\left[\int_{-T}^{0}|S(t+\Theta)|\,\mathrm{d}t+\int_0^T|S(t+\Theta)|\,\mathrm{d}t\right]\end{aligned}$$

$$=\frac{1}{2l}\left[\int_{-T}^{0}|S(u)|\mathrm{d}t+\int_{0}^{T}|S(u)|\mathrm{d}t\right]\to 0(l\to+\infty),$$

$$\frac{1}{2nT}\int_{-nT}^{nT}S(t+\Theta)\mathrm{d}t=\frac{1}{2nT}\left[\int_{-nT}^{0}S(t+\Theta)\mathrm{d}t+\int_{0}^{nT}S(t+\Theta)\mathrm{d}t\right]$$

$$=\frac{1}{2nT}\left[\sum_{i=0}^{n-1}\int_{-(i+1)T}^{-(i+1)T+T}S(t+\Theta)\mathrm{d}t+\sum_{i=0}^{n-1}\int_{iT}^{iT+T}S(t+\Theta)\mathrm{d}t\right]$$

$$=\frac{1}{2nT}2n\int_{0}^{T}S(t+\Theta)\mathrm{d}t=\frac{1}{T}\int_{\Theta}^{T+\Theta}S(u)\mathrm{d}u$$

$$=\frac{1}{T}\int_{0}^{T}S(u)\mathrm{d}u=\mu_X(t),$$

于是
$$\overline{X(t)}=\lim_{l\to+\infty}\frac{1}{2l}\int_{-l}^{l}S(t+\Theta)\mathrm{d}t=\lim_{n\to+\infty}\frac{1}{2nT}\int_{-nT}^{nT}S(t+\Theta)\mathrm{d}t$$

$$=\frac{1}{T}\int_{0}^{T}S(u)\mathrm{d}u=\mu_X(t),$$

$$\overline{X(t)X(t+\tau)}=\lim_{l\to+\infty}\frac{1}{2l}\int_{-l}^{l}S(t+\Theta)S(t+\tau+\Theta)\mathrm{d}t$$

$$=\lim_{n\to+\infty}\frac{1}{2nT}\int_{-nT}^{nT}S(t+\Theta)S(t+\tau+\Theta)\mathrm{d}t$$

$$=\frac{1}{2nT}\int_{-nT}^{nT}S(t+\Theta)S(t+\tau+\Theta)\mathrm{d}t$$

$$=\frac{1}{2nT}\left[\int_{-nT}^{0}S(t+\Theta)S(t+\tau+\Theta)\mathrm{d}t+\int_{0}^{nT}S(t+\Theta)S(t+\tau+\Theta)\mathrm{d}t\right]$$

$$=\frac{1}{2nT}\left[\sum_{i=0}^{n-1}\int_{-(i+1)T}^{-(i+1)T+T}S(t+\Theta)S(t+\tau+\Theta)\mathrm{d}t+\right.$$
$$\left.\sum_{i=0}^{n-1}\int_{iT}^{iT+T}S(t+\Theta)S(t+\tau+\Theta)\mathrm{d}t\right]$$

$$=\frac{1}{2nT}2n\int_{0}^{T}S(t+\Theta)S(t+\tau+\Theta)\mathrm{d}t=\frac{1}{T}\int_{\Theta}^{T+\Theta}S(u)S(u+\tau)\mathrm{d}u$$

$$=\frac{1}{T}\int_{0}^{T}S(u)S(u+\tau)\mathrm{d}u=R_X(\tau),$$

从而
$$\overline{X(t)X(t+\tau)}=\lim_{l\to+\infty}\frac{1}{2l}\int_{-l}^{l}S(t+\Theta)S(t+\tau+\Theta)\mathrm{d}t$$

$$=\lim_{n\to+\infty}\frac{1}{2nT}\int_{-nT}^{nT}S(t+\Theta)S(t+\tau+\Theta)\mathrm{d}t$$

$$= \frac{1}{T}\int_0^T S(u)S(u+\tau)\mathrm{d}u = R_X(\tau),$$

所以有
$$P\{\overline{X(t)} = E[X(t)] = \mu_X\} = 1,$$
$$P\{\overline{X(t)X(t+\tau)} = E[X(t)X(t+\tau)] = R_X(\tau)\} = 1,$$
故 $X(t)=S(t+\Theta)$ 是遍历过程.

例 3　设平稳过程 $X(t)$ 的自相关函数 $R_X(\tau)$ 是以 T 为周期的周期函数，证明：对于任意 t，等式 $X(t+T)=X(t)$ 以概率 1 成立.

证　因为 $X(t)$ 是平稳过程，所以 $E[X(t)]=\mu_X$ 是常数，$E[X^2(t)]=E(Y^2)$ 是常数，$E[X(t)X(t+\tau)]=R_X(\tau)$，$E[X^2(t)]=R_X(0)$ 是常数.

令 $Y=X(t+T)-X(t)$，则 $E(Y)=E[X(t+T)-X(t)]=0$，我们知道
$$P\{X(t+T)=X(t)\} = P\{X(t+T)-X(t)=0\} = P\{Y=E(Y)\},$$
从而知道 $P\{X(t+T)=X(t)\}=1\Leftrightarrow P\{Y=E(Y)\}=1$，

又 $P\{Y=E(Y)\}=1\Leftrightarrow D(Y)=0$；问题归结为证明 $D(Y)=0$.
$$\begin{aligned}D(Y) &= E(Y^2)-(EY)^2 = E[X(t+T)-X(t)]^2\\ &= E[X(t+T)]^2 - 2E[X(t+T)X(t)] + E[X(t)]^2\\ &= R_X(0)-2R_X(T)+R_X(0) = 2[R_X(0)-R_X(T)],\end{aligned}$$
由于 $R_X(\tau)$ 是以 T 为周期的周期函数，$R_X(0)=R_X(T)$，于是 $D(Y)=0$，故 $P\{X(t+T)=X(t)\}=1$.

例 4　求随机相位正弦波 $X(t)=a\cos(\omega t+\Theta)$ 的时间均值和时间相关函数.

解　时间均值为 $\overline{X(t)} = \overline{X(\mathrm{e},t)} = \lim\limits_{l\to+\infty}\dfrac{1}{2l}\displaystyle\int_{-l}^{l}X(\mathrm{e},t)\mathrm{d}t$
$$\begin{aligned}&= \lim_{l\to+\infty}\frac{1}{2l}\int_{-l}^{l}a\cos(\omega t+\Theta)\mathrm{d}t\\ &= \lim_{l\to+\infty}\frac{a}{2l}\cdot\frac{1}{\omega}\sin(\omega t+\Theta)\Big|_{-l}^{l}\\ &= \lim_{l\to+\infty}\frac{a}{2\omega}\frac{\sin(\omega l+\Theta)-\sin(-\omega l+\Theta)}{l}=0,\end{aligned}$$

时间相关函数为
$$\begin{aligned}\overline{X(t)X(t+\tau)} &= \overline{X(\mathrm{e},t)X(\mathrm{e},t+\tau)} = \lim_{l\to+\infty}\frac{1}{2l}\int_{-l}^{l}X(\mathrm{e},t)X(\mathrm{e},t+\tau)\mathrm{d}t\\ &= \lim_{l\to+\infty}\frac{1}{2l}\int_{-l}^{l}a\cos(\omega t+\Theta)\cdot a\cos[\omega(t+\tau)+\Theta]\mathrm{d}t\\ &= \lim_{l\to+\infty}\frac{a^2}{2l}\int_{-l}^{l}\frac{\cos\omega\tau+\cos[\omega(2t+\tau)+\Theta]}{2}\mathrm{d}t = \frac{a^2}{2}\cos\omega\tau.\end{aligned}$$

例 5　设 $X(t)=a\cos(\omega t+\Theta)$，$t\in(-\infty,+\infty)$，其中 $a,\omega(a,\omega\neq0)$ 是实常

数，Θ 服从区间 $(0,2\pi)$ 上的均匀分布，讨论 $X(t)$ 的各态遍历性.

解 由前面例题的结果，知 $X(t)$ 是平稳过程，且 $\mu_X=E[X(t)]=0$，

$$R_X(\tau)=E[X(t)X(t+\tau)]=\frac{a^2}{2}\cos\omega\tau;$$

由上面的例1知 $\overline{X(t)}=0,\overline{X(t)X(t+\tau)}=\frac{a^2}{2}\cos\omega\tau=R_X(\tau)$，

于是有 $P\{\overline{X(t)}=E[X(t)]=\mu_X\}=1$，

$$P\{\overline{X(t)X(t+\tau)}=E[X(t)X(t+\tau)]=R_X(\tau)\}=1,$$

故 $X(t)$ 是均值和自相关函数都具有各态遍历性的平稳过程，即 $X(t)$ 是遍历过程.

例6 设 $Y(t)=X\cos(\omega t+\Theta)(-\infty<t<+\infty)$，其中 ω 是常数，X 与 Θ 是相互独立的随机变量，且同在区间 $[0,2\pi]$ 上服从均匀分布，(1)求 $Y(t)$ 的均值函数、时间均值；(2) $Y(t)$ 的均值是否具有各态遍历性?

解 由题设条件 $E(X)=\pi,E(X^2)=\frac{4}{3}\pi^2$，$\Theta$ 的概率密度

$$f(\theta)=\begin{cases}\frac{1}{2\pi}, & 0\leqslant\theta\leqslant 2\pi,\\ 0, & \text{其他},\end{cases}$$

X 与 Θ 相互独立.

(1) $\mu_Y(t)=E[Y(t)]=E(X)\cdot E[\cos(\omega t+\Theta)]=0$,

$$\begin{aligned}R_Y(t,t+\tau)&=E[Y(t)Y(t+\tau)]\\&=E(X^2)\cdot E[\cos(\omega t+\Theta)\cdot\cos(\omega(t+\tau)+\Theta)]\\&=\frac{4}{3}\pi^2\cdot\frac{1}{2}\cos\omega\tau,\end{aligned}$$

从而 $Y(t)$ 是广义平稳过程；

时间均值 $\overline{Y(t)}=\lim\limits_{l\to+\infty}\frac{1}{2l}\int_{-l}^{+l}Y(t)\mathrm{d}t=X\lim\limits_{l\to+\infty}\frac{1}{2l}\int_{-l}^{+l}\cos(\omega t+\Theta)\mathrm{d}t=0.$

(2)因为 $P\{\overline{Y(t)}=0=E[Y(t)]=\mu_Y\}=P\{S\}=1$，所以 $Y(t)$ 的均值具有各态遍历性.

例7 (不具各态遍历性的例子)设 $X(t)=Y$，其中 Y 是一个随机变量，且 $D(Y)\neq0$，则(1) $X(t)$ 是平稳过程；(2) $X(t)$ 的均值不具有各态遍历性.

解 (1) $E[X(t)]=E(Y)$ 是常数，$E[X^2(t)]=E(Y^2)$ 是常数.

$E[X(t)X(t+\tau)]=E(Y^2)$（与 t 无关），由定义，$X(t)$ 是平稳过程.

(2) $\overline{X(t)}=\overline{X(e,t)}=\lim\limits_{l\to+\infty}\frac{1}{2l}\int_{-l}^{l}X(e,t)\mathrm{d}t=\lim\limits_{l\to+\infty}\frac{1}{2l}\int_{-l}^{l}Y\mathrm{d}t=Y$,

利用定理 $D(X)=0\Leftrightarrow P\{X=E(X)\}=1$，由条件 $D(Y)\neq 0$，得

$$P\{\overline{X(t)}=Y=E(Y)=E[X(t)]=\mu_X\}\neq 1,$$

所以 $X(t)$ 的均值不具有各态遍历性.

第五节　平稳过程的相关函数和谱密度

例 1　下列函数中哪些是谱密度的正确表达式，为什么？

(1) $S_X(\omega)=\dfrac{\omega^2+9}{(\omega^2+4)(\omega^2+1)}$；　　(2) $S_X(\omega)=\dfrac{\omega^2+2}{\omega^4+5\omega^2+6}$；

(3) $S_X(\omega)=\dfrac{\omega^2+4}{\omega^4-4\omega^2+3}$；　　(4) $S_X(\omega)=\dfrac{\omega^2}{\omega^4+3\omega^2+2}$；

(5) $S_X(\omega)=\dfrac{\omega^{-i\omega}}{(\omega^2+2)}$.

解　(1)(2)(4)是；(3)不是，因为分母有实根，函数有负值；(5)不是，因为不是实函数.

例 2　已知平稳过程 $X(t)$ 的相关函数为 $R_X(\tau)=4e^{-|\tau|}\cos(\pi\tau)+\cos(3\pi\tau)$，求：谱密度 $S_X(\omega)$.

解

$$\begin{aligned}S_X(\omega)&=\int_{-\infty}^{+\infty}R_X(\tau)e^{-i\omega\tau}d\tau\\&=\int_{-\infty}^{+\infty}[4e^{-|\tau|}\cos(\pi\tau)+\cos(3\pi\tau)]e^{-i\omega\tau}d\tau\\&=4\left[\frac{1}{(\omega-\pi)^2+1}+\frac{1}{(\omega+\pi)^2+1}\right]+\pi[\delta(\omega-3\pi)+\delta(\omega+3\pi)].\end{aligned}$$

例 3　设平稳过程 $X(t)$ 的谱密度 $S_X(\omega)=\dfrac{1}{(1+\omega^2)^2}$，求：相关函数为 $R_X(\tau)$.

解

$$\begin{aligned}R_X(\tau)=R_X(|\tau|)&=\frac{1}{2\pi}\int_{-\infty}^{+\infty}\frac{e^{i\omega|\tau|}}{(1+\omega^2)^2}d\omega\\&=\frac{1}{2\pi}\cdot 2\pi i\cdot \mathrm{Res}\left[\frac{e^{i\omega|\tau|}}{(1+\omega^2)^2},i\right]\\&=i\cdot\lim_{\omega\to i}\frac{d}{d\omega}(\omega-i)^2\frac{e^{i\omega|\tau|}}{(1+\omega^2)^2}\\&=\frac{|\tau|+1}{4}e^{-|\tau|}.\end{aligned}$$

例 4　设平稳过程 $X(t)$ 的谱密度

$$S_X(\omega)=\begin{cases}0, & 0\leqslant|\omega|<\omega_0,\\ c^2, & \omega_0\leqslant|\omega|<2\omega_0,\\ 0 & |\omega|\geqslant 2\omega_0,\end{cases}$$

求:自相关函数 $R_X(\tau)$.

解

$$\begin{aligned} R_X(\tau) &= \frac{1}{2\pi}\int_{-\infty}^{+\infty} S_X(\omega)\, \mathrm{e}^{\mathrm{i}\omega\tau}\mathrm{d}\omega \\ &= \frac{1}{\pi}\int_{0}^{+\infty} S_X(\omega)\cos(\omega\tau)\mathrm{d}\omega \\ &= \frac{1}{\pi}\int_{\omega_0}^{2\omega_0} c^2\cos(\omega\tau)\mathrm{d}\omega \\ &= \frac{c^2}{\pi\tau}[\sin(2\omega_0\tau) - \sin(\omega_0\tau)] . \end{aligned}$$

第十二章　齐次马尔可夫链

第一节　马尔可夫链的概念

例 1　生灭链. 观察某种生物群体，以 X_n 表示时刻为 n 时群体的数目，设为 i 个数量单位，如在时刻 $n+1$ 时增生到 $i+1$ 个数量单位的概率为b_i，减灭到 $i-1$ 个数量单位的概率为a_i，保持不变的概率为 $r_i = 1-(a_i+b_i)$. 试证：$\{X_n, n=0,1,2,\cdots\}$ 为马尔可夫链，并求其一步转移概率.

解　由实际意义，生物种群的繁殖数量具有无后效性，所以

$$\{X_n, n=0,1,2,\cdots\}\text{为马尔可夫链；}$$

$$P\{X_{n+1}=j \mid X_n=i, X_{n-1}=k\} = P\{X_{n+1}=j \mid X_n=i\}$$

$$= \begin{cases} a_i, & j=i+1, \\ r_i, & j=i, \\ b_i, & j=i-1, \end{cases}$$

$$P_{ij} = \begin{cases} a_i, & j=i+1, \\ r_i, & j=i, \\ b_i, & j=i-1. \end{cases}$$

例 2　独立地重复抛掷一枚硬币，每次抛掷出现正面的概率为 p，对于 $n\geqslant 2$，令$X_n=0,1,2,3$，这些值分别对应于第 $n-1$ 次和第 n 次抛掷的结果为(正，正)、(正，反)、(反，正)、(反，反)，试证：$\{X_n, n=2,3,\cdots\}$ 为马尔可夫链，并求转移概率 $p_{00}, p_{01}, p_{11}, p_{12}, p_{13}$.

解　由题设含义条件，可知该随机过程具有无后效性，所以$\{X_n, n=2,3,\cdots\}$ 为马尔可夫链；

$$p_{00}=P\{X_n=0 \mid X_{n-1}=0\}=p, \quad p_{01}=P\{X_n=1 \mid X_{n-1}=0\}=1-p,$$

$$p_{02}=P\{X_n=2 \mid X_{n-1}=0\}=0, \quad p_{03}=P\{X_n=3 \mid X_{n-1}=0\}=0,$$

$$p_{11}=P\{X_n=1 \mid X_{n-1}=1\}=0, \quad p_{12}=P\{X_n=2 \mid X_{n-1}=1\}=p,$$

$$p_{13}=P\{X_n=3 \mid X_{n-1}=1\}=1-p.$$

例 3　设$\{X_t, t=t_1, t_2, \cdots, t_n, \cdots\}$为随机过程，且

$$X_1=X(t_1),X_2=X(t_2),\cdots,X_n=X(t_n),\cdots$$

为独立同分布随机变量序列,令$Y_0=0,Y_1=X_1,Y_n+cY_{n-1}=X_n,n\geqslant2$,c为常数,试证:$\{Y_n,n\geqslant0\}$为马尔可夫链.

证　Y_n是$(X_1,X_2,\cdots,X_n)$的函数,X_{n+1}与$(Y_1,Y_2,\cdots,Y_n)$ 独立,故

$$\begin{aligned}&P\{Y_{n+1}=i_{n+1}\mid Y_0=i_0,Y_1=i_1,\cdots,Y_n=i_n\}\\=&P\{X_{n+1}=i_{n+1}+ci_n\mid Y_0=i_0,Y_1=i_1,\cdots,Y_n=i_n\}\\=&P\{X_{n+1}=i_{n+1}+ci_n\}\\=&P\{Y_{n+1}=i_{n+1}\mid Y_n=i_n\},\end{aligned}$$

从而,易知$\{Y_n,n\geqslant0\}$为马尔可夫链.

第二节　参数离散的齐次马尔可夫链

例1　已知齐次马尔可夫链的转移概率矩阵为

$$\boldsymbol{P}=\begin{pmatrix}\frac{1}{3}&\frac{2}{3}&0\\\frac{1}{3}&\frac{1}{3}&\frac{1}{3}\\0&\frac{2}{3}&\frac{1}{3}\end{pmatrix},$$

问此马尔可夫链有几个状态?求二步转移概率矩阵.

解　因为转移概率矩阵是三阶的,故此马尔可夫链的状态有三个.

二步转移概率矩阵为

$$\boldsymbol{P}^{(2)}=(p_{ij}^{(2)})=\boldsymbol{P}^2=\begin{pmatrix}\frac{1}{3}&\frac{2}{3}&0\\\frac{1}{3}&\frac{1}{3}&\frac{1}{3}\\0&\frac{2}{3}&\frac{1}{3}\end{pmatrix}\begin{pmatrix}\frac{1}{3}&\frac{2}{3}&0\\\frac{1}{3}&\frac{1}{3}&\frac{1}{3}\\0&\frac{2}{3}&\frac{1}{3}\end{pmatrix}=\begin{pmatrix}\frac{3}{9}&\frac{4}{9}&\frac{2}{9}\\\frac{2}{9}&\frac{5}{9}&\frac{2}{9}\\\frac{2}{9}&\frac{4}{9}&\frac{3}{9}\end{pmatrix}.$$

例2　在一串伯努利试验中,事件A在每次试验中发生的概率为p,令

$$X_n=\begin{cases}0,&\text{第}n\text{次试验}A\text{不发生},\\1,&\text{第}n\text{次试验}A\text{发生}\end{cases}\quad(n=1,2,3,\cdots).$$

(1)$\{X_n,n=1,2,\cdots\}$是否为齐次马尔可夫链?

(2)写出状态空间和转移概率矩阵;

(3)求n步转移概率矩阵.

解 (1)根据题设条件知，$X_1, X_2, \cdots, X_n, \cdots$ 是相互独立的，所以 $\{X_n, n=1,2,\cdots\}$ 是马尔可夫链.

又转移概率 $P\{X_{n+1}=j \mid X_n=i\}=P\{X_{n+1}=j\}=\begin{cases}q, & j=0,\\ p, & j=1\end{cases}$ 与 n 无关，故 $\{X_n, n=1,2,\cdots\}$ 是齐次马尔可夫链.

(2)状态空间 $S=\{0,1\}$，一步转移概率矩阵 $\boldsymbol{P}=(p_{ij})=\begin{pmatrix}q & p\\ q & p\end{pmatrix}$，

$$p_{ij}=P\{X_{n+1}=j \mid X_n=i\}=P\{X_{n+1}=j\}=\begin{cases}q, & j=0,\\ p, & j=1.\end{cases}$$

(3)二步转移概率矩阵为

$$\boldsymbol{P}^{(2)}=\boldsymbol{P}^2=\begin{pmatrix}q & p\\ q & p\end{pmatrix}\begin{pmatrix}q & p\\ q & p\end{pmatrix}=\begin{pmatrix}q(q+p) & (q+p)p\\ (q+p)q & (q+p)p\end{pmatrix}=\begin{pmatrix}q & p\\ q & p\end{pmatrix};$$

n 步转移概率矩阵为 $\quad \boldsymbol{P}^{(n)}=(p_{ij}^{(n)})=\boldsymbol{P}^n=\begin{pmatrix}q & p\\ q & p\end{pmatrix}$.

例 3 从次品率为 $p(0<p<1)$ 的一批产品中，每次随机抽查一个产品，以 X_n 表示前 n 次抽查出的次品数.

(1) $\{X_n, n=1,2,\cdots\}$ 是否为齐次马尔可夫链?

(2)写出状态空间和转移概率矩阵;

(3)如果这批产品共有 100 个，其中混杂了 3 个次品，做有放回抽样，求在抽查出 2 个次品的条件下，再抽查 2 次，共查出 3 个次品的概率.

解 (1)根据题意知，$\{X_n, n=1,2,\cdots\}$ 是齐次马尔可夫链.

(2)状态空间 $S=\{0,1,2,\cdots,n,\cdots\}$，$p$ 是次品率，$q=1-p$ 是正品率，根据题意知

$$p_{ij}=P\{X_{n+1}=j \mid X_n=i\}=\begin{cases}0, & j<i,\\ q, & j=i,\\ p, & j=i+1,\\ 0, & j>i+1,\end{cases} \quad (i,j=0,1,2,\cdots,n,\cdots).$$

(3)次品率 $p=0.03$，所求概率为

$$\begin{aligned}P\{X_{n+2}=3 \mid X_n=2\}=p_{23}^{(2)}&=\sum_{k=0}^{\infty} p_{2k}p_{k3}=0+0+qp+pq+0+\cdots\\ &=2pq=2\times 0.03\times 0.97=0.0582.\end{aligned}$$

例 4 独立重复地掷一颗匀称的骰子，以 X_n 表示前 n 次掷出的最小点数.

(1) $\{X_n, n=1,2,\cdots\}$ 是否为齐次马尔可夫链?

(2)写出状态空间和转移概率矩阵;

(3)求 $P\{X_{n+1}=3, X_{n+2}=3 \mid X_n=3\}$;

(4)求 $P\{X_2=1\}$.

解 (1)根据题意知,$\{X_n, n=1,2,\cdots\}$是齐次马尔可夫链.

(2)状态空间 $S=\{1,2,3,4,5,6\}$,$p_{ij}=P\{X_{n+1}=j \mid X_n=i\}$

$$p_{1j}=P\{X_{n+1}=j \mid X_n=1\}=\begin{cases}1, & j=1,\\ 0, & j\geqslant 2,\end{cases}$$

$$p_{2j}=P\{X_{n+1}=j \mid X_n=2\}=\begin{cases}\dfrac{1}{6}, & j=1,\\ \dfrac{5}{6}, & j=2,\\ 0, & j\geqslant 3,\end{cases}$$

$$p_{3j}=P\{X_{n+1}=j \mid X_n=3\}=\begin{cases}\dfrac{1}{6}, & j=1,2,\\ \dfrac{4}{6}, & j=3,\\ 0, & j\geqslant 4,\end{cases}$$

$$p_{4j}=P\{X_{n+1}=j \mid X_n=4\}=\begin{cases}\dfrac{1}{6}, & j=1,2,3,\\ \dfrac{3}{6}, & j=4,\\ 0, & j=5,6,\end{cases}$$

$$p_{5j}=P\{X_{n+1}=j \mid X_n=5\}=\begin{cases}\dfrac{1}{6}, & j=1,2,3,4,\\ \dfrac{2}{6}, & j=5,\\ 0, & j=6,\end{cases}$$

$$p_{6j}=P\{X_{n+1}=j \mid X_n=6\}=\frac{1}{6}, j=1,2,\cdots,6,$$

于是转移概率矩阵为

$$\boldsymbol{P}=\begin{pmatrix}1 & 0 & 0 & 0 & 0 & 0\\ \dfrac{1}{6} & \dfrac{5}{6} & 0 & 0 & 0 & 0\\ \dfrac{1}{6} & \dfrac{1}{6} & \dfrac{4}{6} & 0 & 0 & 0\\ \dfrac{1}{6} & \dfrac{1}{6} & \dfrac{1}{6} & \dfrac{3}{6} & 0 & 0\\ \dfrac{1}{6} & \dfrac{1}{6} & \dfrac{1}{6} & \dfrac{1}{6} & \dfrac{2}{6} & 0\\ \dfrac{1}{6} & \dfrac{1}{6} & \dfrac{1}{6} & \dfrac{1}{6} & \dfrac{1}{6} & \dfrac{1}{6}\end{pmatrix}.$$

(3) $P\{X_{n+1}=3, X_{n+2}=3 \mid X_n=3\}$

$=P\{X_{n+1}=3 \mid X_n=3\} \cdot P\{X_{n+2}=3 \mid X_{n+1}=3, X_n=3\}$

$=P\{X_{n+1}=3 \mid X_n=3\} \cdot P\{X_{n+2}=3 \mid X_{n+1}=3\}=p_{33}p_{33}=\frac{4}{6}\times\frac{4}{6}=\frac{4}{9}$.

(4) $$P\{X_2=1\}=\sum_{i=1}^{6}P\{X_1=i\}\cdot P\{X_2=1 \mid X_1=i\}$$

$$=\frac{1}{6}\times 1+\sum_{i=2}^{6}\frac{1}{6}\times\frac{1}{6}=\frac{11}{36}.$$

例 5 设齐次马尔可夫链$\{X_n, n=0,1,2,\cdots\}$的转移概率矩阵为

$$\boldsymbol{P}=\begin{pmatrix}\frac{1}{3} & \frac{2}{3} & 0\\ \frac{1}{3} & \frac{1}{3} & \frac{1}{3}\\ 0 & \frac{2}{3} & \frac{1}{3}\end{pmatrix},$$

且初始概率分布为$p_j(0)=P\{X_0=j\}=\frac{1}{3}(j=1,2,3)$，求：(1)$P\{X_1=1,X_2=2,X_3=3\}$；(2)$P\{X_2=3\}$；(3)平稳分布.

解 (1) $P\{X_1=1,X_2=2,X_3=3\}$

$=P\{X_1=1\}P\{X_2=2 \mid X_1=1\}P\{X_3=3 \mid X_2=2,X_1=1\}$

$=P\{X_1=1\}P\{X_2=2 \mid X_1=1\}P\{X_3=3 \mid X_2=2\}$

$=P\{X_1=1\}\cdot p_{12}\cdot p_{23}$

$$=\sum_{j=1}^{3}P\{X_0=j\}P\{X_1=1 \mid X_0=j\}\cdot p_{12}\cdot p_{23}$$

$$=\sum_{j=1}^{3}P\{X_0=j\}p_{j1}\cdot p_{12}\cdot p_{23}$$

$$=\frac{2}{3}\times\frac{1}{3}\times\frac{1}{3}\times\left(\frac{1}{3}+\frac{1}{3}+0\right)=\frac{4}{81}.$$

(2) $$P\{X_2=3\}=\sum_{j=1}^{3}P\{X_0=j\}P\{X_2=3 \mid X_0=j\}$$

$$=\sum_{j=1}^{3}P\{X_0=j\}p_{j3}^{(2)}$$

$$=\frac{1}{3}\times\left(\frac{2}{9}+\frac{2}{9}+\frac{3}{9}\right)=\frac{7}{27}.$$

(3) 平稳分布(p_1,p_2,p_3)满足方程组$\begin{cases}(p_1,p_2,p_3)=(p_1,p_2,p_3)\boldsymbol{P},\\ p_1+p_2+p_3=1,\end{cases}$即

$$\begin{cases} p_1 = p_1\dfrac{1}{3} + p_2\dfrac{1}{3} + p_3 0, \\ p_2 = p_1\dfrac{2}{3} + p_2\dfrac{1}{3} + p_3\dfrac{2}{3}, \\ p_3 = p_1 0 + p_2\dfrac{1}{3} + p_3\dfrac{1}{3}, \\ p_1 + p_2 + p_3 = 1, \end{cases}$$

解之得
$$p_1 = \frac{1}{4}, p_2 = \frac{1}{2}, p_3 = \frac{1}{4}.$$

例6　具有三状态:0,1,2 的一维随机游动,以 $X(t)=j$ 表示时刻 t 粒子处在状态 $j(j=0,1,2)$,过程 $\{X(t), t=t_0,t_1,t_2,\cdots\}$ 的一步转移概率矩阵

$$\boldsymbol{P} = \begin{pmatrix} q & p & 0 \\ q & 0 & p \\ 0 & q & p \end{pmatrix}.$$

求:

(1)粒子从状态1经二步、经三步转移回到状态1的转移概率;

(2)过程的平稳分布.

解　(1) $p_{11}^{(2)} = P\{X(t_{n+2}) = 1 | X(t_n) = 1\} = \sum\limits_{k=0}^{2} p_{1k}p_{k1} = qp + 0 + pq = 2pq$,

$$\boldsymbol{P}^{(2)} = \boldsymbol{P}^2 = \begin{pmatrix} q & pq & p^2 \\ q^2 & 2pq & p^2 \\ q^2 & pq & pq + p^2 \end{pmatrix},$$

$$\boldsymbol{P}^{(3)} = \boldsymbol{P}^3 = \begin{pmatrix} q^2 + q^2p & pq + qp^2 & p^2 \\ q^3 + 2pq^3 & pq & 2p^2q + p^3 \\ q^3 + pq^2 & 2pq^2 + p^2q & 2p^2q + p^3 \end{pmatrix},$$

于是
$$p_{11}^{(3)} = P\{X(t_{n+3}) = 1 | X(t_n) = 1\} = pq.$$

(2)平稳分布 (p_0,p_1,p_2) 满足方程组 $\begin{cases} (p_0,p_1,p_2) = (p_0,p_1,p_2)\boldsymbol{P}, \\ p_0 + p_1 + p_2 = 1, \end{cases}$

即
$$\begin{cases} p_0 = p_0 q + p_1 q + p_2 0, \\ p_1 = p_0 p + p_1 0 + p_2 q, \\ p_2 = p_0 0 + p_1 p + p_2 p, \\ p_0 + p_1 + p_2 = 1. \end{cases}$$

解之得
$$p_0 = \frac{q^2}{1-pq}, p_1 = \frac{pq}{1-pq}, p_2 = \frac{p^2}{1-pq}.$$

例 7　设同型产品装在两个盒内,盒 1 内有 8 个一等品和 2 个二等品,盒 2 内有 6 个一等品和 4 个二等品.做有放回地随机抽查,每次抽查一个,第一次在盒 1 内取,取到一等品,继续在盒 1 内取;取到二等品,继续在盒 2 内取.以 X_n 表示第 n 次取到产品的等级数,则 $\{X_n, n=1,2,\cdots\}$ 是齐次马尔可夫链.(1)写出状态空间和转移概率矩阵;(2)求第 3,5,8 次恰好取到一等品的概率为多少?(3)求过程的平稳分布.

解　(1)根据题意,状态空间 $S=\{1,2\}$,

$$p_{11}=P\{X_{n+1}=1\mid X_n=1\}=\frac{8}{10}=\frac{4}{5},$$

$$p_{12}=P\{X_{n+1}=2\mid X_n=1\}=\frac{2}{10}=\frac{1}{5},$$

$$p_{21}=P\{X_{n+1}=1\mid X_n=2\}=\frac{6}{10}=\frac{3}{5},$$

$$p_{22}=P\{X_{n+1}=2\mid X_n=2\}=\frac{4}{10}=\frac{2}{5},$$

转移概率矩阵

$$\boldsymbol{P}=\begin{pmatrix}\frac{4}{5} & \frac{1}{5}\\ \frac{3}{5} & \frac{2}{5}\end{pmatrix}.$$

(2)　$P\{X_1=1\}=\dfrac{4}{5}, P\{X_1=2\}=\dfrac{1}{5}$,

$$\begin{aligned}&P\{X_3=1,X_5=1,X_8=1\}\\&=P\{X_3=1\}P\{X_5=1\mid X_3=1\}P\{X_8=1\mid X_5=1,X_3=1\}\\&=P\{X_3=1\}P\{X_5=1\mid X_3=1\}P\{X_8=1\mid X_5=1\}\\&=P\{X_3=1\}p_{11}^{(2)}p_{11}^{(3)}=\sum_{i=1}^{2}P\{X_1=i\}P\{X_3=1\mid X_1=i\}p_{11}^{(2)}p_{11}^{(3)}\\&=\sum_{i=1}^{2}P\{X_1=i\}p_{i1}^{(2)}p_{11}^{(2)}p_{11}^{(3)},\end{aligned}$$

$$\boldsymbol{P}^{(2)}=\boldsymbol{P}^2=\begin{pmatrix}\frac{19}{25} & \frac{6}{25}\\ \frac{18}{25} & \frac{7}{25}\end{pmatrix},\boldsymbol{P}^{(3)}=\boldsymbol{P}^3=\begin{pmatrix}\frac{94}{125} & \frac{31}{125}\\ \frac{93}{125} & \frac{32}{125}\end{pmatrix},$$

$$P\{X_3=1,X_5=1,X_8=1\}=\sum_{i=1}^{2}P\{X_1=i\}p_{i1}^{(2)}p_{11}^{(2)}p_{11}^{(3)}$$

$$= (0.8\times0.76+0.2\times0.72)\times0.76\times0.752$$
$$= 0.429783.$$

(3)平稳分布(p_1,p_2)满足方程组$\begin{cases}(p_1,p_2)=(p_1,p_2)\boldsymbol{P},\\ p_1+p_2=1,\end{cases}$即

$$\begin{cases}p_1=p_1\dfrac{4}{5}+p_2\dfrac{3}{5},\\ p_2=p_1\dfrac{1}{5}+p_2\dfrac{2}{5},\\ p_1+p_2=1,\end{cases}$$

解之得$p_1=\dfrac{3}{4}$,$p_2=\dfrac{1}{4}$;平稳分布$(p_1,p_2)=\left(\dfrac{3}{4},\dfrac{1}{4}\right)$.

例 8 伯努利序列是离散参数齐次马尔可夫链. 验证在伯努利序列$\{X_n,n=1,2,3,\cdots\}$中,对任意正整数n,$t_1<t_2<\cdots<t_n<t_{n+1}$,$X_{t_1}$,$X_{t_2}$,$\cdots$,$X_{t_n}$,$X_{t_{n+1}}$相互独立,故对$j_k=0,1(k=1,2,\cdots,n+1)$,有

$$\begin{aligned}&P\{X_{t_{n+1}}=j_{n+1}\mid X_{t_1}=j_1,X_{t_2}=j_2,\cdots,X_{t_n}=j_n\}\\ &=P\{X_{t_{n+1}}=j_{n+1}\}\\ &=P\{X_{t_{n+1}}=j_{n+1}\mid X_{t_n}=j_n\},\end{aligned}$$

即满足马尔可夫性,且

$$P\{X_{t_{n+1}}=j_{n+1}\mid X_{t_n}=j_n\}=P\{X_{t_{n+1}}=j_{n+1}\}=\begin{cases}p, & j_{n+1}=1,\\ 1-p, & j_{n+1}=0,\end{cases}$$

不依赖于参数t_n,满足齐次性,故伯努利序列是离散参数齐次马尔可夫链.

例 9 伯努利序列的状态空间$S=\{0,1\}$,转移概率矩阵

$$\boldsymbol{P}=\begin{pmatrix}p_{00} & p_{01}\\ p_{10} & p_{11}\end{pmatrix}=\begin{pmatrix}q & p\\ q & p\end{pmatrix},$$

$$p_{ij}=P\{X(t_{m+1})=j\mid X(t_m)=i\}=P\{X(t_{m+1})=j\}=\begin{cases}q, & j=0,\\ p, & j=1.\end{cases}$$

例 10 (一维随机游动)一个质点在直线上的五个位置:0,1,2,3,4 上随机游动. 当它处在位置 1 或 2 或 3 时,以$\dfrac{1}{3}$的概率向左移动一步而以$\dfrac{2}{3}$的概率向右移动一步;当它到达位置 0 时,以概率 1 返回位置 1;当它到达位置 4 时以概率 1 停留在该位置上(称位置 0 为反射壁,称位置 4 为吸收壁). 以$X(t_n)=j$表示时刻t_n时质点处于位置$j(j=0,1,2,3,4)$,则$\{X(t),t=t_0,t_1,t_2,\cdots\}$是齐次马尔可夫链,其状态空间$S=\{0,1,2,3,4\}$,状态 0 是反射状态,状态 4 是吸收状态,其转移概率矩阵为

$$P=(p_{ij})=\begin{pmatrix}0&1&0&0&0\\ \frac{1}{3}&0&\frac{2}{3}&0&0\\ 0&\frac{1}{3}&0&\frac{2}{3}&0\\ 0&0&\frac{1}{3}&0&\frac{2}{3}\\ 0&0&0&0&0\end{pmatrix},$$

$$p_{ij}=P\{X(t_{m+1})=j\,|\,X(t_m)=i\}.$$

例 11　设在一串伯努利试验中，每次试验成功的概率为 p，令

$$X_n=\begin{cases}0, & \text{第 } n \text{ 次试验失败},\\ k, & \text{第 } n \text{ 次试验接连第 } k \text{ 次成功}\quad (k\leqslant n),\end{cases}$$

则 $\{X_n,n=1,2,3,\cdots\}$ 是齐次马尔可夫链，其状态空间 $S=\{0,1,2,\cdots,k,\cdots\}$，其转移概率　$P\{X_{n+1}=0\,|\,X_n=i\}=P\{X_{n+1}=0\}=q=1-p$，

$$P\{X_{n+1}=i+1\,|\,X_n=i\}=p,p_{ij}=P\{X_{n+1}=j\,|\,X_n=i\}=\begin{cases}0, & j\geqslant i+2,\\ p, & j=i+1,\\ 0, & 0<j\leqslant i,\\ q, & j=0.\end{cases}$$

例 12　四个位置：1，2，3，4 在圆周上逆时针排列. 粒子在这四个位置上随机游动. 粒子从任何一个位置，以概率 $\frac{2}{3}$ 逆时针游动到相邻位置；以概率 $\frac{1}{3}$ 顺时针游动到相邻位置；以 $X(n)=j$ 表示 n 时刻粒子处在位置 $j(j=1,2,3,4)$，求：

(1)齐次马尔可夫链 $\{X(n),n-1,2,\cdots\}$ 的状态空间和一步转移概率矩阵；

(2)条件概率 $P\{X(n+3)=3,X(n+1)=1\,|\,X(n)=2\}$；

(3)平稳分布.

解　(1)依题意，状态空间 $S=\{1,2,3,4\}$，转移概率矩阵

$$P=(p_{ij})_{4\times4}=\begin{pmatrix}0&\frac{2}{3}&0&\frac{1}{3}\\ \frac{1}{3}&0&\frac{2}{3}&0\\ 0&\frac{1}{3}&0&\frac{2}{3}\\ \frac{2}{3}&0&\frac{1}{3}&0\end{pmatrix}.$$

(2)　$P\{X(n+3)=3,X(n+1)=1\,|\,X(n)=2\}$

$$= P\{X(n+1)=1|X(n)=2\} \cdot P\{X(n+3)=3|X(n+1)=1,X(n)=2\}$$

$$= P\{X(n+1)=1|X(n)=2\} \cdot P\{X(n+3)=3|X(n+1)=1\}$$

$$= p_{21}p_{13}^{(2)} = \frac{1}{3}\sum_{k=1}^{4} p_{1k}p_{k3}$$

$$= \frac{1}{3}\left(0\times 0+\frac{2}{3}\times\frac{2}{3}+0\times 0+\frac{1}{3}\times\frac{1}{3}\right)$$

$$= \frac{5}{27}.$$

(3) 平稳分布(p_1,p_2,p_3,p_4)满足方程组

$$\begin{cases} (p_1,p_2,p_3,p_4)=(p_1,p_2,p_3,p_4)\boldsymbol{P}, & ① \\ p_1+p_2+p_3+p_4=1, & ② \end{cases}$$

由①得
$$(p_1,p_2,p_3,p_4)=(p_1,p_2,p_3,p_4)\begin{pmatrix} 0 & \frac{2}{3} & 0 & \frac{1}{3} \\ \frac{1}{3} & 0 & \frac{2}{3} & 0 \\ 0 & \frac{1}{3} & 0 & \frac{2}{3} \\ \frac{2}{3} & 0 & \frac{1}{3} & 0 \end{pmatrix},$$

整理得方程组

$$\begin{cases} p_1 = p_2\frac{1}{3}+p_4\frac{2}{3}, \\ p_2 = p_1\frac{2}{3}+p_3\frac{1}{3}, \\ p_3 = p_2\frac{2}{3}+p_4\frac{1}{3}, \\ p_4 = p_1\frac{1}{3}+p_3\frac{2}{3}, \\ p_1+p_2+p_3+p_4=1, \end{cases}$$

解之得 $p_1=p_2=p_3=p_4=\frac{1}{4}$，故平稳分布为$(p_1,p_2,p_3,p_4)=\left(\frac{1}{4},\frac{1}{4},\frac{1}{4},\frac{1}{4}\right)$.

例13 独立重复地掷一颗匀称的骰子，以$\{X_n=j\}$表示前n次投掷中出现的最大点数为j，则$\{X_n,n=1,2,\cdots\}$为齐次马尔可夫链. (1) 写出状态空间和一步转移概率矩阵；(2) 求$P\{X_{n+3}=4|X_n=3\}$；(3) 求$P\{X_2=3,X_3=3,X_5=3\}$.

解 (1) 依题意状态空间$S=\{1,2,3,4,5,6\}$，

转移概率矩阵为 $\boldsymbol{P}=(p_{ij})_{6\times 6}=\begin{pmatrix} \frac{1}{6} & \frac{1}{6} & \frac{1}{6} & \frac{1}{6} & \frac{1}{6} & \frac{1}{6} \\ 0 & \frac{2}{6} & \frac{1}{6} & \frac{1}{6} & \frac{1}{6} & \frac{1}{6} \\ 0 & 0 & \frac{3}{6} & \frac{1}{6} & \frac{1}{6} & \frac{1}{6} \\ 0 & 0 & 0 & \frac{4}{6} & \frac{1}{6} & \frac{1}{6} \\ 0 & 0 & 0 & 0 & \frac{5}{6} & \frac{1}{6} \\ 0 & 0 & 0 & 0 & 0 & 1 \end{pmatrix}$.

(2)

$$\begin{aligned} P\{X_{n+3}=4\mid X_n=3\} &= p_{34}^{(3)} \\ &= \sum_{k=1}^{6} p_{3k}p_{k4}^{(2)} = p_{33}p_{34}^{(2)}+p_{34}p_{44}^{(2)}+p_{35}p_{54}^{(2)}+p_{36}p_{64}^{(2)} \\ &= \frac{3}{6}\times\frac{7}{6^2}+\frac{1}{6}\times\frac{16}{6^2}+\frac{1}{6}\times 0+\frac{1}{6}\times 0=\frac{37}{216}. \end{aligned}$$

(3)

$$\begin{aligned} P\{X_2=3,X_3=3,X_5=3\} &= \sum_{i=1}^{6} P\{X_1=i\}p_{i3}p_{33}p_{33}^{(2)} \\ &= p_{33}p_{33}^{(2)}\sum_{i=1}^{6} P\{X_1=i\}p_{i3} \\ &= \frac{3}{6}\times\frac{9}{36}\times\frac{1}{6}\times\left(\frac{1}{6}+\frac{1}{6}+\frac{3}{6}\right) \\ &= \frac{5}{48\times 6}=\frac{5}{288}. \end{aligned}$$

第三节　参数连续的齐次马尔可夫链

例 1　设随机过程$\{X(t),t\geqslant 0\}$满足如下条件:(1)$\{X(t),t\geqslant 0\}$是取非负整数值的独立增量过程,且 $X(0)=0$;(2)对任意的 $0\leqslant s<t$,过程的增量 $X(t)-X(s)$服从参数为 $\lambda(t-s)$的泊松分布,即

$$P\{X(t)-X(s)=k\}=\frac{[\lambda(t-s)]^k}{k!}\times \mathrm{e}^{-\lambda(t-s)},k=0,1,2,\cdots,$$

其中 $\lambda>0$ 为常数,即$\{X(t),t\geqslant 0\}$是参数 $\lambda>0$ 的泊松过程. 证明:该随机过程是一个时间连续状态离散的齐次马尔可夫过程.

证　马尔可夫性:

$$P\{X(t_{n+1})=i_{n+1}\mid X(t_1)=i_1,X(t_2)=i_2,\cdots,X(t_n)=i_n\}.$$

$$\begin{aligned}P\{X(t_{n+1})-X(t_n)=i_{n+1}-i_n\mid X(t_1)-X(0)=i_1,X(t_2)-X(t_1)\\=i_2-i_1,\cdots,X(t_n)-X(t_{n-1})=i_n-i_{n-1}\}\\=P\{X(t_{n+1})-X(t_n)=i_{n+1}-i_n\}\\=P\{X(t_{n+1})-X(t_n)=i_{n+1}-i_n\mid X(t_n)-X(0)=i_n\}\\=P\{X(t_{n+1})=i_{n+1}\mid X(t_n)=i_n\},\end{aligned}$$

齐次性：

对于任意非负实数 t 和任意正实数 τ，以及链的任意两个状态 i,j，条件概率

$$\begin{aligned}P\{X(t+\tau)=j\mid X(t)=i\}&=P\{X(t+\tau)-X(t)=j-i\mid X(t)-X(0)=i\}\\&=P\{X(t+\tau)-X(t)=j-i\}=\begin{cases}\dfrac{(\lambda\tau)^{j-i}}{(j-i)!}e^{-\lambda\tau}, & j\geq i,\\0, & j<i,\end{cases}\end{aligned}$$

$$p_{ij}(\tau)=\begin{cases}\dfrac{(\lambda\tau)^{j-i}}{(j-i)!}e^{-\lambda\tau}, & j\geq i,\\0, & j<i.\end{cases}$$

例2　一质点在1,2,3点上做随机游走，若在时刻 t 质点位于这三个点之一，则在$[t,t+h)$内，它以$\frac{1}{2}h+o(h)$的概率分别转移到其他两点之一，试求：该质点随机游走的柯尔莫哥洛夫方程、转移概率$p_{ij}(t)$及平稳分布.

解　$S=\{1,2,3\}$，

由条件
$$p_{ij}(\tau)=P\{X(t+\tau)=j\mid X(t)=i\}=\frac{1}{2}\tau+o(\tau),i\neq j,$$

可得
$$q_{ij}=p'_{ij}(0)=\frac{1}{2},i\neq j,$$

由 $\sum_{j=1}^{3}q_{ij}=0$，得出
$$q_{ii}=-1,$$

于是转移速率矩阵为

$$\boldsymbol{Q}=\begin{pmatrix}-1 & \frac{1}{2} & \frac{1}{2}\\ \frac{1}{2} & -1 & \frac{1}{2}\\ \frac{1}{2} & \frac{1}{2} & -1\end{pmatrix};$$

柯尔莫哥洛夫方程为

$$\begin{pmatrix} p'_{11}(\tau) & p'_{12}(\tau) & p'_{13}(\tau) \\ p'_{21}(\tau) & p'_{22}(\tau) & p'_{23}(\tau) \\ p'_{31}(\tau) & p'_{32}(\tau) & p'_{33}(\tau) \end{pmatrix} = \begin{pmatrix} p_{11}(\tau) & p_{12}(\tau) & p_{13}(\tau) \\ p_{21}(\tau) & p_{22}(\tau) & p_{23}(\tau) \\ p_{31}(\tau) & p_{32}(\tau) & p_{33}(\tau) \end{pmatrix} \begin{pmatrix} -1 & \frac{1}{2} & \frac{1}{2} \\ \frac{1}{2} & -1 & \frac{1}{2} \\ \frac{1}{2} & \frac{1}{2} & -1 \end{pmatrix},$$

由此得到

$$p'_{i1}(\tau) = -p_{i1}(\tau) + \frac{1}{2}(p_{i2}(\tau) + p_{i3}(\tau)),$$

$$p'_{i2}(\tau) = -p_{i2}(\tau) + \frac{1}{2}(p_{i1}(\tau) + p_{i3}(\tau)),$$

$$p'_{i3}(\tau) = -p_{i3}(\tau) + \frac{1}{2}(p_{i1}(\tau) + p_{i2}(\tau)).$$

利用

$$p_{i1}(\tau) + p_{i2}(\tau) + p_{i3}(\tau) = 1,$$

得到

$$p'_{ij}(\tau) = -\frac{3}{2}p_{ij}(\tau) + \frac{1}{2}.$$

利用初值条件

$$p_{ij}(0) = \begin{cases} 0, & i \neq j, \\ 1, & 0, \end{cases}$$

得出

$$p_{ij}(\tau) = \begin{cases} \frac{1}{3} - \frac{1}{3}e^{-\frac{3}{2}\tau}, & i \neq j, \\ \frac{1}{3} + \frac{2}{3}e^{-\frac{3}{2}\tau}, & i = j, \end{cases} \quad i,j = 1,2,3 \ ;$$

平稳分布(p_1, p_2, p_3)满足

$$(p_1, p_2, p_3) \begin{pmatrix} -1 & \frac{1}{2} & \frac{1}{2} \\ \frac{1}{2} & -1 & \frac{1}{2} \\ \frac{1}{2} & \frac{1}{2} & -1 \end{pmatrix} = 0,$$

$$p_1 + p_2 + p_3 = 1,$$

于是

$$-\frac{3}{2}p_j + \frac{1}{2} = 0, j = 1,2,3;$$

故

$$p_j = \frac{1}{3}, j = 1,2,3,$$

平稳分布为

$$(p_1, p_2, p_3) = \left(\frac{1}{3}, \frac{1}{3}, \frac{1}{3}\right).$$

例3 设两个同型部件组成冷储备系统,配备一台修理设备.当一个部件工作时,另一个部件储备;当工作部件发生故障时,开关自动切换使储备部件立即进入工作状态,并且立即对故障部件进行修理.设两个部件的工作时间 ξ_1 与 ξ_2 独立同服从数学期望为$\frac{1}{\lambda}$的指数分布;修理时间 η_1 与 η_2 独立同服从数学期望为$\frac{1}{\mu}$的指数分布.工作时间与修理时间也相互独立.以 $X(t)=j$ 表示系统在时刻 t 发生故障和正在修理的部件数,$j=0,1,2$.求:(1)齐次马尔可夫链$\{X(t),t\geqslant0\}$的状态空间和转移速率矩阵;(2)平稳分布.

解 (1)$S=\{0,1,2\}$;

由题设条件,对 $i=1,2$,有

$$P\{\xi_i\leqslant t\}=1-\mathrm{e}^{-\lambda t},t\geqslant0,$$

$$P\{\eta_i\leqslant t\}=1-\mathrm{e}^{-\mu t},t\geqslant0;$$

先求时间间隔$[t,t+\Delta t]$上的转移概率:

$$\begin{aligned}p_{01}(\Delta t)&=P\{X(t+\Delta t)=1\mid X(t)=0\}\\&=P\{\xi_i\leqslant t+\Delta t\mid \xi_i>t\}\\&=\frac{P\{t<\xi_i\leqslant t+\Delta t\}}{P\{\xi_i>t\}}\\&=\frac{\mathrm{e}^{-\lambda t}-\mathrm{e}^{-\lambda(t+\Delta t)}}{\mathrm{e}^{-\lambda t}}=1-\mathrm{e}^{-\lambda\Delta t},\end{aligned}$$

$$\begin{aligned}p_{02}(\Delta t)&=P\{X(t+\Delta t)=2\mid X(t)=0\}\\&=P\{\xi_1\leqslant t+\Delta t,\xi_2\leqslant t+\Delta t\mid \xi_1>t,\xi_2>t\}\\&=\frac{P\{t<\xi_1\leqslant t+\Delta t,t<\xi_2\leqslant t+\Delta t\}}{P\{\xi_1>t,\xi_2>t\}}\\&=\frac{P\{t<\xi_1\leqslant t+\Delta t\}\cdot P\{t<\xi_2\leqslant t+\Delta t\}}{P\{\xi_1>t\}\cdot P\{\xi_2>t\}}\\&=\frac{(\mathrm{e}^{-\lambda t}-\mathrm{e}^{-\lambda(t+\Delta t)})^2}{(\mathrm{e}^{-\lambda t})^2}=(1-\mathrm{e}^{-\lambda\Delta t})^2,\end{aligned}$$

$$\begin{aligned}p_{00}(\Delta t)&=1-p_{01}(\Delta t)-p_{02}(\Delta t)\\&=1-(1-\mathrm{e}^{-\lambda\Delta t})-(1-\mathrm{e}^{-\lambda\Delta t})^2,\end{aligned}$$

$$\begin{aligned}p_{10}(\Delta t)&=P\{X(t+\Delta t)=0\mid X(t)=1\}\\&=P\{\eta_i<\Delta t\}=1-\mathrm{e}^{-\mu\Delta t},\end{aligned}$$

$$\begin{aligned}p_{12}(\Delta t)&=P\{X(t+\Delta t)=2\mid X(t)=1\}\\&=P\{\xi_i\leqslant\Delta t\}=1-\mathrm{e}^{-\lambda\Delta t},\end{aligned}$$

$$\begin{aligned}p_{11}(\Delta t)&=1-p_{10}(\Delta t)-p_{12}(\Delta t)\\&=1-(1-\mathrm{e}^{-\mu\Delta t})-(1-\mathrm{e}^{-\lambda\Delta t});\end{aligned}$$

$$p_{20}(\Delta t)=P\{X(t+\Delta t)=0\mid X(t)=2\}$$
$$=P\{\eta_1\leqslant t+\Delta t,\eta_2\leqslant t+\Delta t\mid\eta_1>t,\eta_2>t\}$$
$$=(1-\mathrm{e}^{-\mu\Delta t})^2,$$
$$p_{21}(\Delta t)=P\{X(t+\Delta t)=1\mid X(t)=2\}$$
$$=P\{\eta_i<\Delta t\}=1-\mathrm{e}^{-\mu\Delta t},$$
$$p_{22}(\Delta t)=1-p_{20}(\Delta t)-p_{21}(\Delta t)=\mathrm{e}^{-\mu\Delta t}-(1-\mathrm{e}^{-\mu\Delta t})^2;$$

再由转移速率的定义

$$q_{ij}=\lim_{\Delta t\to0^+}\frac{p_{ij}(\Delta t)-p_{ij}(0)}{\Delta t},$$

得转移速率矩阵为

$$\boldsymbol{Q}=\begin{pmatrix}-\lambda & \lambda & 0\\ \mu & -(\lambda+\mu) & \lambda\\ 0 & \mu & -\mu\end{pmatrix};$$

(2)平稳分布$(p_0,\quad p_1,\quad p_2)$满足

$$(p_0,\quad p_1,\quad p_2)\begin{pmatrix}-\lambda & \lambda & 0\\ \mu & -(\lambda+\mu) & \lambda\\ 0 & \mu & -\mu\end{pmatrix}=0,$$
$$p_0+p_1+p_2=1,$$

于是

$$p_0=\left[1+\frac{\lambda}{\mu}+\left(\frac{\lambda}{\mu}\right)^2\right]^{-1},p_1=\frac{\lambda}{\mu}p_0,p_2=\left(\frac{\lambda}{\mu}\right)^2p_0.$$

例 4 设系统由两个同型部件并联组成,配备两台修理设备. 两个部件故障前的工作寿命ξ_1与ξ_2独立同服从数学期望为$\frac{1}{\lambda}$的指数分布;故障后的修理时间η_1与η_2独立同服从数学期望为$\frac{1}{\mu}$的指数分布. 工作寿命与修理时间也相互独立. 以$X(t)=j$表示系统在时刻t发生故障和正在修理的部件数,$j=0,1,2$. 求:齐次马尔可夫链$\{X(t),t\geqslant0\}$的状态空间和转移速率矩阵.

解 $$S=\{0,1,2\};$$

由题设条件,对$i=1,2$,有

$$P\{\xi_i\leqslant t\}=1-\mathrm{e}^{-\lambda t},t\geqslant0,$$
$$P\{\eta_i\leqslant t\}=1-\mathrm{e}^{-\mu t},t\geqslant0;$$

先求时间间隔$[t,t+\Delta t]$上的转移概率:

$$p_{01}(\Delta t)=P\{X(t+\Delta t)=1\mid X(t)=0\}$$
$$=P\{\xi_1\leqslant t+\Delta t,\xi_2>t+\Delta t\mid\xi_1>t,\xi_2>t\}+P\{\xi_1>t+\Delta t,\xi_2\leqslant t+\Delta t$$

$$
\begin{aligned}
&\quad |\xi_1>t,\xi_2>t\} \\
&=\frac{P\{t<\xi_1\leqslant t+\Delta t,\xi_2>t+\Delta t\}}{P\{\xi_1>t,\xi_2>t\}}+\frac{P\{\xi_1>t+\Delta t,t<\xi_2\leqslant t+\Delta t\}}{P\{\xi_1>t,\xi_2>t\}} \\
&=\frac{P\{t<\xi_1\leqslant t+\Delta t\}\cdot P\{\xi_2>t+\Delta t\}}{P\{\xi_1>t\}\cdot P\{\xi_2>t\}}+\frac{P\{\xi_1>t+\Delta t\}\cdot P\{t<\xi_2\leqslant t+\Delta t\}}{P\{\xi_1>t\}\cdot P\{\xi_2>t\}} \\
&=2\,\frac{(\mathrm{e}^{-\lambda t}-\mathrm{e}^{-\lambda(t+\Delta t)})\mathrm{e}^{-\lambda(t+\Delta t)}}{\mathrm{e}^{-\lambda t}\cdot\mathrm{e}^{-\lambda t}}=2(1-\mathrm{e}^{-\lambda\Delta t})\mathrm{e}^{-\lambda\Delta t},
\end{aligned}
$$

$$
\begin{aligned}
p_{02}(\Delta t)&=P\{X(t+\Delta t)=2\mid X(t)=0\} \\
&=P\{\xi_1\leqslant t+\Delta t,\xi_2\leqslant t+\Delta t\mid \xi_1>t,\xi_2>t\} \\
&=\frac{P\{t<\xi_1\leqslant t+\Delta t,t<\xi_2\leqslant t+\Delta t\}}{P\{\xi_1>t,\xi_2>t\}} \\
&=\frac{P\{t<\xi_1\leqslant t+\Delta t\}\cdot P\{t<\xi_2\leqslant t+\Delta t\}}{P\{\xi_1>t\}\cdot P\{\xi_2>t\}} \\
&=\frac{(\mathrm{e}^{-\lambda t}-\mathrm{e}^{-\lambda(t+\Delta t)})^2}{(\mathrm{e}^{-\lambda t})^2}=(1-\mathrm{e}^{-\lambda\Delta t})^2,
\end{aligned}
$$

$$
p_{00}(\Delta t)=1-p_{01}(\Delta t)-p_{02}(\Delta t)=1-2(1-\mathrm{e}^{-\lambda\Delta t})\mathrm{e}^{-\lambda\Delta t}-(1-\mathrm{e}^{-\lambda\Delta t})^2;
$$

$$
\begin{aligned}
p_{10}(\Delta t)&=P\{X(t+\Delta t)=0\mid X(t)=1\} \\
&=P\{(\{\eta_1\leqslant\Delta t\}+\{\eta_2\leqslant\Delta t\})\mid(\{\xi_1<t,\xi_2>t\}+\{\xi_1>t,\xi_2<t\})\} \\
&=\frac{P\{\eta_1\leqslant\Delta t,\xi_1<t,\xi_2>t\}+P\{\eta_2\leqslant\Delta t,\xi_1>t,\xi_2<t\}}{P\{\xi_1<t,\xi_2>t\}+P\{\xi_1>t,\xi_2<t\}} \\
&=\frac{P\{\eta_1\leqslant\Delta t\}P\{\xi_1<t,\xi_2>t\}+P\{\eta_2\leqslant\Delta t\}P\{\xi_1>t,\xi_2<t\}}{P\{\xi_1<t,\xi_2>t\}+P\{\xi_1>t,\xi_2<t\}} \\
&=1-\mathrm{e}^{-\mu\Delta t},
\end{aligned}
$$

$$
\begin{aligned}
p_{12}(\Delta t)&=P\{X(t+\Delta t)=2\mid X(t)=1\} \\
&=P\{\xi_1\leqslant t+\Delta t,\xi_2\leqslant t+\Delta t\mid(\{\xi_1<t,\xi_2>t\}+\{\xi_1>t,\xi_2<t\})\} \\
&=\frac{P\{\xi_1<t,t<\xi_2\leqslant t+\Delta t\}}{P\{\xi_1<t,\xi_2>t\}+P\{\xi_1>t,\xi_2<t\}}+\frac{P\{t<\xi_1\leqslant t+\Delta t,\xi_2<t\}}{P\{\xi_1<t,\xi_2>t\}+P\{\xi_1>t,\xi_2<t\}} \\
&=\frac{P\{\xi_1<t\}\cdot P\{t<\xi_2\leqslant t+\Delta t\}}{P\{\xi_1<t\}\cdot P\{\xi_2>t\}+P\{\xi_1>t\}\cdot P\{\xi_2<t\}}+ \\
&\quad\frac{P\{t<\xi_1\leqslant t+\Delta t\}\cdot P\{\xi_2<t\}}{P\{\xi_1<t\}\cdot P\{\xi_2>t\}+P\{\xi_1>t\}\cdot P\{\xi_2<t\}} \\
&=1-\mathrm{e}^{-\lambda\Delta t},
\end{aligned}
$$

$$
\begin{aligned}
p_{11}(\Delta t)&=1-p_{10}(\Delta t)-p_{12}(\Delta t) \\
&=1-(1-\mathrm{e}^{-\mu\Delta t})-(1-\mathrm{e}^{-\lambda\Delta t});
\end{aligned}
$$

$$
\begin{aligned}
p_{20}(\Delta t)&=P\{X(t+\Delta t)=0\mid X(t)=2\} \\
&=P\{\eta_1\leqslant t+\Delta t,\eta_2\leqslant t+\Delta t\mid \eta_1>t,\eta_2>t\}
\end{aligned}
$$

$$
\begin{aligned}
&= (1-e^{-\mu\Delta t})^2, \\
p_{22}(\Delta t) &= P\{X(t+\Delta t)=2 \mid X(t)=2\} \\
&= P\{\eta_1 > t+\Delta t, \eta_2 > t+\Delta t \mid \eta_1 > t, \eta_2 > t\} = e^{-2\mu\Delta t}, \\
p_{21}(\Delta t) &= 1 - p_{20}(\Delta t) - p_{22}(\Delta t) = 1-(1-e^{-\mu\Delta t})^2 - e^{-2\mu\Delta t};
\end{aligned}
$$

再由转移速率的定义

$$q_{ij} = \lim_{\Delta t \to 0^+} \frac{p_{ij}(\Delta t) - p_{ij}(0)}{\Delta t},$$

得转移速率矩阵为

$$\boldsymbol{Q} = \begin{pmatrix} -2\lambda & 2\lambda & 0 \\ \mu & -(\lambda+\mu) & \lambda \\ 0 & 2\mu & -2\mu \end{pmatrix}.$$

例 5　设一电话总机安装了 s 条外线. 用户数比外线多. 用户是否使用外线相互独立. 设在时间间隔 $[t, t+\Delta t)$ 内, 又一个用户要求使用外线的概率为 $\lambda\Delta t + o(\Delta t)$, $\lambda > 0$; 一条外线使用完毕的概率为 $\mu\Delta t + o(\Delta t)$, $\mu > 0$. 以 $X(t)$ 表示在时刻 t 正被使用的外线数. 求: 齐次马尔可夫链 $\{X(t), t \geqslant 0\}$ 的状态空间和转移速率矩阵.

解　$$S = \{0,1,2,\cdots,s\};$$

先求时间间隔 $[t, t+\Delta t]$ 上的转移概率:

根据题设条件,

$$
\begin{aligned}
p_{01}(\Delta t) &= P\{X(t+\Delta t)=1 \mid X(t)=0\} = \lambda\Delta t + o(\Delta t), \\
p_{0j}(\Delta t) &= P\{X(t+\Delta t)=j \mid X(t)=0\} = 0, j = 2,3,\cdots,s, \\
p_{00}(\Delta t) &= 1 - \sum_{j=1}^{s} p_{0j}(\Delta t) = 1-(\lambda\Delta t + o(\Delta t)); \\
p_{10}(\Delta t) &= P\{X(t+\Delta t)=0 \mid X(t)=1\} = \mu\Delta t + o(\Delta t), \\
p_{12}(\Delta t) &= P\{X(t+\Delta t)=2 \mid X(t)=1\} = \lambda\Delta t + o(\Delta t), \\
p_{1j}(\Delta t) &= P\{X(t+\Delta t)=j \mid X(t)=1\} = 0, j = 3,4,\cdots,s, \\
p_{11}(\Delta t) &= 1-(\lambda+\mu)\Delta t + o(\Delta t); \\
p_{20}(\Delta t) &= P\{X(t+\Delta t)=0 \mid X(t)=2\} = 0, \\
p_{21}(\Delta t) &= P\{X(t+\Delta t)=1 \mid X(t)=2\} = 2(\mu\Delta t + o(\Delta t)), \\
p_{23}(\Delta t) &= P\{X(t+\Delta t)=3 \mid X(t)=2\} = \lambda\Delta t + o(\Delta t), \\
p_{2j}(\Delta t) &= P\{X(t+\Delta t)=j \mid X(t)=2\} = 0, j = 4,5,\cdots,s, \\
p_{22}(\Delta t) &= 1-(\lambda+2\mu)\Delta t + o(\Delta t); \\
&\vdots \\
p_{s-1,j}(\Delta t) &= P\{X(t+\Delta t)=j \mid X(t)=s-1\} = 0, j = 0,1,\cdots,s-3, \\
p_{s-1,s-2}(\Delta t) &= P\{X(t+\Delta t)=s-2 \mid X(t)=s-1\}
\end{aligned}
$$

$$= (s-1)(\mu\Delta t + o(\Delta t)),$$

$$p_{s-1,s}(\Delta t) = P\{X(t+\Delta t) = s \mid X(t) = s-1\} = \lambda\Delta t + o(\Delta t),$$

$$p_{s-1,s-1}(\Delta t) = 1 - (\lambda + (s-1)\mu)\Delta t + o(\Delta t);$$

$$p_{sj}(\Delta t) = P\{X(t+\Delta t) = j \mid X(t) = s\} = 0, j = 0,1,\cdots,s-2,$$

$$p_{s,s-1}(\Delta t) = P\{X(t+\Delta t) = s-1 \mid X(t) = s\} = s(\mu\Delta t + o(\Delta t)),$$

$$p_{ss}(\Delta t) = 1 - s(\mu\Delta t + o(\Delta t));$$

再由转移速率的定义

$$q_{ij} = \lim_{\Delta t \to 0^+} \frac{p_{ij}(\Delta t) - p_{ij}(0)}{\Delta t},$$

得转移速率矩阵为

$$\boldsymbol{Q} = \begin{pmatrix} -\lambda & \lambda & 0 & 0 & \cdots & 0 & 0 & 0 \\ \mu & -(\lambda+\mu) & \lambda & 0 & \cdots & 0 & 0 & 0 \\ 0 & 2\mu & -(\lambda+2\mu) & \lambda & \cdots & 0 & 0 & 0 \\ \vdots & \vdots & \vdots & \vdots & & \vdots & \vdots & \vdots \\ 0 & 0 & 0 & 0 & \cdots & (s-1)\mu & -[\lambda+(s-1)\mu] & \lambda \\ 0 & 0 & 0 & 0 & \cdots & 0 & s\mu & -s\mu \end{pmatrix}_{(s+1)\times(s+1)}.$$

附　　录

《概率统计与随机过程》模拟考试卷（一）

一、填空题（21 分）

1. 设袋中有 4 只白球和 3 只黑球，现从袋中无放回地依次摸出 3 只球，则恰有 2 只是白球的概率为__________．

2. 设 A,B 为随机事件，$P(A)=0.6$，$P(B)=0.8$，$P(B|\overline{A})=0.85$，则 $P(A|\overline{B})=$ ______．

3. 袋子中有 50 只乒乓球，其中 20 只黄球，30 只白球，今有四人依次随机地从袋中各取 1 球，取后不放回，则第三个人取得黄球的概率是__________．

4. 设 X 表示 10 次独立重复射击命中目标的次数，每次射中目标的概率为 0.4，则 X^2 的数学期望 $E(X^2)=$ __________．

5. 设 $(X,Y)\sim N(0,1;0,1;0)$，$Z=X^2+Y^2$，则随机变量 Z 的概率密度 $f_Z(z)=$ ________________．

6. 设 $X_1,X_2,\cdots,X_n$ 为来自于正态总体 $N(\mu,\sigma^2)$ 的样本，常数 C，使得 $C\sum\limits_{i=1}^{n-1}(X_{i+1}-X_i)^2$ 为 σ^2 的无偏估计，则 $C=$ __________．

7. 重复射击一目标，直至击中两次为止，设每次击中目标的概率均为 p，记 X 为第一次击中目标时射击的次数；Y 为第二次击中目标时射击的总次数，则 X,Y 的联合分布律为________________．

二、选择题（24 分）

1. 对事件 A,B，下列命题正确的是（　　）．

（A）如果 A,B 互不相容，则 $\overline{A},\overline{B}$ 也互不相容

（B）如果 A,B 相容，则 $\overline{A},\overline{B}$ 也相容

（C）如果 A,B 互不相容，且 $P(A)>0$，$P(B)>0$，则 A,B 相互独立

（D）如果 A,B 互逆，则 $\overline{A},\overline{B}$ 也互逆

2. 设每次试验成功的概率为$p(0<p<1)$，则在4次重复试验中至少失败一次的概率为（　　）.

(A)$p^3(1-p)$　　(B)$1-p^4$　　(C)$(1-p)^4$　　(D)$C_4^1p^3(1-p)$

3. 甲、乙两人独立地对同一目标各射击一次，其命中率分别为0.6和0.5，现已知目标被命中，则甲射中的概率是（　　）.

(A)0.6　　(B)$\frac{6}{11}$　　(C)0.75　　(D)$\frac{5}{11}$

4. 两人约定在某地相会，假定每人到达的时间是相互独立的，且到达时间在中午12时到下午1时之间服从均匀分布，则先到者等待10min以上的概率为（　　）.

(A)$\frac{25}{36}$　　(B)$\frac{25}{72}$　　(C)$\frac{47}{52}$　　(D)$\frac{11}{36}$

5. 设随机变量$X\sim N(\mu,\sigma^2)$，则$E|X-\mu|=$（　　）.

(A)0　　(B)σ　　(C)$\frac{2}{\sqrt{2\pi}}\sigma$　　(D)μ

6. 设随机变量X的概率密度为$f(x)$，且$f(x)=f(-x)(-\infty<x<+\infty)$，则对$a>0$，$P\{|X|>a\}=$（　　）.

(A)$2[1-F(a)]$　　(B)$2F(a)-1$　　(C)$2-F(a)$　　(D)$1-2F(a)$

7. 设随机变量$(X,Y)\sim N(-3,1;2,1;0)$，设$Z=X-2Y+7$，则$Z\sim$（　　）.

(A)$N(0,-3)$　　(B)$N(0,5)$　　(C)$N(0,46)$　　(D)$N(0,54)$

8. 设$X_1,X_2,\cdots,X_n$是总体$N(\mu,\sigma^2)$的样本，μ已知，下列几个作为σ^2的估计量中，较优的是（　　）.

(A)$\hat{\sigma}_1^2=\frac{1}{n}\sum_{i=1}^{n}(X_i-\overline{X})^2$　　(B)$\hat{\sigma}_2^2=\frac{1}{n-1}\sum_{i=1}^{n}(X_i-\overline{X})^2$

(C)$\hat{\sigma}_3^2=\frac{1}{n}\sum_{i=1}^{n}(X_i-\mu)^2$　　(D)$\hat{\sigma}_4^2=\frac{1}{n-1}\sum_{i=1}^{n-1}(X_i-\mu)^2$

三、(15分)设二维随机变量(X,Y)在区域$D:0\leqslant x\leqslant 1,0\leqslant y\leqslant x$上服从均匀分布，求：

(1)二维随机变量(X,Y)的概率密度；

(2)$P\{X+Y\geqslant\frac{1}{2}\}$；

(3)关于Y的边缘概率密度$f_Y(y)$；

(4)$E(X^2Y)$.

四、(8分)设总体X的概率密度为$f(x;\theta)=\begin{cases}\frac{2x}{\theta^2}\exp\left\{-\frac{x^2}{\theta^2}\right\}, & x>0,\\ 0, & x\leqslant 0\end{cases}$　$(\theta>0)$，

$x_1, x_2, \cdots, x_n$ 为样本值($x_i > 0, i=1,2,\cdots,n$). 求参数 θ^2 的极大似然估计$\hat{\theta}^2$.

五、(8 分)设某次考试的考生成绩服从正态分布,从中随机地抽取 36 位考生的成绩,算得平均成绩$\bar{x}=65.5$ 分,标准差 $s=15$ 分,问在检验水平 $\alpha=0.05$ 下,是否可以认为这次考试全体考生的平均成绩为 70 分? 并给出检验过程.

$(t_{0.975}(36)=2.0281, t_{0.975}(35)=2.0301, t_{0.95}(36)=1.6883, t_{0.95}(35)=1.6896,$
$z_{0.975}=1.96, z_{0.95}=1.65, \chi^2_{0.025}(35)=20.569, \chi^2_{0.975}(35)=53.20)$

六、(12 分)设随机过程 $X(t)=a\sin(\omega t+\Theta)$,其中 a 和 ω 是常数,Θ 是在$(0,2\pi)$上服从均匀分布的随机变量.

(1)求 $E[X(t)]$;　　(2)求 $E[X(t)X(t+\tau)]$;

(3)求 $E[X^2(t)]$;　　(4)判断 $X(t)$是不是平稳过程?

(备用公式:$\sin\alpha\sin\beta=\dfrac{1}{2}[\cos(\alpha-\beta)-\cos(\alpha+\beta)]$)

七、(12 分)传输数字 0 和 1 的通信系统,每个数字的传输需经过若干步骤,设每步传输正确的概率为 0.95,传输错误的概率为 0.05. 以 X_n 表示第 n 步传输出的数字,则$\{X_n, n=0,1,2,\cdots\}$是一齐次马尔可夫链.

(1)写出状态空间 S 和一步转移概率矩阵 $\boldsymbol{P}$;

(2)求两步转移概率矩阵 $\boldsymbol{P}^{(2)}$;

(3)求 $P\{X_{n+1}=1, X_{n+2}=0 \mid X_n=0\}$.

八、(10 分)设 ξ 在$(-\pi,\pi)$上服从均匀分布,$X=\sin\xi, Y=\cos\xi$,求:

(1)$E(X), E(Y)$;　　(2)$E(X^2), D(X), E(Y^2), D(Y)$;

(3)$\mathrm{Cov}(X,Y)$;

(4)X 与 Y 的相关系数ρ,X 与 Y 是否相关?

九、(10 分)设 $X_1, X_2, \cdots, X_n$ 是来自正态总体 $N(0,1)$的一个样本,$1 \leqslant m < n$,求:

(1) $\sum\limits_{i=1}^{m} X_i$ 服从的分布;　　(2) $\dfrac{1}{\sqrt{n-m}}\sum\limits_{i=m+1}^{n} X_i$ 服从的分布;

(3)统计量 $Y=\dfrac{1}{m}\left(\sum\limits_{i=1}^{m} X_i\right)^2+\dfrac{1}{n-m}\left(\sum\limits_{i=m+1}^{n} X_i\right)^2$ 服从的分布.

《概率统计与随机过程》模拟考试卷(一)参考答案

一、填空题

1. $\dfrac{18}{35}$.　　2. 0.7.　　3. 0.4.

4. 18.4.　　5. $f_Z(z)=\begin{cases}\frac{1}{2}\mathrm{e}^{-\frac{z}{2}}, & z>0,\\ 0, & z\leqslant 0.\end{cases}$　　6. $\frac{1}{2(n-1)}$.

7. $P\{X=i,Y=j\}=p^2(1-p)^{j-2}(j=2,3,\cdots;i=1,2,\cdots,j-1)$.

二、选择题

1. D.　2. B.　3. C.　4. A.　5. C.　6. A.　7. B.　8. C.

三、解　(1) (X,Y)的概率密度为

$$f(x,y)=\begin{cases}2, & 0\leqslant x\leqslant 1,0\leqslant y\leqslant x,\\ 0, & \text{其他}.\end{cases}$$

(2) $P\{X+Y\geqslant\frac{1}{2}\}=1-P\{X+Y<\frac{1}{2}\}=1-\iint\limits_{x+y<\frac{1}{2}}f(x,y)\mathrm{d}x\mathrm{d}y$

$$=1-2\times\frac{1}{2}\times\frac{1}{2}\times\frac{1}{4}=1-\frac{1}{8}=\frac{7}{8}.$$

(3) 关于Y的边缘概率密度为$f_Y(y)=\int_{-\infty}^{+\infty}f(x,y)\mathrm{d}x$.

当$y<0$或$y>1$时, $f_Y(y)=0$;

当$0\leqslant y\leqslant 1$时, $f_Y(y)=\int_{-\infty}^{+\infty}f(x,y)\mathrm{d}x=\int_y^1 2\mathrm{d}x=2(1-y)$,

$$f_Y(y)=\begin{cases}2(1-y), & 0\leqslant y\leqslant 1,\\ 0, & \text{其他}.\end{cases}$$

(4) $E(X^2Y)=\int_{-\infty}^{+\infty}\int_{-\infty}^{+\infty}x^2yf(x,y)\mathrm{d}x\mathrm{d}y$

$$=\int_0^1\mathrm{d}x\int_0^x x^2y\cdot 2\mathrm{d}y=\int_0^1 x^2\cdot x^2\mathrm{d}x=\int_0^1 x^4\mathrm{d}x=\frac{1}{5}.$$

四、解　似然函数

$$L=\prod_{i=1}^n f(x_i;\theta)=\prod_{i=1}^n\frac{2x_i}{\theta^2}\exp\left(-\frac{x_i^2}{\theta^2}\right)$$

$$=\prod_{i=1}^n 2x_i\cdot\frac{1}{(\theta^2)^n}\exp\left(-\frac{\sum_{i=1}^n x_i^2}{\theta^2}\right),$$

$$\ln L=\ln\prod_{i=1}^n 2x_i-n\ln\theta^2-\frac{1}{\theta^2}\sum_{i=1}^n x_i^2,$$

$$\frac{\mathrm{d}\ln L}{\mathrm{d}(\theta^2)}=-\frac{n}{\theta^2}+\frac{1}{(\theta^2)^2}\sum_{i=1}^n x_i^2,$$

令
$$-\frac{n}{\theta^2}+\frac{1}{(\theta^2)^2}\sum_{i=1}^{n}x_i^2=0,$$

解得
$$n\hat{\theta}^2=\sum_{i=1}^{n}x_i^2,\text{即}\hat{\theta}^2=\frac{1}{n}\sum_{i=1}^{n}x_i^2,$$

所以参数 θ^2 的极大似然估计为 $\hat{\theta}^2=\frac{1}{n}\sum_{i=1}^{n}x_i^2$.

五、解　检验假设 $H_0:\mu=\mu_0=70$.

检验统计量 $T=\frac{\bar{x}-70}{s/\sqrt{n}}\sim t(35)$.

临界值 $t_{1-\frac{\alpha}{2}}(35)=t_{0.975}(35)=2.0301$.

比较 $|T|=\left|\frac{65.5-70}{15/\sqrt{36}}\right|=1.8<2.0301=t_{1-\frac{\alpha}{2}}(35)$.

所以接受假设 $H_0:\mu=70$,可以认为这次考试全体考生的平均成绩为70分.

六、解　Θ 的概率密度为

$$f(\theta)=\begin{cases}\frac{1}{2\pi}, & 0<\theta<2\pi,\\ 0, & \text{其他}.\end{cases}$$

(1) $E[X(t)]=E[a\sin(\omega t+\Theta)]=\int_{-\infty}^{+\infty}a\sin(\omega t+\theta)f(\theta)\mathrm{d}\theta$

$$=\int_0^{2\pi}a\sin(\omega t+\theta)\frac{1}{2\pi}\mathrm{d}\theta=0.$$

(2) $E[X(t)X(t+\tau)]=E[a\sin(\omega t+\Theta)\cdot a\sin(\omega(t+\tau)+\Theta)]$

$$=\int_{-\infty}^{+\infty}a\sin(\omega t+\theta)\cdot a\sin(\omega(t+\tau)+\theta)f(\theta)\mathrm{d}\theta$$

$$=\int_0^{2\pi}a^2\frac{1}{2}[\cos\omega\tau-\cos(\omega(2t+\tau)+2\theta)]\cdot\frac{1}{2\pi}\mathrm{d}\theta$$

$$=\frac{a^2}{2}\cos\omega\tau.$$

(3) $E[X^2(t)]=\frac{a^2}{2}$.

(4)因为 $E[X(t)]=0$ 是常数,$R(\tau)=\frac{a^2}{2}\cos\omega\tau$ 仅依赖于 τ,$E[X^2(t)]$存在,所以 $X(t)$是平稳过程.

七、解　(1)状态空间为 $S=\{0,1\}$,

一步转移概率矩阵为 $\boldsymbol{P}=\begin{pmatrix}0.95 & 0.05\\ 0.05 & 0.95\end{pmatrix}$.

(2)两步转移概率矩阵

$$P^{(2)} = P^2 = \begin{pmatrix} 0.95 & 0.05 \\ 0.05 & 0.95 \end{pmatrix}\begin{pmatrix} 0.95 & 0.05 \\ 0.05 & 0.95 \end{pmatrix} = \begin{pmatrix} 0.905 & 0.095 \\ 0.095 & 0.905 \end{pmatrix}.$$

(3) $P\{X_{n+1}=1, X_{n+2}=0 \mid X_n=0\}$

$=P\{X_{n+1}=1 \mid X_n=0\} \cdot P\{X_{n+2}=0 \mid X_{n+1}=1, X_n=0\}$

$=P\{X_{n+1}=1 \mid X_n=0\} \cdot P\{X_{n+2}=0 \mid X_{n+1}=1\}$

$=p_{01} \cdot p_{10}=0.05 \times 0.05=0.0025.$

八、解 ξ 的概率密度为 $f(\theta)=\begin{cases}\dfrac{1}{2\pi}, & -\pi<\theta<\pi, \\ 0, & \text{其他,}\end{cases}$

(1) $E(X) = E(\sin\xi) = \int_{-\infty}^{+\infty} \sin\theta \cdot f(\theta)\,\mathrm{d}\theta = \int_{-\pi}^{\pi} \sin\theta \cdot \dfrac{1}{2\pi}\mathrm{d}\theta = 0,$

$E(Y) = E(\cos\xi) = \int_{-\infty}^{+\infty} \cos\theta \cdot f(\theta)\,\mathrm{d}\theta = \int_{-\pi}^{\pi} \cos\theta \cdot \dfrac{1}{2\pi}\mathrm{d}\theta = 0.$

(2) $E(X^2) = E(\sin^2\xi) = \int_{-\infty}^{+\infty} \sin^2\theta \cdot f(\theta)\,\mathrm{d}\theta = \int_{-\pi}^{\pi} \sin^2\theta \cdot \dfrac{1}{2\pi}\mathrm{d}\theta$

$= \dfrac{1}{2\pi}\int_{-\pi}^{\pi} \dfrac{1-\cos 2\theta}{2}\mathrm{d}\theta = \dfrac{1}{2},$

$E(Y^2) = E(\cos^2\xi) = \int_{-\infty}^{+\infty} \cos^2\theta \cdot f(\theta)\,\mathrm{d}\theta = \int_{-\pi}^{\pi} \cos^2\theta \cdot \dfrac{1}{2\pi}\mathrm{d}\theta$

$= \dfrac{1}{2\pi}\int_{-\pi}^{\pi} \dfrac{1+\cos 2\theta}{2}\mathrm{d}\theta = \dfrac{1}{2},$

$D(X) = E(X^2) - (EX)^2 = \dfrac{1}{2}, D(Y) = E(Y^2) - (EY)^2 = \dfrac{1}{2}.$

(3) $E(XY) = E(\sin\xi \cdot \cos\xi) = \int_{-\infty}^{+\infty} \sin\theta \cdot \cos\theta \cdot f(\theta)\,\mathrm{d}\theta$

$= \int_{-\pi}^{\pi} \sin\theta \cdot \cos\theta \cdot \dfrac{1}{2\pi}\mathrm{d}\theta = \dfrac{1}{2\pi}\int_{-\pi}^{\pi} \dfrac{\sin 2\theta}{2}\mathrm{d}\theta = 0,$

$\mathrm{Cov}(X,Y) = E(XY) - E(X) \cdot E(Y) = 0.$

(4)X 与 Y 的相关系数为 $\rho = \dfrac{\mathrm{Cov}(X,Y)}{\sqrt{DX} \cdot \sqrt{DY}} = 0$,所以 X 与 Y 不相关.

九、解 因 $X_1, X_2, \cdots, X_n$ 相互独立同服从 $N(0,1)$.

(1) $\sum_{i=1}^{m} X_i$ 服从正态分布 $N(0,m)$, $\sum_{i=1}^{m} X_i \sim N(0,m)$; $\dfrac{1}{\sqrt{m}}\sum_{i=1}^{m} X_i \sim N(0,1)$.

(2) $\sum_{i=m+1}^{n} X_i \sim N(0, n-m)$, $\dfrac{1}{\sqrt{n-m}}\sum_{i=m+1}^{n} X_i \sim N(0,1)$.

(3) $\frac{1}{m}\left(\sum_{i=1}^{m} X_i\right)^2 \sim \chi^2(1)$，$\frac{1}{n-m}\left(\sum_{i=m+1}^{n} X_i\right)^2 \sim \chi^2(1)$，又相互独立，于是统计量 $Y = \frac{1}{m}\left(\sum_{i=1}^{m} X_i\right)^2 + \frac{1}{n-m}\left(\sum_{i=m+1}^{n} X_i\right)^2 \sim \chi^2(2)$.

《概率统计与随机过程》模拟考试卷(二)

一、选择题(24 分)

1. 设随机变量 X 的概率密度为

$$f(x) = \begin{cases} \frac{x}{2}, & 0 < x < 2, \\ 0, & 其他, \end{cases}$$

则 $P\{-1 < X \leqslant 1\} = ($　　$)$.

(A)0　　(B)0.25　　(C)0.5　　(D)1

2. 事件 A,B 同时发生时，事件 C 必然发生，则有(　　).

(A)$P(C)=P(AB)$　　(B)$P(C)=P(A+B)$

(C)$P(C)\geqslant P(A)+P(B)-1$　　(D)$P(C)\leqslant P(A)+P(B)-1$

3. 设二维随机变量$(X,Y)\sim N(1,2^2;2,3^2;\frac{1}{2})$，则 $D(2X-Y+1)=($　　$)$.

(A)13　　(B)14　　(C)19　　(D)37

4. 在下列函数中，可以作为随机变量的概率密度函数的是(　　).

(A)$f_1(x) = \begin{cases} -\sin x, & \pi \leqslant x \leqslant \frac{3}{2}\pi, \\ 0, & 其他. \end{cases}$　　(B)$f_2(x) = \begin{cases} \sin x, & \pi \leqslant x \leqslant \frac{3}{2}\pi, \\ 0, & 其他 \end{cases}$

(C)$f_3(x) = \begin{cases} \cos x, & \pi \leqslant x \leqslant \frac{3}{2}\pi, \\ 0, & 其他 \end{cases}$　　(D)$f_4(x) = \begin{cases} 1-\cos x, & \pi \leqslant x \leqslant \frac{3}{2}\pi, \\ 0, & 其他 \end{cases}$

5. 设总体 $X\sim N(\mu,\sigma^2)$，$X_1,X_2,\cdots,X_n$ 为总体 X 的一个样本，$\overline{X}$为样本均值，S^2 为样本方差，则下列结论中成立的是(　　).

(A)$2X_1-X_2\sim N(\mu,\sigma^2)$　　(B)$\frac{S^2}{\sigma^2}\sim\chi^2(n-1)$

(C)$\frac{\overline{X}-\mu}{S}\sqrt{n-1}\sim t(n-1)$　　(D)$\frac{n(\overline{X}-\mu)^2}{S^2}\sim F(1,n-1)$

6. 设随机变量(X,Y)的分布函数为$F(x,y)$，且(X,Y)的分布律为

X	Y		
	0	1	2
-1	0.2	0	0.1
0	0	0.4	0
1	0.1	0	0.2

则 $F(0,1)=($ $)$.

(A)0.2 (B)0.4 (C)0.6 (D)0.8

7. 设$X_1,X_2,\cdots,X_{100}$为总体$X\sim N(1,2^2)$的一个样本，$\overline{X}$为样本均值，已知$Y=a\overline{X}+b\sim N(0,1)$，则有( ).

(A)$a=-5,b=5$ (B)$a=5,b=5$

(C)$a=\frac{1}{5},b=-\frac{1}{5}$ (D)$a=-\frac{1}{5},b=\frac{1}{5}$

8. 假设总体$X\sim N(\mu,\sigma^2)$，$X_1,X_2,\cdots,X_n$为总体X的一个样本，$\overline{X}$为样本均值，μ已知，下列估计量中是σ^2的无偏估计量的为( ).

(A)$\frac{1}{n-1}\sum_{i=1}^{n}(X_i-\mu)^2$ (B)$\frac{1}{n}\sum_{i=1}^{n}(X_i-\mu)^2$

(C)$\frac{1}{n}\sum_{i=1}^{n}(X_i-\overline{X})^2$ (D)$\frac{1}{n+1}\sum_{i=1}^{n}(X_i-\overline{X})^2$

二、填空题(27分)

1. 现有一批灯泡，由甲厂生产的占3箱，乙厂生产的占5箱，丙厂生产的占2箱，其各厂产品的次品率分别为10%，4%，5%，现随机取一箱，再从该箱中随机取出一个灯泡，则取出灯泡为次品的概率等于__________.

2. 设$P(\overline{A})=0.3$，$P(B)=0.4$，$P(A\overline{B})=0.5$，则$P(B|(A+\overline{B}))=$__________.

3. 设$(X,Y)\sim N(1,1^2;2,2^2;0)$，$Z=X-2Y+1$，则$Z$的概率密度$f_Z(z)=$____.

4. 设(X,Y)的分布律为

X	Y	
	0	1
0	$\frac{1}{6}$	$\frac{1}{6}$
1	$\frac{1}{3}$	$\frac{1}{12}$
2	$\frac{1}{12}$	$\frac{1}{6}$

则 $E[\min(X,Y)+1]=$__________.

5. 设总体 X 和 Y 相互独立且都服从正态分布 $N(0,3^2)$，而 $(X_1,X_2,\cdots,X_9)$ 和 $(Y_1,Y_2,\cdots,Y_9)$ 分别是来自总体 X 和 Y 的简单随机样本，则统计量 $U=\dfrac{\sum\limits_{i=1}^{9}X_i}{\sqrt{\sum\limits_{i=1}^{9}Y_i^2}}$ 服从________（写出自由度）分布.

6. 设随机变量 X_1,X_2,X_3 独立同分布，$E(X_i)=0,D(X_i)=\sigma^2\neq0(i=1,2,3)$，$X=X_1+X_2,Y=X_2+X_3$，则 X 与 Y 的相关系数 $\rho_{XY}=$________.

7. 设 $(X_1,X_2,\cdots,X_6)$ 为总体 $X\sim N(\mu,3^2)$ 的一个样本，$\overline{X}$ 为样本均值，则 $D[-4(\overline{X}-\mu)^2+3]=$________.

8. 设总体 $X\sim N(0,2^2)$，从此总体中取一容量为 4 的样本 (X_1,X_2,X_3,X_4)，设 $Z=a(X_1-2X_2)^2+b(3X_3-4X_4)^2$，设 Z 服从自由度为 2 的 χ^2 分布，则 $a=$________，$b=$________.

三、(15 分) 设随机变量 (X,Y) 的概率密度为

$$f(x,y)=\begin{cases}2(x+y), & 0\leqslant x\leqslant1,0\leqslant y\leqslant x,\\0, & \text{其他}.\end{cases}$$

求：

(1) $P\{X+Y\geqslant1\}$；

(2) $Z=X+Y$ 的概率密度 $f_Z(z)$；

(3) $E(X)$.

四、(8 分) 设总体 X 的概率密度为

$$f(x;\alpha)=\begin{cases}(\alpha+1)x^{\alpha}, & 0<x<1,\\0, & \text{其他}.\end{cases}$$

其中 $\alpha>-1$ 是未知参数，$(X_1,X_2,\cdots,X_n)$ 是来自 X 的一个样本，试求未知参数 α 的极大似然估计量.

五、(8 分) 某种零件尺寸 $X\sim N(\mu,1.21)$，今从一批零件中随机取 6 件，测得尺寸为：32.56，29.66，31.64，30.00，31.87，31.03. 当 $\alpha=0.05$ 时，能否认为此批零件尺寸的均值为 32.5.

$$(z_{1-0.025}=1.96,z_{1-0.05}=1.645,t_{1-0.025}(5)=2.5706,$$
$$t_{1-0.05}(5)=2.0150,P\{X\leqslant x_{\alpha}\}=\alpha)$$

六、(10 分) 已知二维随机变量 (X,Y) 的概率密度为

$$f(x,y)=\begin{cases}\dfrac{3}{2}(x+y), & |x|\leqslant y,0\leqslant y\leqslant1,\\0, & \text{其他}.\end{cases}$$

求：

(1) $Z=\max\{X,Y\}$ 的概率密度;

(2) $P\left\{Y\leqslant\frac{1}{2}\right\}$.

七、(8分)设$(X_1,X_2,\cdots,X_9)$是来自总体$X\sim N(\mu,\sigma^2)$的简单随机样本,

$$Y_1=\frac{1}{6}\sum_{i=1}^{6}X_i,Y_2=\frac{1}{3}\sum_{i=7}^{9}X_i,$$

$$S^2=\frac{1}{2}\sum_{i=7}^{9}(X_i-Y_2)^2,Z=\frac{\sqrt{2}(Y_1-Y_2)}{S},$$

证明:统计量Z服从自由度为2的t分布.

八、(10分)设$X(t)$是随机过程,且$\mu_X(t)=t,R_X(t,t+\tau)=t(t+\tau)+1$,对非零常数$c$,令$Y(t)=X(t+c)-X(t)$,证明:$Y(t)$为广义平稳过程.

九、(10分)设一个盒内有4个球,编号为1,2,3,4,随机从里面取出一球,取后放回,不断独立连续取下去,X_n为前n次取到球的最大编号,则$\{X_n,n=1,2,\cdots\}$为齐次马氏链.

(1)写出状态空间及一步转移概率矩阵;

(2)求条件概率$P\{X_{n+1}=2,X_{n+3}=3\mid X_n=2\}$.

《概率统计与随机过程》模拟考试卷(二)参考答案

一、选择题

1. B. 2. C. 3. A. 4. A. 5. D. 6. C. 7. A. 8. B.

二、填空题

1. 0.06 2. 0.25 3. $\frac{1}{\sqrt{2\pi}\sqrt{17}}e^{-\frac{(z+2)^2}{2\times17}}\quad(-\infty<z<+\infty)$.

4. $\frac{5}{4}$. 5. $t(9)$. 6. $\frac{1}{2}$. 7. 72. 8. $a=\frac{1}{20},b=\frac{1}{100}$.

三、解 (1)
$$P\{X+Y\geqslant1\}=\int_{\frac{1}{2}}^{1}dx\int_{1-x}^{x}2(x+y)dy$$
$$=\int_{\frac{1}{2}}^{1}[2x(2x-1)+x^2-(1-x)^2]dx$$
$$=\int_{\frac{1}{2}}^{1}(4x^2-1)dx=\left(\frac{4}{3}x^3-x\right)\Big|_{\frac{1}{2}}^{1}=\frac{2}{3}.$$

(2) $f_Z(z)=\int_{-\infty}^{+\infty}f(x,z-x)dx=\int_{x+y=z}f(x,y)dx$,

当$z<0$或$z\geqslant2$时,$f_Z(z)=0$;

当 $0\leqslant z<1$ 时，$f_Z(z)=\int_{\frac{z}{2}}^{z}2(x+z-x)\mathrm{d}x=2z\left(z-\frac{z}{2}\right)=z^2$；

当 $1\leqslant z<2$ 时，$f_Z(z)=\int_{\frac{z}{2}}^{1}2(x+z-x)\mathrm{d}x=2z\left(1-\frac{z}{2}\right)=2z-z^2$，

于是 $f_Z(z)=\begin{cases}z^2, & 0\leqslant z<1,\\ 2z-z^2, & 1\leqslant z<2,\\ 0, & \text{其他}.\end{cases}$

(3) $EX=\int_{-\infty}^{+\infty}\int_{-\infty}^{+\infty}xf(x,y)\mathrm{d}x\mathrm{d}y=\int_0^1\mathrm{d}x\int_0^x x\cdot 2(x+y)\mathrm{d}y$

$$=\int_0^1(2x^3+x^3)\mathrm{d}x=\frac{3}{4}x^4\Big|_0^1=\frac{3}{4}.$$

四、解　似然函数为　$L(\alpha)=\prod_{i=1}^{n}f(x_i;\alpha)=(\alpha+1)^n\prod_{i=1}^{n}x_i^{\alpha}$，

$$\ln L(\alpha)=n\ln(\alpha+1)+\alpha\sum_{i=1}^{n}\ln x_i,$$

$$\frac{\mathrm{d}\ln L(\alpha)}{\mathrm{d}\alpha}=\frac{n}{\alpha+1}+\sum_{i=1}^{n}\ln x_i,$$

令 $\frac{\mathrm{d}\ln L(\alpha)}{\mathrm{d}\alpha}=\frac{n}{\alpha+1}+\sum_{i=1}^{n}\ln x_i=0$，得　$\hat{\alpha}=-\frac{n}{\sum_{i=1}^{n}\ln x_i}-1$，

所以 α 的极大似然估计量为　$\hat{\alpha}=-\frac{n}{\sum_{i=1}^{n}\ln X_i}-1.$

五、解　此题是在已知 $\sigma=1.1$ 的情况下.

(1)检验假设 $H_0:\mu=\mu_0=32.5$.

(2)统计量 $U=\frac{\overline{x}-\mu_0}{\sigma/\sqrt{n}}\sim N(0,1)$.

(3)现在 $n=6$，$\overline{x}=31.3$，计算统计量值

$$u_0=\frac{\overline{x}-\mu_0}{\sigma/\sqrt{n}}=\frac{31.3-32.5}{1.1/\sqrt{6}}=-3.05.$$

(4)对于 $\alpha=0.05$，查标准正态分布表得 $z_{1-\alpha/2}=z_{0.975}=1.96$.

(5)因为 $|u_0|=3.05>1.96=z_{1-\alpha/2}$，故拒绝 H_0，即不能认为此批零件尺寸的均值为32.50.

六、解　(1) $Z=\max\{X,Y\}$ 的分布函数为

$$F_Z(z)=P\{Z\leqslant z\}=P\{\max\{X,Y\}\leqslant z\}$$

$$= P\{X \leqslant z, Y \leqslant z\} = \iint\limits_{\substack{x \leqslant z \\ y \leqslant z}} f(x,y)\mathrm{d}x\mathrm{d}y,$$

当 $z \leqslant 0$ 时，$F_Z(z) = 0$；

当 $0 < z \leqslant 1$ 时，$F_Z(z) = \int_0^z \mathrm{d}y \int_{-y}^{y} \frac{3}{2}(x+y)\mathrm{d}x = \int_0^z 3y^2 \mathrm{d}y = y^3 \Big|_0^z = z^3$；

当 $z > 1$ 时，$F_Z(z) = \int_0^1 \mathrm{d}y \int_{-y}^{y} \frac{3}{2}(x+y)\mathrm{d}x = \int_0^1 3y^2 \mathrm{d}y = y^3 \Big|_0^1 = 1$，

则有 $F_Z(z) = \begin{cases} z^3, & 0 \leqslant z \leqslant 1, \\ 1, & z > 1, \\ 0, & z < 0, \end{cases}$ 于是 $f_Z(z) = [F_Z(z)]' = \begin{cases} 3z^2, & 0 \leqslant z \leqslant 1, \\ 0, & \text{其他}. \end{cases}$

(2) $P\left\{Y \leqslant \frac{1}{2}\right\} = \int_0^{\frac{1}{2}} \mathrm{d}y \int_{-y}^{y} \frac{3}{2}(x+y)\mathrm{d}x = \int_0^{\frac{1}{2}} 3y^2 \mathrm{d}y = y^3 \Big|_0^{\frac{1}{2}} = \frac{1}{8}$.

七、证 由题设条件知，$Y_1 \sim N(\mu, \frac{\sigma^2}{6})$，$Y_2 \sim N(\mu, \frac{\sigma^2}{3})$，且 Y_1 与 Y_2 相互独立.

$$E(Y_1 - Y_2) = 0, D(Y_1 - Y_2) = D(Y_1) + D(Y_2) = \frac{\sigma^2}{6} + \frac{\sigma^2}{3} = \frac{\sigma^2}{2},$$

从而 $(Y_1 - Y_2) \sim N(0, \frac{\sigma^2}{2})$，$U = \frac{Y_1 - Y_2}{\sqrt{\frac{\sigma^2}{2}}} = \frac{\sqrt{2}(Y_1 - Y_2)}{\sigma} \sim N(0,1)$，由正态总体方差的性质，知 $\frac{(3-1)}{\sigma^2}S^2 \sim \chi^2(2)$，又 Y_1, Y_2, S^2 相互独立，从而 $Y_1 - Y_2$ 与 S^2 相互独立.

于是 $$Z = \frac{\sqrt{2}(Y_1 - Y_2)}{S} = \frac{\frac{\sqrt{2}(Y_1 - Y_2)}{\sigma}}{\sqrt{\frac{2}{\sigma^2}S^2 \Big/ 2}} \sim t(2).$$

八、证

$$\begin{aligned}
\mu_Y(t) &= E[Y(t)] = E[X(t+c) - X(t)] \\
&= E[X(t+c)] - E[X(t)] \\
&= \mu_X(t+c) - \mu_X(t) = (t+c) - t = c, \\
R_Y(t, t+\tau) &= E[Y(t)Y(t+\tau)] \\
&= E\{[X(t+c) - X(t)][X(t+\tau+c) - X(t+\tau)]\} \\
&= R_X(t+c, t+\tau+c) - R_X(t+c, t+\tau) - \\
&\quad R_X(t, t+\tau+c) + R_X(t, t+\tau) \\
&= [(t+c)(t+\tau+c) + 1] - [(t+c)(t+\tau) + 1] -
\end{aligned}$$

$$[t(t+\tau+c)+1]+[t(t+\tau)+1]=c^2,$$

因为 $E[Y(t)]=c$ 为常数，$E[Y^2(t)]=c^2<+\infty$，
$R_Y(t,t+\tau)=E[Y(t)Y(t+\tau)]=c^2$ 仅依赖于 τ，而与 t 无关，所以，$Y(t)$ 是广义平稳过程.

九、解　(1)依题意，状态空间为　$S=\{1,2,3,4\}$，转移概率矩阵为

$$\boldsymbol{P}=(p_{ij})_{4\times 4}=\begin{pmatrix}\frac{1}{4} & \frac{1}{4} & \frac{1}{4} & \frac{1}{4}\\ 0 & \frac{2}{4} & \frac{1}{4} & \frac{1}{4}\\ 0 & 0 & \frac{3}{4} & \frac{1}{4}\\ 0 & 0 & 0 & 1\end{pmatrix}.$$

(2)　$P\{X_{n+1}=2,X_{n+3}=3\mid X_n=2\}$

$=P\{X_{n+1}=2\mid X_n=2\}\cdot P\{X_{n+3}=3\mid X_{n+1}=2,X_n=2\}$

$=P\{X_{n+1}=2\mid X_n=2\}\cdot P\{X_{n+3}=3\mid X_{n+1}=2\}$

$=p_{22}p_{23}^{(2)}=\frac{2}{4}\sum\limits_{k}^{4}p_{2k}p_{k3}$

$=\frac{2}{4}\times\left(0\times\frac{1}{4}+\frac{2}{4}\times\frac{1}{4}+\frac{1}{4}\times\frac{3}{4}+\frac{1}{4}\times 0\right)=\frac{2}{4}\times\frac{5}{16}=\frac{5}{32}.$

《概率统计与随机过程》模拟考试卷(三)

一、选择题(24 分)

1. 设事件 A、B 互逆，则下列各式一定不成立的是(　　).

(A)$P(A)=1-P(B)$　　　　(B)$P(A|B)=0$

(C)$P(A|\overline{B})=1$　　　　(D)$P(\overline{A}\,\overline{B})=1$

2. 设二维随机变量$(X,Y)\sim N(3,\sigma^2;-2,3\sigma^2;0)$，则下列各式中成立的是(　　).

(A)$P\{X+Y\leqslant -1\}=\frac{1}{2}$　　　　(B)$P\{X-Y\leqslant -1\}=\frac{1}{2}$

(C)$P\{X+2Y\leqslant 7\}=\frac{1}{2}$　　　　(D)$P\{X-2Y\leqslant 7\}=\frac{1}{2}$

3. 随机变量 X 在(　　)上服从均匀分布时，$E(X)=3$，$D(X)=\frac{4}{3}$.

(A)$[0,6]$ (B)$[1,5]$ (C)$[2,4]$ (D)$[-3,3]$

4. 设 X 为随机变量,且 $E(X)=1, D(X)=0.1$,则一定有( )成立.

(A)$P\{-1<X<1\}\geqslant 0.9$ (B)$P\{0<X<2\}\geqslant 0.9$

(C)$P\{|X+1|\geqslant 0.1\}\leqslant 0.9$ (D)$P\{|X|\geqslant 0.1\}\leqslant 0.1$

5. 已知(X,Y)的分布律为

X	Y	
	1	2
0	$\frac{1}{8}$	$\frac{3}{8}$
1	$\frac{2}{8}$	$\frac{2}{8}$

设 $Z=\max\{X,Y\}$,则 $E(-2Z+3)=$( ).

(A)$-\frac{13}{4}$ (B)$\frac{25}{4}$ (C)$-\frac{1}{4}$ (D)$\frac{1}{4}$

6. 设二维随机变量$(X,Y)\sim N\left(1,2^2;2,3^2;\frac{1}{3}\right)$,则 $D(X-2Y+5)=$( ).

(A)32 (B)37 (C)36 (D)48

7. 设总体 X 的数学期望 μ 置信水平为 0.95,置信区间的上、下限分别为 $b(x_1,x_2,\cdots,x_n)$ 与 $a(x_1,x_2,\cdots,x_n)$,则该区间的意义是( ).

(A)$P\{a(x_1,x_2,\cdots,x_n)\leqslant X\leqslant b(x_1,x_2,\cdots,x_n)\}=0.95$

(B)$P\{a(x_1,x_2,\cdots,x_n)\leqslant \overline{X}\leqslant b(x_1,x_2,\cdots,x_n)\}=0.95$,其中$\overline{X}$为样本均值

(C)$P\{a(x_1,x_2,\cdots,x_n)\leqslant \mu\leqslant b(x_1,x_2,\cdots,x_n)\}=0.95$

(D)$P\{a(x_1,x_2,\cdots,x_n)\leqslant \overline{X}-\mu\leqslant b(x_1,x_2,\cdots,x_n)\}=0.95$

8. 设总体 $X\sim N(0,\sigma^2)$,$X_1,X_2,\cdots,X_{15}$为总体 X 的一个样本,则下列各式中正确的是( ).

(A) $\frac{1}{\sigma}\sum_{i=1}^{15}X_i\sim N(0,1)$ (B) $\frac{1}{2}\frac{\sum_{i=1}^{5}X_i^2}{\sum_{j=6}^{15}X_j^2}\sim F(5,10)$

(C) $\frac{2\sum_{i=1}^{5}X_i^2}{\sum_{j=6}^{15}X_j^2}\sim F(5,10)$ (D) $\sum_{i=1}^{15}X_i^2\sim\chi^2(15)$

二、填空题(24 分)

1. 已知 $A_iA_j=\varnothing(i\neq j,i,j=1,2,3)$, $S=\sum_{i=1}^{3}A_i$, 且 $P(A_1)=0.1,P(A_2)=0.5,P(B|A_1)=0.2,P(B|A_2)=0.6,P(B|A_3)=0.1$,则 $P(A_1|B)=$________.

2. 设随机变量 $X\sim B(2,p),Y\sim B(4,p)$,且 $P\{X\geqslant 1\}=\frac{5}{9}$,则 $P\{Y>1\}=$________.

3. 某系统由三个元件串联组成,元件寿命 X_1,X_2,X_3 独立同分布,且都服从参数为 3 的指数分布,则系统寿命 Z 的分布函数为 $F_Z(z)=$________.

4. 设随机变量 (X,Y) 的概率密度为

$$f(x,y)=\begin{cases}2xy, & 0\leqslant x\leqslant 1,0\leqslant y\leqslant 2x,\\0, & \text{其他},\end{cases}$$

则 Y 的边缘概率密度 $f_Y(y)=$________.

5. 设随机变量 X 与 Y 相互独立,且 $X\sim\pi(\lambda_1),Y\sim\pi(\lambda_2),\lambda_1>0,\lambda_2>0$,则 $P\{X=k|X+Y=n\}=$________$(0\leqslant k\leqslant n,n$ 为正整数).

6. 设总体 $X\sim N(\mu,\sigma^2),X_1,X_2,\cdots,X_{100}$ 为总体 X 的一个样本,$\overline{X}$为样本均值,μ 已知,下列估计量中是 σ^2 的无偏估计量的是________,其中

$$\hat{\sigma}_1^2=\frac{1}{99}\sum_{i=1}^{100}(X_i-\mu)^2,\qquad \hat{\sigma}_2^2=\frac{1}{100}\sum_{i=1}^{100}(X_i-\mu)^2,$$

$$\hat{\sigma}_3^2=\sum_{i=1}^{100}(X_i-\overline{X})^2,\qquad \hat{\sigma}_4^2=\frac{1}{100}\sum_{i=1}^{100}(X_i-\overline{X})^2.$$

7. 设总体 $X\sim N(-1,4^2),X_1,X_2,\cdots,X_9$ 为总体 X 的一个样本,$\overline{X}$为样本均值,则 $P\{|\overline{X}|<1\}=$________(已知 $\Phi(1.5)=0.9332$).

8. 设 $(X_1,X_2,\cdots,X_6)$ 为总体 $X\sim N(\mu,3^2)$ 的一个样本,$\overline{X}$ 为样本均值,$S^2=\frac{1}{5}\sum_{i=1}^{6}(X_i-\overline{X})^2$,则 $D(-5S^2-8)=$________.

三、(16 分)设随机变量 (X,Y) 的概率密度为

$$f(x,y)=\begin{cases}1 & 0\leqslant x\leqslant 1,0\leqslant y\leqslant 2x,\\0 & \text{其他},\end{cases}$$

求:

(1) $P\{2X+Y\leqslant 1\}$;

(2) $Z=X+Y$ 的概率密度 $f_Z(z)$;

(3) $E(Z^2)$.

四、(8分)设总体 X 的概率密度为

$$f(x;\lambda)=\begin{cases}2\lambda x e^{-\lambda x^2}, & x>0,\\ 0, & x\leqslant 0,\end{cases}$$

其中 $\lambda>0$ 是未知参数,$X_1,X_2,\cdots,X_n$ 是来自 X 的一个样本,试求未知参数 λ 的极大似然估计量.

五、(8分)一批同型号灯管,其寿命 $X\sim N(\mu,\sigma^2)$,按规定灯管平均寿命大于1000h产品为合格品,从中随机抽取16只灯管,测得 $\bar{x}=1051.9\text{h}$,$s=120\text{h}$,问在 $\alpha=0.05$ 下,能否认为该批灯管为合格品?

$(z_{1-0.025}=1.96, z_{1-0.05}=1.645, t_{1-0.025}(15)=2.132, t_{1-0.05}(15)=1.753,$
$t_{1-0.025}(16)=2.120 t_{1-0.05}(16)=1.746, P\{X\leqslant x_\alpha\}=\alpha)$

六、(10分)一盒内有1只白球,2只红球,2只绿球,从盒内随机取出3只球,设 X 为取到白球个数,Y 为取到红球个数,(1)求 (X,Y) 的分布律;(2)求 X 与 Y 的协方差 $\text{Cov}(X,Y)$.

七、(10分)设总体 X 的概率密度为

$$f(x;\theta)=\begin{cases}3e^{-3(x-\theta)}, & x>\theta,\\ 0, & x\leqslant\theta,\end{cases}$$

其中 θ 是未知参数,$X_1,X_2,\cdots,X_n$ 是来自 X 的一个样本,记 $\hat{\theta}=\min\{X_1,X_2,\cdots,X_n\}$.

(1)求 $\hat{\theta}$ 的分布函数 $F_{\hat{\theta}}(x)$;

(2)用 $\hat{\theta}$ 作为 θ 的估计量.讨论它是否具有无偏性.

八、(10分)设 $X(t)$ 是随机过程,且 $X(t)$ 的均值函数 $\mu_X(t)=t$,自协方差函数 $C_X(t,t+\tau)=\sigma^2$,σ^2 为非零常数,令 $Y(t)=X(t)-t$,证明:$Y(t)$ 为广义平稳过程.

九、(10分) 1号箱中有1号球2个,2号球1个,3号球1个;
2号箱中有1号球2个,2号球2个,3号球1个;
3号箱中有1号球3个,2号球2个,3号球2个.

若规定有放回抽取,每次取一个,第一次从1号箱取,如果第 n 次取到 $i(i=1,2,3)$ 号球,则第 $n+1$ 次从 i 号箱取球,以 X_n 表示第 n 次取到球的编号,则 $\{X_n,n=1,2,\cdots\}$ 为齐次马氏链.

(1)写出状态空间及一步转移概率矩阵;

(2)求 $P\{X_1=3,X_2=2,X_4=1\}$.

《概率统计与随机过程》模拟考试卷(三)参考答案

一、选择题

1. D. 2. D. 3. B. 4. B. 5. C. 6. A. 7. C. 8. C.

二、填空题

1. $\frac{1}{18}$　　2. $\frac{11}{27}$　　3. $F_Z(z)=\begin{cases}1-e^{-9z}, & z>0,\\ 0, & z\leqslant 0.\end{cases}$

4. $f_Y(y)=\begin{cases}y\left(1-\frac{y^2}{4}\right), & 0\leqslant y\leqslant 2,\\ 0, & \text{其他}.\end{cases}$　　5. $C_n^k\left(\frac{\lambda_1}{\lambda_1+\lambda_2}\right)^k\left(\frac{\lambda_2}{\lambda_1+\lambda_2}\right)^{n-k}$.

6. $\hat{\sigma}_2^2$.　　7. 0.4332.　　8. 810.

三、解　(1) $P\{2X+Y\leqslant 1\}=\int_0^{\frac{1}{2}}\mathrm{d}y\int_{\frac{y}{2}}^{\frac{1-y}{2}}1\mathrm{d}x$

$$=\int_0^{\frac{1}{2}}\left(\frac{1}{2}-y\right)\mathrm{d}y=\left(\frac{1}{2}y-\frac{1}{2}y^2\right)\Big|_0^{\frac{1}{2}}=\frac{1}{8}.$$

(2) $f_Z(z)=\int_{-\infty}^{+\infty}f(x,z-x)\mathrm{d}x=\int_{x+y=z}f(x,y)\mathrm{d}x$,

当 $z<0$ 或 $z\geqslant 3$ 时, $f_Z(z)=0$;

当 $0\leqslant z<1$ 时, $f_Z(z)=\int_{\frac{z}{3}}^{z}1\mathrm{d}x=\frac{2}{3}z$;

当 $1\leqslant z<3$ 时, $f_Z(z)=\int_{\frac{z}{3}}^{1}1\mathrm{d}x=1-\frac{z}{3}$,

于是

$$f_Z(z)=\begin{cases}\frac{2}{3}z, & 0\leqslant z<1,\\ 1-\frac{z}{3}, & 1<z<3,\\ 0, & \text{其他}.\end{cases}$$

(3) $E(Z^2)=\int_{-\infty}^{+\infty}z^2f_Z(z)\mathrm{d}z=\int_0^1 z^2\frac{2}{3}z\mathrm{d}z+\int_1^3 z^2\left(1-\frac{z}{3}\right)\mathrm{d}z=\frac{13}{6}$.

四、解　似然函数为

$$L(\lambda)=\prod_{i=1}^{n}f(x_i;\lambda)=(2\lambda)^n\prod_{i=1}^{n}x_i e^{-\lambda\sum_{i=1}^{n}x_i^2},$$

$$\ln L(\lambda)=n\ln(2\lambda)+\sum_{i=1}^{n}\ln x_i-\lambda\sum_{i=1}^{n}x_i^2,$$

$$\frac{\mathrm{d}\ln L(\lambda)}{\mathrm{d}\lambda}=\frac{n}{\lambda}\quad\sum_{i=1}^{n}x_i^2=0,\text{得}\hat{\lambda}=\frac{n}{\sum_{i=1}^{n}x_i^2},$$

所以 λ 的极大似然估计量为 $\hat{\lambda}=\frac{n}{\sum_{i=1}^{n}X_i^2}$.

五、解 (1)检验假设 $H_0:\mu=\mu_0=1000;H_1:\mu>\mu_0=1000.$

(2)统计量 $T=\dfrac{\bar{x}-\mu_0}{S/\sqrt{n}}\sim t(n-1).$

(3)现在 $n=16,\bar{x}=1051.9,s=120$,计算统计量值

$$t_0=\frac{\bar{x}-\mu_0}{s/\sqrt{n}}=\frac{1051.9-1000}{120/\sqrt{16}}=1.73.$$

(4)对于 $\alpha=0.05,t_{1-0.05}(15)=1.753.$

(5)因为 $t_0=1.73<1.753=t_{1-0.05}(15)$,故接受 H_0,即不能认为该批灯管为合格品.

六、解 (1)(X,Y)的分布律为

X	Y			
	0	1	2	
0	0	$\frac{2}{10}$	$\frac{2}{10}$	$\frac{4}{10}$
1	$\frac{1}{10}$	$\frac{4}{10}$	$\frac{1}{10}$	$\frac{6}{10}$
	$\frac{1}{10}$	$\frac{6}{10}$	$\frac{3}{10}$	

(2)$E(X)=\dfrac{6}{10}=\dfrac{3}{5},E(Y)=\dfrac{12}{10}=\dfrac{6}{5},$

$$E(XY)=0+1\times1\times\frac{4}{10}+1\times2\times\frac{1}{10}=\frac{3}{5},$$

$$\mathrm{Cov}(X,Y)=E(XY)-E(X)\cdot E(Y)=\frac{3}{5}-\frac{18}{25}=-\frac{3}{25}.$$

七、解 (1)总体 X 的分布函数为

$$F(x)=\begin{cases}1-\mathrm{e}^{-3(x-\theta)}, & x>\theta,\\0, & x\leqslant\theta,\end{cases}$$

$X_1,X_2,\cdots,X_n$ 独立同分布.

$\hat{\theta}$的分布函数 $F_{\hat{\theta}}(x)=P\{\hat{\theta}\leqslant x\}=P\{\min\{X_1,X_2,\cdots,X_n\}\leqslant x\}$

$$=1-[1-F(x)]^n$$

$$=\begin{cases}1-\mathrm{e}^{-3n(x-\theta)}, & x>\theta,\\0, & x\leqslant\theta.\end{cases}$$

(2)$f_{\hat{\theta}}(x)=\begin{cases}3n\mathrm{e}^{-3n(x-\theta)}, & x>\theta,\\0, & x\leqslant\theta,\end{cases}$

$$E(\hat{\theta})=\int_{-\infty}^{+\infty}xf_{\hat{\theta}}(x)\mathrm{d}x=\int_{\theta}^{+\infty}3nx\mathrm{e}^{-3n(x-\theta)}\mathrm{d}x=\theta+\frac{1}{3n}\neq\theta,$$

$\hat{\theta}$不是 θ 的无偏估计量.

八、证

$$\begin{aligned}
\mu_Y(t) &= E[Y(t)] = E[X(t) - t] = EX(t) - t \\
&= \mu_X(t) - t = t - t = 0, \\
R_X(t, t+\tau) &= E[X(t)X(t+\tau)] \\
&= C_X(t, t+\tau) + \mu_X(t)\mu_X(t+\tau) \\
&= \sigma^2 + t(t+\tau), \\
R_Y(t, t+\tau) &= E[Y(t)Y(t+\tau)] \\
&= E\{[X(t) - t][X(t+\tau) - (t+\tau)]\} \\
&= R_X(t, t+\tau) - \mu_X(t)(t+\tau) - \\
&\quad t\mu_X(t+\tau) + t(t+\tau) \\
&= \sigma^2 + t(t+\tau) - t(t+\tau) = \sigma^2,
\end{aligned}$$

因为 $E[Y(t)] = 0$ 为常数,$E[Y^2(t)] = \sigma^2 < +\infty$,

$$R_Y(t, t+\tau) = E[Y(t)Y(t+\tau)] = \sigma^2,$$

仅依赖于 τ,而与 t 无关,所以,$Y(t)$是广义平稳过程.

九、解 (1)依题意,状态空间为 $S = \{1, 2, 3\}$,

转移概率矩阵为

$$\boldsymbol{P} = (p_{ij})_{3\times 3} = \begin{pmatrix} \frac{1}{2} & \frac{1}{4} & \frac{1}{4} \\ \frac{2}{5} & \frac{2}{5} & \frac{1}{5} \\ \frac{3}{7} & \frac{2}{7} & \frac{2}{7} \end{pmatrix}.$$

(2)

$$\begin{aligned}
&P\{X_1 = 3, X_2 = 2, X_4 = 1\} \\
&= P\{X_1 = 3\} \cdot P\{X_2 = 2 \mid X_1 = 3\} \cdot P\{X_4 = 1 \mid X_2 = 2, X_1 = 3\} \\
&= P\{X_1 = 3\} \cdot P\{X_2 = 2 \mid X_1 = 3\} \cdot P\{X_4 = 1 \mid X_2 = 2\} \\
&= \frac{1}{4} p_{32} p_{21}^{(2)} = \frac{1}{4} \times \frac{2}{7} \sum_{k}^{3} p_{2k} p_{k1} \\
&= \frac{1}{4} \times \frac{2}{7} \times \left(\frac{2}{5} \times \frac{1}{2} + \frac{2}{5} \times \frac{2}{5} + \frac{1}{5} \times \frac{3}{7}\right) = \frac{1}{14} \times \frac{78}{175} = \frac{39}{1225}.
\end{aligned}$$

参考文献

[1]张福渊,郭绍建,萧亮壮,等. 概率统计及随机过程[M]. 北京:北京航空航天大学出版社,2000.

[2]郭绍建,付丽华,萧亮壮. 概率统计——学习指导与提高[M]. 北京:北京航空航天大学出版社,2003.

[3]龚冬保,王宁. 概率论与数理统计典型题[M]. 西安:西安交通大学出版社,2000.

[4]赵选民,师义民. 概率论与数理统计典型题分析解集[M]. 西安:西北工业大学出版社,2000.

[5]孙清华,赵德修. 新编概率论与数理统计题解[M]. 武汉:华中科技大学出版社,2001.

[6]张学元. 概率论与数理统计试题精解[M]. 长沙:湖南大学出版社,2001.

[7]梅长林,王宁,周家良. 概率论和数理统计——学习与提高[M]. 西安:西安交通大学出版社,2001.

[8]李贤平. 概率论基础[M]. 北京:高等教育出版社,1987.

[9]孙荣恒. 应用概率论[M]. 北京:科学出版社,1998.

[10]杨荣,郑文瑞,等. 概率论与数理统计[M]. 北京:清华大学出版社,2005.

[11]茆诗松,程依明,濮晓龙. 概率论与数理统计教程[M]. 北京:高等教育出版社,2004.

[12]宗序平,李朝晖,李淑锦,等. 概率论与数理统计[M]. 2 版. 北京:机械工业出版社,2007.

[13] 邢家省,马健,刘明菊. 概率统计教程[M]. 2 版. 北京:机械工业出版社,2019.

[14] 范玉妹,汪飞星,王萍,等. 概率论与数理统计[M]. 2 版. 北京:机械工业出版社,2012.

[15] 孙振绮,丁效华. 概率论与数理统计[M]. 2 版. 北京:机械工业出版社,2012.

[16] 王寿仁. 概率论基础和随机过程[M]. 北京:科学出版社,1986.

[17] 陈魁. 应用概率统计[M]. 北京:清华大学出版社,2000.

[18] 龚光鲁. 概率论与数理统计[M]. 北京:清华大学出版社,2006.

[19] 孙洪祥. 随机过程[M]. 北京:机械工业出版社,2007.

[20] 毛用才,胡奇英. 随机过程[M]. 西安:西安电子科技大学出版社,1999.

[21] 梁之舜,邓集贤,杨维权,等. 概率论及数理统计[M]. 北京:高等教育出版社,2002.

[22] 魏宗舒. 概率论与数理统计教程[M]. 北京:高等教育出版社,1983.

[23] 史宁中. 统计检验的理论与方法[M]. 北京:科学出版社,2008.

[24] 王启华,史宁中,耿直. 现代统计研究基础[M]. 北京:科学出版社,2010.

[25] 王启华. 生存数据统计分析[M]. 北京:科学出版社,2005.